九峰科技植物资源

张　维　张家来　主编

科　学　出　版　社

北　京

内 容 简 介

本书在九峰地区 60 年林业科学试验的基础上，提出"科技植物资源"的重要概念，详细论述九峰森林植物本底调查、林木种质资源收集与保存、林木品种遗传改良及繁殖技术、丰产高效栽培试验、遗传多样性、森林保护、园林花卉、木材利用等方面研究成果，分析九峰科技植物保护存在的主要问题，阐述科技植物保护的历史价值、科技价值、科学普及价值等，提出相应的保护对策与措施。

本书可供林业工作者及有关研究人员、环境保护工作者，以及大中专院校地理学、林学、生态学、环境科学专业的学生阅读参考。

图书在版编目（CIP）数据

九峰科技植物资源/张维，张家来主编.—北京:科学出版社，2019.8
ISBN 978-7-03-061445-2

Ⅰ.① 九… Ⅱ.① 张… ② 张… Ⅲ. ① 经济植物-植物资源-武汉
Ⅳ. ① Q948.526.31

中国版本图书馆 CIP 数据核字（2019）第 108856 号

责任编辑：刘 畅 / 责任校对：高 嵘
责任印制：彭 超 / 封面设计：苏 波

科学出版社 出版
北京东黄城根北街 16 号
邮政编码：100717
http://www.sciencep.com
武汉精一佳印刷有限公司印刷
科学出版社发行 各地新华书店经销
*

开本：787×1092 1/16
2019 年 8 月第 一 版 印张：20 3/4
2019 年 8 月第一次印刷 字数：501 000
定价：258.00 元
（如有印装质量问题，我社负责调换）

序

　　树高叶茂，系于根深；林业发展，根在科技。

　　科技是推动林业发展进步的不竭动力。钻研科技、追求真理，让林业更好地为人民服务，更好地满足人民群众日益增长的美好生活需要，是全体林业人的职责所系、使命所在。一直以来，湖北省林业科技工作者立足省情林情，孜孜以求、不倦探索，谱写了湖北林业科研的辉煌篇章。改革开放 40 年，全省林业累计获国家科技进步奖一等奖 5 项，省部级一等奖 24 项，其他各类科技奖励 700 多项，制订行业标准 61 项，发现国家授权的林业植物新品种 8 个，选育国家认定的林木品种 15 个。

　　湖北省林业科学研究院自 1959 年成立以来，经过几代科研人员的积累沉淀，湖北省林业科研在九峰这片沃土上结下了累累硕果，水杉、池杉技术攻关和推广获国家、省级一等奖，秃杉、油茶等科研成果获得省部级奖励，"山猪油"油茶香飘四海，"活化石"水杉绿满五洲，新品种、新技术层出不穷，林业科技队伍人才辈出，成为引领全省林业科研的方向标。

　　今年是湖北省林业科学研究院建院六十周年，该院对历年的科研成果进行认真筛选、优中选优，汇编成《九峰科技植物资源》，这是对该院科研成果的一次集中展示，也是对优良传统的尊重和传承，是开启新时代湖北省林业科研新征程的一件大事。全书立足湖北省林业科学研究院应用研究和技术开发为主的职能定位，系统回顾了在九峰实施的系列林业重大科技项目，精选 50 多个项目进行分析和研究，尤其重视研究对象的实用价值，对种苗繁殖、种源引进、品种选优、栽培技术、病虫害防治等实用技术进行多点探索，与林业生产实际联系紧密。书中所提供的附录"九峰试验林场科技植物资源项目简介""九峰主要科技植物名录"，具有较高实用价值，为未来我省林业科技事业的发展提供了重要借鉴。

　　风雨兼程一甲子，砥砺奋进再扬帆。走向生态文明新时代，推进山水林田湖草系统治理，建设"绿满荆楚美如画，水光山色与人亲"的美丽湖北，湖北省林业面临新机遇，肩负新使命。希望湖北省林业科学研究院和全省林业科技工作者再接再厉、迎难而上、勇挑重担，对标世界科技前沿，引领科技发展方向，勇做新时代科技创新的排头兵，勇攀林业科技研究的新高峰，为推进我国生态文明和林业现代化建设做出新的更大贡献！

刘新池

2019 年 5 月 8 日

湖北省林业科学研究院始建于 1959 年，是以应用研究和技术开发为主的省级林业综合性公益型科研单位。建院以来在九峰试验林场有关森林植物资源研究方面相继实施了 70 余项科技项目，涉及育种、引种、造林、森林保护、林木遗传、森林生态等学科领域，在种苗繁殖、种源试验、品种选优等方面取得了一大批科技成果，适逢湖北省林业科学研究院建院 60 周年，很有必要对九峰地区有关森林植物种类、植物研究成果、推广应用效益及未来发展趋向等方面进行系统回顾与总结。近些年随着我国"长江大保护"战略决策实施，长江流域林业事业发展特别是森林资源保护得到了党和政府前所未有的重视，作为我省林业科技重要试验平台，结合国家长期林业科研基地建设要求，对九峰科技植物资源、林业科技项目成败得失、资源保护及开发利用等进行深入研究，有利于充分发挥九峰林业科技植物资源综合优势，使九峰试验林场继续引领我省林业科学事业向更高水平、更高层次迈进。

　　湖北省林业科学研究院历来重视九峰林业科技植物资源研究，多次设立专项、成立专班开展相关工作，经过艰苦努力，历时数十年对包括九峰森林植物类型等在内的一些涉及林业科技植物资源相关问题进行了全面系统的探讨。本书作者均为湖北省林业科学研究院科技人员（在职或离退休）或曾经在湖北省林业科学研究院工作的本院职工，所有收录的研究论文都是作者在湖北省林业科学研究院工作期间对九峰科技植物资源的研究结果，大部分文章已在有关科技期刊上公开发表，部分文章是首次与读者见面，涵盖自20世纪60年代至今的九峰地区研究的相关成果，现将有关成果整理成本书，以飨读者。

　　本书提出"科技植物资源"的概念，基于三个前提：一是九峰地区 60 年林业科学试验的积累；二是林业科技就树木生长而言长周期性特点；三是科技植物资源较高的保护价值及巨大开发潜力。通过几十年科技实践，赋予了目标植物较高的科技信息量或科技含金量，本书围绕林业生产实际和林业事业发展等问题，对涉及林学 15 个专业21个学科方向进行了长期、多点位研究，在九峰森林植物本底调查、林木种质资源收集与保存、林木品种遗传改良及繁殖技术、丰产高效栽培试验、遗传多样性、森林保护、园林花卉、木材利用等方面取得重大突破和系列创新。本书浓缩湖北林业科技现代史，集中反映湖北林业科技水平和科技发展成就。此外在广泛调查基础上，分析九峰科技植物保护存在的主要问题，充分阐述科技植物保护的历史价值、科技价值、科技普及和科技交流价值等，提出相应的保护对策与措施。

全书分为总论、九峰科技植物资源培育重点繁育技术、九峰科技植物种质资源优化配置等 10 章，每章分为 2～7 节，如有研究内容属于跨学科专业，则以主要学科归类，每节既单独成篇又相互联系、相互补充。另有"九峰试验林场科技植物资源项目简介""九峰主要科技植物名录"两个附录，便于读者查询。

本书作者力求为湖北省林业科技进步尽一点绵薄之力，但受水平所限，书中错漏之处难免，欢迎读者提出批评意见。

作　者

2019 年 5 月

目录

第 1 章

总　　论[*]

本章提出"科技植物资源"概念，全面阐述九峰科技植物资源现状、资源特点、价值体现及保护对策与措施等。

据统计，九峰地区实施各类科技项目 53 项，保存有 39 块试验现场，面积 124.70 hm²（1 870.50 亩^①），项目规模面积 140.25 hm²（2 103.75 亩），涉及裸子、被子等植物 72 科、150 属、194 种（类），已形成科技植物群体；在九峰森林植物本底调查、林木种质资源收集与保存、林木品种遗传改良及繁殖技术等 9 类学科 15 个专业 21 个学科方向及近 120 个植物品种开发研究方面取得了重大突破和创新；九峰科技植物资源极具历史价值、科学价值、科普及科技交流价值等；针对九峰科技植物资源保护存在的问题，提出相应的保护对策与措施。

---

* 本章作者：张家来，郑兰英，朱建新，戴薛，郑京津。

① 1 亩 $\approx \dfrac{1}{15}$ hm²，后同。

1.1 九峰试验林场概况

湖北省林业科学研究院（以下简称湖北省林科院）试验林场位于武汉市东郊，因境内有狮子峰、黄柏峰、钵盂峰、顶冠峰、大王峰、纱帽峰、象鼻峰、宝盖峰、马驿峰 9 座山峰，习惯上也称作九峰试验林场，现在的九峰试验林场是在 1910 年（清宣统二年）创办的武昌林场（亦为湖北省林业试验场）的基础上发展演变而来。

九峰试验林场距武汉市中心城区约 20 km，地理位置为东经 114°28′52″～114°31′53″，北纬30°30′1″～30°30′59″，东西长约 5 km，南北宽约 2 km。东、南与武昌区豹澥乡相连，西、西南同洪山区九峰乡接壤，东北、西北与洪山区左岭镇、花山镇为邻，总面积为 333.33 hm^2（近 5 000 亩）。

九峰试验林场属亚热带湿润季风气候区，冬夏季风交替明显，雨量充沛，据统计，年平均降雨量为 1 200～1 400 mm。年日照时数为 1 600 h，最高温度 38.7 ℃，极端最低气温-16.7 ℃，年平均温度 16.7 ℃。四季以夏季最长，约 135 d；冬季次之，约 110 d；春、秋短促，各约 60 d。无霜期为 240 d 左右。主要土类为红壤，母岩多为石英砂岩、砂页岩，约占 95%，土层厚度约 80 cm，土壤 pH 为 5.3～6.5；土壤全氮（N）质量分数约为 0.1%，全磷（P）质量分数为 5%～6%，全钾（K）质量分数为 1.0%～2.5%，有机质质量分数为 1%～5%。土壤条件优越，适宜多种森林植物生长。

本书是在查清九峰现有植物资源的基础上，重点对科技植物现状及综合价值进行分析，提出开发利用有关科技植物资源潜力的有效途径，并为制定相应的保护对策和措施提供科学依据。

1.2 九峰科技植物资源概况

九峰试验林场多为人工片林，由马尾松、国外松、杉木、栎类、枫香、樟树等树种组成亚热带常绿纯林与落叶阔叶混交林等。主要乔木树种有马尾松、湿地松、火炬松、杉木、柏木、枫香、麻栎、栓皮栎、樟树、池杉、水杉、柳杉、红果冬青、檫木、青冈、小叶栎等；灌木树种有枸骨、山胡椒、油茶、牡荆、金樱子、野蔷薇、山楂、棠梨等；草本多为巴茅、毛竹等禾本科和石蒜科等。森林覆盖率为 79.8%。据调查统计，九峰共有维管束植物 139 科 356 属 484 种，其中蕨类植物 9 科 11 属 11 种；裸子植物 7 科 15 属 19 种；被子植物 123 科 330 属 454 种。

广义上，九峰分布的植物都是科技植物，而本书将"科技植物"界定为自湖北省林科院 1959 年建院以来，在九峰试验林场现在仍有分布的所有科技项目（或课题）所涉及的目标植物，既有引种栽培的树种如湿地松、火炬松、欧洲栓皮栎、红豆杉等，也有种源试验林马尾松、杉木等，还包括其他栽培试验、示范林，诸如油茶、柿、核桃等，甚至作为观测试验的原有自然分布的栎类、灌木等都属于科技植物的范畴。

1.3 科技植物资源调查方法

1.3.1 查阅科技历史档案资料

查阅自湖北省林科院建院以来有关科技历史档案，最早可以追溯到 20 世纪 60 年代初期，分类筛选出在九峰实施（包括协作实施）的所有科技项目，包括研究项目、科技成果推广项目、科学基金项目等。详细记录每个项目名称、项目来源、实施年限、项目内容、主持人、项目地点、完成情况等。对于一些在原有项目基础上延伸或扩展的项目作为同源项目处理，如取得原有研究项目成果基础上继续执行有关科技成果推广项目等就属于同源项目，也有同一地点实施多个项目的情况，如在原有试验林下开展林下经济相关研究等。共查阅科技历史档案近 1 000 份。

1.3.2 访问主持人或当事人

由于历时近 60 年，许多人已调离至其他单位甚至外地，加上早期档案残缺不全，增加了工作难度，要想获得所有项目完整信息还要与项目主持人或当事人取得联系。本书编委通过访问等形式，基本上弄清了一些疑难项目的来龙去脉，访问或咨询有关人员共50 人次，比较全面地了解和掌握了项目完成情况等内容。

1.3.3 现场勘查与调查

现场勘查与调查主要内容有：一是根据前期工作基础，现场勘查每个项目的具体地点，并确定项目边界，在地形图上勾绘小班标出项目分布范围，室内测算出各个项目的小班面积等；二是现场调查科研目标林分生长情况，包括每亩株数、平均树高、平均胸径、非目标树种生长及林下灌木草本等。

经过反复核对调查，现已确认自 20 世纪 60 年代至 2018 年，在九峰试验林场共实施并留存试验现场的各类科技项目 53 项（参见附录 A），目前保存有 39 块试验现场，面积 124.70 hm²（1 870.50 亩），项目规模面积 140.25 hm²（2 103.75 亩）。

1.4 九峰科技植物资源现状

1.4.1 九峰科技项目类型

从查阅科技历史档案到访问有关人员，现已查明建院以来九峰试验林场实施的科技项目有 60 余项，由于多种原因留存试验现场的项目有 53 项，消失近 10 项。现存 53 个项目中部分属于同源项目，即一些项目是在前期项目基础上延伸或派生而来，如"湖北省杉木优良种源选择的研究"及"湖北省杉木优良种源推广研究及应用"两个项目是在前期研究项目"湖北省杉木地理种源试验"的基础上实施的继续研究或推广项目。还有少数项目是在先前试验林里完成的，如"药用石斛林下仿野生栽培技术推广与示范"就是在"水杉、池杉、落羽杉种子园建立"项目试验林下进行的相关研究，两个项目实施发生在同一试验现场，整个九峰试验林场目前保存有试验现场 39 处。

调查结果表明，湖北省林科院建院以来每个年代（共 6 个年代）都有科技项目在九峰试验林场执行，其中 20 世纪 70 年代（12 项）和 21 世纪 10 年代（16 项）项目较多，从侧面反映了这两个年代国家对林业科技及林业行业的重视程度。53 个项目中省部级项目 29 项，占比达到 55%，若加上厅局级项目，占比高达 70%，说明国家林业行业主管部门和湖北省政府部门是林业科研项目的主要来源。九峰科技项目涉及 9 个林业学科，其中育种及经济林项目比重较大，可能是出于工作方便及试验林管理等方面的原因。项目调查统计结果见表 1.1。

表 1.1　九峰科技项目调查统计表

序号	年代类型		来源类型		学科类型		植物类型		分布地点	
	年代	数量/项	来源	数量/项	学科	数量/项	科类	数量/项	地点	数量/项
1	20 世纪 60 年代	1	国家	7	营林	9	杉科	12	狮子峰	3
2	20 世纪 70 年代	12	省部	29	育种	18	松科	9	黄柏峰	10
3	20 世纪 80 年代	11	厅局	8	森林防治	0	山茶科	6	大王峰	2
4	20 世纪 90 年代	4	基金	3	生态	1	千屈菜科	6	顶冠峰	1
5	21 世纪 00 年代	9	联合	0	森林经营	1	壳斗科	4	马驿峰	1
6	21 世纪 10 年代	16	自立	6	花卉	7	胡桃科	2	钵盂峰	16
7			其他	0	森林防火	1	金缕梅科	1	宝盖峰	6
8					经济林	12	大戟科	4	林场苗圃地	14
9					林产化学与森林工业	4	兰科	1		
10							红豆杉科	1		
11							大风子科	1		
12							柿子科	1		
13							其他	5		
合计		53		53		53		53		53

在九峰实施的 53 个科技项目中有 23 项次分获国家及省级科技成果奖励，其中"湖北省马尾松地理种源试验"获得国家科技进步奖二等奖，"水杉引种和推广"等 3 项获得省级科技进步奖或成果推广奖一等奖，"丘陵岗地杉木速生丰产试验"等 9 项获得省级科技进步奖二等奖，"南方混交林类型优选及其混交机理的研究"等 10 项获得省级科技进步奖或成果推广奖。获得国家发明专利 4 项；制定地方及林业行业标准 14 项，发表论文 40 余篇；仅水杉有关成果推广应用面积就达 5 400 万亩，对促进林业科技进步和社会经济发展产生了巨大作用。

1.4.2　九峰科技植物主要特征

九峰科技项目涉及裸子、被子等植物 72 科、150 属、194 种（类）（参见附录 B），国内外不同种源 461 个，如美国东南部 29 个火炬松地理种源，广西那坡等 61 个杉木地理种源、湖北省 140 个地理种源等；相关树种家系 362 个，如全国 300 个油桐家系、湖北57个乌桕家系等；紫薇等树种75个无性系，如"赤霞"等20个紫薇无性系、罗田垂枝杉55个无性系等；各类品种98种，如美国紫薇、红火球紫薇、分水葡萄柏、浅刺大板栗、美国山核桃、油茶长林系列等品种。九峰林木品种主要集中在经济林树种及园林绿化树种，常规造林树种或用材林树种几乎没有什么品种，集中反映了湖北省有关林木品种选育和利用的现状。

除马尾松、栎类等是九峰自然分布的树种外，其余大部分树种或品种都属引进植物，其中有国家一级保护植物水杉、秃杉，二级保护植物香榧，三级保护植物紫薇，以及其他保护植物如石斛等。九峰科技植物选育或引进的品种、家系、无性系、种源等不乏优良类型，如马尾松有江西吉安、江西安福、广东南雄、湖南安化等优良种源；杉木有广西那坡、贵州锦屏、湖南会同、重庆永川等10个优良种源；板栗良种有"八月红""乌壳栗""浅刺大板栗"等；油茶良种有长林系列3号、4号、40号等；核桃良种有"契可特"等；紫薇良种有鄂薇1号、2号、3号等；乌桕良种有分水葡萄柏1号和铜锤柏11号；油桐良种有"景阳桐"和优良无性系7个；引进四川山桐子优良家系5个等。

1.4.3　九峰科技植物研究

湖北省林科院自建院以来利用九峰优越的自然地理环境条件，对湖北省林业事业发展过程中一系列科学技术问题开展了深入研究，在9类学科15个专业21个学科方向涉及近120个植物品种开发研究方面取得了重大突破和创新。

1. 九峰森林植物本底调查

经调查，九峰国家森林公园共有维管束植物139科356属484种，其中木本植物215种，草本植物269种；野生植物95科238属314种，人工栽培植物77科134属170种，野生植物居多；在科的组成上以小型科为主，物种数最多的科为禾本科，有31属38种；属的组成上以单种属和寡种属为优势，是本地区植物成分的重要组成类群；植物区系成分复杂，在科级水平上，表现出了明显的热带性质，在属级水平上则表现出热带、温带成分并重的趋势，本植物区系具有明显的热带向温带过渡性质。

2. 林木种质资源收集与保存

收集来自美国及省内外34种林木种质资源共9 031份，均为引进树种，其中用材林树种22种，收集保存2 186份，包括国家一级保护树种秃杉、水杉等及选育的杉木新品种罗田垂枝杉（1 200份）等；经济林树种8种，收集保存6 565份，主要有油桐、油茶、核桃、乌桕等树种，许多是优良经济林品种或新品种，如油茶长林系列3号、4号、40号等，核桃良种有"契可特"等；园林绿化植物4种，收集保存280份，主要有紫薇、桂花、樱花、茶花等树种，如鄂薇1号、2号、3号等均属于优良品种，"赤霞"则是新品种。

3. 林木品种遗传改良及繁殖技术

林木品种遗传改良是通过引种试验或品种选优等措施获得林木优良特性的方法，九峰试验林场自20世纪60年开始就进行了大量相关试验，在诸如水杉、池杉、国外松等引种，杉木、马尾松等地理种源试验，以及经济林品种选育等方面取得了突破性进展，取得了一批重要成果。

水杉重点推广利川 5 号、7 号、12 号及潜江 101 号、105 号，繁殖苗木 3 亿株，向外省市提供苗木 1644 万株，基本上解除了水杉的濒危状态。

火炬松选出适合湖北生境条件和生产力高的 R-18（亚拉巴马）、R-27（路易斯安那）、R-3（北卡罗来纳）、R-4（北卡罗来纳）4 个火炬松优良种源，在全省 36 个县（市）的低山丘陵岗地及部分河滩地营造火炬松 31 万余亩。

杉木、马尾松分别选出适合湖北省的广西那坡、贵州锦屏、湖南会同、重庆永川等 10 个杉木优良种源，以及江西吉安、江西安福、广东南雄、湖南安化 4 个马尾松优良种源，合计推广面积 50 余万亩。

柿子选出良种和新品种 10 个，繁育良种苗木 27.2 万株，营建柿试验林 49.7 hm^2（745.5 亩），示范林 414 hm^2（6 210 亩）；油桐选出良种景阳桐和优良无性系 7 个，在竹山县、郧阳区、巴东县、来凤县、利川市、京山县、武汉市等新建油桐示范林 12 020 亩，辐射推广面积达 116 000 亩；紫薇选育出国家植物新品种 1 个，省级良种 3 个，繁殖壮苗 10 万余株。

4. 丰产高效栽培试验

丰产高效栽培技术直接应用到生产实际，受到极大重视。在九峰实施的 53 个科技项目中，绝大部分项目涉及栽培技术问题，有些项目完全以高效栽培技术内容单独立项，如"油茶长林系列品种应用和高效栽培技术示范""国外松速生丰产技术研究""油茶修剪技术研究""油茶低产林改造及丰产技术推广""油茶高产稳产栽培技术""湿地松速生丰产林""丘陵岗地杉木速生丰产试验"等；还有许多项目将丰产高效栽培作为重要研究内容，如"水杉的引种和推广"进行的造林密度试验、实生超级苗与扦插超级苗造林试验，"湿地松、火炬松母树林营建技术的研究"进行的抚育间作及施肥试验，"南方混交林类型优选及其混交机理的研究"所进行的包括种间关系、林分养分循环、地力动态变化等多种丰产机理，"乌桕新品种选育与快繁及集约化经营技术研究与示范"进行的一套大树矮化修剪技术及研制出适用于鄂东地区乌桕平衡施肥配方及板栗"八月红"等良种、甜柿高效生产技术等。

通过高效栽培技术试验示范，林木经济产量有大幅提高，如甜柿优质果率提高20%～30%，平均单产提高 25%～40%；乌桕增产达 20%；油茶平均亩产从 4.7 kg 上升到 18.3 kg，坐果率由 31.5%提高到 47.7%。同时建立了各种高效栽培模式共 35 个，如乌桕+茶叶、乌桕+花生+小麦高产高效乌桕立体栽培模式等，研究制定出《乌桕采穗圃营建技术规程》等地方和行业标准。

5. 遗传多样性

九峰科技植物基本都是引进种，对物种遗传物质进行深入研究显得非常重要，同时有利于提高项目科技含量和水平，对目标树种遗传多样性、品种鉴别、分子标记辅助育种等也具有重要的现实意义。

利用随机扩增多态性 DNA（randomly amplified polymorphic DNA，RAPD）标记对垂枝杉种质资源进行了遗传多样性分析，并与杉木其他类型做对照，结果表明垂枝杉群体具有较高的遗传多样性，群体间变异占总变异的 15.6%；3 个垂枝杉群体遗传相似度高，与其他杉木类型的遗传相似度低；垂枝杉具有稳定的遗传性和一致的表现型。

利用 RAPD 技术，通过 11 个多态随机引物对 3 个秃杉种源的遗传多样性进行研究，结果表明秃杉天然群体内存在较丰富的遗传多样性，各位点平均基因多样度为 0.419 2，3 个秃杉种源间的遗传多样性差异明显，19.5% 的遗传变异存在于种源间。通过秃杉种内遗传多样性的研究，为今后有效保存和合理利用秃杉种质资源提供了理论依据。

利用油茶简单重复序列（simple sequence repeat，SSR）标记对湖北省的油茶种质资源进行分析，结果表明 10 个不同 SSR 位点所揭示的 86 份油茶种质间存在较丰富的遗传多样性，平均观察等位基因数为 4.9 个，平均有效等位基因数为 3.2 个，平均 Shannon 信息指数为 1.13，平均杂合度为 0.25。36 个优良品种的聚类分析结果表明同一地区的油茶品种相对外地品种具有较近的亲缘关系，且各品种间存在一定的差异，可以利用 SSR 标记进行品种鉴别。

利用 Roche-454GLX 高通量测序平台获得水杉基因组序列，在序列拼接的基础上，开展微卫星序列查找，对水杉基因组所含微卫星重复序列的特征和组成情况进行了分析，并根据所发现的 1 965 个微卫星开发出 921 个 SSR 标记位点。其结果将对利用分子标记研究水杉群体的遗传变异提供较丰富的标记资源，同时对保存遗传学及分子标记辅助育种具有重要价值。

6. 多点研究

针对森林经营管理比较突出的现实问题如森林类型、森林保护及主要木材特性、园林花卉繁殖机理等方面进行了多点深入研究，完成了诸如"基于地理信息系统划分九峰森林类型研究""森林防火林带设计""阿维菌素对紫薇梨象的室内毒力评价""国外松枯梢病病原菌生物学特性""水杉木束板的制备与性能研究""杉木人工林材性指标""紫薇与大花紫薇 F1 代植株败育机理"等，为有效保护和利用森林资源提供了可靠保障。

1.5　九峰科技植物资源保护的主要问题

湖北省林科院自建院以来在九峰试验林场实施的科技项目其实远不止 53 项，由于多种原因，一些项目无疾而终，并不适合在九峰执行，油橄榄先后有多个项目在九峰实施，如原林业部分别于 1964 年和 1979 年下达的"油橄榄引种栽培试验""油橄榄引种栽培"等，但由于武汉夏季高温高湿、冬季严寒少雨等条件无法满足油橄榄冬暖夏凉海洋性气候要求，如今在九峰已见不到一棵油橄榄植株。还有一些项目由于验收结题，后期无人管护，出现过同一地块上反复改种其他树种试验林的奇怪现象，如办公楼西北侧有近 20 亩试验地就先后改种过油橄榄、雷竹、油茶等树种；大王峰和黄柏峰交界处山坳一块试验林先后改种过乌桕、油茶、油桐等，由于改种而毁掉的有关科研试验林不下 10 处。

九峰现存科技植物生长良好的基本上是在群落中占优势的树种，如在凉水井 20 世纪 60 年代引种的水杉、池杉，马驿水库北边 1974 年营造的湿地松速生丰产林，长春沟 1986 年引种的秃杉，黄柏峰 2009 年引种的枫香等；也有优势树种生长一般的情况，如在九峰森林动物园内 1973 年营造的湿地松、火炬松母树林，长春沟 1977 年营造的马尾松、杉木等种源试验林，办公楼东侧 2007 年营造的新能源树种乌桕等，造成优势树种生长一般的主要原因是树龄较大且生长衰退或长期没有进行相应的管护等。

次优或伴生树种生长状况一般化的树种,如钵盂峰北坡 1979 年栽植的油茶试验林、森林公园大门口 1997 年引种的火炬松试验林等,造成次优或伴生树种生长一般的主要原因是树龄较大,加上长期无人管护,一些当地乡土树种侵入形成竞争,影响了目标树种的正常生长,如不改变当前生长环境,这些次优或伴生树种将会被其他非目标树种所取代,成为淘汰对象。

科研目标树种生长较差或被淘汰的主要原因有三种:其一是人为砍伐,如大王峰1973 年营造的丘陵岗地杉木速生丰产林在 20 世纪 90 年代被人为砍伐,现在只剩下砍伐后自然生长起来的二代萌生林,由于受到其他树种侵入竞争,目前生长极差,已经被淘汰;其二是树龄过大且生长衰退,如宝盖峰南坡 1981 年栽植的火炬松种源试验林已有37 年,被栎类等当地乡土树种侵入,造成生长不良,处在淘汰边缘;其三是项目期结束无人管护,科研目标树种长期处于其他树木压制之下,生长较差,如顶冠峰 1998 年在原来空白防火带和路边营造的茶叶森林防火林带由于长期无人管理,这种灌木型科研目标树种很容易被其他乔木树种所取代,目前几近淘汰。

除了上述三种主要原因,还有诸如病虫危害、目标林分密度过大、幼林抚育管理不到位等原因。调查统计表明,科技植物占优势的比例为 77.3%,次优或伴生的比例为17.0%,被淘汰比例为 5.7%;生长良好或较好的比例为 60.3%,生长一般的比例为32.1%,生长较差或极差的比例为 7.6%。生长一般且处于次优或伴生的科技植物会向被淘汰的方向演化,而被淘汰的科技植物急需采取紧急保护措施。

1.6　科技植物资源保护的意义

1.6.1　历 史 价 值

科技植物资源就是一部活的历史档案,回顾历史能够总结科研的经验教训。

首先,科研必须遵守自然规律,如桉树这种典型热带或南亚热带速生植物并不适合在湖北省北亚热带季风气候地区引种或推广,不经过任何驯化措施人为强行引种只能以失败告终;而像油橄榄这种海洋性气候植物在湖北这种季风气候区很难达到预期引种效果,强力推动只能造成人力、物力和财力的巨大浪费。总结历史可以少走弯路,避免误入歧途,人的主观能动性只有和自然法则相结合才会达到理想效果,产生良好效益。

其次,通过总结科研历史能够理清科技植物的发展走向及未来趋势,掌握科研主动权。过去的引种试验过多地追求速生丰产,随着社会经济及林业事业发展,在注重速生丰产的同时还应关注树种的经济价值,如楠木等珍贵用材树种试验推广等,注重优良新品种的选育和推广工作,更关注科研过程中一些硬性成果如专利技术、软件建设、技术标准和规程等。

1.6.2　科 技 价 值

林业行业特别是营林生产与其他行业最明显的区别特征是周期性长,一棵树的自然寿命通常是几十年、几百年,甚至上千年,即使是人们注重的经济寿命往往也有几十年,甚至上百年，仅仅依靠项目期限 3～5 年进行的相关试验得出完全正确的结论不太可能，而所谓"科技成果"基本上也就是阶段性结论。不否认一些技术模拟方法能够达到短期变为长期的效果，但要将阶段性结论转化为整体性成果，进行全周期、全世代、全方位持续观测研究相关科技植物是非常必要的，而保护科技植物应成为社会共识，变为人们的自觉行动。

多年自然演变也为研究引进种与当地乡土种竞争关系及演替进程等创造了便利条件。通过持续深入观测调查，能为调控种间关系如调控时机、调控方式、调控手段等提供直接依据，达到最有效、最经济的调控效果。九峰自然分布植物以樟科、壳斗科、桑科、金缕梅科、蝶形花科、蔷薇科等为主，树种如山胡椒、构树、栎类、石楠、野蔷薇、胡枝子等，对外来引进植物形成较强的竞争优势。为了保护科技目标树种，有必要对相关树种在乔木、灌木、乔灌之间相互作用机制进行研究，实行有效调控。

九峰现保存有近万份植物种质，极大地丰富了本地物种资源，其中不乏优良种质，从熟知的当家造林树种杉木、马尾松优良地理种源，到高产高效的油茶、板栗优良品种等，九峰成为湖北林业科技推广及科技进步的孵化器，为湖北生态建设及产业化过程做出了重大贡献，也相信九峰在未来湖北林业事业发展中将继续发挥重要作用。九峰丰富的种质资源为培育新品种奠定了稳固的物质基础，种质资源丰富度一定程度上决定了新品种选育可能性大小，通过杂交育种、人工诱变、基因工程、细胞工程等将丰富的种质资源变成现实的新品种、新类型等，形成生产力新的增长点，保护并不断完善九峰林木种质资源结构对日后林木育种及创新具有决定性作用。

1.6.3　科技普及和科技交流价值

九峰科技植物群体也是展示科技成就、进行科技普及的重要平台。科技植物所蕴含的大量科技信息，为人们了解科技知识提供了生动的教材。现场教育与其他教育形式相比具有直观形象、可触摸的优势，对一般受众而言无疑增强了接受教育的主动性和积极性，从而产生明显的社会效益。同样科技植物为科技交流提供了实物样本，补齐了从文字到文字、会议到会议等抽象交流形式的严重不足，用具体生动的植物语言讲述发生的科技故事，增强了可信度，也使有关交流更顺畅、通达，实现交流目标更快捷、高效。

1.7　保护对策与措施

1.7.1　转变观念、长期谋划

首先，要树立可持续长期科研理念，摒弃临时性短期科研思维。一旦有科技项目执行，就要做好将来继续研究的准备，这既是当前科研必须完成的工作，也是扩大成果的需要。事实上，在过去部分项目结题后也有继续进行相关项目的实例，如"杉木地理种源试验"项目后期就开展了"杉木优良种源试验"及"杉木优良种源推广"等延伸研究，成果获得政府奖励，"混交林营造技术研究"项目试验林同时作为"城郊梯度下小叶栎群落的幼苗更新格局与动态研究"试验场地。从项目设计开始就应该明确开展下阶段项目的可能性，做好相应准备。

其次，用辩证观点看待所取得的阶段性成果，对于林业行业长周期生产特性而言尤其重要，何况还是有限项目期得出的阶段性、临时性结论，若从植物生长发育全周期评判，这种结论的可靠性是相当脆弱的，要想取得整体性成果，还需要进行长时期观察研究，保护试验现场就显得至关重要。

1.7.2　科学保护、因类施策

科学保护目的就是要针对保护对象有的放矢，产生实效。可将保护级别分为以下三级。

第一级为资源保存类，在九峰收集、保存的各种植物种质资源如油茶、油桐、乌桕等经济林及秃杉、栓皮栎、罗田垂枝杉等用材林树种各类试验林、种质资源圃等，此类科技植物要长期保存，有关林地管理措施以消除一切非目标植物可能入侵形成的任何竞争威胁为目的，尽可能保证科研目标树种正常生长发育。

第二级为资源演化类，一些引进树种如国外松、不同地理种源松杉类、水杉、池杉等，可在人为稍加控制条件下让当地植物适当介入，形成一定强度的竞争关系，有目的地进行自然演替相关研究，也为林下、林中有关项目预留空间。此类资源保护措施要结合林分具体状况进行操作，关键是控制好人为调控力度。

第三级为资源展示类，此类科技植物只起记录有关科研历史的作用，保留历史痕迹，如"杉木速生丰产试验林"经过几十年的演变，早已跨过了速生试验阶段，且已被砍伐形成第二代萌生林，保护目的主要是纪念意义，不强求林木数量和林分质量，保护措施可以适当粗放一些。

1.7.3　建立市场机制，设立保护基金

科技植物资源保护可以引入市场机制，让社会资本参与到有关资源保护中来，进而还可以进行项目的资本运作。如经济林等本身就有现实经济效益，具有社会资本参与的物质基础和吸引力，只要处理好利益相关方各种权责利关系，相信在科技植物资源保护方面会有较大突破和创新。市场机制是一种长效机制，应该成为未来科技植物资源保护的发展方向。设立保护基金也是保护科技植物资源的必要措施，在有关项目预算中留有一定比例的经费，产生集腋成裘的效果，还可接受社会广泛捐赠。

1.7.4　制度作保障、做到有章可循

规章制度要从约束行为变为自觉行动，离不开对保护科技植物资源的宣传教育，使得相关理念深入人心，做到事半功倍。规章制度的核心内容是阻止一切可能损害科技植物资源的行为，既要防止他毁，也要防止自毁，一旦发现可疑苗头要及时阻止，责任到人，造成损失除按照《中华人民共和国森林法》等法律、法规惩处以外，还应加重处罚并责令赔偿与恢复。日常管护工作可交由护林防火人员负责，并将科技植物保护效果列入年度考核重要内容。

1.7.5 保护和利用并举、实现良性循环

单纯、绝对的保护并不能产生最佳效果，只有将保护与利用有机结合才能实现良性循环。综合利用科技植物资源主要有三种途径：其一是扩大研究成果，从不同视角、不同深度继续进行多层次相关研究，利用已有成果基础优势，驾轻就熟、举一反三，充分挖掘现有科技植物资源的潜力；其二是积极开展合作交流和科技普及，扩大社会影响，有了广泛的社会认知，就能创造出许多有利于保护科技植物资源的典型，同时也能产生明显的社会效益；其三是适度开发科技植物资源旅游价值，利用人们对科技植物的好奇心，开发出适销对路的生态旅游产品，在满足人们消费需求的同时，也能产生经济效益，促进保护工作的顺利进行。

第 2 章

九峰科技植物资源类型及其保护

本章将系统介绍九峰科技植物资源分布及类型，并基于保护和利用等目的对科技植物资源进行分区规划，提出相应的保护措施。

九峰地区共有维管束植物 139 科 356 属 484 种，野生植物 95 科 238 属 314 种，人工栽培植物 77 科 134 属 170 种，以野生植物占优势；物种数量最多的科为禾本科；植物区系成分复杂，表现出热带、温带成分并重的趋势，有明显的热带向温带过渡性质。

在野外踏查和本底调查的基础上，利用地理信息系统（geographic information system，GIS）和遥感（remote sensing，RS）技术，对九峰地区土地利用及森林资源进行区划，实现森林资源的数字化，构建森林资源信息数据库，为九峰森林资源管理决策提供数据基础。

在分析九峰自然地理条件和科技植物资源现状的基础上，针对科技植物资源保护方面存在的有关问题确定相应的规划原则和指导思想，将九峰划分为种苗繁育区等 6 大试验区及树木观赏园等 12 个园区，提出有关保护对策及相应的保障措施。

2.1 九峰维管束植物种类及区系*

植物区系是某一特定地区生长的全部植物种类，是植物种、属和科的自然综合体[1]。植物区系研究是植物多样性研究的基础，在植物多样性保护、生态环境建设等方面有着重要意义。九峰国家森林公园①是武汉市最早的国家级森林公园，在武汉城市绿地生态系统中发挥着重要作用，其区系成分在一定程度上代表了武汉市植物区系的组成和分布。刘秀群[2]、王茜茜[3]、吴磊[4]、黄祖国[5]等对武汉市公园绿地的植物组成和物种多样性等进行了较为详细的研究。而作为武汉市重要绿地的九峰国家森林公园，迄今为止还没有相关的研究报道。作者从2012年起，对本地区维管束植物进行了详尽调查，在此基础上对维管束植物区系进行统计分析，为本地区生物多样性的研究奠定基础，并提供区域性研究的基础资料。

2.1.1 研究区域概况

九峰国家森林公园位于武汉市东郊，地理中心位置为东经114°29′50″，北纬30°31′4″，整个森林公园东西长约5 km，南北宽约2 km，占地面积约330 hm²。森林公园境内以狮子峰、黄柏峰为中心，大王峰、纱帽峰、顶冠峰、宝盖峰、马驿峰、钵盂峰、象鼻峰四周环绕，构成九峰矗立、山峦蜿蜒、山间盆地地势平坦的省内典型的丘陵地势地貌景观，顶冠峰海拔240.47 m，为武汉市郊区最高峰。森林公园地处亚热带季风性湿润气候区，四季分明、日照充足、热量丰富、雨量充沛，水热同季、干湿明显，全年平均气温16.3 ℃，极端最高气温为41 ℃，极端最低气温-17.6 ℃，年日照时数1 600 h左右，无霜期约240 d，年降雨量1 200～1 400 mm，年平均相对湿度79%。

适宜的自然气候条件十分有利于植物的生长，九峰国家森林公园内森林覆盖率达85%以上，大多数为人工林，种植面积较大的树种有马尾松（*Pinus massoniana*）、杉木（*Cunninghamia lanceolata*）、湿地松（*Pinus elliottii*）、樟（*Cinnamomum camphora*）、青冈（*Cyclobalanopsis glauca*）、苦槠（*Castanopsis sclerophylla*）、枫香树（*Liquidambar formosana*）、栓皮栎（*Quercus variabilis*）和小叶栎（*Quercus chenii*）等。由于近几十年没有砍伐，人工林经多年的自然演替后与天然林的结构和林相都已十分接近，林下灌、草种类较为丰富。

2.1.2 调查方法

1. 植物调查方法

根据九峰国家森林公园地形特点，设置4～6条主要调查线路，采用路线踏查方式沿路记录所有植物，同时采集植物标本及拍摄植物照片。植物鉴定和分类参考《湖北植物志》[6]和《中国植物志》[7]等资料。

---

* 引自：庞宏东，王晓荣，郑京津，等. 九峰国家森林公园维管束植物区系研究. 湖北林业科技，2017（5）：1-5.
① 九峰国家森林公园是在九峰试验林场的基础上组建的，区域范围基本一致。

2. 数据处理

种子植物科分布区类型划分参考吴征镒的《世界种子植物科的分布区类型系统》[8]，属分布区类型划分参照吴征镒的《中国种子植物属的分布区类型》的标准来进行划分统计[9]。蕨类植物科、属分布区类型划分参考《中国植物志》[7]。

2.1.3　结果与分析

1. 维管束植物区系组成

经调查可知，九峰国家森林公园共有维管束植物 139 科 356 属 484 种（包含变种及栽培品种）。其中蕨类植物 9 科 11 属 11 种；裸子植物 7 科 15 属 19 种；被子植物 123 科 330 属 454 种，其中双子叶植物 104 科 270 属 377 种，单子叶植物 19 科 60 属 77 种（表2.1）。蕨类植物种类较少，科、属、种分别占全部维管束植物的 6.47%、3.09%、2.27%。裸子植物均为人工栽培植物，种类较蕨类植物为多，科、属、种分别占全部维管束植物的 5.04%、4.21%、3.93%。被子植物种类最为丰富，科、属、种所占比例分别为 88.49%、92.70%、93.80%；被子植物中双子叶植物最占优势，科、属、种所占比例分别为 74.82%、75.85%、77.89%，单子叶植物科、属、种所占比例分别为 13.67%、16.85%、15.91%。可见被子植物是组成该植物区系的主要成分。木本植物种类有 215 种，占总种数的44.42%，草本植物种类有 269 种，占总种数的 55.58%，草本植物种类略占优势。

表 2.1　九峰国家森林公园维管束植物组成

类群	科		属		种类					
	科数	占比/%	属数	占比/%	木本		草本		木本+草本	
					种数	占比/%	种数	占比/%	种数	占比/%
蕨类植物	9	6.47	11	3.09	0	0.00	11	4.09	11	2.27
裸子植物	7	5.04	15	4.21	19	8.84	0	0.00	19	3.93
双子叶植物	104	74.82	270	75.85	190	88.37	187	69.52	377	77.89
单子叶植物	19	13.67	60	16.85	6	2.79	71	26.39	77	15.91
合计	139	100.00	356	100.00	215	100.00	269	100.00	484	100.00

在所有的物种中，野生植物有 95 科 238 属 314 种；人工栽培植物有 77 科 134 属 170种，人工栽培的植物种类非常丰富，科、属、种分别占全部维管束植物的 55.40%、37.64%、35.12%。九峰国家森林公园其前身为试验林场，人为活动频繁，多年来引种栽培有马尾松、湿地松、池杉（*Taxodium ascendens*）、落羽杉（*Taxodium distichum*）、青冈、苦槠、栓皮栎、小叶栎、喜树（*Camptotheca acuminata*）等用材树种，荷花玉兰（*Magnolia grandiflora*）、桂花（*Osmanthus fragrans*）、乐昌含笑（*Michelia chapensis*）、紫薇（*Lagerstroemia indica*）、红叶石楠（*Photinia×fraseri*）等园林观赏树种，以及油茶（*Camellia oleifera*）、油桐（*Vernicia fordii*）等经济林树种，森林公园内的植被也多为人工林。因此，人工栽培物种在九峰国家森林公园的植物组成中占有重要地位。

（1）科内属的组成分析

九峰国家森林公园维管束植物科内属的数量统计见表 2.2。由表 2.2 可知，九峰国家森林公园维管束植物含 10 属及以上的科有禾本科（Gramineae）、菊科（Compositae）、蝶形花科（Papilionaceae）、蔷薇科（Rosaceae）和唇形科（Labiatae）5 科，占总科数的3.60%，但含有的属数高达 103 属，占总属数的 28.93%，在本地区植物组成中占有重要地位，含属数最多的科为禾本科，有 31 属，其次为菊科有 27 属。含 6～9 属的科较少，只有大戟科（Euphorbiaceae）、百合科（Liliaceae）和杉科（Taxodiaceae）3 科，仅含 20个属，在植物组成中处于次要地位。含 2～5 属的科有壳斗科（Fagaceae）、桑科（Moraceae）、十字花科（Cruciferae）、蓼科（Polygonaceae）、莎草科（Cyperaceae）、伞形科（Umbelliferae）、玄参科（Scrophulariaceae）等 51 科，含有 153 个属，分别占总科数和总属数的 36.69%和 42.98%，为本地区植物组成中含属数最多的类群，在植物组成中占有主导地位。仅含1 属的科有报春花科（Primulaceae）、冬青科（Aquifoliaceae）、堇菜科（Violaceae）、酢浆草科（Oxalidaceae）、车前科（Plantaginaceae）、灯心草科（Juncaceae）、菝葜科（Smilacaceae）、薯蓣科（Dioscoreaceae）等 80 科，占总科数的 57.55%，为科数最多的类群，在本地区植物组成中也占有重要地位。

表 2.2　九峰国家森林公园维管束植物科内属的数量统计

科内含属数	科数 / 个	占比 / %	属数 / 个	占比 / %
≥10 属	5	3.60	103	28.93
6～9 属	3	2.16	20	5.62
2～5 属	51	36.69	153	42.98
仅含 1 属	80	57.55	80	22.47
合计	139	100.00	356	100.00

（2）科内种的组成分析

九峰国家森林公园维管束植物科内属、种数量统计见表 2.3。由表 2.3 可知，含属数和种数最多的科为禾本科有 31 属 38 种，其次为菊科，有 27 属 36 种，含 20 种及以上的科还有蔷薇科 16 属 28 种，蝶形花科 18 属 24 种。这 4 个科共有 92 属 126 种，分别占总属数和总种数的 25.84%和 26.03%，在本地区植物组成中占有重要地位。含 10～19 种的科有大戟科 7 属 13 种，唇形科 11 属 12 种，壳斗科 5 属 10 种，蓼科 4 属 10 种。这 4个科仅含有 27 属 45 种，分别占总属数和总种数的 7.58%和 9.30%，在本区域植物组成中处于次要地位。含 6～9 种的科有木兰科（Magnoliaceae）、杉科、玄参科、百合科、莎草科、木犀科（Oleaceae）、毛茛科（Ranunculaceae）、十字花科、石竹科（Caryophyllaceae）、金缕梅科（Hamamelidaceae）、桑科、报春花科、马鞭草科（Verbenaceae）13 个科，共有 55 属 90 种，分别占总属数和总种数的 15.45%和 18.60%。含 2～5 种的有松科（Pinaceae）等 57 个科，共有 121 属 162 种，分别占总属数和总种数的 33.99%和 33.47%，为本地区植物组成中含种数最多的类群，在植物组成中占有主导地位。含 1 种的科有里白科（Gleicheniaceae）等 61 个科，共有 61 属 61 种，分别占总属数和总种数的 17.14%和 12.60%。

表 2.3　九峰国家森林公园维管束植物科内属、种数量统计

科的类型	科		属		种	
	科数	占比/%	属数	占比/%	种数	占比/%
≥20 种的科	4	2.88	92	25.84	126	26.03
10～19 种的科	4	2.88	27	7.58	45	9.30
6～9 种的科	13	9.35	55	15.45	90	18.60
2～5 种的科	57	41.01	121	33.99	162	33.47
仅含 1 种的科	61	43.88	61	17.14	61	12.60
合计	139	100.00	356	100.00	484	100.00

（3）属内种的组成分析

九峰国家森林公园维管束植物属内种数量统计见表 2.4。由表 2.4 可知，含 6 种及以上的属只有 2 属，为大戟属（*Euphorbia*）和珍珠菜属（*Lysimachia*），各有 6 种，占总属数的 0.56%，总种数的 2.48%。含 2～5 种的属有 81 属，共 199 种，占总属数的 22.75%，总种数的 41.12%，为本地区分布较多的类群，其中木兰属（*Magnolia*）、蓼属（*Polygonum*）、栎属（*Quercus*）、蒿属（*Artemisia*）、婆婆纳属（*Veronica*）5 属各有 5 种，为本地区第二大属。含 1 种的属有 273 属，共 273 种，占总属数的 76.69%，总种数的 56.40%，为本区域分布最多的类群。可见本区域属的组成以单种属和寡种属分布为优势，是构成本地区植物多样性的重要组成类群。同时，这也反映出本地区物种组成上的不稳定性，环境条件的恶化或者人为的破坏，都会加速物种的消失，从而导致物种组成上的改变。

表 2.4　九峰国家森林公园维管束植物属内种数量统计

属内含种数	属数	占总属数的比例/%	种数	占总种数的比例/%
≥6 种	2	0.56	12	2.48
2～5 种	81	22.75	199	41.12
仅含 1 种	273	76.69	273	56.40
合计	356	100.00	484	100.00

2．植物区系地理成分分析

（1）科的地理成分分析

根据吴征镒[8]对世界种子植物区系科级的划分，九峰国家森林公园野生分布的 95 科 238 属 314 种维管束植物，可划分为 4 个类型 4 个变型（表 2.5）。世界分布科最多，达 39 科，占野生植物总科数的 41.05%，其中禾本科、菊科、蔷薇科、蝶形花科、唇形科等为本区的优势科。泛热带分布科（含变型，下同），有樟科（Lauraceae）、大戟科、葫芦科（Cucurbitaceae）、葡萄科（Vitaceae）、芸香科（Rutaceae）等 36 科，占 37.89%。北温带分布有壳斗科、金丝桃科（Hypericaceae）、金缕梅科、忍冬科（Caprifoliaceae）、百合科等 12 科，占 12.63%。热带亚洲和热带美洲间断分布有木通科（Lardizabalaceae）、

马鞭草科、省沽油科（Staphyleaceae）、五加科（Araliaceae）等 8 科，占 8.43%。可见，在科的分布类型中，热带成分共有 44 科，占总科数的 46.32%，在本区域植物组成中占主导地位，温带成分较少，处于次要地位。这与九峰国家森林公园地处亚热带季风性湿润气候区的植物分布特点相吻合。

表 2.5　九峰国家森林公园维管植物科、属的分布区类型

序号	分布区类型	科数/个	占总科数比例/%	属数/个	占总属数比例/%
1	世界分布	39	41.05	47	19.75
2	泛热带分布	31	32.63	63	26.47
2-1	热带亚洲-大洋洲和热带美洲分布	1	1.05	—	—
2-2	热带亚洲、非洲和中、南美洲间断分布	1	1.05	2	0.84
2-3	以南半球为主的泛热带分布	3	3.16	—	—
3	热带亚洲和热带美洲间断分布	8	8.43	3	1.26
4	旧世界热带分布	—	—	10	4.20
4-1	热带亚洲、非洲（或东非、马达加斯加）和大洋洲间断分布	—	—	2	0.84
5	热带亚洲至热带大洋洲分布	—	—	5	2.10
6	热带亚洲至热带非洲分布	—	—	9	3.78
6-1	华南、西南到印度和热带非洲间断分布	—	—	1	0.42
7	热带亚洲分布	—	—	9	3.78
8	北温带分布	5	5.26	32	13.45
8-4	北温带和南温带间断分布	7	7.37	8	3.36
8-5	欧亚和南美洲温带间断分布	—	—	1	0.42
9	东亚及北美间断分布	—	—	7	2.94
10	旧世界温带分布	—	—	12	5.04
10-1	地中海区、西亚（或中亚）和东亚间断分布	—	—	3	1.26
10-3	欧亚和南部非洲（有时也在大洋洲）间断分布	—	—	1	0.42
11	温带亚洲分布	—	—	3	1.26
14	东亚分布	—	—	9	3.78
14-2	中国-日本分布	—	—	11	4.63
合计		95	100.00	238	100.00

（2）属的地理成分分析

根据吴征镒[9]对中国种子植物属的分布区类型划分标准，九峰国家森林公园野生分布的 238 属维管束植物，可划分为 12 个类型 8 个变型（表 2.5）。反映了九峰国家森林公

园植物区系联系的广泛性和复杂性。

世界分布属有 47 属，占该地区野生植物总属数的 19.75%，其中 44 属为草本植物，占本类型的 93.62%，如毛茛属（*Ranunculus*）、蓼属、藜属（*Chenopodium*）、车前属（*Plantago*）、苔草属（*Carex*）、莎草属（*Cyperus*）、早熟禾属（*Poa*）等；只有铁线莲属（*Clematis*）、悬钩子属（*Rubus*）、鼠李属（*Rhamnus*）3 个属为木本属。这与植物分布的特性相符合，草本植物由于适应能力较强，往往在世界分布属里占主要地位。

热带分布的 6 种类型（类型 2～7）共有 104 属，占该地区野生植物总属数的 43.70%，在本区域中处于优势地位，植物种类较多，分布广泛，是该区域植物区系的主要地理成分。其中：①泛热带分布及其变型最多，有 65 属，占野生植物总属数的 27.31%，为构成本地区植物区系最多的类型，以牛膝属（*Achyranthes*）、铁苋菜属（*Acalypha*）、大戟属、乌桕属（*Sapium*）、花椒属（*Zanthoxylum*）、大青属（*Clerodendrum*）、狗尾草属（*Setaria*）等常见；②旧世界热带分布及其变型有 12 属，占 5.04%，常见的有扁担杆属（*Grewia*）、野桐属（*Mallotus*）、千金藤属（*Stephania*）、乌蔹莓属（*Cayratia*）等；③热带亚洲至热带非洲分布及其变型有 10 属，占 4.20%，常见的有大豆属（*Glycine*）、常春藤属（*Hedera*）、荩草属（*Arthraxon*）、芒属（*Miscanthus*）等；④热带亚洲分布有 9 属，占 3.78%，常见的有山胡椒属（*Lindera*）、蛇莓属（*Duchesnea*）、葛属（*Pueraria*）、构树属（*Broussonetia*）等；⑤热带亚洲至热带大洋洲分布有 5 属，占 2.10%，常见的有樟属（*Cinnamomum*）、栝楼属（*Trichosanthes*）、通泉草属（*Mazus*）等；⑥热带亚洲和热带美洲间断分布有 3 属，占 1.26%，分别为雀梅藤属（*Sageretia*）、藿香蓟属（*Ageratum*）和裸柱菊属（*Soliva*）。

温带分布（类型 8～11，14）有 87 属，占该地区野生植物总属数的 36.55%，少于热带分布类型，在该区域植物区系组成中处于从属地位。其中：①北温带分布及其变型有 41 属，占野生植物总属数的 17.23%，在本地区属的分布类型中处于第 2 位，常见种类有蔷薇属（*Rosa*）、野豌豆属（*Vicia*）、栎属、蒿属、婆婆纳属、雀麦属（*Bromus*）、稗属（*Echinochloa*）等；②东亚分布及其变型有 20 属，占 8.41%，常见的有天葵属（*Semiaquilegia*）、檵木属（*Loropetalum*）、野鸦椿属（*Euscaphis*）、白马骨属（*Serissa*）、紫苏属（*Perilla*）等；③旧世界温带分布及其变型有 16 属，占 6.72%，常见的有鹅肠菜属（*Myosoton*）、瑞香属（*Daphne*）、火棘属（*Pyracantha*）、苜蓿属（*Medicago*）、菊属（*Dendranthema*）等；④东亚及北美间断分布有 7 属，占 2.94%，常见的有两型豆属（*Amphicarpaea*）、胡枝子属（*Lespedeza*）、爬山虎属（*Parthenocissus*）、蛇葡萄属（*Ampelopsis*）等；⑤温带亚洲分布有 3 属，占 1.26%，分别为杭子梢属（*Campylotropis*）、马兰属（*Kalimeris*）和附地菜属（*Trigonotis*）。

2.1.4　小　　结

1）调查发现九峰国家森林公园植物种类较为丰富，共有维管束植物 139 科 356 属 484 种，其中木本植物 215 种，占 44.42%，草本植物 269 种，占 55.58%，草本植物种类略占优势。野生植物有 95 科 238 属 314 种，人工栽培植物有 77 科 134 属 170 种；栽培植物所占比重较大，在本区域植物组成中占有重要地位，这主要是受到人类植树造林等活动的影响而造成的。

2）在科的组成上以含 2～5 属的少属科和含 2～5 种的少种科占优势，其所含的属、种占比较大，在本区域植物组成中占有主导地位。禾本科、菊科、蝶形花科和蔷薇科等含 20 种及以上的大科其所含的属、种占比也较大，也是构成本区域植物组成的重要成分。属的组成上以单种属和寡种属为优势，大戟属和珍珠菜属为含物种数最多的属，各有 6 种。

3）植物区系成分较复杂，根据吴征镒对中国种子植物属的 15 个分布区类型划分标准，九峰国家森林公园维管束植物属可划分为 12 个类型和 8 个变型，这充分说明了本区域植物成分联系的广泛性和复杂性。在科级水平上，表现出了明显的热带性质，在属级水平上则表现出热带、温带成分并重的趋势。这说明本植物区系具有明显的热带向温带过渡性质，这与九峰国家森林公园地处亚热带季风性湿润气候区的地理位置是相吻合的。

2.2　九峰森林资源类型[*]

九峰国家森林公园是武汉地区最早获批的国家级森林公园，植被覆盖率已达 85% 以上。园内自然景观优美，野生动植物资源丰富，是武汉地区森林面积最大的绿色资源宝库。但是，九峰国家森林公园的森林资源一直未有系统地开展森林本底调查，以及森林资源信息的数据集成和可视化工作。通过 GIS 手段实现森林资源信息的提取与数字化，并在此基础上建立资源信息数据库，可以方便快捷地提取到诸如树种、土地利用类型、资源分布状况，森林分类等一系列信息，为定性或定量地研究森林资源结构状况及其空间分布特征提供了可能性，也能作为森林资源管理决策的依据[10]。本节的目的是在森林资源清查的基础上，利用 GIS 技术，构建九峰国家森林公园的森林资源信息数据平台，为实现森林资源的管理、分析和监测等后续研究提供基础。

2.2.1　研究区概况

九峰国家森林公园位于武汉市东郊，距武汉市中心约 12 km，地处亚热带，为海洋季风性气候区，年平均气温 16.3 ℃，日照充足，雨量充沛。夏季高温期间，森林公园的温度较市区低于 2～4 ℃。森林公园内森林资源丰富，据不完全统计现有鸟类 60 余种，维管束植物 580 多种，其中乔木 200 余种。现存面积较大的有栓皮栎、枫香树、小叶栎等落叶阔叶林；常绿阔叶林有青冈、苦槠等；针叶林有马尾松、杉木、湿地松等。引种有水杉（*Metasequoia glyptostroboides*）、银杏（*Ginkgo biloba*）、墨西哥落羽杉（*Taxodium mucronatum*）等珍贵树种。

2.2.2　材料与方法

本节在分析研究区概况和收集相关资料的基础上，确定土地利用分类原则，通过制作数字高程模型、提取遥感图像信息，划分林地小班，并于 2014～2015 年在九峰国家森林公园进行了大量的实地调查，最终完成九峰国家森林公园森林资源的空间矢量化和信

---

　* 引自：付甜，崔鸿侠，潘磊，等.九峰国家森林公园森林资源信息数字化建设.湖北林业科技，2016，45（2）：22-24.

息数字化，并得到该区域森林资源的空间分布专题图。工作流程见图 2.1。

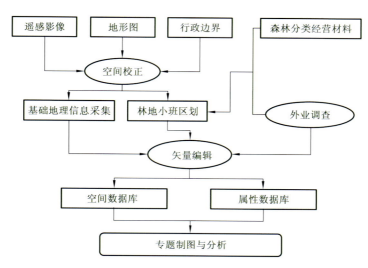

图 2.1　工作流程图

空间（图形）数据矢量化分为以下三个步骤。

（1）空间校正（地图投影）

在林地调查和区划小班之前，收集的基础材料包括:①2013 年 7～9 月专题制图仪（thematic mapper，TM）遥感影像、谷歌地球（Google Earth）影像（分辨率 1.03 m）；②1：10 000 等高线地形图；③行政边界及用地权属图；④森林分类与经营的数据资料。这些数据来源不同，数据的特点差异较大，因此需要统一的地理基础以准确地反映地物地理位置与地理关系特征。整合基础数据时，在 ArcGIS 软件中利用 project 工具来实现已有的数字图形数据的地图投影（UTM），统一坐标系统（WGS84）；没有坐标投影信息的扫描图像则调用 ArcGIS 模块中影像配准功能（geo referencing）对扫描图进行校正，使基础图件具备统一的空间坐标。

（2）基础地理信息采集

对林区的土地进行自然地理区划。在进行各种资源调查以前，要先进行遥感影像的色标绘制和特殊地类调查，然后再进行小班区划。初期土地类型分为林地、苗圃、耕地、水域、荒地、墓地、裸岩、草地、建设用地 9 个大类。调用 ArcGIS 模块中图形编辑功能（editor），以九峰地区的地形图和行政图作为底图对研究区域的边界、道路及小地名等线状、点状基础地理信息进行数字化采集，根据采集的数据特征按点、线、面分层，具体见表 2.6。

表 2.6　基础地理空间数据分类表

要素集	要素类	数据类型
水域	水库	Polygon
	池塘	Polygon

续表

要素集	要素类	数据类型
地文景观	林地	Polygon
	耕地	Polygon
	苗圃	Polygon
	草地	Polygon
	荒地	Polygon
	裸岩	Polygon
	墓地	Polygon
	小地名	Point
	科研院所	Point
	道路	Line
边界	区界、乡界、村界	Line
	林地、耕地等界限	Line

（3）林地小班区划

划分林地小班的原则是每个小班内部的自然特征基本相同，与相邻小班又有显著差别。按照自然地理现状进行区划，一般包括[11-12]：①地类不同；②权属不同；③林种不同（二级林种）；④起源不同；⑤优势树种（组）比例相差 2 成以上；⑥龄组不同，VI龄级以下相差 1 个龄级，大于 VI 龄级相差 2 个龄级；⑦郁闭度相差 0.2 以上；⑧立地类型（或林型）不同；⑨地位级不同、坡度级不同；⑩经营类型不同、经营措施不同。将九峰林地按照群落类型分为常绿针叶林、常绿阔叶林、落叶针叶林、落叶阔叶林、针阔混交林、常绿落叶阔叶林、灌木林 7 个类型。各类型按照起源、优势树种比例、坡度坡位等性质的不同进行细化，并依照具有统一空间坐标的外业调查清绘地图中林地斑块的地理信息进行采集。完成矢量编辑形成面层后，在属性表中建立相关权属字段（小班号），字段的属性为数字型[13]。

2.2.3　属性数据录入

调查数据采用关系型数据库，每个小班调查卡片为数据库中的一条记录，林地小班卡片的属性字段设计有地点、群落名称、树种组成、乔木层优势树种、林种、土地类型、总盖度、腐殖质层厚度、枯落物厚度等主要字段，具体见表2.7。小班调查数据经输入、检查、修改，建成小班调查因子数据库和样地调查数据库。为实现属性库与图形库的连接（link），对应于林地小班图形库中的 link 属性字段，在小班数据库中增加 link 属性字段小班号，具体数值需与林地小班图形数据库相同且唯一。

表 2.7　林地小班区划属性设计

字段名称	字段类型	长度	小数位	字段名称	字段类型	长度	小数位
小班号	Double	10	0	土地类型	Text	12	
地点	Text	24		总盖度	Double	18	2
群落名称	Text	12		枯落物厚度	Double	18	2
树种组成	Text	30		腐殖质层厚度	Double	18	2
乔木层优势树种	Text	36		景观类型	Text	20	
林种	Text	10					

2.2.4　数　据　连　接

在森林资源信息的获取和矢量化处理之后，就已经初步建立了森林资源的内部属性库及空间数据库。其后可以在 ArcGIS 软件中通过合并连接（join）功能来实现空间数据库与森林资源内部属性库的连接。

2.2.5　制图结果与分析

地图制图是建立在已有数据的基础上，使用 GIS 平台进行制图。ArcGIS 的点线面符号渲染方式，通过绑定字段值即属性数据的方式进行渲染，可以自定义设置图层要素的符号、颜色等，给不同属性的线划林班界、小班界、道路等指定不同的线型和颜色，为不同意义的小班赋予不同的填充图案、显示标注和颜色等[14]。已有的属性数据库中的属性字段均可生成相应的专题地图，九峰国家森林公园森林类型分布图见图 2.2。

此研究区域内，现有林地约 483.52 hm^2。其中，以马尾松纯林为主的常绿针叶林面积最大，园内各主峰均有分布，面积约 216.56 hm^2，占现有林地的 44.79%；其次是优势树种为枫香树、栓皮栎和马尾松为主的针阔混交林，面积约 156.06 hm^2，占现有林地的32.28%；另有灌木 54.78 hm^2、落叶阔叶林 27.11 hm^2、常绿落叶阔叶林 22.72 hm^2、常绿阔叶林 4.83 hm^2 和落叶针叶林 1.46 hm^2，分别占现有林地的 11.33%、5.61%、4.70%、1.00%和 0.30%。

2.2.6　小　　结

森林资源信息的数字化可以为森林资源的动态监测提供实时准确的更新数据，能够帮助林业工作者实现数据可视化、空间分析与综合应用等工作，满足森林资源精细化管理和领导决策多维性的需求[15-16]。

目前，已完成九峰国家森林公园的基础森林资源的信息化，但还缺乏对森林资源的定量分析，在后续的研究中，可对九峰森林资源的空间分布及景观结构进行进一步分析。另一方面，仅有树种、年龄、直径和树高等调查只能满足了解森林资源基本信息的需要，还有必要对森林资源变化进行监测，主要是土地利用、林地管理和与森林环境变化有关的定期监测。

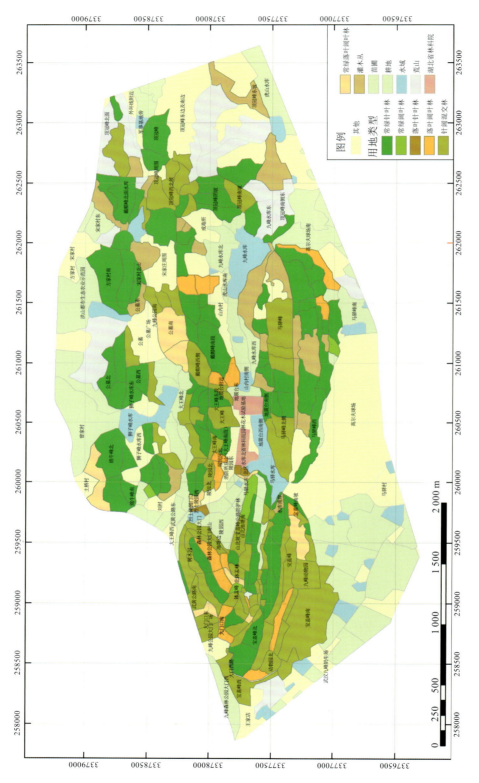

图 2.2 九峰国家森林公园森林类型分布图

2.3　九峰科技植物资源保护总体规划设计[*]

2.3.1　九峰科技植物资源现状及问题

1. 九峰科技植物资源分布

九峰科技植物主要分布在环钵盂峰道路两侧、湖北省林科院花房及试验场花房周围试验地、湖北省林科院办公楼周边、黄柏峰东侧和北侧、大王峰北侧、马驿峰北侧、长春沟两侧、动物园内及顶冠峰山路沿线。现保存的重要现场有 39 个，涉及项目 53 个。其中品种收集类 24 个，高效栽培及中试示范类 17 个，繁育类 6 个，推广类 3 个，森林经营类 1 个，生态类 2 个（图 2.3）。

2. 存在的问题

首先，九峰科技植物资源大多系 20 世纪 60 年代以来结合有关科研课题所栽种，多年来，由于缺乏抚育管护，次生林木较多，林分密度较大，郁闭度达 95% 以上，林下杂灌茂密，科技植物资源目标树种受到竞争威胁十分明显；其次，九峰林业科研试验区自湖北省林科院建院以来，先后开展了 70 多项科研试验任务，取得了许多较重大科研成果，为湖北林业科研事业的发展做出了较大贡献，具有较大的科研潜力和科普价值。由于受自然演替及人为破坏的影响，九峰科技植物资源出现不同程度的损毁，有些植物已经消失，且该资源损失正呈现加速扩大的趋势，如入园道路路边的油茶，因上层树木的压制，分布七零八落，生长受到严重影响；动物园内的欧洲栓皮槠因处在动物笼舍鹿园内，缺乏有效保护，只剩一株，岌岌可危；具有历史意义的油橄榄引种栽培试验林，损失殆尽，一株未存，保护这些科技植物资源迫在眉睫、意义重大。

2.3.2　规划指导思想

通过保护现有科技植物资源，充分发挥其蕴含的科研潜力。林业生产周期长，而林业科技项目期限一般只有 2~3 年，很多课题结论只是阶段性成果，其结论有待日后进一步检测验证，对原有课题进行回看和总结，才能得出全周期更加完整、科学的结论。科技植物资源在记录湖北省林科院科研发展历史的同时，也对开拓科研未来具有重要指导意义。在对整个九峰试验林场科研资源进行调查的基础上，归类总结，制订保护利用规划措施，为提高科技水平及科技项目有序开展打下坚实基础。同时，也能丰富充实九峰国家森林公园森林物种资源。

2.3.3　规 划 原 则

1）突出林业科研特色。结合九峰国家森林公园建设，以项目为单元加配二维码等方式，普及林业科学知识，展示、宣传林业科研成果。

2）保护优先、合理开发、永续利用。替历史负责，完整记录湖北省林科院发展足

---

* 本节作者：朱建新，张家来，郑兰英，戴薜。

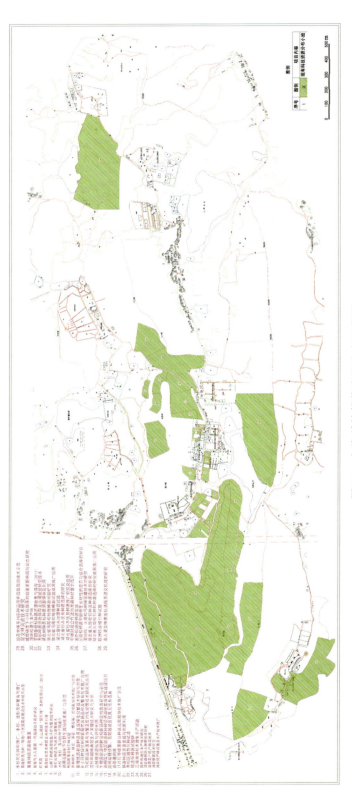

图 2.3　九峰科技植物资源分布现状图

迹，保护好前人留下的宝贵科研资源，世代相传，永续利用。

3）各类规划兼容。九峰地区有多重规划设计，如森林公园规划、国家长期林业科研基地规划、一些具体科研项目的规划等，本节规划设计与九峰国家森林公园总体规划等综合性规划实行无缝对接，相互兼容，相得益彰。

4）根据目前科技项目分布情况，依据九峰地形地貌特征，划分出各类功能区，如种苗繁育区、引种试验区等，为未来的科技项目实施及合理布局打下基础并预留空间。

2.3.4　规划依据

规划依据为九峰现有科技项目分布状况、《九峰国家森林公园总体规划》、《湖北九峰综合类国家长期科研试验基地规划》、湖北省"十三五"林业发展规划。

2.3.5　规划布局

九峰现有科技植物资源的布局随意性较强，比较零乱，不便于保护利用。为了有效、合理利用九峰科技植物资源，根据现有科研项目分布状况，分门别类进行整体功能划分，既便于科研项目合理有序的开展，又便于类似项目间的对照、总结和保护。为此，本节将整个九峰试验林场按照试验区、园区、项目区三级规划区划分为 6 大试验区、若干园区及项目区等（图 2.4）。

（1）种苗繁育区

该区主要位于湖北省林科院办公楼前、东侧、西侧、林科院花房、试验林场办公楼前试验苗圃及试验林场花房，总面积 14.8 hm^2（222 亩）。现有温室三座，面积 738 m^2；塑料大棚 3 800 m^2；办公用房两栋，建筑面积 622 m^2。该区为山峰间相对平坦的地面，土层较为深厚肥沃，已建有良好的排灌系统，道路网络初具规模，具备良好的科研育苗基础条件，且离办公区较近，方便管理，适宜开展种苗繁育、建立采穗圃、种子园等科研项目。

（2）引种试验区

该区主要位于钵盂峰，面积 51.4 hm^2（771 亩）。该区目前主要分布有水杉、杉木、马尾松、国外松等地理种源试验项目，还有引种栽培的金钱松、北美红杉等植物，具备一定的引种试验基础。该区有长春沟、箅箕肚、罗汉肚等微地形环境，形成不同的小气候条件，能满足不同植物对环境多样性的需求，是较为理想的科研引种试验场所。

（3）高效栽培区

该区主要位于黄柏峰，面积 39.6 hm^2（594 亩）。该区目前主要开展有"油桐高效栽培""八月红等板栗新品种及高效栽培技术推广示范"等木本粮油作物，以及经济林作物良种选育、高效栽培等项目，山脚下地势平坦开阔、土层深厚、土质较好、阳光充足、排灌系统良好，适合开展高效栽培等试验。

（4）种质资源保护区

该区主要位于宝盖峰，面积 83.4 hm^2（1 251 亩）。该区目前主要实施的项目有"湿地松、火炬松母树林营建技术研究""欧洲栓皮槠引种试验""美国大王松引种试验"

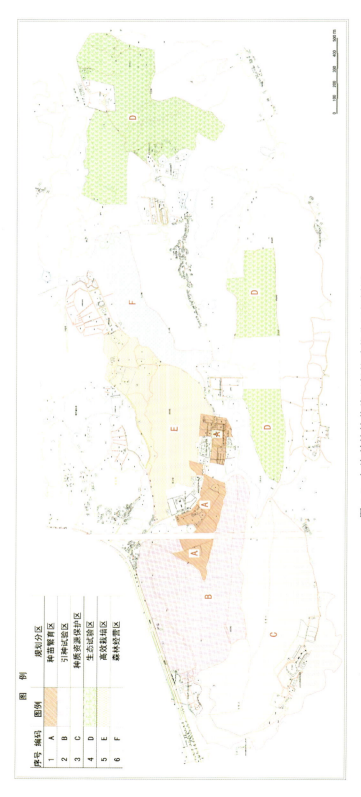

图 2.4 九峰科技植物资源保护功能分区规划图

序号	编码	图例	规划分区
		图 例	
1	A		种苗繁育区
2	B		引种试验区
3	C		种质资源保护区
4	D		生态试验区
5	E		高效栽培区
6	F		森林经营区

"罗田垂枝杉种质资源收集与保存""秃杉种质资源保存及区域试验研究技术"等。保存着湿地松、火炬松、美国大王松、欧洲栓皮栎、罗田垂枝杉、秃杉等种质资源，但一些树木如国外松、欧洲栓皮栎等被圈在动物园内，直接面临着动物的威胁，必须加大保护力度。宝盖峰具有南北两面坡向，气候条件有一定的变化，能较好满足不同植物对环境的要求，适合开展种质资源保护方面的相关研究。

（5）森林经营区

该区主要位于大王峰西北坡，面积 21.6 hm²（324 亩）。该区执行的项目有"丘陵岗地杉木速生丰产试验""国外松速生丰产技术研究"等。但因植物竞争关系，杉木被其他非目标树种压制，生长极度不良，国外松也被其他树木取代，亟须抚育。该山峰部分为静安公司据地，将来有可能需要占用该区部分林地，将该区划为森林经营区，既能进行有关科研项目试验，又不受面积大小所制约。

（6）生态试验区

该区位于顶冠峰、马驿峰，面积 76.6 hm²（1 149 亩）。该区目前主要开展的科研项目有"湖北森林防火林带技术研究""南方混交林类型优选及其混交机理的研究"等，因混交林比例较高，将其划为生态试验区，主要开展生态试验等方面研究。

2.3.6　保　护　规　划

科技植物资源保护是一项综合性强且需要长期坚持的工作，为有效加强九峰科技植物资源保护，从以下几个方面制订规划保护方案。

1. 园区划分

结合九峰国家森林公园建设，强化科技植物专类园建设力度，使项目在合理开发利用中得到有效保护。规划的科技植物专类园分别为树木观赏园、三杉种子园、紫薇观赏园、油茶品种园、马尾松地理种源园、杉木地理种源园、秃杉园、罗田垂枝杉园、国外松观赏园、小水果园、生物质能源树木园、枫香园 12 个专类园。将这些科技植物专类园打造成为森林公园景点，让目标树种在合理开发利用中得到有效保护（图 2.5）。

（1）树木观赏园

该园位于试验林场办公楼前，面积 0.55 hm²（8.25 亩）。树木园共收集有南酸枣、光皮桦、枇杷、栎树、池杉、樟树、红果冬青、桂花等 40 余种乔木，以及红叶石楠、木瓜等 10 余种灌木。在收集湖北主要造林绿化树种的同时，也能普及树木分类方面的知识。

（2）三杉种子园

该园位于湖北省林科院办公楼前及凉水井处，面积共 0.93 hm²（13.95 亩）。水杉是我国珍贵稀有树种，属世界上珍稀的孑遗植物，有"活化石"之称。池杉原产北美东南部沼泽地区，为古老的孑遗植物之一，中国 1900 年以后引入，现已成为长江南北水网地区重要的绿化树种。墨西哥落羽杉原产于墨西哥及美国西南部，具有抗风性、抗污染、抗病虫害、耐干旱和瘠薄等优良特性，是较好的造林绿化树种。保护、推广及利用好这"三杉"树木，意义重大。

图 2.5 九峰科技植物保护专类科研植物园规划布局图

序号	科研植物园名称
1	树木观赏园
2	三杉种子园
3	紫薇观赏园
4	油茶品种园
5	马尾松地理种源园
6	杉木地理种源园
7	秀杉园
8	罗田垂枝杉园
9	国外松观赏园
10	小水果园
11	生物质能源树木园
12	枫香园

（3）紫薇观赏园

该园位于湖北省林科院办公楼前，面积 0.15 hm²（2.25 亩）。紫薇是较常用的园林绿化树种，湖北省林科院经过多年品种选育，筛选并培育出了许多如大花紫薇、福建紫薇、南紫薇、光紫薇 4 个品种，引进美国紫薇品种 25 个，"赤霞""四海升平"等新品种及优良无性系 20 个。该园是湖北紫薇品种收集最为齐全的地方，也是观赏紫薇，品鉴紫薇较为理想的场所之一。

（4）油茶品种园

该园位于湖北省林科院办公楼西侧，面积 0.8 hm²（12.00 亩）。油茶是我国南方优质的食用油主要来源树种，湖北居我国油茶分布的北缘地区，建立油茶品种收集圃，保存优质基因，在科研及生产上，都具有较大意义。

（5）马尾松地理种源园

该园位于长春谷中下部，面积 3.67 hm²（55.05 亩）。从 1977 年开始，收集了全国各地提供的参试材料 176 份，根据马尾松种源间主要生长性状和物候性状存在的极显著差异及早期相关性，运用坐标综合评定法选出了适合湖北省的 10 个优良种源，丰富了湖北省造林树种。

（6）杉木地理种源园

该园位于长春谷上部，钵盂峰南坡，面积 0.87 hm²（13.05 亩）。杉木是早期重要的建筑及家具用材，也是造林优选树种之一。该园从 1977 年起，收集了南方 14 个省 61 个县市种源，选出适合湖北省造林种源 4 个，为杉木造林提供更多的选择。

（7）秃杉园

该园位于长春沟中上部，面积 7.22 hm²（108.30 亩）。秃杉是我国濒危树种，该园的建立保存了秃杉种质资源，储备了秃杉快速扩繁的基本材料，对于挽救秃杉具有积极意义。

（8）罗田垂枝杉园

该园位于长春沟中部，面积 1.33 hm²（19.95 亩）。罗田垂枝杉主要特点是生长快、干形通直饱满、树冠窄小、形状像尖塔一样，并且病虫害少、结实晚、营养生长迅速，是较好的造林树木之一。该园主要收集了 55 个无性系，营建了全国唯一杉木新品种"鄂杉 1 号"种质资源收集圃。

（9）国外松观赏园

该园位于九峰动物园内，面积 18.27 hm²（274.05 亩），主要有湖北省林科院引种栽培的火炬松、湿地松、美国大王松等国外松品种。国外松是造林速生树种，在造林史上，发挥过重要作用。

（10）小水果园

该园位于办公楼东侧，面积 0.30 hm²（4.50 亩），主要收集有湖北地区涩柿、甜柿、山核桃、柚子等优良经济林新品种，是了解湖北省优质经济林新品种最佳场所。

（11）生物质能源树木园

该园位于办公楼东侧、黄柏峰南侧，面积 5.80 hm²（87.00 亩）。该园主要收集有目前湖北省主要的优质生物质能源树种乌桕、油桐、油茶、核桃、黄连木、光皮树、无患子等，集湖北生物质能源树种之大全，对普及生物质能源树木知识及储备优质生物质能源树种具有重要意义。

（12）枫香园

该园位于黄柏峰北侧，面积 0.43 hm²（6.45 亩）。该园收集保存全国 30 多个枫香种源和 300 多个家系，初步选出优良种源 13 个、优良家系 49 个、优良单株 38 株。枫香是秋季较好的观叶树种，对于丰富湖北地区枫香树种资源具有一定的意义。

2．保护措施

加强科技植物资源抚育管理，改善科技植物资源生存条件，消除科技植物资源受到的威胁。一些科技植物由于长期缺乏抚育管理，而被非目标林木所压制，生长长期受到严重影响，为保护现有科技植物资源所采取的透光伐，即必须砍伐掉影响目标树种生长的所有上层"霸王"树，清除掉下层所有杂灌，只保留科研目标树种；对密度过大林分，进行疏伐；对中幼林，采用割灌除草、浇水、施肥等措施进行抚育；对缺株或分布不均匀的科技植物资源进行补植补种。

以上抚育措施不同于一般的抚育，要根据需要多种措施综合运用，如入园道路路边的油茶林，就可以通过透光伐，砍伐掉上层所有"霸王"树，同时采用割灌除草方式，清理掉下层灌木，对分布不均匀缺株苗木，进行补植补种，配合浇水、施肥等抚育措施。

本节规划森林抚育总面积 91.36 hm²（1 370.40 亩）（不包含近自然抚育项目 500 亩）。移栽桂花 35 株、栾树 45 株；补栽各类苗木 2 270 株，其中包括甜柿 10 株、国外松 60 株、茶树 2 000 株、油茶 200 株；割灌除草 47.05 hm²（705.75 亩）、除草 4.90 hm²（73.50 亩）、修枝 2.08 hm²（31.20 亩）、浇水 9.32 hm²（139.80 亩）、施肥 9.32 hm²（139.80 亩）；透光伐 16.05 hm²（240.75 亩）、疏伐 8.80 hm²（132.00 亩），采伐蓄积 284.80 m³（图 2.6）。

3．挂牌管理

九峰科技植物资源实行挂牌管理，做好项目的宣传及科学普及，营造科技植物资源保护社会氛围。在九峰实施的每个项目基地加挂一个二维码，让游人通过手机扫描，就可以清楚了解到项目有关情况，包括项目名称、实施年限、项目来源、项目研究内容、完成情况等信息，借此宣传林业科研、普及林业科技知识、强化林业科研意识，激发全社会保护科技植物资源的热情。

4．加强基础设施建设

九峰地区道路系统多为碎石路面，排水沟多为土沟，高差较大的圃地之间仍为陡峭土坡，存在垮塌的风险，喷灌系统还不够完善，同现代化的种苗繁殖基地要求相比，还存在较大的差距，亟须完善。另外，科研基地及项目园区分布比较分散，有些地方道路还未修通，亟须完善道路系统。对于分布在动物笼舍中的科技植物资源，为避免动物伤害，修筑砖砌直径 1.0 m、高 1.5 m 的树木保护墩。

此次规划新修 3.0 m 宽混凝土道路 5.1 km，作业道路宽 1.2 m、长 1.5 km，砌筑景观毛石挡土墙 1.853 km，完善喷灌系统 5.33 hm²（79.95 亩），修筑砖砌树木保护墩 51 座（图 2.7）。

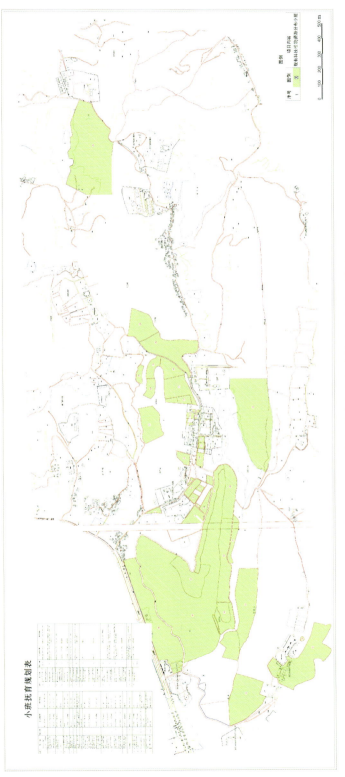

图 2.6　九峰科技植物资源保护小班分布及抚育规划图

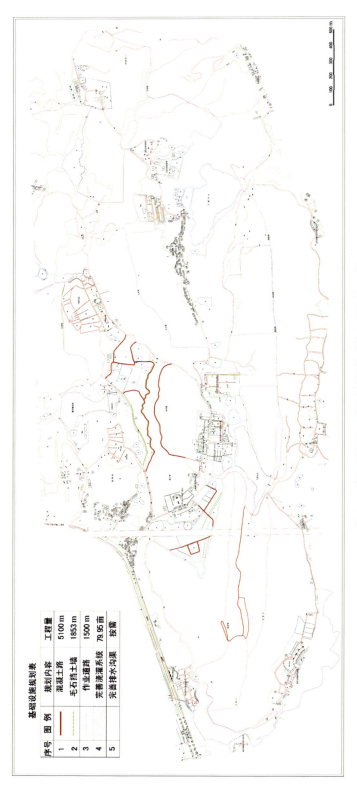

基础设施规划表

序号	图例	规划内容	工程量
1		混凝土路	5100 m
2		毛石挡土墙	1853 m
3		作业道路	1500 m
4		完善灌溉系统	79.95亩
5		完善排水沟渠	按需

图 2.7　九峰科技植物资源保护基础设施规划布局图

5．制订九峰科技植物资源保护规程

为了让科技植物资源保护常态化，科技植物资源保护管理必须长期坚持，不能一蹴而就，需要建立一套完善的保护规程，并按照保护规程严格执行，让九峰科技植物资源保护落到实处。

2.3.7　科技植物保护规划实施

科技植物保护规划实施分三个阶段。第一阶段为规划实施起步阶段。制定保护规划，完善各项有关保护制度、落实专项资金并做好宣传、动员工作。第二阶段为具体实施阶段。细化九峰科技植物保护规划，有计划、分步完善规划的各项管理抚育措施及部分基础设施建设。各项目区做到整洁美观，目标树种分类明确，具有较强的观赏性；道路系统能通达项目现场；规划功能分区初步形成、专类科技植物园建设基本完成；项目二维码加挂完毕；日常管护有序进行，初步具备对外开放的条件。第三阶段为完善阶段。严格按照功能分区，全面完成各项保护措施及基本建设内容，对照九峰地区生态红线，有关项目都能对应功能分区执行，科技植物保护规划自觉有序开展。

1．规划实施的保障措施

（1）成立湖北省林科院科技植物资源保护领导小组

成立由院长任组长、分管科研副院长任副组长、其他副院长及院各专业研究所所长为成员的科技植物资源保护领导小组。构建科技植物保护组织框架，协调各方面力量，确保项目平稳有序推进。

（2）成立湖北省林科院科技植物资源保护技术小组

科技植物资源保护是一项综合性、专业性很强的工作，涉及森林抚育、病虫害防治等专业，以及浇水、施肥、复壮、生态、网络等具体操作流程，有必要成立由湖北省林科院相关方面专家组成的科技植物资源保护技术小组，确保科技植物资源得到科学保护，实现永续利用的目标。

2．维护规划的权威性、稳定性

该规划一经制订并通过相关评审后，应以文件形式确定，维护规划的权威性和稳定性，以便更好地发挥科技植物资源效能，不会因人事变动使得规划朝令夕改、无所适从。

3．落实专项资金

该项规划的实施包含科技植物资源抚育管护，以及为保护科技植物资源所规划的基础设施建设，如兴修道路、排水沟、完善浇灌系统、修砌毛石挡土墙、加挂二维码等，都需要一定资金投入。科技植物资源抚育管护需要长期相对固定的投入，引入市场机制或在有关项目预算或基建投资中提取一定比例建立保护基金等，这可能是解决保护资金来源的有效方法。

4. 加大科技植物资源保护的宣传力度

科技植物资源保护不仅需要保护措施，同时还需要进行广泛宣传，让科技植物资源保护深入人心，成为人们的自觉行动，宣传教育是科技植物资源保护的工作基础，应当引起足够重视。

参 考 文 献

[1] 王荷生. 植物区系地理[M]. 北京: 科学出版社，1992.

[2] 刘秀群，贾若，陈龙清. 武汉市公园绿地植物群落多样性分析[J]. 安徽农业科学，2009，37(36): 18241-18243.

[3] 王茜茜，葛继稳，徐鑫磊，等. 武汉市东湖国家级风景名胜区植被研究[J]. 科技创新导报，2009(8): 233-234.

[4] 吴磊，尹炳梅，刘建军，等. 武汉马鞍山半自然群落的特征及在园林中的应用[J]. 华中农业大学学报，2008，27(6): 787-791.

[5] 黄祖国，丁昭全，姚军，等. 武汉市植物多样性资源调查及分析[J]. 园林科技，2006(4): 32-38.

[6] 傅书遐. 湖北植物志(1～4 卷)[M]. 武汉: 湖北科学技术出版社，1998.

[7] 中国科学院中国植物志编辑委员会. 中国植物志[M]. 北京: 科学出版社.

[8] 吴征镒，周浙昆，李德铢，等. 世界种子植物科的分布区类型系统[J]. 云南植物研究，2003，25(3): 245-257.

[9] 吴征镒. 中国种子植物属的分布区类型[J]. 云南植物研究，1991(增刊 IV): 1-139.

[10] 张跃明，李鹏，陈吉林等. 以 GIS 为基础的森林资源信息的制图方法研究[J]. 内蒙古林业调查设计，2009，32(5): 105-107.

[11] 刘星宇. 对森林资源调查中合理区划小班的探讨[J]. 林业勘查设计，2011，159(3): 9-10.

[12] 曹建斌，胡宏. 二类调查外业工作探讨[J]. 甘肃科技，2012，28(8): 157-156.

[13] 万晓会. 面向对象的森林资源数据库的设计与实现[J]. 林业勘察设计(福建)，2013(1): 56-60.

[14] 王国荣，赖长鸿，谢云，等. 基于 ArcGIS 在森林分类区划中的制图探索[J]. 四川林业科技，2009，30(4): 78-81.

[15] 夏朝宗，熊利亚，杨为民，等. 石林县森林资源管理信息系统的研建与应用[J]. 北京林业大学学报，2004，26(3): 24-29.

[16] 郭建斌，刘颖，游先祥. 基于"3S"技术的鹫峰森林公园立地分类及制图研究[J]. 安徽农业科学，2009，37(32): 16167-16170.

第 3 章

九峰科技植物资源培育重点繁殖技术

为解决生产实际中的种苗问题，本章将介绍资源培育重点繁殖技术，如湿地松、火炬松母树林、水杉无性系种子园、池杉采穗圃及落羽杉、油桐等树种嫁接技术，为大面积推广上述湖北重要造林树种提供可靠的种苗基础。

自1960年开始在九峰试验林场改建和新建母树林，营建湿地松、火炬松母树林300多亩，共有母树5 200多株，改建的母树林自1964年起开始生产种子，新建的母树林也陆续开花结实。

1974年进行了水杉14个无性系的嫁接工作，1975年建立了无性系种子园，接株生长良好，1976年起开始开花。通过对水杉无性系种子园花期调查，掌握了其开花结实与立地环境的关系，为有效进行人工管理促进结实、提高种子产量和质量提供了依据。

为了探索池杉采穗圃最优栽培技术，在观测调查基础上，选择同系同龄同规格扦插苗36株，进行4因素三水平的正交试验，通过试验找出了池杉采穗圃集约栽培的技术条件，使萌条产量达到常规生产两倍以上。

选用优良单株枝条作接穗，嫁接池柏1 500株，保存1 105株，保存率73.7%。嫁接落羽松600株，保存526株，保存率87.7%。

通过春季不同时期油桐顶芽枝接和带木质部盾形芽接试验表明：武汉地区油桐春季带木质部盾形芽接成活率显著高于顶芽枝接；武汉地区油桐春季顶芽枝接宜在3月份以前进行，带木质部盾形芽接宜在3月中下旬进行。

3.1 湿地松、火炬松母树林的建立[*]

湿地松和火炬松是在武汉地区引种成功的外来树种，具有生长迅速、干形通直圆满、材质好、用途广，以及适应性较强等优点，值得推广造林。但因种源不足，给推广造林工作带来了困难。为了生产这两个树种的种子，作者自1960年开始在湖北省林业科学研究所^①（简称湖北省林科所）试验林场改建和新建母树林，到1972年为止，营建母树林300多亩，共有母树5 200多株。改建的母树林，自1964年起开始生产种子，新建的母树林也陆续开始开花结实。

3.1.1 基本情况

1. 改建的母树林

1949～1950年湖北省第一次引种栽植了湿地松和火炬松。湿地松分栽于九峰（狮子峰）和卓刀泉两地，共520多株，面积20多亩；火炬松栽于卓刀泉寺后，共90多株，面积约3亩。树高生长最高为13.7 m，平均12.6 m，胸径最粗29 cm，平均20 cm，比同龄马尾松树高生长快28%～46%，胸径大42%～53%。为了提早采到种子，推广造林，于1960年进行全垦间作，并施了1次化肥。1964年开始结果，改建为母树林。进行疏伐疏移，林下种植紫穗槐，移植的母树林内连续间作3年。至1967年收到球果150多斤^②，由于球果虫害较多，种子也多空瘪，仅得好种3斤。1972年则是收获球果最多的1年，得种子10斤左右。

2. 新建的母树林

自1980年以来，新建母树林4个，其中2个为湿地松，1个为火炬松，1个包括湿地松与火炬松各两小片。

（1）笤箕肚片区

1960年从广东引进少量湿地松种子育成了苗木70多株，1961年定植在笤箕肚（钵盂峰东麓）株行距6 m×8 m，林地全垦，间作3年，母树生长良好，1967年起开始开花结实，但种子也多空瘪。1965年和1971年先后移栽到他处40株，结果株数较未移植的为多。

（2）黄柏峰片区

1964～1965年，从第一批引种经改建的湿地松和火炬松母树林采到种子，育成了苗木，分片栽于黄柏峰南麓松杉混交林，株行距6 m×6 m，造林成活率较高，但因没有及时砍除松杉，母树受光不足，林地也没有翻耕，水肥条件较差，生长不良。至1972年有位于林缘的火炬松8株开始开花。随着自产种苗数量逐渐增多，母树林面积也逐渐扩大。1968年在黄柏峰中段马尾松林下新栽湿地松500多株、火炬松600多株，1969年因松毛虫成灾，危及幼树，死亡较多，1970～1971年重新栽植并扩大了面积，苗木生长情况详见表3.1。

---

* 引自：湖北省林业科学研究所.建立湿地松、火把松母树林的情况.湖北林业科技，1972（2）：18-20.
① 1994年，湖北省林业科学研究所更名为湖北省林业科学研究院，后同。
② 1斤=0.5 kg，后同。

表 3.1 　黄柏峰苗木生长情况

树种	栽植年份	苗龄 / 年	株数	树高/m		胸径/cm	
				最高	平均	最粗	平均
湿地松	1965~1971	2~3	297	3.82	2.78	6.4	3.8
火炬松	1965	3	116	4.40	2.80	8.1	5.5
火炬松	1958~1971	2~4	699	1.67	1.35	—	—

（3）钵盂峰（罗汉肚）片区

1970~1971 年春在钵盂峰北麓阔叶树林冠下栽火炬松母树林 1 个，株行距 6 m×6 m，共 1 264 株，存活 1 200 多株，因未较早砍除阔叶树，生长状况一般，树高平均 1.12 m，最高 1.41 m。

（4）宝盖峰（陶旺）片区

1970~1971 年春在宝盖峰南麓阔叶树林冠下和部分荒地栽植湿地松 2 721 株，存活 2 654 株，由于管理最好，植株生长良好，苗木生长情况详见表 3.2。

表 3.2 　宝盖峰苗木生长情况

栽植年份	苗龄 / 年	株数	树高/m		胸径/cm		结实株数	经营情况
			最高	平均	最高	平均		
1970	2	1 395	2.56	1.89	4.5	2.6	10	全垦间作
1971	3	507	2.92	2.21	5.1	3.5	2	全垦间作
1972	2	752	1.10	0.65				穴垦

1966~1967 年，在本片以马尾松为砧木（3~4 年生人工林）嫁接湿地松 400 多株，存活 126 株，嫁接火炬松 7 株，存活 7 株。自 1971 年起开始开花，1972 年收获湿地松球果 23 个，火炬松球果 2 个，籽多空瘪，在开花时试行了人工辅助授粉。

除在湖北省林业科学研究所试验林场逐年扩大了两个树种的种植面积外，历年分栽在武汉地区的桂子山、磨山、珞珈山、水果湖、东湖等处约 200 余株。由于都采取了宽距离栽植，管理也比较好，苗木生长良好，并陆续开始结实，单株结果数逐渐增加。

3.1.2 　问题讨论

几年来，建立湿地松和火炬松母树林的面积逐渐扩大，生产的种子也逐年增加，但因各母树林区经营措施不同，林木生长和结实情况有明显的差别。为了提高母树林的经营水平，生产更多更好的种子，必须抓好以下几个问题。

1. 关于母树和种苗标准问题

良种是林业生产的基本建设，更是建立母树林的物质基础，一般的母树林是通过选择健壮、通直和材质优良的母树，实行集约经营，以生产遗传品质优良的种子的场地。在经营母树林的初期，即改造狮子峰和卓刀泉的母树林时，"留优去劣"工作做得不彻底，至今尚有不少劣树留在林内，因而影响优树的生长，更影响优树的结实。从母树林中移出定植的"母树"，也有不少不符合母树的标准，影响了种子的产量和质量。

后来扩种的母树林，由于种苗来源太少，没有选择优良种苗造林，造成了现有林内树木生长好坏不一，林相不够整齐。直到1970年种苗来源较多，才采用了较高的标准，一般定为苗龄2～3年生，苗高50 cm以上，根径2 cm以上，未感染病虫害，生长健旺，顶芽饱满，因此幼龄母树生长情况良好。

所以建立母树林时，应注意选择优良母树上的种子育苗，选用一级苗和超级苗造林，使能生产遗传性状较好的种子。

2．关于栽植距离问题

按一般建立母树林的方法，是选择幼龄或壮龄的人工或天然林，按"留优去劣，适当照顾距离"的原则，进行1～2次疏伐，经过较好的土壤和林木管理，而获得优良种子。但由于苗木不足，在建立母树林时没有考虑后来疏伐或疏移的问题，栽植距离极大，部分为6 m×6 m（少数4 m×4 m和4.5 m×4.5 m），这样就失去了"留优去劣"的机会，不能做到母树林全部由优良的母树所组成。为了保证获得良种，除了前述的苗木选择之外，加大造林密度，保证有1～2次疏伐选优机会，是有必要的。

3．关于林地选择和改良问题

母树林的造林地条件要求较高，一般是选择土壤深厚肥沃、质地疏松、排水良好的山麓坡地，且附近没有其他不良种类的松树。本研究是按此标准选用林地的，但因无较多空地可以利用，都先在马尾松、杉木和阔叶树林冠下栽植，预定在栽植当年或第二年分期分批将它们砍掉。后来没有完成这项工作，致使湿地松和火炬松树冠受光不足，树根吸收水肥较少，严重地影响了母树的生长发育。因此将有林地改建为母树林时，最好事先将不利于母树生长的其他林木砍掉，并挖去所有树根，再行造林。若只能先在林冠下造林，必须在一年内将它们砍除挖掉。

为了减少马尾松花粉的传粉和便于经营管理，母树林区要求集中成片，并有较大的面积，一般不小于50亩。如果没有完全符合要求的林地，也可选用部分条件较差林地，但须加以改良，如深翻以加深土层，施肥以提高肥力，并在栽植后加强中耕锄草、间作、施肥及灌溉排渍工作。

4．关于起苗定植问题

新建的母树林都选用2～8年生大苗，带土球定植于林地，成活率一般在90%以上，有时可达100%，恢复生长也比较快。土球大小以多带侧根、少断主根为原则。土球直径一般30 cm，厚度20 cm以上，挖起后用草绳捆绑，勿使松散。这种方法造林成本较高，但比不带土球造林带来的损失要小得多。

所以扩建母树林，有必要采取较大的选择密度，林分郁闭时就需要进行疏伐。为了使需要疏伐的林木得到更好利用，也可采用带土球的方法进行疏移，作为一般用材林经营。1964～1965年用这种方法梳移8～17年生大树60多株，成活率达到95%以上，并起到了提早结实的作用。

5．关于灾害防除问题

在母树林经营的过程中，对各种自然的和人为的灾害，需要特别关注。对于松毛虫和松梢害虫要除早、除小、除了。干旱季节要注意抗旱，否则既严重影响母树林的生长，也影响球果的发育和种子质量。

6. 关于促进结实问题

湿地松和火炬松种子空瘪的很多，原因是多方面的，雄球花少，雌雄花期不遇，花期多雨所引起的没有授粉，或授粉不良，可能是重要原因之一。

3.2　水杉无性系种子园花期调查*

水杉适应性强，生长快，树干通直圆满，树质也较好，是建筑家具用材，也可作造纸材料。水杉树形美观，又是一种难得的绿化观赏树种，因此推广水杉栽培，不仅可以加速绿化祖国的步伐，增产国家和民用木材，还可以美化和保护环境。

但由于原产地水杉母树产种量少，新发展区实生水杉结实年龄迟，种源十分不足，影响了这一优良树种的推广。为了促进水杉提早开花结实，并通过选优繁殖，实现水杉林木良种化，湖北省林科所试验林场于1974年开始了水杉14个无性系的嫁接工作。1975年建立了无性系种子园，接株生长良好，1976年起开始开花。现将建园和花期观察初步结果作如下的介绍。

3.2.1　选优、育苗和建园简况

1. 优树选择

1973年，作者会同有关单位拟定优树选种标准。从2 000多株大树中选出了14株优树。这些优树中最大树龄为150年以上，最小树龄为36年；它们的平均树高为33 m，平均胸径58 cm。最大的树高为40 m，胸径110 cm，最小的树高18 m，胸径33.5 cm。单株材积比邻近五株优势木平均值大50%以上，同时它们的树干通直圆满，枝叶浓密，分枝细匀，树冠较窄，而且没有病虫危害。

2. 嫁接育苗

1974年3月下旬，从利川县①的14株优树上采取1～2年生枝条，剪成直径0.2～0.5 cm、长6～8 cm的接穗，在地径1 cm以上的水杉实生苗上，用髓心形成层对接法嫁接。少数于1974年8月中旬用粘皮芽接法嫁接。

水杉嫁接后一般在20 d左右愈合，当接穗萌发新梢长达5～10 cm时解绑。同时剪去接合部位以上的枝干，并插杆扶苗。以后做好除草、松木、排灌、施肥及防治病虫害等管理措施。嫁接苗当年生长高达80～120 cm。

3. 选地平整与区划

选择黄柏峰南麓梯田地作为园地，为了便于经营管理，使用推土机进行了平整。总

---

* 引自：湖北省林科所试验林场.水杉无性系种子园花期的观察初报.湖北林业科技，1980（4）：11-15.

① 1986年利川撤县建市。

面积 10 亩，划分为 4 个小区，I、II 两个小区面积各为 3.5 亩，小区间设 5 m 宽的道路，西与墨西哥落羽杉相接，东邻落羽杉种子园，四周无水杉树，隔离情况良好。

4．整地栽植与管理

在经过平整的园地上，于前一年冬季按 2.5 m×3.0 m 株行距定点，采用爆破法挖穴。穴深 1 m 以上，穴径 1.5 m 左右。栽植前填入肥土，每穴施豆饼 1.0～1.5 斤，堆肥 50 斤作底肥。栽时在每小区无性系按 2 倍顺序错位排列。栽时从苗圃中起苗，随起随栽。1975 年共栽嫁接苗 488 株，栽后每年间种，以耕代抚，并及时治除虫害。1978 年春进行了隔株疏移，株行距扩大为 5 m×6 m。

3.2.2　开花结实规律

水杉种子园自 1975 年建立以来，1976 年就有少数接株开花，以后逐年有所增加，将水杉种子园 I-II 区两年来开花情况的调查结果列入表 3.3。

表 3.3　水杉种子园 II-I 区开花情况

无性系号	现存株数	1978 年开雌球花（株行号）				1979 年开雌球花（株行号）				1979 年开雄球花（株行号）	
1	4									6-3	
2	6					6-3	10-2				
3	5	3-1				5-4				8-3	
4	6	2-1	6-7			8-3				11-3	
5	8	3-5	7-4			5-8	7-4	9-7	11-3		
6	5	4-2				8-7					
7	7	3-2	5-5			3-2	5-5	13-3			
8	6										
9	7					3-6	11-4	13-7	1-3	11-4	
10	5										
11	6	3-3				7-2	11-8			7-2	
12	6	6-2				4-6	12-4	6-2			
13	7	3-7				3-7	5-3	9-2	1-4	9-2	1-4
14	6										
株数合计	84	10				25				7	
占总株数/%		11.9				29.8				8.3	

1．雌球花始花期

1）无性系始花期较实生树早，水杉无性系种子园始花期较实生树显著提早。林场 1959 年前后栽植的水杉实生树 137 株、树龄 24 年左右，1980 年保留 127 株，只有 21 株开花，开花率只有 16.5%，而种子园 II-I 区 14 个无性系 84 株水杉，树龄 5 年，就有 25 株开雌球花，开花率达 29.8%，可见采取已结实的优树上的枝条进行嫁接繁殖，始花期可提前 19 年左右，这对于提早满足对水杉良种的需要，是一项有效的措施。

2）不同无性系始花期不同。种子园中的不同无性系始花期有先后。表 3.3 表明，14 个无性系中到 1979 年春有 10 个无性系开花，占无性系总株数的 71.5%，尚有 4 个无性系没有开花，为无性系总株数的 28.5%。

3）无性系内各接株始花期不同。结合 1978～1979 年始花的株数，按无性系比较结果（表 3.4），最少的有 2 株，为该无性系的 33.5%～40.0%，最多的为 5 株，为该无性系株数的 62.5%，10 个无性系先后两年始花的共 31 株，为总接株数的 49.2%。

表 3.4　水杉种子园 II–I 区开花株数统计

无性系号	接株数	1978 年始花株数	1979 年始花株数	1978～1979 年合计	始花株率/%
2	6	0	2	2	33.3
3	5	1	1	2	40.0
4	6	2	1	3	50.0
5	8	2	4	5	62.5
6	5	1	1	2	40.0
7	7	2	3	3	42.9
9	7	0	4	4	57.1
11	6	1	2	3	50.0
12	6	1	3	3	50.0
13	7	0	4	4	67.1
合计	63	10	25	31	

注：无性系 1 号、8 号、10 号、14 号缺失数据。

表 3.3、表 3.4 表明，1978 年开花的 7 个无性系，只有 10 株开花，为总株数的 11.9%，每一开花无性系只有 1～2 株开花，平均为 1.42 株，1979 年开花 25 株，为总株数的 29.8%，每一开花无性系有 1～4 株，平均 2.5 株。说明 1978～1979 年开花率不高，大部分接株没有开花，但开花株率在逐年提高，1979 年就比 1978 年提高了 17.9%。

4）雌花开花有间歇期。水杉无性系始花后，并不是连年开花，而是有间歇期的。如 1978 年始花的 10 株中，只有 4 株（3–2、5–5、6–2、7–4）在 1979 年继续开花，其余 6 株均未开花，它们哪一年再开花，以及 1979 年开花的 25 株有哪些株来年再开花，都需要继续观察。

2. 雄球花始花期

水杉始花后，先现雌球花，后现雄球花。水杉种子园雌花出现于 1976 年，而雄球花出现于 1978 年，而且只有 2 株。1979 年开雄球花的 6 个无性系占 14 个无性系的 42.9%。每个无性系开的雄球花都在雌球花的接株上，共计 7 株，占开雌球花 25 株的 28%，占 6 个无性系开雌花 16 株的 43.7%。

3. 雌花坐果数

在花期后 1 个月，对 1979 年春开雌球花的水杉进行了调查，结果见表 3.5。

表 3.5 接株生长与水杉坐果数的关系

无性系号	行株号	直径/cm	树高/m	冠高/m	冠幅/m 东西	南北	侧枝 枝间距/cm	枝角/（°）	直径/cm	坐果数
3	5-4	5.5	2.05	2.05	1.5	1.5	15	45	2.5	15
4	8-3	11.0	4.80	4.35	1.9	2.2	16	45	10.0	54
5	7-4	10.0	4.50	3.60	1.8	1.8	14	30	3.1	3
5	5-8	8.0	3.60	3.05	1.5	1.7	15	35	2.0	8
5	9-7	13.0	5.10	4.10	2.3	2.1	20	35	3.8	5
5	11-3	9.5	4.20	3.45	1.4	1.6	20	40	3.0	3
6	8-7	4.0	2.00	1.70	1.6	1.4	14	90	1.5	3
7	5-5	5.5	2.60	1.80	1.8	2.0	13	78	1.8	4
9	3-6	10.0	4.10	3.45	2.3	2.4	20	58	3.0	33
9	13-7	5.5	3.25	2.70	1.9	2.1	25	45	2.8	7
12	6-2	7.0	3.30	2.55	2.0	1.9	13	45	1.8	97
12	4-6	7.0	3.35	2.80	1.7	1.9	16	50	2.2	26
12	12-4	9.0	4.00	3.15	1.7	1.8	25	60	2.0	12
13	5-3	5.5	3.05	2.35	2.6	2.2	16	70	3.0	47
13	9-2	9.0	4.50	3.45	2.0	2.1	15	45	2.5	8
13	3-7	9.0	3.80	2.95	2.4	2.3	16	45	3.0	11

表 3.5 表明：①在 25 株开花的水杉中，有 8 个无性系 16 株坐果共 326 个，其余的 2 个无性系（2、11）各 2 株，以及其他无性系共 5 株都未见球果，即在开花后陆续脱落了。②从坐果的 16 株上看，坐果的个数株间差异很大，多的达 97 个，少的只有 3 个。③坐果多少与枝角（树干中部侧枝与主干的交角）大小有关。一般说来枝角大（>45°）的接株坐果多于枝角小（<40°）的接株。但也有例外，如无性系 6 号和 7 号枝角大，坐果数极少（3～4 个），这主要是后来补接的小树，结果不多（表 3.6）。

表 3.6 水杉枝角与坐果数的关系

无性系号	枝角/（°）	单株平均坐果数
12	45～60	45
13	45～70	22
9	45～58	20
5	30～40	5

同无性系不同接株的坐果数也不同，而且差异较大。如无性系 9 号 2 株，坐果分别为 33 和 7 个，12 号 3 株，分别为 97、26 和 12 个，13 号 3 株分别为 47、11 和 8 个。

坐果数的多少，不仅与枝角大小有关还与冠幅大小、分枝密度、长势强弱有关。无性系 9 号的 2 株结果树中，3-6 号树比 13-6 号树长得粗壮、冠幅大、树冠高、分枝多，所以坐果较多；无性系 12 号 3 株结果树的坐果数差异大，主要原因则在侧枝枝间距离不同（表 3.5），所以节间密、分枝多的坐果多；无性系 13 号中 9-2 和 3-7 号生长势近似，坐果数也近似，而 5-3 号树生长较差，但枝角大可能是结果多的一个原因。

4. 授粉试验

1978 年 3 月中旬，水杉开放雌球花时，曾自潜江县采取花粉进行人工授粉，由于花粉发芽率很低，授粉时间也晚，效果不好。1979 年水杉无性系种子园开了少量雄球花，但收到花粉极少，只进行了少量人工授粉，后来试授以红杉和柳杉花粉，都没有收到有胚的种子。

3.2.3　小　　结

建立水杉无性系种子园是提前实现水杉植树造林良种化的一项主要措施，因为它不仅比实生树结实早，而且能保证后代具有优良遗传性状，从而有利于收到林木速生丰产优质的预期效果。

水杉种子园尚有 4 个无性系多数接株未见开花结实，这必然影响初期种实的产量。因此，有必要继续对这几个或所有优树的结实情况做观测调查，并再采取接穗进行嫁接育苗，了解不开花结果的原因。

在同一个无性系中，不同植株开始开花有迟早，主要是与嫁接苗龄大小、树势强弱有关。水杉种子园各个无性系植株是一次定植，经过一两次补植完成的，树龄不同，同时，所用砧木有好坏之分，也明显影响接株生长的强弱。因此，在建园时应在苗圃留同龄苗木作补植之用，并应加大栽植密度，为以后"留优去劣"提供条件。在开花的水杉中，凡冠幅、枝角大和分枝密、生长粗壮的，坐果多。反之则少。

水杉种子园各无性系因树形不同，开花结果情况也不一样，如何修剪成为既利于开花结果又便于管理和采果的树形，是又一个有待试验研究的问题。如无性系 5 号高生长量侧枝密生，枝角较小，形成尖塔形树冠，就不利于多结果。

水杉种子园雌球花始花后，由于雄花始花迟，花量少，必须从优良母树上采收花粉，进行人工辅助授粉，否则即使开花提早了，也不能收到有胚种子。

回顾近几年的实践，对水杉开花生物学特性已有所了解，对种子园经营管理也积累了一些经验，但还有许多未知数，有待继续观测研究，为经营种子园促进早结实、多结实、结好实，制定栽培管理措施，提供科学依据。

3.3　池杉采穗圃萌条产量正交试验[*]

在池杉无性系选育和无性系造林过程中，要求采穗圃提供大量萌条，发挥其物质基础的作用，而采穗圃萌条产量取决于一系列内外因素，为了研究栽培技术条件对萌条产

* 引自：梁在金.池杉采穗圃萌条产量正交试验报告.湖北林业科技，1991（2）：16-17.

量的影响，探索池杉采穗圃最优栽培技术。在观察基础上，本文选择同系同龄同规格扦插苗 36 株，进行 4 因素 3 水平的正交试验[L9（3^4）]，进而找出了池杉采穗圃集约栽培的技术条件，以使萌条产量达到常规管理条件的 2 倍以上。

3.3.1 材料和方法

试验材料为同系 2 年生扦插苗，苗高 160 cm，根径 1.1 cm，由于是同系同代同规格，其外部特点极为一致。试苗选定后，于早春随起苗随定植到土壤条件一致的苗田，株行距 1.5 cm×1.5 cm，栽植穴规格 40 cm×40 cm×40 cm，试苗在相同管理条件下，扎根成活，续培 1 年，生长成近似的幼树。

依据正交试验布置，即 4 因素、3 水平、4 株重复的 9 个试验，其中：4 因素包括主干高、土壤湿度、施肥和抑制徒长方法；3 水平为主干高剪截为 6 cm、24 cm、48 cm。土壤湿度分为干、湿润和过湿，距试株 40 cm 挖围沟、深 50 cm，于沟中围置较厚尼龙膜，以隔绝土壤水分的自然出入，再以人工浇灌和土表揭盖薄膜的方法控制土壤湿度。干即为土表干而发白，内部微潮，相当于晴天苗圃土；湿润为土壤色深、湿度较重，相当于雨后初晴苗圃土；过湿为土壤重湿有水，处于滞水状态。施肥处理分为不施、施肥和施肥加叶面喷混合液。施肥为每株试施鹌鹑肥 1 000 g、磷酸二氢钾 50 g，叶面喷施混合液由蔗糖 40 g、硼砂 2 g、尿素 1 g、吲哚丁酸 0.5 g、水 1 000 g 组成，于生长期每 10 d 喷施 1 次。抑制徒长的方法是去尖、剪半和全删，而试验指标为萌条的产量。另外，除正交试验因素外，其他操作，如中耕、除草、称量、剪条等都保证完全一致。

整个试验周期共 5 年，从 1986 年插繁试株开始，1987 年定植培育，1988 年设置试验，1990 年调查试验结果。

3.3.2 结果与分析

整个试验资料及有关计算列于表 3.7。

表 3.7 池杉采穗圃萌条产量正交试验表

因素（列号）	A	B	C	D	试验指标
试验号	主干高/cm	土壤湿度	施肥	抑制徒长方法	萌条产量/g
1	6（1）	干（1）	不施（1）	去尖（1）	530
2	6（1）	湿润（2）	施肥（2）	剪半（2）	580
3	6（1）	过湿（3）	施肥＋喷液（3）	全删（3）	675
4	24（2）	干（1）	施肥（2）	全删（3）	600
5	22（2）	湿润（2）	施肥+喷液（3）	去尖（1）	1 040
6	24（2）	过湿（3）	不施（1）	剪半（2）	580
7	48（3）	干（1）	施肥（2）	剪半（2）	1 050
8	48（3）	湿润（2）	不施（1）	全删（3）	635
9	48（3）	过湿（3）	施肥（2）	去尖（1）	1 115

因素（列号）	A	B	C	D	试验指标
试验号	主干高/cm	土壤湿度	施肥	抑制徒长方法	萌条产量/g
$\sum X_{1j}$	1 780	2 180	1 745	2 685	
$\sum X_{2j}$	2 220	2 255	2 295	2 210	
$\sum X_{3j}$	2 800	2 370	2 765	1 910	
$\bar{X}_{1j}$	595	727	582	895	
$\bar{X}_{2j}$	740	752	765	737	
$\bar{X}_{3j}$	933	790	922	637	
R_j	338	63	340	258	

注：小括号中数字代表指标号。

由表 3.7 可以看出，影响池杉原株萌条产量的主要因素是施肥（C），其次是主干高（A）、抑制徒长方法（D）及土壤湿度（B），应重点抓住施肥促萌育萌技术措施。最优栽培技术的组合为 A3B3C2D1 和 A1B1C3D2，两者的萌条产量最高而相差甚小，相当于常规管理条件下产量的两倍。同时，实际上在本田间试验条件下，土壤湿度 3 水平的极差最小。对试验指标影响不大，抑制徒长方法是影响试验指标的第三大因素，而且去尖处理的产量都明显大于剪半和全部删剪的产量，操作又最简便。因此，在突出加强施肥的基础上，还可以综合两个最优栽培技术组合，提出统一的优化栽培条件，就是突出加强施肥管理（基肥和追肥）、2 年生试株主干高定为 48 cm，坚持遮光以抑制徒长，保持土壤湿润等。

3.3.3　小　　结

1）本节试验结果与池杉在不同土壤条件生长情况的观察结果表明，池杉的生长与萌条产量取决于营养供给水平，并结合其他栽培技术，是进行集约培育、获取萌条丰产的根本技术措施。

2）在不同因素水平组合的试验下，池杉同系试株小羽叶枝的形态特征不同，主要是小羽叶枝长度，叶片数和羽叶开展程度存在差异。试验 1 最差，小羽叶枝长度、叶片数和羽叶开展程度平均分别为 10 cm、114 叶、不开展；而试验 9 最优，平均分别为 13 cm、133 叶、羽叶舒展，叶色也比较深。可见，小羽叶枝的生长形态特征是判断试株供给水平和试株生长状态的重要依据。

3）据实测，未经修剪的 5 年生池杉幼树，侧枝年生长量仅为 6.0～9.5 cm，且易木质化、老化，尖削度明显，小羽叶枝长度为 6.0～8.0 cm，叶片细小，一般不舒展，这些与本试验结果相一致，进一步表明顶端优势的控制作用是使池杉试株处于相对动态平衡生长、侧枝生长弱化以致丧失适插性的一个根本原因。

3.4　落羽松属的嫁接试验*

　　了解池柏、落羽松、墨西哥落羽松的嫁接方法、时期及管理措施，提高嫁接成活率和生长量，是成为建立种子园且逐步实现林木良种化必不可少的条件。为此，本文选用优良单株的枝条作接穗，嫁接池柏 1 500 株，保存 1 105 株，保存率 73.7%。嫁接落羽松600 株，保存 526 株，保存率 87.7%。

3.4.1　材料与方法

　　嫁接池柏、落羽松的砧木，绝大部分选用经过疏移的 1 年生实生苗，仅池柏选用了少量 2 年生实生苗。池柏、落羽松春季嫁接用的接穗，采自武汉、河南鸡公山林场和恩施地区林科所的优良单株。秋季接穗用的是春季嫁接苗的侧枝。

　　在春（3 月上旬）秋（8 月中旬）两季进行髓心形成层对接（以下简称对接）的腹接比较试验。同时，对接穗的年龄、砧木和接穗的粗度、去砧时期等比较试验。

　　对墨西哥落羽松只进行了嫁接方法（对接和粘皮芽接）、时期的试验。

　　嫁接试验在九峰试验林场进行。绑扎物都用双层薄膜带，接后进行基本相同的解绑去砧、抹芽和田间管理工作。11 月开展嫁接成活率和接株生长量的调查。

3.4.2　结果与分析

1. 嫁接时间和方式

　　试验结果（表 3.8）表明：

表 3.8　嫁接时间、方式及其生长特征

树种	嫁接时期	嫁接方法	嫁接株数	保存株数	保存率/%	平均新生长		最高/cm	最粗/cm
						高/cm	径/cm		
池柏	三月上旬	对接	53	48	88.6	83.1	0.94	125.0	1.53
		腹接	46	36	78.2	92.9	1.01	115.0	1.23
	八月中旬	对接	23	22	95.7	22.2	0.33	28.0	0.45
落羽松	三月上旬	对接	60	60	100.0	98.8	1.4	185.0	2.58
		腹接	77	76	98.6	92.8	1.4	133.0	2.33
	八月中旬	对接	23	23	100.0	19.8	0.39	28.5	0.50
墨西哥落羽松	三月上旬	对接	33	25	75.8	43.2	0.88	68.0	1.30
	八月中旬	对接	15	15	100.0	12.7	0.31	32.5	0.45
		粘皮芽接	12	9	75.0	生长量很小的未测定			

---

　　* 引自：湖北省林科所试验林场.落羽松属的嫁接试验.湖北林业科技，1975（5）：15-18.

1）三个树种在春、秋季采用的嫁接方法都有较高保存率。其中秋季保存率比春季较高（落羽松对接两季保存率相同），对接保存率比腹接和芽接高。

2）接株高、径生长量，以落羽松最大，池柏次之，墨西哥落羽松最小，这与三个树种的实生苗和扦插苗的生长规律是一致的。

3）秋季嫁接以往多采用芽接法，本文利用枝接（对接），初步得到了较好的效果，这为嫁接方法找到了新的途径。

4）选用对接和腹接法，砧林可不先截干，若嫁接不成活仍可再利用。这在砧木数量不多、嫁接技术还不够熟练的情况下具有一定的意义。

5）池柏优树春季嫁接苗，在 3 月份部分植株已出现雄花，这为建立种子园，促进提早开花结实创造了条件。

2．接穗的年龄

3 月初，分别在间树号的池柏、落羽松采取不同年龄的接穗，用对接法进行比较试验。试验结果（表 3.9）表明：除 1 年生的池柏接穗嫁接保存率（63.6%）较低外，2～4 年生接穗的嫁接保存率（93.1%～100%）都很高。接株的株高、径长也均随接穗年龄加大而增长，尤在株高和径粗生长方面表现更为明显。这是因为 1 年生枝条较为纤细，内含营养物质较少，2 年生以上枝条比较粗壮，内含营养物质较多的缘故。但是，用 1 年生接穗嫁接仍有可能提高其成活率和生长量。因此，嫁接时可选用多年生枝条作接穗，也可用 1 年生粗壮枝条作接穗，从而可以充分利用优树枝进行嫁接。

表 3.9 接穗的年龄及生长特征

树种	接穗年龄	嫁接株数	保存株数	保存率/%	平均新生长		最高/cm	最粗/cm
					高/cm	径/cm		
池柏	1 年生	11	7	63.6	77.4	0.89	120.0	1.32
	2 年生	21	21	100.0	82.6	0.91	114.0	1.40
	3 年生	21	20	95.2	89.3	1.03	125.0	1.50
落羽松	2 年生	9	9	100.0	96.5	1.45	115.5	2.15
	3 年生	22	22	100.0	92.7	1.39	139.0	2.43
	4 年生	29	27	93.1	107.3	1.34	185.0	2.58

3．接穗和砧木粗度

从少量试验中发现，砧木与接穗的长短对接后成活生长无明显的影响，但因其粗度不同却反映出不同的效果。从表 3.10 可以看出，随着砧木粗度增大，苗高和地径生长也随之增大，这与其他地区用 2 年生比 1 年生实生苗作砧木嫁接生长量大的结论是相同的。接穗粗度对接株高和径生长的影响有关系。在建立种子园时，既可用 1 年生砧木，也可用 2 年生砧木；从优树上采取的接穗不论粗细均可用来嫁接，这与接穗年龄试验的结果也是一致的。

表 3.10　接穗直径和砧木地径表

品种	平均生长 /cm	接穗直径/cm			砧木地径/cm				
		0.21～0.40	0.41～0.60	0.61～0.80	0.61～0.80	0.81～1.00	1.01～1.20	1.21～1.40	1.40～1.60
池柏	苗高	83.90	87.80		72.10	83.50	106.90	97.00	99.00
	地径	0.98	1.03		0.79	0.96	1.09	1.17	1.25
落羽松	苗高	99.40	96.00	101.30	86.50	100.90	99.90	103.80	104.80
	地径	1.16	1.45	1.71	1.13	1.23	1.39	1.75	1.74

4．去砧的时期和方法

利用对接、腹接方法进行嫁接，在接不活时有再接的好处，但如接后不及时去砧，往往使接穗斜向生长，以后需要插杆扶直，花费材料和人工。为此，于 3 月 7 日用对接法在接后两个月即 5 月 10 日对砧木进行四种处理试验，至 7 月 16 日将前三种处理全部去砧。8 月 11 日对池柏、落羽松用春季嫁接苗侧枝进行对接，8 月 29 日又做了去砧试验。从表 3.11、表 3.12 可见：

1）5 月初全部去砧的接株比对照平均苗高增长了 0.62～4 倍，而且粗壮通直，不需插杆扶苗，节省了材料和人工。

2）两个树种在春接 15～20 d 就可全部愈合，30 d 内砧木可全部剪除，从少量试验中未发现不良的影响，相反效果更好。

3）秋接结果表明，在 20 d 去砧的比部分去砧，径、高生长均大 0.3～1 倍，而且长势很旺。因此，接后及时去砧是培育壮苗的重要措施。

表 3.11　春接砧木处理

树种	砧木处理	试验株数	5 月 10 日～7 月 16 日平均增长值②		增长率/%	
			高/cm	径/cm	高	径
池柏	对照	13	12.4	0.21	100.0	100.0
	摸芽	14	13.2	0.21	106.4	100.0
	去顶摸芽①	21	26.5	0.32	213.7	152.4
	全切	41	57.3	0.65	462.0	309.5
落羽松	对照	10	27.1	0.57	100.0	100.4
	摸芽	20	28.5	0.60	105.1	105.3
	去顶摸芽	21	39.7	0.67	146.5	117.5
	全切	20	45.6	0.70	168.2	122.8

注：①去顶摸芽，去顶是指砧木剪去三分之一；摸芽是指砧木干上萌发枝及时抹掉。②增长值，为砧木处理后两个月增长数。

表 3.12　秋接砧木处理

树种	砧木处理	试验株数	接株生长量/cm			
			平均高	平均地径	最高	最粗
池柏	去顶	10	12.5	0.24	25.0	0.30
	全切	12	22.2	0.33	28.0	0.45
落羽松	去顶	10	8.4	0.20	16.0	0.30
	全切	11	19.8	0.39	28.5	0.50

3.4.3　小　结

1）通过对 3 个树种嫁接试验，在春秋两季进行的对接和腹接，都有较高的成活率，而且方法简单易行，可以推广采用。

2）从优树上采取 1~4 年生枝条均可作接穗之用。

3）嫁接的砧木，宜用 2 年生，也可用 1 年生壮苗，地径宜在 0.6 cm 以上。

4）春接后 30 d 左右，秋接后 20 d 左右应去砧，即剪除接穗顶端以上的砧木，以保证接株正常生长。

3.5　油桐春季嫁接技术*

油桐（*Aleurites fordii*）原产于我国，是一种重要的工业油料树种。桐油是最好的干性油之一，具有绝缘耐酸碱、防腐蚀等优良特性，在工业、农业、渔业、医药及军事等方面有广泛的用途[1]。21 世纪初期我国桐油生产呈现滑坡现象，桐油销售只能满足国内实际需要的 50%~60%。油桐主产区不仅栽培面积萎缩，而且多为 20 世纪实生播种林或飞籽成林，造林质量差，经营管理粗放，全国平均产桐油仅为 60~75 kg/hm² [2-3]，油桐产量和质量的提高已成为我国油桐产业发展的重要限制因子，而采用良种嫁接苗造林无疑是解决该问题的重要措施。本节在 2008 年开展的油桐嫁接试验的基础上，就油桐嫁接的时期和方法进行了进一步的拓展研究，以便为油桐良种快繁提供理论依据。

3.5.1　材料与方法

本试验在湖北省林科院武汉九峰试验林场苗圃进行。圃地地势平坦，梯形，坡向朝南。黄壤土，土层较厚。

1. 砧木培育与接穗选择

砧木的培育和接穗的选择参照徐永杰等[4]的方法，母树为湖北省林科院 2007~2009年在湖北省选择的优树。

---

* 引自：徐永杰，周席华，章承林，等.油桐春季嫁接技术.林业科技开发，2011（2）：112-113.

2．嫁接方法

采用盾形芽接和顶芽枝接两种方法，操作方法与后期管理参考陈军金等[5]、刘圣海[6]的方法。

3．嫁接时期

嫁接分别于 2 月下旬、3 月上旬、3 月中旬、3 月下旬、4 月上旬进行。

4．试验设计与数据处理

本试验处理采用随机区组设计，5 个时期，每个时期 2 次处理，每次处理重复 3 遍，每遍重复为 30 株。7 月中旬进行成活率调查，数据采用 Excel 和 SAS8.1 进行分析。

3.5.2　结果与分析

1．春季不同时期油桐带木质部盾形芽接成活率比较

从春季 5 个时期油桐带木质部盾形芽接成活率（表 3.13）看出，3 月下旬芽接成活率最高，为 93.33%；其次为 3 月中旬，为 92.22%；2 月下旬芽接成活率为 77.78%；4 月上旬芽接成活率最低，仅 60.00%。5 个时期的芽接成活率在 0.05 水平上的方差分析（$F = 18.83$，$p < 0.01$）结果显示，3 月上、中、下旬 3 个时期芽接成活率没有显著差异，而 3 个时期的芽接成活率显著高于 2 月下旬，且 2 月下旬芽接成活率显著高于 4 月上旬。

表 3.13　春季不同时期油桐带木质部盾形芽接成活率比较

嫁接时期	嫁接株数	成活株数	平均成活率 / %
	30	24	
2 月下旬	30	22	77.78±3.85b
	30	24	
	30	26	
3 月上旬	30	25	88.89±6.94a
	30	29	
	30	28	
3 月中旬	30	27	92.22±1.92a
	30	28	
	30	26	
3 月下旬	30	30	93.33±6.67a
	30	28	
	30	20	
4 月上旬	30	18	60.00±6.67c
	30	16	

注：不同的小写字母代表 0.05 水平上差异显著。

2．春季不同时期油桐顶芽枝接成活率比较

表 3.14 给出了春季 5 个时期油桐顶芽枝接成活率。3 月上旬油桐顶芽枝接成活率最高，为 56.67%；其次为 2 月下旬，为 54.44%。3 月中旬以后枝接成活率急剧下降，3 月中旬为 38.89%，3 月下旬为 35.56%，到 4 月上旬仅为 24.44%。对 5 个时期的枝接成活率在 0.05 水平上进行方差分析（$F = 12.11$，$p < 0.01$），2 月下旬与 3 月上旬油桐顶芽枝接成活率没有显著差异，且这 2 个时期的成活率显著高于其他 3 个时期。3 月中旬与 3 月下旬、3 月下旬与 4 月上旬油桐顶芽枝接成活率均没有显著差异，但 3 月中旬油桐顶芽枝接成活率显著高于 4 月上旬。

表 3.14　春季不同时期油桐顶芽枝接成活率比较

嫁接时间	嫁接株数	成活株数	平均成活率 /%
	30	15	
2 月下旬	30	18	54.44±5.09a
	30	16	
	30	16	
3 月上旬	30	17	56.67±3.33a
	30	18	
	30	13	
3 月中旬	30	10	38.89±5.09b
	30	12	
	30	8	
3 月下旬	30	10	35.56±10.18bc
	30	14	
	30	6	
4 月上旬	30	10	24.44±7.70c
	30	6	

注：不同的小写字母代表 0.05 水平上差异显著。

3．春季两种嫁接方法成活率比较

春季两种方法嫁接成活率见表 3.15。两种方法各嫁接 450 株，带木质部盾形芽接成活率 82.44%，顶芽枝接成活率为 42.00%。两种方法嫁接成活率在 0.05 水平上进行方差分析（$F = 64.88$，$p < 0.01$），结果表明带木质部盾形芽接成活率显著高于顶芽枝接。

表 3.15　春季两种嫁接方法成活率比较

嫁接方法	嫁接株数	成活株数	成活率 /%
带木质部盾形芽接	450	371	82.44±13.98a
顶芽枝接	450	189	42.00±13.50b

注：不同的小写字母代表 0.05 水平上差异显著。

3.5.3 小 结

通过对春季 5 个时期油桐嫁接试验比较，得出如下结论：①武汉地区油桐春季带木质部盾形芽接成活率显著高于顶芽枝接成活率；②武汉地区油桐顶芽枝接宜在 3 月份以前进行，带木质部盾形芽接宜在 3 月中下旬进行。

通过近几年物候期观测，油桐顶芽顶端优势强，武汉地区 3 月上中旬即开始萌动，萌动前嫁接无疑是充分利用芽体营养、提高嫁接成活率的重要举措，而本试验结果支持了此事实。油桐侧芽为隐芽，受顶端优势的制约，在武汉地区一般 3 月上中旬进行形态分化，4 月上旬萌动。形态分化期嫁接有利于选择高质量的接穗，而萌动后嫁接不利于芽体养分的充分利用和侧芽的正常萌发。本试验结果显示 3 月中下旬进行侧芽芽接成活率最高，与凌麓山等[7]得到的试验结果相符。

参 考 文 献

[1] 何方，王承南，林峰. 油桐产量遗传效益分析[J]. 经济林研究，2001，19(1): 1-3.

[2] 陈建忠，张水生，等. 国内外油桐发展现状与建阳市发展战略对策的探讨[J]. 亚热带农业研究，2009，5(1): 69-72.

[3] 王春生，熊更姣. 油桐嫁接繁殖技术的研究[J]. 湖南林业科技，2006，33(1): 30-32.

[4] 徐永杰，周席华，程军勇，等. 油桐嫁接技术研究[J]. 经济林研究，2010，28(2): 103-105.

[5] 陈军金，张金文，吴庆全. 山地橄榄嫁接技术的试验研究[J]. 林业科技开发，2001，15(3): 33-35.

[6] 刘圣海. 板栗不同嫁接育苗方法的比较[J]. 林业科技开发，1993(4): 36-37.

[7] 凌麓山，陆海权，覃榜彰. 油桐嫁接技术的研究[J]. 林业科学，1965，10(3): 221-227.

第 4 章

九峰科技植物种质资源优化配置

　　为了改善资源结构，优化资源配置，在九峰及湖北其他县（市、区）协同进行了马尾松、杉木等主要造林树种地理种源试验，并选取国内优良种源在湖北全省范围内大规模推广应用，产生了显著的生态效益、经济效益和社会效益。

　　从试验和生产实践表明，两广（广东、广西）马尾松种源表现较好，湖北省太子山林场管理局 4.2 万亩广东种源马尾松中龄林每亩蓄积量为本地马尾松蓄积量的 2～3 倍。湖北远安、通山、红安等地种源，也具有某些优良特性。

　　鄂西及我国西南、四川、黔东北等地称为杉木残遗种的扩散中心，从湖北省种源试验来看，优良种源大都在扩散中心地区，经多变量综合评定选出了适宜湖北省四大用种区的优良种源，并依此初步划出了湖北省四大用种区的供种区。

　　对杉木分布区内的 61 个杉木种源进行了苗期试验和造林试验，结果表明：①杉木不同种源间树高、胸径、材积、冠幅、侧枝粗、侧枝数、结实率等主要性状都存在显著或极显著的差异；②杉木从幼林阶段到速生阶段依次相关，早晚相关系数达显著或极显著；③杉木种源间生长变异受经度和纬度双重影响，呈现出从南至北、由东向西生产量逐渐下降的演变趋势；④适合鄂中地区的最佳种源有贵州锦屏、四川邻水、福建大田、浙江开化、广西那坡，优良种源有福建长汀、江西修水、四川洪雅、江西乐安、湖北谷城；⑤采用杉木优良种源造林其增产效果十分显著，树高平均遗传增益为 90.4%，胸径平均遗传增益为 91.3%，材积平均遗传增益为 83.5%。

　　马尾松 9 个地理种源核型研究表明，马尾松核型为 $2n=24=24m$，均为中央着丝粒染色体，属于较原始的"1A"类型。不对称系数分析表明，分布在中心分布区的安徽潜山等种源的核型较为对称；而分布在边缘地区的福建沙县、陕西南郑等种源的核型较不对称，种源间表现出明显的地理分布规律。

　　对 25 个枫香种源种子千粒质量、出苗率和 1 年生苗高生长分析比较，不同种源在种子千粒质量、播种出苗率和苗高生长方面均存在极显著差异，种子千粒质量与出苗率极显著正相关，与苗高相关不显著，以苗高为选择指标，初步选择广西岑溪、云南富宁、广东翁源和海南霸王岭 4 个种源为优良种源，以 2 倍标准差法选择 WY09、FN16 等 11 个家系为优良家系。

4.1　马尾松地理种源苗期试验*

马尾松在我国秦岭以南 16 个省（自治区、直辖市）都有分布，由于它分布范围广阔，所处的地理环境不同，其群体间及群体内的个体间都存在不同程度的差异。通过比较鉴定种源间及种源个体间的差异，为选择最优种源类型及单株提供资料，并了解地理种源遗传变异的幅度和模式，将其作为划分种源和种源区的依据。为了发掘、保存马尾松基因资源，丰富地区基因，中国林业科学研究院亚热带林业研究所主持开展了全国性马尾松地理种源试验。湖北省于 1979～1980 年分别在湖北省林科院试验林场、红安县林业科学研究所、太子山林场管理局林业科学研究所、远安县林业科学研究所、湖北省林业学校[①]（以下简称湖北省林校）、长阳县林业科学研究所等地进行了试验。现将试验结果（其中缺远安县林业科学研究所、长阳县林业科学研究所材料）整理如下。

4.1.1　基本情况

根据湖北省马尾松分布概况、技术力量、交通条件，确定了马尾松地理种源试验点基本情况，见表 4.1。

表 4.1　马尾松地理种源试验点基本情况表

试验地点	地理位置		苗圃地情况			气温/℃			年降雨量/mm	霜期	
	经度	纬度	土壤种类	土壤pH	前茬	最高	最低	年平均		开始	终霜
湖北省林科院	114°29′E	30°31′N	黄黏土	6.6	水田	37	−8.7	16.6	1 623.6	1980-11-13	1981-03-25
红安	114°40′E	31°22′N	黄砂土	6.0	苗圃	41.5	−14.5	15.1	1 549.6		
太子山	114°50′E	30°55′N	砂壤土	6.0	苗圃	39.2	−6	16.7	1 538.2		
湖北省林校	114°20′E	30°24′N	黄土	6.3	苗圃	37.0	−7.8	16.2	1 597.4	1980-11-12	1981-03-07

4.1.2　材料与方法

1980 年春，湖北省松、杉地理种源协作组收到从南方 14 个省份邮来的 73 个产地的种子，分两批转寄到各试验点，其中红安县林业科学研究所、湖北省林科院试验林场分得 73 个产地种子外，太子山林场管理局林业科学研究所、远安县林业科学研究所均分得 70 个产地种子，湖北省林校分得 49 个产地种子，长阳县林业科学研究所分得 50 个产地种子。根据全国马尾松地理种源试验方案要求，各试验点统一按完全随机区组设计，6 个区组，太子山林业科学研究所则为 3 个区组、三行小区、窄幅条播设计。试验苗床两头没有保护行，单行小区，每个产区 1 个小区，行间距离 20 cm。由于前一年春阴雨连绵，播种推迟到 4 月 10～20 日，播种后苗圃管理同一般生产性育苗，观察性状按方案要求记载。

---

* 引自：湖北省松、杉地理种源协作组.马尾松地理种源苗期试验报告.湖北林业科技，1982（1）：14-20.

① 2004 年改建为湖北生态工程职业技术学院，后同。

4.1.3　结果与分析

湖北省四个试验点，苗木出土时间基本一致，场圃发芽率一般在 35%～70%。苗木生长高峰期在 7～8 月，9 月开始逐渐下降。两广（广东、广西）种源高生长高峰期可延长到 10 月份，11 月才见明显的下降。苗木封顶率随纬度增高而增高，但四川马尾松种源例外，封顶率偏低。统计分析时，都以相同的 69 个种源 3 个区组进行统计分析。

1. 产地间苗高差异比较

（1）四个试验点分析结果

除太子山试验点外，其他三个点区组间差异不显著（表 4.2），说明选择的苗圃地的立地条件基本相同，管理措施等都是按方案要求进行的，产地间差异四个试验点都是极显著，说明马尾松因所处的地理生境不同，群体间存在遗传差异，而且差异相当稳定。

表 4.2　马尾松种源试验 1 年生苗高方差分析总表

试验地点	变异来源	自由度	平方和	方差	F	$F_{0.05}$	$F_{0.01}$
湖北省林科院	区组	2	0.01	0.050	2.5	2.99	4.5
	种源	68	832.25	13.239	6 119.5**		
	机误	136	0.26	0.002			
	合计	206	834.52				
太子山	区组	2	128.395	64.197	19.17**	3.00	4.6
	种源	68	1 492.406	21.94	6.55**		
	机误	136	455.345	3.348			
	合计	206	2 076.146				
红安	区组	2	16.96	8.48	2.09	2.99	4.6
	种源	68	2 360.06	34.71	8.57**		
	机误	136	551.46	4.05			
	合计	206	2 928.48				
湖北省林校	区组	3	18.18	6.06	1.41	2.6	3.8
	种源	46	500.97	10.89	2.53**		
	机误	138	593.78	4.30			
	合计	187	1 112.93				

注：**表示达到 0.01 的显著水平。

（2）产地苗高与地理纬度的关系

试验结果表明，苗高与产地纬度二者之间呈负相关，即苗高随着产地纬度的增高而降低。回归方差分析与各产地间苗高方差分析结果是一致的，也是极显著的。

1）直线回归方程，苗高依产地纬度回归方程见图 4.1、表 4.3。

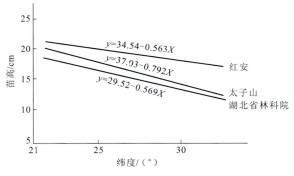

图 4.1　马尾松苗高回归方程图

表 4.3　直线回归方程相关系数

试验地点	回归方程	回归系数 b 的标准差	相关系数 r	决定系数 r^2
湖北省林科院	$y=29.52-0.569X$	0.048 0	-0.820 0	0.670 0
太子山	$y=37.03-0.792X$	0.068 0	-0.820 0	0.670 0
红安	$y=34.54-0.563X$	0.131 0	-0.460 0	0.220 0
湖北省林校	$y=23.3-0.3818X$	0.068 2	-0.640 7	0.410 6

2）回归方程显著性检验见表 4.4。

表 4.4　马尾松种源试验 1 年生苗高回归分析

试验地点	变异来源	自由度	平方和	方差	F
湖北省林科院	回归	1	172.36	172.36	134.66**
	剩余	67	85.80	1.28	
	总的	68	258.16		
太子山	回归	1	334.14	334.14	136.94**
	剩余	67	163.41	2.44	
	总的	68	497.55		
红安	回归	1	268.74	168.74	18.38**
	剩余	67	614.92	9.18	
	总的	68	783.66		
湖北省林校	回归	1	51.44	51.44	31.37**
	剩余	45	73.87	1.64	
	总的	46	125.31		

注：**表示达到 0.01 的显著水平。

（3）1 年生苗高多点方差分析

以湖北省林科院、红安、太子山进行多点方差分析。分析结果（表 4.5）表明，地点间苗高、种源间苗高差异显著，区组间、地点与区组间苗高差异显著，种源与地点间苗高差异显著。

表 4.5　马尾松种源试验 1 年生苗高多点分析汇总表

变异来源	自由度	平方和	方差	F	$F_{0.05}$	$F_{0.01}$
地点间	2	2 891.19	1 445.60	173.54**	2.99	4.60
种源间	68	2 712.71	54.60	6.55**	2.99	4.60
种源×地点	136	907.58	7.11	2.88**	1.00	1.40
在地点内的区组	6	144.78	24.13	9.65**		
区组间	2	62.79	31.40	12.56**		
地点×区组	4	81.99	20.50	8.20**	2.37	3.32
机误	408	1 020.11	2.50			
种源×区组	136	330.56	2.43	0.97		
种源×区组×地点	272	689.55	2.54	1.11		

注：**表示达到 0.01 的显著水平。

（4）马尾松种源 1 年生苗高差异的 SR 检验

从苗高差异的 SR 检验表（表 4.6）可知，广西忻县、宁明生长最好，与其他所有种源存在显著差异；其次为广西岑溪、广东高州；再次为广东罗定、信宜，四川清江等。

表 4.6   SR 检验 69 个产地苗木平均高差异

产 地	平均苗高/cm	差异比较	产 地	平均苗高/cm	差异比较
广西忻县	24.5		江西石城	15.5	
广西宁明	24.3		湖南资兴	15.4	
广西岑溪	21.7		贵州德江	15.4	
广东高州	20.7		贵州孟关	15.3	
广东罗定	20.4		浙江庆元	15.3	
四川清江	19.3		江西清江	15.3	
广东信宜	19.3		湖北通山	15.2	
广东英德	19.0		湖北远安	15.2	
四川南溪	18.3		江西安远	15.1	
福建沼武	17.8		湖南永顺	15.1	
广东罗浮山	17.6		湖北红安	15.0	
广东广宁	17.5		江西万载	14.9	
福建漳平	17.3		福建古田	14.9	
四川浦江	17.2		贵州黄平	14.9	
广西恭城	17.1		浙江永康西溪	14.8	
广东南雄	17.0		安徽太平	14.7	
福建永定	16.9		湖南安化	14.7	
福建德化	16.3		陕西南郑	14.5	
江西吉安	16.3		浙江鄞县	14.3	
四川陪陵	16.2		贵州凯里	14.3	
江西德兴	16.2		安徽屯溪	14.2	
湖南常宁	16.2		贵州松桃	14.2	
广东乳源	16.2		安徽泾县	14.1	
江西安福	16.1		浙江嵊县	14.1	
浙江永康	16.1		河南新野	13.8	
贵州黄平谷陇	16.1		陕西城固	13.7	
江西资溪	16.0		安徽潜山	13.6	
贵州都匀	16.0		湖南临湘	13.5	
江西崇义	16.0		安徽霍山	13.4	
湖南江永	15.9		江西余江	13.4	
湖南慈利	15.9		江西崇仁	13.2	
浙江仙居	15.8		河南信阳	12.8	
浙江开化	15.7		河南固始	12.4	
贵州黎平	15.6		江苏句容	9.4	
浙江缙云	15.5				

2．产地间苗木地径差异比较

（1）产地间苗木地径方差分析

从表 4.7 可看出，尽管其中有两个区组间差异均是极显著，但是种源间还是达到了差异显著，说明它们产地不同，存在遗传差异。

表 4.7 马尾松地理种源试验 1 年生苗地径方差分析

试验地点	变异来源	自由度	平方和	方差	F	$F_{0.05}$	$F_{0.01}$
湖北省林科院	区组	2	0.000 32	0.001 6	0.367	1.0	
	种源	68	1.866 039 2	0.027 358 7	62.764**		4.6
	机误	136	0.059 288	0.000 435 9			
	总的	206	1.925 647 2				
太子山	区组	2	51.51	25.755	118.14**	1.0	4.6
	种源	68	21.46	0.316	1.45*		
	机误	134	29.17	0.218			
	总的	204	102.14				
湖北省林校	区组	3	3.12	1.04	6.5**	2.6	3.2
	种源	46	11.40	0.25	1.56**		
	机误	138	21.88	0.16			
	总的	187	36.40				

注：*表示达到 0.05 的显著水平，**表示达到 0.01 的显著水平。红安未做此分析。

（2）产地间苗木地径与纬度的关系

试验结果表明，各产地间苗木地径与产地纬度的回归也是极显著的，各产地间的地径和产地纬度呈负相关，说明高纬度的各产地苗木地径小于低纬度苗木地径。

1）回归方程显著性检验见表 4.8。

表 4.8 马尾松种源试验一年生苗地径回归分析

试验地点	变异来源	自由度	平方和	方差	F
湖北省林科院	回归	1	46.22	4.622	5.37**
	剩余	67	57.82	0.860	
	总的	68	104.04		
太子山	回归	1	1.855	1.855	23.48**
	剩余	67	5.325	0.079	
	总的	68	7.18		
红安	回归	1	1.23	1.230	10.25**
	剩余	67	8.07	0.120	
	总的	68	9.30		
湖北省林校	回归	1	51.44	51.440	31.37**
	剩余	46	73.87	1.640	
	总的	47	125.31		

注：**表示达到 0.01 的显著水平。

2）直线回归方程见图 4.2、表 4.9。

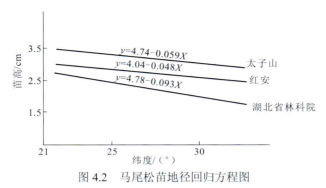

图 4.2　马尾松苗地径回归方程图

表 4.9　马尾松地径直线回归方程相关系数

试验地点	回归方程	回归系数 b 的标准误差	相关系数 r	决定系数 r^2
湖北省林科院	$y=4.78-0.093X$	0.040	-0.273 0	0.075 0
太子山	$y=4.74-0.059X$	0.012	-0.508 0	0.258 0
红安	$y=4.04-0.048X$	0.015	-0.364 0	0.132 0
湖北省林校	$y=3.52-0.0287X$	0.068	-0.410 5	0.410 5

3．1 年生苗主根长回归分析

马尾松 1 年生苗主根长回归分析结果（表 4.10），湖北省林科院和红安回归方差分析 F 值达到显著和极显著，太子山不显著，也就是各产地间马尾松苗主根长除太子山试验点外，依纬度的不同存在显著的差异。

表 4.10　马尾松种源试验 1 年生苗主根长回归方差分析

试验地点	变异来源	自由度	平方和	方差	F
湖北省林科院	回归	1	15.529	15.529	4.69**
	剩余	67	221.765	3.310	
	总的	68	237.294		
太子山	回归	1	3.169	3.169	2.181
	剩余	67	97.351	1.453	
	总的	68	100.530		
红安	回归	1	55.610	55.610	24.22**
	剩余	67	153.800	2.296	
	总的	68	209.410		

注：**表示达到 0.01 的显著水平，湖北省林校未做此分析。

根据回归直线方程相关系数（表 4.11），湖北省林科院、太子山呈负相关，也就是各产地间苗木主根长随产地纬度增高而变短。红安的结论相反，湖北省林校未做此分析。

表 4.11　马尾松试验 1 年生苗主根长直线回归方程系数

试验地点	回归方程	回归系数 b 的标准差	相关系数 r	决定系数 r^2
湖北省林科院	$y=15.59-0.171X$	0.079	-0.255	0.065
太子山	$y=17.09-0.077X$	0.052	-0.178	0.032
红安	$y=4.28+0.323X$	0.066	-0.516	0.266

注：湖北省林校未做此分析。

4. 苗木封顶率与产地纬度的关系

湖北省四个试验点的结果表明，各产地苗木封顶率随纬度不同而差异显著，且苗木封顶率与纬度呈正相关，即封顶率随着纬度增加而增加，但四川产地马尾松与两广情况相似，这与四川立地条件特殊有关。

1）1 年生苗封顶率依产地纬度回归方差分析见表 4.12。

表 4.12　各产地 1 年生苗封顶率依产地纬度回归方差分析

试验地点	变异来源	自由度	平方和	方差	F
湖北省林科院	回归	1	7 207.55	7 207.55	21.13**
	剩余	67	22 855.73	341.13	
	总的	68	30 063.28		
太子山	回归	1	12 765.77	12 765.77	58.38**
	剩余	67	14 651.613	218.681	
	总的	68	27 417.383		
红安	回归	1	7 081.16	7 081.16	68.77**
	剩余	67	6 898.634	102.965	
	总的	68	13 979.794		
湖北省林校	回归	1	3 304.38	3 304.38	12.90**
	剩余	45	11 530.94	3 304.38	
	总的	46	14 835.32	256.24	

注：**表示达到 0.01 的显著水平。

2）1 年生苗封顶率依产地纬度直线回归方程见表 4.13。

表 4.13　1 年生苗依产地纬度直线回归方程系数

试验地点	回归方程	回归系数 b 的标准差	相关系数 r	决定系数 r^2
湖北省林科院	$y=55.64-3.579X$	0.80	0.49	0.24
太子山	$y=90.247-4.896X$	0.64	0.68	0.46
红安	$y=10.18+1.153X$	0.44	0.31	0.10
湖北省林校	$y=-47.576+3.606X$	0.85	0.47	0.22

4.1.4　小　　结

一个树种在一定自然地理分布范围内，往往存在不同亚群的遗传差异，在同一亚群中还存在林分和个体林木之间的遗传差异。

1）马尾松的良种选育从利用种源差异开始是比较好的途径。从湖北省各试验点和全国各地试验点都证明，经 F 值检验，证明在种源间存在遗传差异。利用种内群体间差异来获取遗传增益是省时、省工、省钱、收效快和可靠的途径。

2）对各种类型的马尾松资源，必须加以保护和充分利用。从试验和生产实践表明，两广马尾松是表现比较好的种源，湖北省太子山林场管理局 42 000 亩广东种源马尾松中龄林每亩蓄积量为湖北马尾松蓄积量的 2～3 倍，就是较好的证明。此外，四川种源也有其特殊性。从湖北省各试验点几个马尾松性状的回归分析看出，性状决定系数大都较小。在大多数种源中进行其他方式的选育，选出具有两广马尾松特性，又更适应当地生态环境的优良类型和单株是可能的。湖北省远安、通山、红安等地种源，具有其自身的优良特性，说明可以充分利用湖北省本地资源选育出优良类型。

3）对在种源试验中表现得不够理想的纬度较好的产地种源，也不能完全采取否定态度。因为任何群体的劣势中，包含某个体或某一性状的优势，这种优势我们目前尚不了解，甚至要经过一段很长的时间才能了解。因此，必须有计划、有组织地保护这些原始材料，以备今后育种之用。

4）从各试验点的综合分析来看，马尾松苗高种源×地点差异极显著。一个产地马尾松种源，在湖北省甲地生长良好，是属于优良类型，到了乙地可能就表现得不够理想。因此，应该根据湖北省生境的特点划分出适生区域，选择有代表性的试验点继续进行马尾松种源试验或选育工作。

5）两广、四川种源与其他种源间的变异表现出不连续性。湖北省种源的试验中，也得出了此种不连续性，尤其在封顶率上表现得最为明显。

6）关于划分种源区，仅仅以苗期试验结果作为依据还为时过早，但可以为划分种源区积累资料，只有经过造林试验进行长期观察、综合评定，才能找出最适合湖北省的马尾松种源。

4.2　湖北省杉木地理种源试验及优良种源选择*

杉木（*cunninghamia lanceolata*）是我国特有的用材树种，栽培约有一千多年的历史，栽培区北自秦岭南坡、河南桐柏山、安徽大别山，南至广东中部和广西中南部，东自江苏南部、浙江、福建沿海山地及台湾山地，西迄云南东部、四川大渡河及安宁河流域，共计 16 个省份；垂直分布在中心产区海拔 1 000 m 以下，在南部及西南部山区分布较高，云南东部可达海拔 2 000 m，至东部及北部一般都在海拔 800 m 以下。

---

* 引自：湖北省松、杉良种选育协作组.湖北省杉木地理种源试验优良种源选择.湖北林业科技，1984（1）：1-7.

湖北省地处长江中游，位于东经 108°30′~116°10′，北纬 29°05′~33°20′，属亚热带季风气候，光照充足，热量丰富，雨水充沛。地貌高低悬殊，森林植被属我国北亚热带和中亚热带植被区。全省有 600 多种用材树种，在主要建群树种中，杉木居第 3 位。在华中腹地，南北气候变迁的交点进行杉木种源的地理试验，有其特殊的重要性。这不仅可以了解不同产地种子或苗木的生长状况及其性状表现，为当地造林选择优良种源提供依据，同时对区划种子、种源的调拨范围，发掘并收集各种优良类型为今后育种工作提供原始材料都有其现实的指导意义。

湖北省松、杉良种选育协作组于 1977 年和 1980 年先后两次进行了杉木地理种源的试验，现主要将第二次试验情况进行概述。

4.2.1　材料和方法

在中国林科院林业所牵头组织的全国杉木种源试验协作组指导下，收集的试验材料来源于我国南方 14 省份杉木种源 60 个，其中有 15 个种源来自湖北省。试验点分布于湖北省具有地理和气候代表特征的鄂东南、鄂西南、鄂西北山区及鄂中丘陵区四个地区的 10 个试验点，试验同时进行。湖北省松、杉良种选育协作组将各试验点的观测原始资料记录进行汇总统计、综合分析。试验设计在苗期采用了随机区组排列。在造林期从实际出发分别采用了随机区组设计或平衡不完全区组设计。本节在各试验点对测定性状进行方差分析的基础上，找出差异显著的种源或性状表现好的产地，结合立地条件及气象因子进行产地与试验区的对照分析，然后找出湖北省四大地区的优良种源区。随后，采用多因子坐标综合评定方法，逐一对各试验区进行优良种源的选择。

4.2.2　结果与分析

1. 高与径生长的方差分析

为了探讨杉木苗期与幼林期阶段生长的相关性，分别对试验点的杉木苗期的苗高、地径及幼林期的苗高进行了方差分析。苗期的苗高方差分析结果见表 4.14。

表 4.14　杉木苗期（1 年生）苗高方差分析表

试验点	变异来源	自由度	均方差	F 值
湖北省林科所	区组	4	3.58	0.55
	种源	56	9.39	1.45*
	机误	224	6.49	
	总的	284		
咸宁地区林科所	区组	4	346.719	60.765**
	种源	51	11.682	2.048*
	机误	204	5.704	
	总的	259		

续表

试验点	变异来源	自由度	均方差	F 值
通城岳姑林场	区组	4	9.320	5.970**
	种源	50	41.136	26.335**
	机误	200	1.562	
	总的	254		
通山林场	区组	4	64.410	48.280**
	种源	56	10.244	7.680**
	机误	224	1.334	
	总的	284		
罗田天堂寨林场	区组	4	3.250	0.859
	种源	59	9.502	2.511**
	机误	236	3.784	
	总的	299		
谷城薤山林场	区组	4	9.470	43.450**
	种源	59	1.506	6.908**
	机误	236	0.218	
	总的	299		
宜昌樟坪	区组	3	35.000	1.455
	种源	19	40.970	1.703
	机误	57	24.060	
	总的	79		
鹤峰县林科所	区组	4	7.840	7.920**
	种源	55	2.510	2.540**
	机误	220	0.990	
	总的	279		

注：*表示达到 0.05 的显著水平，**表示达到 0.01 的显著水平。

从表 4.14 中看出，区组间除湖北省林科所、罗田天堂寨林场以外，其他试验点差异都是显著或者极显著，说明在区组存在小生境因子差异。各试点在种源间的差异都是显著或极显著，这种差异在苗期地径生长上同样也很明显（表 4.15）。

表 4.15　各试验点苗期地径方差分析汇总表

项目	湖北省林科所			咸宁地区林科所			罗田天堂寨林场			鹤峰县林科所		
变异来源	自由度	均方差	F 值	自由度	均方差	F 值	自由度	均方差	F 值	自由度	均方差	F 值
种源	56	0.740	2.21*	51	0.374	1.12*	59	0.05	1.51*	55	1.24	4.00**
区组	4	1.390	4.10**	4	15.376	45.9*	4	1.14	6.41**	4	1.70	5.48**
机误	224	0.339		204	0.335		236	0.03		220	0.31	
总变异	284			259			299			279		

注：*表示达到 0.05 的显著水平，**表示达到 0.01 的显著水平。

在苗期，不同种源的差异可能是遗传基础的差异。幼林期，种源间的差异继续表现出来，见表 4.16。

表 4.16　各试验点杉木幼林期高方差分析汇总表

年份	变异来源	湖北省林科所			五峰			咸宁地区林科所		
		自由度	均方差	F 值	自由度	均方差	F 值	自由度	均方差	F 值
1981	种源	60	101.40	3.70**	59	43.34	5.04**	48	100.740	1.466*
	区组	9	122.40	3.07**	9	202.80	23.60**	55	176.870	2.570
	机误	531	33.05		531	8.59		288	68.707	
	总变异	600			599			391		
1982	种源	60	363.65	1.26**	59	125.2	1.36**	48	411.75	3.203**
	区组	9	1 689.93	10.58**	9	1 466.9	15.90**	55	662.31	5.153**
	机误	537	159.78		531	92.2		288	128.54	
	总变异	606			599			391		

注：*表示达到 0.05 的显著水平，**表示达到 0.01 的显著水平。

再经邓肯式（Dun can）测验比较杉木不同产地，表明种源间存在不同程度的遗传差异。然而，苗期或幼林期的遗传是否就可以作为选择优良种源的依据呢？为解决这个问题，计算杉木各种源高生长的逐年秩次相关系数，见表 4.17。

表 4.17　杉木各种源高生长的秩次相关系数（r_s）表

林龄/年	1	2	3
1	1.00	0.16	0.26
2		1.00	0.81
3			1.00

表 4.17 中，杉木林龄在第 1 年与第 2 年、第 3 年的秩次相关系数都比较小，即 $r_{1,2}=0.16$，$r_{1,3}=0.26$；而第 2 年与第 3 年的秩次相关系数很大，为 $r_{2,3}=0.81$，说明杉木进入幼林期以后，逐年的相关性增大，与晚期的生长相关非常密切，这同国内的一些研究完全一致，表明遗传基础较好的种源，苗期表现较好，到幼林期也表现得比较好。它们首先取得空间优势，而且这种生长优势将保持到壮龄期。所以，在杉木幼林期进行试验点的优良种源选择是可能的，也是必要的。各试验点杉木幼林期高生长突出的种源产区见表 4.18。

表 4.18　杉木幼林期高生长突出的种源产区汇总表

年份	地区	试验点	项目	数值 / 排序								
1981	鄂西南地区	五峰鹤峰县林科所	H/cm	22.9	40.47	20.3	20.61	20.0	19.97	19.96	19.88	19.78
			顺序	那坡	大田	西畴	罗田	永川	贺县	龙泉	邻水	罗平
	鄂东南地区	咸林地区林科所通城岳姑林场	H/cm	47.94	46.74	46.89	46.16	45.6	45.35	45.4	44.7	44.07
			顺序	竹山	贺县	锦屏	屏边	龙泉	罗田	南平	长汀	融水

续表

年份	地区	试验点	项目	数值/排序								
	鄂中丘陵区	湖北省林科所	H/cm	25.6	23.7	23.6	23.3	23.1	22.9	22.5	22.2	22.1
			顺序	那坡	永顺	来凤	建始	邻水	铜鼓	屏边	句容	罗平
	鄂西北山区	竹山	H/cm	27.0	21.4	21.4	21.2	20.6	20.4	20.01	18.8	19.6
			顺序	那坡	蒲北	荥经	信宜	汉阴	彭县	通城	罗田	鹤峰
1982	鄂西南地区	五峰 鹤峰	H/cm	47.85	47.83	42.79	42.72	42.32	45.76	45.39	45.12	45.48
			顺序	屏边	那坡	永川	句容	罗平	乐昌	西畴	南平	邻水
	鄂东南地区	咸林地区林科所 通城岳姑林场	H/cm	98.85	98.91	97.1	85.7	94.6	93.7	93.5	92.9	90.85
			顺序	彭县	锦屏	建瓯	贺县	信宜	乐昌	竹山	屏边	荥经
	鄂中丘陵区	湖北省林科所	H/cm	55.2	54.2	53.6	52.4	51.5	50.9	50.3	50.2	49.2
			顺序	永顺	那坡	融水	洪雅	谷城	商城	长汀	大田	信宜
	鄂西北山区	竹山	H/cm	75.6	61.8	57.2	55.41	55.2	55.0	54.2	54.4	54.0
			顺序	那坡	彭县	新县	会同	祁阳	荥经	洪雅	邻水	汉阴

注：贺县于 1997 年撤县改市，现为贺州市。彭县于 1993 年撤县改市，现为彭州市。

从表 4.18 中可看出，同样是杉木幼林期，1981 年与 1982 年的各种源的名次排列，除鄂东南区出现了比较大的名次移位以外，其他地区的相符程度较好，也较稳定。这种名次移位的现象说明不同种源的杉苗在试验点的适应性与抗性是不同的。

2. 适应性与抗性的分析

根据适地、适树、适种源的原则，考虑其适应性指标包括杉木种子发芽率、杉苗成活率和保存率。原始资料进行的归类以鄂西南地区为例，场圃发芽率大于 30% 的种源产区有福建建瓯北部、湖南安化中部、四川邻水；成活率大于 45% 的种源有湖南安化、会同，四川邻水和洪雅、云南西畴、屏边及湖北利川。而场圃发芽率和成活率都比较低的有河南的新县、商城，四川德昌。其他三个地区的情况可见表 4.19。

表 4.19　杉木种源产区适应性及极端产区汇总表

项目分布地区	场圃发芽率/%		成活率/%	
	大于 30% 种源产区	小于 10% 种源产区	大于 45% 种源产区	小于 10% 种源产区
鄂东南地区	只有通城产区	陕西南郑、广西西北部、湖北西北及西南、江西武宁		
鄂西南地区	福建建瓯北部、湖南安化中部、四川邻水	湖北建始、四川南部、广东信宜	四川洪雅、邻水，云南西畴、屏边，湖北利川，湖南安化、会同	福建长汀、四川德昌、陕西南郑
鄂西北山区			湖北东南、西南部，两广的东北部，四川的东部和南部	湖南江华、湖北通山、陕西汉阴
鄂中丘陵区	江西全南等西南部、湖北通山东南部、河南商城	安徽西南部，陕西南郑，云南西畴，广东信宜，湖北北、西南、东南		

杉苗的抗性包括抗寒性、抗旱性及抗虫、病的能力。其指标有杉苗封顶期和封顶率，地上部分的木质化率，地下部分的主根长，以及抗病的强弱等。湖北省三个地区的试验结果分别为：在鄂东南区，抗性表现比较好的有广东、广西、云南三省的东南部种源，安徽、江苏南部种源和湖北本地产区种源；抗性表现差的有两广的西南部和四川中南部种源。在鄂中丘陵区抗性表现较好的有陕西南部和广西东部种源。在鄂西南区抗性表现好的有两广西部和福建中部种源；表现较差的有四川中部、南部，江西西部及云南东部种源。鄂东南区杉苗抗性指标汇总见表 4.20。

表 4.20 鄂东南区杉苗抗性指标汇总表

木质化期		12 月底封顶率/%		主根长/cm		发病率/%	
较早产区	较迟产区	大于 99%产区	小于 30%产区	大于 20 cm产区	小于 10 cm产区	低于 70%产区	高于 70%产区
安徽歙县、江苏句容	湖北通山、通城，广东信宜，江西全南，福建建瓯、南平	浙江龙泉，云南西畴、屏边，广西蒲北，陕西新郑	四川南部，广东信宜，广西贺县、蒲北	鄂东南部	广东河源，湖南江华、会同，安徽歙县，福建中部	广西融水、蒲北，广东乐昌	湖北东部、西南部，安徽金寨

注：广西贺县于 1997 年撤县改市，现为贺州市。

总的来说，适应性以适地和气候为主。在地理位置上，同纬度或纬度相差不大的地区，适应性好。在山区，海拔高因子代替了纬度因子。抗性方面也是以适地和气候为主。南部种源木质化期，抗病率都较高；北部的封顶率即抗寒性比较好。但也有特殊情况，如安徽种源木质化期早，而发病率高。这主要是湖北省地理、海拔、气象等因素变化幅度较大，小气候影响比较明显。所以，在杉木幼林期进行优良种源选择时，不仅要考虑杉树高生长的快慢，还要考虑适应性、抗性大小等因子，进行多因子综合分析评定。

为了做到尽量较全面和完整地比较种源的优劣，本节进行了多因子的综合分析，发现计算较为简单的坐标综合评定方法可以比较合理地解决种源排序选择这一问题。坐标综合评定是用欧氏多维空间 E 多向量理论的一种数学模型。具体计算参照顾万春[1]的多变量分析方法，这里不再列出计算公式、步骤。由于是取综合值进行排序评定，找出的优良种源也就比较可靠。综合评定结果见表 4.21。

表 4.21 杉木种源产区在各试验点综合评定汇总表

地区	试验点	参加综合分析的产地数	参加综合分析的性状	类型级别	多因子坐标综合评定排序						
鄂中丘陵区	湖北省林科所	60	苗、幼林高、地径场围发芽率、主根长、生物量、千粒质量	优良种源	邻水	那坡	西畴	长江	安化	会同	屏边
				低劣种源	恩施	崇阳	德昌	金寨	南郑	鹤峰	罗平
鄂东南地区	咸宁地区林科所	59	苗、幼林高、地径场围发芽率木质化期、主根封顶率、生物量	优良种源	通城	开化	蒲坼	屏边	来凤	竹山	安化
				低劣种源	德昌	信宜	河源	贺县	罗田	锦屏	大田

续表

地区	试验点	参加综合分析的产地数	参加综合分析的性状	类型级别	多因子坐标综合评定排序						
鄂西南地区	五峰	61	苗、幼林高、地径发芽率、生物量主根长、盘枝数、保存率	优良种源	屏边	那坡	永川	邻水	商城	会同	安化
	鹤峰	60		低劣种源	德昌	大田	阳新	蒲圻	长汀	会泽	五峰
鄂西北山区	竹山	60	苗、幼林高、保存率	优良种源	那坡	彭县	信宜	邻水	锦屏	荥经	河源
				低劣种源	南郑	江华	宜昌	太湖	通山	麻城	长汀

注：贺县于 1997 年撤县改市，现为贺州市；彭县于 1993 年撤县改市，现为彭州市。

从表 4.21 可看出，在湖北省的四大试验区表现优良与低劣的种源在各试验点的异同情况：一是鄂东南区的杉木种源到鄂西南山区不适应，如湖北阳新、蒲圻等地区的种源在五峰、鹤峰一带生长表现不好；二是四川德昌与福建大田这两个种源在湖北省多数试验点都表现不适应；三是湖北省西南区的五峰、鹤峰地理气候等条件相差不大，综合分析的结果也较一致，有着相似的优良种源，见表 4.22。

表 4.22　同一地区两个试验点评定结果比较表

差别	分析结果对比	多因子坐标综合评定排序					
优良种源	五峰试验点	屏边	商城	安化	永川	融水	邻水
	鹤峰试验点	那坡	永川	邻水	会同	罗田	彭县
低劣种源	五峰试验点	德昌	蒲圻	长汀	五峰	会泽	河源	南郑
	鹤峰试验点	大田	阳新	德昌	通山	长汀	宜昌	汉阴

从综合评定中还可看出：两个来自地理气候特征差别不大采种点的种源，其中一个在试验点表现不好，而另一个也可能表现不好。如鄂西南区，表现不好的种源有福建大田，同样福建长汀也表现不好。湖北阳新表现不好，而湖北蒲圻也一样表现不好。这样优良种源区的分布范围就成为湖北省有关用种区的供种区，初步划分见表 4.23。

表 4.23　优良种源区的分布情况表

用种区	优良种源区分布范围		
鄂中丘陵区	云南东部和广西交界处	福建西部、四川东部盆地边缘	湖南中、西部，广西南岭南坡
鄂东南地区	湖北东南部	浙江西部	云南东部和广西交界处
鄂西南地区	云南与广西交界处	四川东南部	
鄂西北山区	两广西部	四川中部	江西西部、黔东南

根据优良种源选择的结果，从地理、气候等条件进一步分析优良种源区及用种区的情况。如鄂中丘陵区的优良种源有四川邻水、广西那坡、湖南会同、云南屏边、福建长汀等。对比四川邻水与用种区湖北九峰可知，地理纬度都在北纬 31° 左右，前者土壤为黄砂壤，后者为黄黏土。年平均气温也相差不大，前者为 17 ℃，后者为 16 ℃。年降雨量都在 1 300 mm 以上，且霜期的起始和结束都大致相同，11 月中旬为霜期的开始期，

而终霜期都在 3 月份。从这个例子可看出：优良种源是以适应性为前提的，表明优良种源是好的遗传基础对生境的反应。其他相应的对比分析也有类似结果，这里从略不再逐一列举。

4.2.3 小　结

1）以高生长作为优良种源选择的主要依据时，一定要考虑其他因子，如适应性、抗性等。多因子坐标综合评定是个计算简单的多变量分析方法，可作为种源选择的统计分析依据，进行优良种源的排序选择。

2）杉木地质年代分布区比现在的分布区大得多，由此可知，杉木是一个广布种。由于最后一次冰期的作用，杉木分布区大幅缩小，仅在我国西南或南岭山地峡谷中保留下来。从湖北省鄂西山区存在的小片天然林或天然散生杉木常与古老的孑遗植物混生在一起表明，鄂西和我国西南、四川、黔东北等残遗中心一样，在更新世之后，当气候适宜时，又成为杉木残遗种的扩散中心[2-3]。从湖北省种源试验来看，优良种源大都在扩散中心地区，表明自然选择的作用强大且影响深远。

3）在选择育种中，关于生产力早晚期相关一直存在分歧：一种认为早晚期相关关系不密切，不能依幼树或苗期来预估成年树木的生产力；另一种认为存在紧密的早晚期相关，可依幼树或苗期来预估成年树木的生产力。从杉木来看，湖北省的地理种源试验表明存在苗期和幼林期的秩次正相关，进入幼林期后，逐年秩次相关加强。国内各单位对杉木的研究也表明，存在苗期和幼林期与壮龄期的秩次相关，这种相关还十分紧密。如南京林产工业学院的陈岳武等[4]得出 1～5 年的树高位次与 14 和 16 年的相关系数 r_s 为 0.871～0.986。可见，杉木在幼林期进行早期选择是完全可行的，这对缩短育种周期有着十分重要的意义。

4）依据杉木生长力存在十分紧密的早晚期相关，经多因子综合评定选出了适宜湖北省四大用种区的优良种源，并依此初步划出了湖北省四大用种区的供种区，对纠正盲目用种有现实意义。因此，建议湖北省林木种子公司和湖北省有关用种单位可按这一区划调进杉木用种。

5）随着种源试验研究的深入，将进一步揭示杉木群体的遗传变异规律，进一步搞清杉木用种区的供种区范围来校正初步划分，从而进一步做到适地适种源，大幅提高湖北省杉木的生产力和加速实现湖北省杉木用种良种化。

4.3　鄂中地区杉木优良种源的选择*

杉木生长快、成材早、产量高、材质好、适应性强，是我国特有的重要用材树种，杉木木材产量占全国商品材总产量的 1/5～1/4，在我国国民经济中占有重要的位置。

杉木在我国分布较广，东自浙江、福建沿海山地及台湾山区；西至云南东部、四川盆地西缘及安宁河流域；南至两广中部；北至秦岭南麓桐柏山、大别山。水平分布约为东经 101°30′～121°53′、北纬 21°41′～34°03′；跨越 16 个省（区），遍及整个亚热带

---

* 引自：郑兰英，刘立德，张家来.鄂中地区杉木优良种源选择研究.湖北林业科技，2001（3）：14-17。

地区，其垂直分布在海拔 70～2 900 m。在杉木分布区内，由于气候、地貌、土壤等不同生态条件的影响，以及地理、生殖隔离等原因，致使杉木在长期系统发育过程中形成了许多具有遗传差异的种源。为了探讨杉木不同种源各主要目的性状的变异规律及模式，为鄂中地区选择最适宜的杉木优良种源，进而科学确定杉木种子的调拨范围，同时发掘、收集和保存杉木优良种质和基因，加速鄂中地区杉木造林良种化进程，从 1980 年开始湖北省林科院试验林场对我国南方 14 个省份的 61 个杉木种源开展了育苗和造林试验。试验地设在距九峰试验林场约 1 km 的钵盂峰南坡，海拔高 120 m；地势平坦，坡度 3°～15°；土壤为黄黏土，pH 为 6.0，土层厚度为 30～60 cm，腐殖质层厚 5～15 cm，肥力比较一致，符合试验要求。

4.3.1　材料与方法

1. 材料来源

参试材料来自杉木自然分布范围内的南方 14 个省份，共 61 个种源（安徽霍山种子因发芽率不高，造林苗不够，未参与统计分析）。其中，湖北省 16 个种源。这些种源的水平分布范围为北纬 22°18′～33°35′，东经 101°30′～118°55′；垂直分布为海拔 70～2 100 m。

2. 研究方法

（1）试验设计

育苗试验采用随机区组设计，设 5 个重复、每个重复设 61 个小区，每个小区 5 行，每行播种 100 粒种子，行距 20 cm，每行保留苗木 25～30 株。苗床两头各设置 3 行保护行。造林试验亦采用随机区组设计，设 10 个重复，每个重复设 61 个小区，每小区为单行 3 株，株行距 2 m×2 m，抽槽整地规格为 100 cm×80 cm。在整个试验区周围，设置 4 行保护行。苗期、幼林期均按常规技术进行一般性抚育管理。

（2）主要观测项目和统计方法

苗期有种子千粒质量、发芽率、苗高、地径、生物量、病虫害等；幼林期有成活率、树高、地（胸）径、冠幅、侧枝粗、侧枝数、开花期、结果期、结实率、病虫害等。统计的主要项目有苗高、地径；幼林高、地（胸）径、材积、冠幅、侧枝粗、侧枝数等性状。对这些目的性状的观测材料，分别按年度进行各项计算，取小区平均值作方差分析，并进行 q 检验；高、径早晚相关分析；经度、纬度与生长性状的回归相关分析；多变量综合评定；最佳优良种源选择效益和遗传力、遗传增益估算等。

4.3.2　结果与分析

1. 高、径生长量的变异

经方差分析的结果表明：苗期高、径生长种源间差异均达显著或极显著。区组间差异高生长不显著、地径生长达到极显著，说明区组间在苗期存在小环境差异。幼林期高、径生长量种源间和区组间差异均达到极显著。从历年方差分量分析结果看：高和径的方差分量分别占总表型方差的 7.39%～16.52% 和 8.77%～18.76%。从历年高、径种源间的遗传力估算来看，其高遗传力为 90.59%～96.85%，径遗传力为 95.3%～97.36%，说明不同种源存在遗传基础差异。

在方差分析的基础上，为更准确地检验种源间差异程度，对 X 龄高、径生长量进行 q 检验，结果表明：树高差异显著的种源占 45%，差异极显著的种源占 35%，优于对照的种源占 50%；最好的种源（锦屏）是对照的 118.8%，是最差种源（歙县）的 135.7%；排名前十名种源依次为锦屏、开化、那坡、洪雅、谷城、邻水、武宁（修水）、长亭、永顺、乐安；最后十名依次为歙县、罗田、平坝、金寨、蒲圻、麻城、太湖、彭州、句容、利川。胸径差异显著的种源占 40%，差异极显著的占 30%，优于对照的占 30%。最好的种源（大田）是对照的 113.9%，是最差种源彭州（麻城）的 136.3%。排名前十名依次为大田、锦屏、开化、邻水、那坡、长亭、修水、汉阴、洪雅、乐安（谷城）；后十名依次为彭县（麻城）、平坝、蒲圻、来凤、太湖、罗田、安化、歙县、利川、全南。

2．材积生长量的变异

材积是选择优良种源的主要目的性状，其生长量差异是高、径生长差异的综合表现。根据林业部颁布的杉木标准材积公式

$$V = 0.000\,058\,77D^{1.989\,963\,1} \times H^{0.896\,461\,57} \tag{4.1}$$

计算出材积（以 m³ 为单位）进行方差分析，结果表明：不同种源间、区组间的材积生长量都存在极显著差异；材积历年方差分量占总表型方差的 6.81%～31.56%，遗传力为 94.7%～98.4%。在 F 检验基础上，对 1989 年 X 龄材积进行 q 检验结果为：材积差异显著的种源占 33.3%；差异极显著的种源占 21.7%，优于对照的占 50%；最好种源（锦屏）是对照的 155.2%，是最差种源（麻城）的 239%；排名前十名依次为锦屏、大田、邻水、开化、那坡、长亭、乐安、修水、洪雅、谷城；后十名依次为麻城、平坝、彭州、罗田、歙县、蒲圻、太湖、来凤、金寨、安化。可见，材积均为种源选择的重要指标。

3．冠幅、侧枝的变异

冠幅、侧枝数、侧枝粗影响单位面积产量和木材的质量。对 VI 龄杉木的观测值进行方差分析。检验结果表明，不同性状在种源间也存在极显著差异。因此，在进行种源选择时，冠幅、侧枝粗、侧枝数也可以作为目的性状来考虑。

4．结实的变异

1981 年春造林到 1985 年绝大部分杉木林都已开花结果，经对 1985 年和 1987 年开花结实观测数据进行方差分析，结果分别为 $F_{0.05}=4.32$，$F_{0.01}=5.64$，说明种源间存在较稳定的结实性状差异。

5．种源间生长量相关分析

上述统计分析结果表明种源间在高、径、材积等主要性状方面都存在显著或极显著的遗传差异。为了更进一步了解不同龄期各种源高、径生长量之间的相差程度，本节对生长量进行了早晚相关分析，主要性状与经、纬度地理变异回归相关分析。

（1）生长量早晚相关分析

将历年高、径生长量做秩次相关分析，其结果表明不同种源历年高、径生长量相关关系极为密切，树高相关系数 $r_{0.01}$ 为 0.564 7～0.945 8；径相关系数 $r_{0.01}$ 为 0.883～0.936，而且随着树龄的增大，相关系数逐年增大，经 r 检验均达极显著水平，说明种源间的生长

量差异随年度逐步趋于稳定。因此，可根据这一结果进行优良种源的早期选择。

（2）高、径相关分析

经对 X 龄高、径生长量进行相关分析，结果表明：高与径相关极密切，相关系数 $r_{0.01}$ 为 0.876 9，达到极显著。这说明种源间高生长量增高，其径生长量也增大，反之则小。因此，这一相关性也可以作为优良种源选择的参考依据。

（3）地理变异趋势

杉木生长量与地理位置有密切相关性。本节进行了各年度高、径、材积与原产地纬度、经度的回归相关分析及显著性检验。结果表明，不同种源苗期和幼林期各年度高、径、材积生长与产地经、纬度均呈负相关，与纬度的相关相对更密切，与经度的相关不显著。如 1986 年、1987 年树高、1989 年高、径、材积与纬度呈显著负相关；1989 年胸径、材积与经度呈不显著的弱度正相关，其余的与经度则呈不显著的弱度负相关。由此可见，各性状生长量受纬度和经度的双重控制，呈现从南至北、由西向东生长量下降的渐变趋势，其中纬度的影响最大。

6. 优良种源评定

每个种源的优劣涉及许多生长指标和性状，为了较全面和完整地比较各种源的优劣，在前面各项分析的基础上，对 X 龄高、径、材积等性状观测数据进行了多变量的坐标综合分析。具体做法为：先将 X 龄高、径、材积等三项指标观测数据的平均值列入表中，按照公式

$$P_i = \sqrt{\sum_j K_{ij}(1-a_{ij})^2} \tag{4.2}$$

式中：P_i 为第 i 个种源综合评定值；K_j 为 j 个性状的权重系数；$a_{ij} = Q_{ij}/Q_{oj}$，Q_{ij} 为第 i 个种源第 j 个指标数据；Q_{oj} 为第 j 个指标最优的种源数据。分别计算 P_i 值后，由小到大排序，以确定种源的优劣。P_i 越小种源越优，反之越劣。排名前十名优良种源为锦屏、邻水、大田、开化、那坡、长亭、修水、洪雅、乐安、谷城；后十名种源为麻城、平坝、彭州、罗田、歙县、蒲圻、太湖、来凤、金寨、安化。

7. 最佳优良种源和优良种源选择的效益

为了获取种源选择效应，将上述优良种源分别与对照种源、一般种源、罗田垂枝杉种源和 60 个种源平均值从 X 年生树高、胸径、材积三方面作了选择效益分析。结果表明：最佳优良种源的选择效益，树高选择效益幅度为 9.6%～18.8%，平均效益为 13%；与一般种源比较，选择效益幅度为 11.4%～20.7%，平均效益为 15.2%；与罗田垂枝杉种源相比，选择效益幅度为 22.9%～33.2%，平均效益为 27.0%；与 60 个种源平均值相比，选择效益幅度为 9.2%～18.3%，平均效益为 12.9%。胸径选择效益幅度为 10.6%～14.3%，平均效益为 12.3%；与一般种源相比，选择效益幅度为 16.6%～20.5%，平均效益为 18.4%；与罗田垂枝杉种源相比，选择效益幅度为 26.2%～29.5%，平均效益为 28.2%；与 60 个种源平均值比，选择效益幅度为 13.8%～17.6%，平均效益为 15.6%。上述研究结果表明：优良种源遗传基因是稳定的。如选用这些优良种源在试验区进行生产性造林，可获得较大的增产效益。

8. 最佳优良种源的遗传力和遗传增益估算

遗传力和遗传增益是衡量种源选择效应的重要指标。为了使杉木优良种源选择更具理论依据，本节对最佳优良种源的遗传力和遗传增益作了估算，结果见表 4.24。

表 4.24　最佳优良种源遗传力（h^2）和遗传增益（ΔG）估算值

种源	树高		胸径		材积	
	h^2/%	ΔG/%	h^2/%	ΔG/%	h^2/%	ΔG/%
锦屏	87.6	16.5	91.2	12.1	93.5	51.6
邻水	94.0	11.8	93.2	11.4	94.9	46.4
大田	93.6	8.9	92.8	13.3	94.9	46.3
开化	86.6	11.7	85.8	9.5	87.7	36.0
那坡	90.1	10.7	93.4	9.9	96.5	40.7
平均	90.4	11.9	91.3	11.2	93.5	44.2

4.3.3　小　结

杉木不同种源间在树高、胸径、材积、冠幅、侧枝粗、侧枝数、结实率等主要性状上都存在显著或极显著的差异。最佳优良种源的遗传力平均达到 90% 以上，遗传差异比较稳定，这为种源试验提供了可靠的选择基础。

杉木早晚相关系数均达到显著或极显著水平，杉木从幼林阶段到速生阶段的秩次相关，且都较明显，进入速生阶段后，逐年秩次相关加强。利用杉木生长量早晚相关分析的结论，在杉木速生阶段进行以高、径为主要目的性状的早期选择是完全可行的。

杉木种源间生长变异受经度和纬度双重控制，呈现从南至北、由西向东生长量下降渐变趋势，纬度影响较大，而经度影响不明显。

结果表明：最佳优良种源的遗传力，树高为 86.6%～94.0%，胸径为 85.8%～93.4%，材积为 87.7%～96.5%；最佳优良种源的遗传增益，树高为 8.9%～16.5%，胸径为 9.5%～13.3%，材积为 36.0%～51.6%。从试验林 VI 龄到 X 龄这段时间的生长情况看，五个最佳优良种源都一直保持着明显的生长优势。

根据种源试验综合评定结果，试验区最佳优良种源是锦屏、邻水、大田、开化、那坡；优良种源为长亭、修水、洪雅、乐安、谷城。

采用杉木优良种源造林，其增产效果十分显著，树高平均遗传增益为 90.4%；胸径平均遗传增益为 91.3%；材积平均遗传增益为 83.5%。

4.4　马尾松种源核型比较研究[*]

马尾松为我国中南重要的造林树种之一。20 世纪 80 年代，方永鑫等在对马尾松地理种源的生长性状、立地因子等进行长期、大量的研究观察的基础上，利用数理统计的

---

* 引自：黄阜峰，宋运淳，刘立华，等. 马尾松种源核型比较研究. 湖北林业科技，1997（7）:6-11.

方法进行归类分析，成功地做了种源的区划工作[5]。为了进一步研究马尾松种源间的遗传变异规律，作者通过染色体（核型和带型）分析，找出种源遗传变异的细胞学证明，为种源的深入研究提供新的资料，为种源区划提供新的可靠的途径。

4.4.1 材料和方法

供试材料分别来自二大区三小分布区，由湖北省林科院提供。全部供试的 9 个马尾松种源如下。

1）汉中马尾松（陕西汉中，I 分布区）

2）南郑马尾松（陕西南郑，I 分布区）

3）霍山马尾松（安徽霍山，I 分布区）

4）潜山马尾松（安徽潜山，I 分布区）

5）远安马尾松（湖北远安，I 分布区）

6）都匀马尾松（贵州都匀，II_B 分布区）

7）黄平马尾松（贵州黄平，II_B 分布区）

8）安化马尾松（湖南安化，II_B 分布区）

9）沙县马尾松（福建沙县，II_A 分布区）

供试种源经种子发芽得到根尖材料。常规染色体涂片法制作染色体标本[6]，Gzemsa 染色[6]。Olympus BH-2 型显微镜和公元黑白胶卷拍照。核型分析参照李懋学和陈瑞阳[7]，Stebbins[8] 的标准。不对称系数分析参照熊治廷等[9] 的方法。

4.4.2 结果与分析

测验了所有供试 9 个马尾松地理种源的核型指标，包括相对短臂长、相对长臂长、相对染色体长和臂比等。每个种源的每一项指标测量 5 个细胞，计算平均值，结果见表 4.25。

表 4.25 不同地理种源核型指标平均值比较

种源	项目	染色体编号											
		1	2	3	4	5	6	7	8	9	10	11	12
潜山	S	4.50	4.40	4.40	4.17	4.20	4.28	4.15	3.87	3.95	3.69	3.49	2.43
	L	4.80	4.90	4.65	4.76	4.71	4.40	4.45	4.07	3.95	4.12	4.15	3.49
	R.L	9.30	9.30	9.05	8.93	8.91	8.68	8.60	7.94	7.90	7.81	7.64	5.92
	R.A	1.07	1.11	1.05	1.14	1.12	1.03	1.07	1.00	1.05	1.12	1.19	1.44
霍山	S	4.87	4.55	4.34	4.25	4.30	4.01	4.00	3.84	3.77	3.78	3.16	2.45
	L	5.51	4.77	4.65	4.59	4.35	4.25	4.21	4.27	4.30	4.15	4.17	3.35
	R.L	10.38	9.32	8.99	8.84	8.65	8.26	8.21	8.11	8.07	7.93	7.33	5.80
	R.A	1.13	1.05	1.07	1.08	1.01	1.06	1.05	1.11	1.14	1.10	1.32	1.37
南郑	S	4.79	4.64	4.46	4.30	4.46	4.27	3.95	3.97	3.81	3.54	2.82	2.30
	L	4.90	4.89	4.91	5.02	4.59	4.43	4.38	4.35	4.21	3.73	3.68	3.57
	R.L	9.69	9.53	9.37	9.32	9.05	8.70	8.33	8.32	8.02	7.27	6.50	5.87
	R.A	1.03	1.05	1.10	1.17	1.03	1.04	1.11	1.07	1.10	1.05	1.31	1.55

续表

种源	项目	染色体编号											
		1	2	3	4	5	6	7	8	9	10	11	12
汉中	S	4.64	4.72	4.38	4.38	4.44	4.30	4.21	4.13	3.93	3.17	2.83	2.09
	L	5.10	4.84	4.80	4.70	4.53	4.53	4.38	4.41	4.16	3.90	4.21	2.89
	R.L	9.74	9.56	9.18	9.08	8.97	8.83	8.54	8.54	8.09	7.57	7.24	5.98
	R.A	1.17	1.02	1.10	1.07	1.02	1.05	1.04	1.07	1.06	1.23	1.49	1.38
远安	S	4.85	4.32	4.38	4.38	4.27	4.21	4.16	3.91	3.63	3.68	2.80	2.47
	L	4.95	5.21	4.60	4.46	4.52	4.43	4.46	4.38	4.21	3.80	4.27	3.66
	R.L	9.81	9.53	8.98	8.84	8.79	8.64	8.62	8.29	7.84	7.48	7.07	6.13
	R.A	1.02	1.18	1.05	1.02	1.06	1.05	1.07	1.12	1.16	1.03	1.53	1.48
安化	S	4.54	4.46	4.40	4.43	4.32	3.85	4.10	3.80	3.94	3.85	2.84	2.64
	L	5.15	4.87	4.87	4.57	4.40	4.71	4.35	4.35	4.07	3.96	3.80	3.72
	R.L	9.69	9.33	9.27	9.00	8.72	8.56	8.45	8.15	8.01	7.81	6.64	6.36
	R.A	1.13	1.03	1.11	1.03	1.02	1.22	1.06	1.15	1.04	1.03	1.34	1.41
都匀	S	4.66	4.48	4.57	4.30	4.16	4.26	3.95	4.04	4.00	3.34	2.95	2.38
	L	5.03	4.94	4.62	4.64	4.46	4.36	4.57	4.28	4.09	3.88	4.36	3.70
	R.L	9.69	9.42	9.19	8.94	8.62	8.62	8.52	8.32	8.09	7.31	7.21	6.08
	R.A	1.08	1.10	1.01	1.08	1.07	1.02	1.05	1.16	1.02	1.16	1.48	1.56
黄平	S	4.50	4.38	4.46	4.41	4.44	4.04	4.09	3.92	3.92	3.40	2.62	2.57
	L	4.76	4.84	4.72	4.70	4.53	4.61	4.87	4.38	4.15	4.24	4.24	3.75
	R.L	9.26	9.22	9.22	9.11	8.97	8.65	8.63	8.30	8.07	7.64	6.84	6.32
	R.A	1.06	1.11	1.07	1.07	1.02	1.14	1.04	1.15	1.06	1.25	1.62	1.46
沙县	S	4.67	4.42	4.17	4.40	4.36	4.24	4.11	4.17	3.72	3.30	2.78	2.36
	L	5.07	5.00	5.00	4.51	4.53	4.40	4.40	4.22	4.20	4.07	4.38	3.69
	R.L	9.74	9.42	9.17	8.91	8.89	8.64	8.51	8.39	7.92	7.37	7.16	6.04
	R.A	1.09	1.13	1.20	1.03	1.04	1.04	1.07	1.01	1.13	1.22	1.58	1.53

注：S 为相对短臂长，L 为相对长臂长，R.L 为 Relative Length（相对长度），R.A 为 Ratio of Arms（臂比）。

由表 4.25 看出，种源之间的核型有一定的差异，例如第 1 染色体的相对短臂长变幅为 4.50～4.87，相对长臂长为 4.76～5.51，染色体相对长度为 9.26～10.38，臂比为 1.03～1.17。

核型的对称性是由全部染色体的臂比对称性和染色体间长度对称性二者决定的。当染色体组全部染色体均为中部着丝粒类型（M），且长度彼此相等时，一般称为理想对称核型，真实核型越不对称，它与理想对称核型的臂比对称性和长度对称性的差异越大。因此，应用表 4.25 的数据测定臂比不对称系数和长度不对称系数（表示与理想对称型的差异的系数），从而来确定马尾松 9 个种源的核型对称性，并比较种源之间的差异，表 4.26 列出了 9 个种源的臂比和长度不对称系数及染色体的长度组成。

表 4.26　染色体长度组成和核型不对称系数统计

种源	染色体长度组成	$\bar{D}_c$	$\bar{D}_e$	D_f	$\bar{D}_f$
潜山	$14M_2+8M_1+2S$	0.899	0.074 9	8.893	0.741 1
霍山	$10M_2+12M_1+2S$	1.248	0.104 0	9.106	0.758 8
南郑	$12M_2+10M_1+2S$	1.274	0.106 2	11.349	0.945 8
汉中	$16M_2+61M_1+2S$	1.338	0.111 5	10.227	0.852 3
远安	$14M_2+8M_1+2S$	1.377	0.114 8	9.733	0.811 1
安化	$14M_2+10M_1$	1.259	0.104 9	9.383	0.781 9
都匀	$14M_2+8M_1+2S$	1.367	0.113 9	9.312	0.776 0
黄平	$12M_2+12M_1$	1.534	0.127 8	8.955	0.746 3
沙县	$14M_2+8M_1+2S$	1.548	0.129 0	9.905	0.825 5

由表 4.26 看出，9 个种源的两种不对称系数都比较接近。平均臂比不对称系数 $\bar{D}_e$ 为 0.074 9～0.129 0，平均长度不对称系数 $\bar{D}_f$ 为 0.741 1～0.945 8。与松科其他属的种相比，两种不对称系数的绝对值均不算大（如同属松科的云杉，它的两种不对称系数的平均值 $\bar{D}_e=0.219$，$\bar{D}_f=1.202$）说明马尾松核型在松科内是属于较原始对称的类型。而比较 9 个种源的不对称系数，发现种源间表现出一定差异，说明核型在种源之间有所变异。臂比不对称系数，潜山马尾松最小，沙县马尾松最大；长度不对称系数也是潜山马尾松最小，最大的则是南郑马尾松，这表明潜山马尾松的核型较对称，而沙县和南郑马尾松的核型较不对称。依据 Stebbins[8]的观点，潜山马尾松为较原始的类型，沙县和南郑马尾松是否为较进化的类型值得进一步研究。

应用表 4.25 的数据计算染色体的长度组成。染色体的长度与整个染色体组的平均长度相比较，达到 1.26 倍或以上的为长染色体（L），达不到 0.75 倍的为短染色体（S），在这之间的为中长（M_2）和中短（M_1）染色体。如表 4.26 所示，安化和黄平马尾松仅有中长和中短染色体，其余 7 个种源除具有中长、中短染色体外，还有 1 对短染色体，9 个种源均未见有长染色体，表明 9 个种源的染色体的长度较为一致，核型较为对称。但种源间具有的中长和中短染色体的数量不尽相同，说明种源之间的核型在染色体长度组成上存在数量差异。

4.4.3　小　　结

1. 随体和次缢痕

通常次缢痕在核型分析中被作为一个附加的特征予以考虑。李懋学等[6]认为马尾松不同地理种源的次缢痕的出现有所不同。差异表现在位置和数目上。虽然数目一般为 3～5 对，位置一般出现在序号小的较长的前 6 对染色体上，但不同种源间随体的数目和出现的位置不同。本节作者观察了 9 个种源 100 余个个体的体细胞有丝分裂相，发现次缢痕出现在核型中的位置不固定，数目也非恒定，虽然次缢痕绝大多数出现在较长的编号较小的 6 对染色体上。通常，在前中期，染色体比较长时，能观察到 4～6 条染色体具次缢痕；而到正中期，染色体收缩到很短时，除偶然观察到 1～2 条次缢痕外，多数情况下观察不到它的存在。可见次缢痕的出现随着染色体的收缩而减少，直到消失。因此次缢痕不能作为一个稳定的特征而应用到核型分析中。

2．核型变异

众所周知，植物染色体形态特征和外部形态特征一样都是受内在基因控制的，是基因的外在表现。从染色体上找出植物种群之间的差异，是一条识别不同种群植物的可靠途径[10-11]。虽然马尾松各地理种源之间的核型公式相同，都为 $2n=24$。但这与外部形态特征和生理特征一样存在一定的差异，主要表现在数量上。这从染色体长度组成、不对称性和常规的统计分析中可以反映出来。而且，位于中心分布区的潜山马尾松具有较对称的核型，而位于边缘分布区的沙县和南郑马尾松具有较不对称的核型。这可能是因为沙县马尾松由中心分布区向边缘辐射的过程中，为适应边缘区极端的环境条件而出现了较多的歧化现象所致。

（a）潜山马尾松的有丝分裂中期相和核型

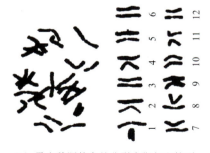

（b）霍山种源的有丝分裂中期相和核型

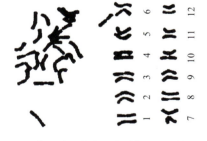

（c）黄平种源的有丝分裂中期相和核型

（d）沙县种源的有丝分裂中期相和核型

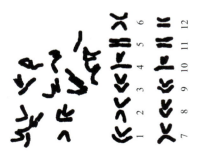

（e）汉中种源的有丝分裂中期相和核型

（f）南郑种源的有丝分裂中期相和核型

（g）远安种源的有丝分裂中期相和核型

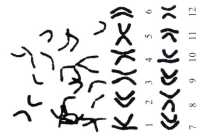

（h）都匀种源的有丝分裂中期相和核型

（i）安化种源的有丝分裂中期相和核型

图 4.3　不同种源的有丝分裂中期相和核型

4.5　枫香不同种源苗期生长差异*

枫香（*Liquidambar formosana*）属金缕梅科 Hamamelidaceae 枫香属 *Liquidambar* L.，别名为枫木、黑饭木、三角枫、香枫等，是亚热带阔叶林地带性森林植被中的重要乔木树种，主要分布于我国南方各省份海拔 1 000 m 以下的平原、丘陵、山谷、山麓，西至四川、贵州，南至广东、海南岛，东至台湾，山东、河南等地也有引种栽培[12-13]。

枫香是我国的优良乡土树种，具有适应性强、适应性广、生长快、萌芽力强、耐干旱瘠薄、天然更新容易等特点，并具有生态、景观、用材等多种功能，是很有潜力的造林绿化树种。国外大多以我国台湾资源为研究对象，涉及大陆枫香资源的研究较少。国内对枫香的栽培、用途和繁殖技术等进行了比较全面的研究，近几年也开展了遗传育种方面的研究工作。种源试验是林木遗传改良研究的重要手段之一，本节共收集全国 25 个枫香种源 726 个家系，探讨不同种源苗期生长量的差异，并初步选出表现良好、适宜湖北栽植的种源和家系，对丰富湖北阔叶树造林树种，为工业用材提供优质原料，以及在改善林地生境、调整林业产业结构等方面均具有重要意义。

4.5.1　试验地概况

试验地位于湖北省林科院九峰试验林场，地理位置东经 114°29′，北纬 31°22′，海拔高度为 70 m，属于北亚热带季风气候，年均气温为 16.7 ℃，极端最高气温为 39.4 ℃，

---

* 引自：杜超群，许业洲，胡兴宜，等.枫香不同种源苗期生长差异研究.湖北林业科技，2009（5）：17-20.

极端最低气温为-18.1℃，年均相对湿度为 77%，年降水量为 1 284 mm，无霜期为 240 d，年蒸发量为 1 392 mm，土壤类型主要为黄黏土，pH 为 6.4，有机质质量分数为 1.58%。

4.5.2　材料和方法

1. 试验材料

试验材料为中国林业科学研究院提供的采集自我国 16 个省份的 25 个种源共 726 个家系的种子各 100 粒（表 4.27）。

表 4.27　试验材料来源

种源代号	来　源	参试家系数	种源代号	来　源	参试家系数
桑	湖南桑植	29	霍山	安徽霍山	33
SLY	陕西略阳	30	霸	海南霸王岭	29
GKX	甘肃康县	30	CGY	四川广元	29
FN	云南富宁	30	铜	江西铜鼓	30
WY	广东翁源	29	舟山	浙江舟山	34
金刚	河南商城	30	湖城	湖南城步	28
岑溪	广西岑溪	28	松滋	湖北松滋	29
大悟	湖北大悟	30	婺	江西婺源	29
Q	广西大青山	31	EXS	湖北兴山	26
丰都	重庆丰都	26	溧阳	江苏溧阳	29
南阳	河南桐柏	30	JO	福建建瓯	25
开化	浙江开化	30	南京	江苏南京	30
黄山	安徽黄山	22	总计		726

2. 试验方法

枫香种子分种源和家系测定千粒质量后，用 0.2%高锰酸钾溶液消毒 20 min，清水洗净后用 35 ℃温水浸种 24 h，捞出晾干，与细土混合均匀，分家系播种。待出苗后分种源和家系统计出苗率。苗高 3 cm 左右移栽到苗圃地，田间日常管理与常规育苗类似，10 月底小苗停止生长后测量苗高。

3. 数据处理

调查数据用 SAS9.0 软件进行分析。出苗率经反正弦转换后再进行数据分析。利用方差分析估算种源苗高遗传力，计算公式为

$$h^2 = (V_1 - V_2)/V_1 \tag{4.3}$$

式中：V_1 为群体表型方差，V_2 为机误方差。

4.5.3　结果与分析

1. 不同种源枫香种子千粒质量差异分析

不同种源之间种子千粒质量差异达极显著水平（表 4.28、表 4.29）。千粒质量平均值最小的是广西大青山种源，平均值为 2.48 g，最大的是湖北兴山种源，平均值达到 4.88 g，是大青山种源的近 2 倍。种源内家系间变异系数在 8.92%～32.98%，变异范围较大。变异系数超过 30%的种源有广西岑溪、浙江开化、湖南桑植、陕西略阳、湖北大悟和河南桐柏，最小的是重庆丰都种源（8.92%）。

表 4.28　不同种源方差分析

变异来源	自由度	平方和	均方	F值	Pr>F
千粒质量	24	225.51	9.40	10.91	<0.000 1**
出苗率	24	47.25	1.97	39.75	<0.000 1**
苗高	21	435 212.79	20 724.42	275.14	<0.000 1**

注：**表示达到 0.01 的显著水平。

表 4.29　不同种源种子千粒质量差异比较

种源	最大值/g	最小值/g	平均值/g	标准差	变异系数/%
湖北兴山	6.3	3.4	4.88	0.70	14.34
湖北松滋	9.8	3.1	4.74	1.30	27.43
湖南桑植	7.6	2.6	4.68	1.50	32.05
陕西略阳	8.4	2.0	4.29	1.34	31.24
海南霸王岭	6.3	3.1	4.22	0.83	19.67
河南桐柏	6.0	1.4	4.12	1.25	30.34
江西铜鼓	5.9	3.4	4.12	0.58	14.08
福建建瓯	5.2	2.0	4.09	0.72	17.60
安徽黄山	5.8	3.1	4.05	0.63	15.56
江西婺源	5.7	2.3	4.03	0.97	24.07
浙江舟山	6.0	2.8	4.02	0.67	16.67
甘肃康县	5.1	3.2	3.91	0.47	12.02
江苏溧阳	5.2	1.7	3.89	0.96	24.68
浙江开化	6.1	1.9	3.88	1.24	31.96
江苏南京	4.8	2.4	3.82	0.68	17.80
安徽霍山	6.4	1.9	3.77	1.10	29.18
湖南城步	6.8	2.2	3.77	1.13	29.97
重庆丰都	4.3	3.1	3.70	0.33	8.92
云南富宁	5.0	1.6	3.69	0.88	23.85
四川广元	5.2	1.6	3.67	0.70	19.07

种源	最大值/g	最小值/g	均值/g	标准差	变异系数/%
广东翁源	5.1	1.7	3.49	0.83	23.78
河南商城	5.2	1.9	3.46	0.83	23.99
广西岑溪	5.0	1.3	2.82	0.93	32.98
湖北大悟	4.7	1.4	2.67	0.82	30.71
广西大青山	4.8	1.5	2.48	0.70	28.23

2. 不同种源枫香播种出苗情况差异分析

分析结果表明：不同种源间枫香播种出苗率存在极显著差异（表4.28、表4.30），均值最大的为甘肃康县，达75.31%；最小的为陕西略阳，仅为4.23%，广西大青山与湖北大悟种源的出苗率也都不足7%。同一种源不同家系间出苗率变化很大，湖北大悟、湖南城步与广西大青山种源的变异系数分别达到了173.16%、150.83%和128.41%，出苗率均值最大的甘肃康县种源的变异系数最小（21.25%）。根据出苗率的不同，在田间播种育苗时不同种源可采用不同的播种量。

表4.30 不同种源播种出苗率差异比较

种源	最大值/%	最小值/%	均值/%	标准差	变异系数/%
甘肃康县	95	24	75.31	0.16	21.25
湖北松滋	100	18	70.41	0.24	34.09
福建建瓯	87	38	65.92	0.15	22.75
浙江舟山	83	23	58.76	0.17	28.93
海南霸王岭	79	30	56.00	0.15	26.79
江西铜鼓	96	11	55.77	0.23	41.24
广东翁源	86	16	54.96	0.20	36.39
安徽黄山	85	23	52.83	0.18	34.07
湖南桑植	80	9	46.15	0.23	49.84
湖北兴山	76	28	46.00	0.11	23.91
云南富宁	89	4	43.48	0.19	43.70
浙江开化	90	0	43.30	0.35	80.83
江苏南京	78	3	42.70	0.21	49.18
重庆丰都	69	8	42.15	0.20	47.45
四川广元	70	3	40.72	0.20	49.12
江苏溧阳	92	1	39.38	0.29	73.64
广西岑溪	76	0	38.93	0.28	71.92
江西婺源	70	6	38.59	0.21	54.42

种源	最大值/%	最小值/%	均值/%	标准差	变异系数/%
安徽霍山	66	4	33.24	0.26	78.22
河南桐柏	84	1	30.93	0.28	90.53
河南商城	64	3	25.83	0.17	65.81
湖南城步	67	0	19.89	0.30	150.83
湖北大悟	58	0	6.93	0.12	173.16
广西大青山	45	0	6.23	0.08	128.41
陕西略阳	16	0	4.23	0.04	94.56

3. 不同种源枫香苗高生长量差异分析

由于出苗率和移栽存活率的差异，一些家系保存的苗木少，不适合进行数据分析和选优。将苗木数量不足 30 株的家系剔除，最终有 22 个种源（除陕西略阳、广西大青山、江苏南京种源）的 330 个家系参与苗高生长量分析。

对 1 年生枫香苗高生长的分析结果显示（表 4.28、4.31）：苗高最大值达到 89 cm，平均值最大为广西岑溪种源（44.81 cm），最小为浙江舟山种源（22.01 cm），方差分析结果表明种源间差异达极显著水平。湖北大悟、兴山和松滋种源分别排在第 5、9、11 位，广西岑溪、云南富宁、广东翁源和海南霸王岭种源排在前四位，均优于湖北省种源，且与其他种源存在显著差异，由此选择这四个种源为优良种源。

表 4.31　不同种源苗高差异比较

种源	最大值/cm	最小值/cm	均值/cm	标准差	变异系数/%
广西岑溪	89	10	44.81a	14.39	32.11
云南富宁	89	7	42.20b	13.34	31.61
广东翁源	83	4	37.79c	13.56	35.88
海南霸王岭	75	8	37.66c	13.54	35.95
湖北大悟	63	10	34.52d	11.43	32.56
福建建瓯	64	5	33.46d	12.47	37.27
湖南桑植	72	6	31.65e	11.43	36.11
甘肃康县	64	4	31.03e	12.08	38.93
湖北兴山	60	3	28.11f	12.04	42.83
河南南阳	78	6	27.33fg	10.07	36.85
湖北松滋	65	4	27.30fg	9.92	36.34
四川广元	53	6	27.21fg	9.64	35.43
河南商城	52	8	26.59gh	8.76	32.94
安徽霍山	55	5	25.59hi	12.24	47.83
江西铜鼓	56	7	25.34 hi	8.88	35.04

种源	最大值/cm	最小值/cm	均值/cm	标准差	变异系数/%
重庆丰都	53	5	25.01i	9.62	38.48
江西婺源	63	5	24.59i	8.37	34.04
江苏溧阳	55	4	24.51i	9.26	37.78
浙江开化	69	5	24.11i	10.46	43.38
安徽黄山	42	5	22.67j	7.10	31.32
湖南城步	38	8	22.05j	6.37	28.89
浙江舟山	41	5	22.01j	6.65	30.21

注：数据后的不同小写字母表示差异达显著水平。

对种源苗高进行遗传力估算，获得的结果为 0.95，说明苗高主要受遗传控制，遗传力较高。种源内家系间变异系数为 28.89%～47.83%，平均变异系数为 35.99%。以平均值（29.34 cm）加 2 倍标准差（10.52 cm）的标准进行家系选择，苗高平均值大于 50.38 cm 的家系有 11 个（表 4.32），入选率为 3.30%。这 11 个家系分别属于广东翁源、云南富宁、海南霸王岭、广西岑溪 4 个种源，正好为选择出的优良种源。11 个优良家系内存在 17.14%～31.29%的变异范围，可以进一步进行优良单株的选择，以求得优中选优的效果。

表 4.32　优良家系列表

种源	家系号	均值	标准差	变异系数/%
广东翁源	9	58.54	16.78	28.66
云南富宁	16	57.44	16.07	27.98
海南霸王岭	7	56.07	13.53	24.13
云南富宁	14	56.03	15.92	28.41
广西岑溪	29	54.87	11.83	21.56
海南霸王岭	12	54.50	11.28	20.70
云南富宁	29	53.96	13.08	24.24
广东翁源	30	52.87	12.73	24.08
广西岑溪	5	51.63	8.85	17.14
广西岑溪	28	51.20	16.02	31.29
广西岑溪	19	50.63	11.22	22.16

4．千粒质量与出苗率、苗高生长的相关性分析

对 22 个种源（除陕西略阳、广西大青山、江苏南京种源）千粒质量、出苗率和苗高生长进行相关分析，结果表明种子千粒质量与出苗率呈极显著正相关，与苗高相关不显著（表 4.33）。千粒质量小的种源种子较小，可能营养物质积累少，影响出苗率，相反千粒质量大的种源种子大，出苗率较高。苗高生长与种子性状无关，主要受遗传控制，也有研究表明苗高生长与经纬度显著相关，与种源地水分和温度相关[14]。

表4.33　千粒质量与出苗率、苗高相关性分析

项目	千粒质量与出苗率	千粒质量与 1 年生苗高
相关系数	0.559 6[**]	−0.370 0
偏相关系数	0.022 5	38.520 0

注：**表示达到 0.01 的显著水平。

4.5.4　小　　结

1）不同种源种子千粒质量、播种出苗率均存在极显著差异。千粒质量平均值最大的是湖北兴山种源，为 4.88 g，最小的是广西大青山种源，为 2.48 g；出苗率均值最大的为甘肃康县种源，达 75.31%，最小的是陕西略阳种源，仅为 4.23%。

2）苗高生长分析结果表明不同种源间差异达到极显著水平，种源间、家系间变异系数大，说明种源和家系间均存在很大的差异，具有很大的选择潜力，从中选择优良种源和优良家系能取得良好的育种效果。孟现东等[14]、史廷先[15]、陈孝丑[16]研究表明枫香苗高的变异系数大，遗传力高，而地径的变异系数小，遗传力低，所以对枫香的苗期生长量种源选择以苗高为主要选择指标进行选择是比较有效的。本节以苗高为选择指标，初步选择广西岑溪、云南富宁、广东翁源和海南霸王岭 4 个种源为优良种源，以 2 倍标准差的标准选择 WY09、FN16、霸 07、FN14、岑溪 29、霸 12、FN29、WY30、岑溪 05、岑溪 28、岑溪 19 11 个家系为优良家系。

3）对种子千粒质量、出苗率和苗高生长相关分析结果表明，种子千粒质量与出苗率呈极显著正相关，与苗高相关不显著。

4）本节仅对种源试验苗期差异进行了分析，参试的种源已经在 4 个地点造林，对其多年生性状的变异将进行进一步的研究。

参 考 文 献

[1] 顾万春. 林业试验统计[Z]. 崇左: 中国林科院广西大青山实验局，1984.

[2] 全国杉木种源试验协作组. 杉木种源试验研究报告选编(一、二)[Z]. 北京: 全国杉木种源试验协作组，1984~1985.

[3] 湖北省松、杉良种选育协作组. 松、杉地理种源试验及杉木良种研究报告选编(一)[Z].武汉: 湖北省松、杉良种选育协作组，1985.

[4] 陈岳武，施季森. 杉木遗传改良中的若干基本问题（续）[J]. 南京林业大学学报（自然科学版），1984(1): 1-15.

[5] 方永鑫，刘季宏，等. 马尾松的核型研究[J]. 林业科学，1983, 19(2): 212-216.

[6] 李懋学，张学方. 植物染色体研究技术[M]. 哈尔滨: 东北林业大学出版社，1991.

[7] 李懋学，陈瑞阳. 关于植物核型分析的标准化问题[J]. 武汉植物学研究，1985, 3(4): 297-302.

[8] STEBBINS G L. Chromosomal evolution in higher plants[M]. London: Edward Arnold，1971: 87-89.

[9] 熊治廷，洪德元，陈瑞阳. 核型不对称性的一种定量测量法及其在进化研究中的应用[J]. 植物分

类学报，1992，30(3): 279-288.

[10] 全国马尾松种源试验协作组.马尾松种源变异及种源区划分的研究[J]. 亚林科技，1986，(2): 1-12.

[11] MACPHERSON P，et al. Karyotype analysis and the distribution of constitutive heterochromatin in five species of Pinus[J]. Hered，1981，(72): 193-198.

[12] 施季森，成铁龙，王洪云. 中国枫香育种现状研究[J]. 林业科技开发，2002，16(3): 17-19.

[13] 许鲁平. 枫香优良家系和单株选择研究[J]. 福建林业科技，2002，29(2): 26-30.

[14] 孟现东，陈益泰. 枫香与美国枫香种子性状的地理变异比较研究[J].林业实用技术，2003(5): 5-6.

[15] 史廷先. 枫香优树子代苗期测定研究[J]. 林业科技通讯，2001(4): 21-22.

[16] 陈孝丑. 中国枫香优树自由授粉家系苗期生长性状变异[J]. 林业勘察设计(福建)，2008，1: 83-85.

第 5 章

九峰科技植物资源新品系选育

品系选育是改良植物品质、提高经济产量的重要途径，本章介绍了油茶等湖北主要经济林树种品系试验及有关优良品种引种栽培等技术；通过建立品种选择评价体系及表现型多样性分析，选择出适合本地环境的优良品系。

通过对油茶不同品种（类型）的品比和区域性试验表明：不同品种（类型）间存在差异，尤其是苗期高生长达到极显著程度，抗寒、抗病等也有差异；丰富了油茶品种（类型）苗期选择内容；鄂东大红果、安徽大红果等品种在九峰地区表现极好。

为丰富我国乌桕遗传资源，选育乌桕新品种，从美国 7 个州采集 18 个乌桕家系种子在九峰试验林场开展苗期观测试验，初步筛选出了 2 个优良家系。结果表明：美国乌桕种子样品中有 86.7% 的家系属于中粒乌桕，55.6% 的家系其种子含油率达到 40.0%，整体品质较好。

"阳丰"是从日本引进的完全甜柿品种，果实扁圆形，平均单果重 240 g，丰产性好，种子少，品质上等，抗逆性强，耐储性好，可溶性固形物质量分数为 18%，适宜在湖北省甜柿产区栽植。

以初选的 42 个紫薇单株为试验材料，选取花色、花径、花序长、花序宽、着花数等 12 个性状作为评价指标，基于层次分析法建立了紫薇优良单株综合评价选择体系，筛选出 22 个优良单株作为品比试验材料，应用满意度多维价值理论分析法建立了紫薇优良无性系的多目标评价体系，优选出 5 个花色鲜艳、综合性状优良的无性系。

由紫薇品种"Victor"天然杂交种子播种实生选育出"赤霞"新品种，花红色，颜色艳丽，开花繁茂，有香味。经多年繁殖其性状稳定、适应性强，为优良的夏季观花树种，通过扦插、嫁接等方法繁殖，可以在园林绿化工程中推广应用。

以引自美国的 10 个家系为研究对象进行表型多样性分析结果表明：紫薇表型性状在家系间和家系内均存在极其丰富的变异，其中花性状的平均变异系数为 42.66%，明显大于生长性状的平均变异系数 29.44%，8 个性状家系间的平均表型分化系数为 30.19%，小于家系内的 69.81%，紫薇表型性状在家系内的多样性大于家系间，良种选育策略应以优良家系选择为基础，重点加强优良家系内优良个体的选择和利用，通过选择育种，杂交育种、多倍体育种等多种方式培育优良新品种。

5.1 油茶良种品比和区域性苗期对比试验*

良种是提高油茶产量和质量的关键，近几年来各省（区）均选出一批有苗头的品种（类型）进行了鉴定，并进行品比和区域性试验，以评出适应性强、经济性状优良者应用于生产，加快良种化进程。于1982年起，湖北省林科所参加了中国林业科学研究院亚热带林业研究所（以下简称亚林所）主持的"全国油茶良种品比和区域性试验"的研究工作，现将苗期的生长情况汇总如下。

5.1.1 材料和方法

油茶品比试验所用种子是根据亚林所"全国油茶选育协作组实施方案"进行采集的，即以省（区）为单位，选出本地最好品种，供全国油茶良种品比和区域性试验，供试的有11个品种（类型）。

苗圃地设在湖北省林科所试验林场，属季风气候区。1982年年平均气温为16.5 ℃，1月平均气温为3.1 ℃，7月平均气温为32.7 ℃，日最低温为25.2 ℃，年降雨量为1 623.6 mm，年日照时数为1 657.8 h，平均相对湿度为80.7%，初霜期为12月12日，终霜期为2月17日，无霜期共288 d，年积温为2 488.3 ℃。

苗圃地土壤为黄棕壤土，地势平缓，pH为5.7，经三犁三耙。苗床宽1 m、高20 cm，田间试验采用随机区组设计，三行小区，重复三次，每品种小区播种100粒，株行距为10 cm×20 cm，四周设保护行。1982年3月13日播种，苗期按常规管理。

每月观测苗高生长，12月底做最后一次苗高、茎生长等的测定，将测定的数据进行方差分析。

5.1.2 结果与分析

1. 种子品质与场圃发芽率

种子品质包括纯度、饱满度、千粒质量、发芽率等，其中纯度在生产上有价值，但对遗传变异无影响，故可略去。

种子质量好坏决定种子的实用价值，优良的种子发芽率高，播种后出苗齐，幼苗生长粗壮，是壮苗丰产的重要因素。这里重点讨论千粒质量与场圃发芽率，油茶由于品种（类型）不同，千粒质量有较大差异，千粒质量最重的是贵州望膜油茶2 550 g，衡东大桃油茶2 320 g，岑溪软枝油茶2 420 g，福建龙眼油茶2 170 g，鄂东大红果2 070 g等，场圃发芽率均为中等，而千粒质量最轻的是湖南攸县油茶830 g，场圃发芽率为64%，说明千粒质量小，场圃发芽率并不低，而千粒质量大的常山油茶1 830 g，场圃发芽率为54%，并不高。千粒质量最重的为最轻的3倍多，场圃发芽率相差6%，似乎无规律可循，这与采种时期种子处理、储藏的方法和条件及包装运输等有关。

而千粒质量与苗高关系也不大。它们的相关系数 $r = 0.31$ 为低度相关。

---

* 引自：戴国望. 油茶良种品比和区域性苗期对比试验.湖北林业科技，1983（4）：33-35.

2. 苗高与油茶各品种（类型）的关系

从各品种1年生苗高生长及品种间苗高生长方差分析看有显著差别（表5.1、表5.2）。

表 5.1　油茶品种（类型）苗期高生长情况　　　　　　　　　（单位：cm）

品种	I	II	III	品种和	品种平均
宜春白皮	15.0	18.5	14.3	47.8	15.93
衡东大桃	13.8	14.1	10.7	38.6	12.87
贵州望膜	16.4	15.3	14.3	46.0	15.33
常山油茶	13.9	14.0	12.6	40.6	13.50
福建龙眼茶	14.9	18.1	15.9	48.9	16.30
灵川葡萄茶	13.6	14.7	11.4	39.7	13.23
安徽大红果	14.4	18.4	16.8	49.6	16.53
岑溪软枝	14.9	15.6	14.7	45.2	15.07
攸县油茶	14.8	13.3	13.3	41.4	13.80
鄂东大红果	15.1	18.9	18.9	52.3	17.73
三门江	12.4	14.3	14.3	41.6	13.87
合计	159.2	157.1	157.2	157.2	492.5

表 5.2　方差分析表

变异来源	自由度	平方和	均方	F 值
区组间	2	16.73	8.30	3.32
品种间	10	75.30	7.50	3.00
品种内	20	55.50	2.77	
（误差）总变异	32	147.53		

1）当 $F_{0.05}=3.49$，因区组的 $F=3.32$ 小于 $F_{0.05}=3.49$，故区间差异不显著，说明区组土壤肥力、环境条件、操作管理的一致性。

2）当 $F_{0.05}=2.30$，$F_{0.01}=3.26$ 时，因 $F=3$ 大于 $F_{0.05}=2.30$，故推断为显著，即这11个品种（类型）样本平均数间有显著差异。

以上 F 值测验结果显著，表明 11 个品种的生产力是不完全相同的，所以需要继续测验品种间的差异显著性，用 t 测验法（L.S.D）见表5.3。

$$S_{\mathrm{d}}=\sqrt{\frac{2\times 2.5}{3}}=1.29$$

$$\mathrm{L.S.D}_{0.05}=t_{0.05}\quad \mathrm{D.F}\times S_{\mathrm{d}}=2.67$$

$$\mathrm{L.S.D}_{0.01}=t_{0.01}\quad \mathrm{D.F}\times S_{\mathrm{d}}=3.64$$

得到以下结论：

1）鄂东大红果极显著优于衡东大桃、灵川葡萄茶、常山油茶，显著优于攸县油茶、三门江油茶等品种（类型），但与安徽大红果、福建龙眼茶、宜春白皮、贵州望膜等 6 个品种差异不显著。

表 5.3　油茶各品种（类型）苗期高生长差异的 t 测验

品种	平均苗高/cm	X-12.87	X-13.23	X-13.50	X-13.80	X-13.87	X-15.07	X-15.33	X-15.93	X-16.3	X-16.53
鄂东大红果	17.73**	4.86**	4.50**	4.23*	2.93	3.86	2.66	2.40	1.80	1.43	1.20
安徽大红果	16.53**	3.66**	3.30**	3.03*	2.73	2.66	1.46	1.20	0.60	0.23	
福建龙眼茶	16.30*	3.43*	3.07*	2.80	2.50	2.43	1.23	0.97	0.37		
宜春白皮	15.93*	3.06	2.70	2.43	2.13	2.06	0.86	0.60			
贵州望膜	15.33	2.46	2.10	1.83	1.46	1.83	0.26				
岑溪软枝	15.07	2.20	1.84	1.57	1.53	1.20					
三门江	13.87	1.00	0.64	0.37	0.07						
攸县油茶	13.80	0.93	0.57	0.30							
常山油茶	13.50	0.63	0.27								
灵山葡萄茶	13.23	0.36									
衡东大桃	12.87										

注：*表示达到 0.05 的显著水平，**表示达到 0.01 的显著水平。

2）安徽大红果极显著优于衡东大桃、灵川葡萄茶、常山油茶，显著优于攸县油茶，但与三门江、岑溪软枝、贵州望膜等 5 个品种（类型）间差异不显著。

3）福建龙眼茶显著优于衡东大桃、灵川葡萄茶、常山油茶，但与三门江、岑溪软枝、贵州望膜、攸县油茶 4 个品种（类型）差异不显著。

4）宜春白皮显著优于衡东大桃，但与灵川葡萄茶、常山油茶、攸县油茶等 6 个品种差异不显著。

5）贵州望膜、岑溪软枝、三门江等 7 个品种（类型）间差异不显著。

3. 油茶各品种（类型）1 年生幼苗地径生长

油茶各品种（类型）1 年生幼苗地径（茎粗）生长差异不显著，最大的是安徽大红果 0.40 cm，其次为鄂东大红果 0.39 cm，最小的是灵川葡萄茶 0.35 cm。

4. 油茶各品种 1 年生幼苗苗期叶形指数的生长情况与苗木的高生长的关系

叶形指数是油茶苗木的形态特征，不同的品种叶形指数不一致，叶形指数最大的常山油茶为 2.0，最小的攸县油茶为 1.54，相差 0.46。但叶形指数与苗木高度有一定关系，相关系数 $r = 0.6$ 属中度相关，因实得 $r = 0.6$ 大于 $r_{0.05} = 0.5527$，经相关系数显性测定（验）为显著（表 5.4）。

表 5.4　各品种（类型）叶形指数统计

品种（类型）	常山油茶	安徽大红	宜春白皮	灵川葡萄	鄂东大红	三门江	衡东大桃	贵州望膜	福建龙眼	岑溪软枝	攸县油茶
叶形指数	2.0	1.9	1.8	1.8	1.7	1.7	1.6	1.6	1.6	1.54	1.54

注：叶形指数为叶长与叶宽的比。

5. 油茶品种（类型）苗期抗寒性

油茶性喜温暖湿润的气候，忌严寒，特别忌长期霜冻等恶劣的气候，武汉历年冬季严寒，夏季酷热，1982 年冬季绝对最低温度为-3.7 ℃，但时间不长，早霜从 12 月 12 日起，无霜期为 288 d，这对从外地引进油茶种的越冬极为不利，通过调查这 11 个品种（类型）苗期的抗寒性比较，鄂东大红果抗寒性较强，顶梢受冻率为 9.5%，岑溪软枝、贵州望膜、福建龙眼茶、宜春白皮耐寒性较差，顶梢受冻率分别为 35%、49%、43.8%、40%。以本省鄂东大红果较好，种源地越往南，品种抗寒能力越差。

5.1.3　小　　结

1）通过对油茶不同品种（类型）的品比和区域性试验，明显看出不同品种（类型）间存在差异，尤其是苗期高生长达到极显著程度，抗寒、抗病等也有差异，这极大地丰富了油茶品种（类型）苗期选择内容。

2）从苗期对比分析，可以明显看出鄂东大红果、安徽大红果等品种在九峰地区表现极好。

3）为了验证鄂东大红果、安徽大红果的优良特性，必须对供试品种做较长期的定位观测，以期获得更可靠的科学依据。

5.2　美国乌桕家系苗期变异和选择[*]

乌桕（*Sapium sebiferum*）又称木梓、桕籽、椿子树、乌桕籽、蜡蛹树，为大戟科乌桕属落叶乔木，原产于我国，广泛分布在黄河以南的 17 个省（区、市）[1]。乌桕种子全籽含油量高达 40%，被列为我国四大木本油料树种之一。其皮油和梓油广泛应用于工业、农业生产和日常生活（如肥皂和蜡烛等日用品就是以其皮油生产出的）中。目前，将梓油转化为生物柴油的工艺已研发成功，乌桕作为一种适应性广、含油率高、生态安全的生物质能源树种，具有很大的潜在发展价值。

18 世纪末期，为了发展当地的肥皂、蜡烛等产业，在美国农业部门外来物种引进部门的支持下，乌桕于 1778 年首先被引入美国佐治亚州，随后先后被引入佛罗里达州（1865年）、路易斯安那州（1900 年）、得克萨斯州（1900 年）[2]。大量研究结果表明，乌桕被引种到美国后其生物学性状发生了明显的变异，与在中国原产地的表现相比，其繁殖能力、生长速度、抗性、产量等方面显著提高或增强[3-8]。发掘、收集、保存更加丰富的遗传资源是林木优良品种选育工作者要持续开展的工作。为了丰富我国乌桕种质资源基因库，在国家林业局"948"项目专项资金的资助下，本节作者从美国引进不同种源的乌桕种子开展了引种试验，并对引种的美国乌桕实生苗苗期生长情况进行观测，比较不同家系的生长差异，初步选出苗期表现优良的家系。

---

* 引自：向珊珊，邓先珍，王文超. 美国乌桕家系苗期变异和初步选择. 经济林研究，2017（1）：113-118.

5.2.1　材料与方法

1．试验材料

供试的美国乌桕种子于 2013 年 11 月分别采集于美国南部的得克萨斯州、路易斯安那州、佛罗里达州等 7 个州 12 个种源地的 18 个家系。在每个种源点选择目测产量较高的单株 1～2 株，采集其种子。对照用的种子于同期从荆门市十里牌林场乌桕试验林中采集。种子经除净、包装编号后，置于 3 ℃的冰箱中冷藏保存。供试美国乌桕种子的家系与种源地详见表 5.5，家系编号清楚地表明其来源，如"AL-1-1"表示亚拉巴马州 1 号种源 1 号家系。

表 5.5　供试的美国乌桕种子家系及种源地

序号	家系编号	种源地	序号	家系编号	种源地
1	AL-1-1	亚拉巴马州	10	TX-5-3	得克萨斯州
2	SC-1-1	南卡罗来纳州	11	TX-3-1	得克萨斯州
3	FL-1-1	佛罗里达州	12	TX-4-1	得克萨斯州
4	FL-1-2	佛罗里达州	13	TX-5-1	得克萨斯州
5	GA-1-1	佐治亚州	14	LA-1-1	路易斯安那州
6	GA-2-1	佐治亚州	15	LA-1-2	路易斯安那州
7	GA-2-2	佐治亚州	16	LA-4-1	路易斯安那州
8	MS-1-1	密西西比州	17	LA-5-1	路易斯安那州
9	TX-5-2	得克萨斯州	18	LA-5-2	路易斯安那州

2．田间试验方法

试验点设置在九峰试验林场，圃地地势平坦。2014 年 3 月 10 日开始进行种子处理，用 80 ℃、20%的食用碱溶液浸泡种子 48 h，用手搓除表面蜡层，清水洗净后用 50 ℃的水浸泡，自然冷却后继续浸泡 24 h；同年 3 月 20 日播种，20 cm 开行点播，覆细土 2～3 cm，并用薄膜覆盖 2 周；4 月 30 日开始出苗，约需 20 d 出苗整齐；5～8 月，不定期除草，结合喷水与施尿素水溶液 2 次；于 2014 年 5 月 20 日统计出苗数量。参照徐建民等[9]和李艳等[10]在苗期开展早期选择试验时采用的方法，选择苗高和地径作为测量指标，2014 年 11 月 20 日采用家系随机区组的方法进行测量，3 次重复，每次重复 30 株。

按照《林木种子检验规程》（GB 2772—1999）中规定的方法，测定每家系种子的千粒质量；按照专利"桕脂和梓油的制取方法及用途"中介绍的方法检测种子的含油量。

3．数据统计与分析

采用 Excel 软件对原始数据进行基础处理，采用 SPSS16.0 对不同家系乌桕苗高、地径和高径比进行方差分析、最小显著性差异法（least significant difference，LSD）多重比较、相关分析和欧氏系统聚类分析。

5.2.2　结果与分析

1. 美国产地与引种地气候条件对比分析

乌桕在美国主要分布在美国南部，沿大西洋海岸和整个墨西哥海湾，从得克萨斯州最南边，向北到俄克拉荷马州南部和阿肯色州西北部，向东到北卡罗来纳州和佛罗里达州，以及最南部的波多黎各和西部的旧金山海湾。乌桕种子来源于得克萨斯州（TX）、路易斯安那州（LA）、密西西比州（MS）、亚拉巴马州（AL）、佐治亚州（GA）、南卡罗来纳州（SC）、佛罗里达州（FL）的 12 个种源点，遍布其在美国的整个分布区。分布区属热带和亚热带湿润气候，温暖湿润，阳光充足。年平均气温为 18～25 ℃，冬季平均气温为 9～15 ℃，夏季平均气温为 26～28 ℃，最高气温可达 43 ℃。大部分地区年降水量可达 1 200～1 600 mm，春季多龙卷风，夏秋季节多飓风。

育苗地位于湖北省武汉市，属于我国乌桕传统产区，地处江汉平原，属亚热带湿润季风气候。近 30 年来，武汉市的年均气温为 15.8～17.5 ℃，冬季平均气温为 3.7 ℃，夏季平均气温为 28.7 ℃，极端最高和最低气温分别为 39.3 ℃和-18.1 ℃；年均降雨量为 1 269 mm，降雨多集中在 6～8 月；年无霜期为 211～272 d，年日照总时数为 1 810～2 100 h。

比较上述资料可知，武汉市的年均气温、冬季平均气温比引种地的分别低 2.2～7.5 ℃和 5.3～11.3 ℃，夏季平均气温与引种地的相当，降雨量也与引种地的相当。因此，将美国乌桕成功引回中国的可能性高；但是，在年平均气温明显降低和改变的生态关系中，美国乌桕的变异特性是否会得到稳定遗传，这是不确定的。

2. 美国乌桕与中国乌桕种子品质的比较

不同家系美国乌桕种子的千粒质量、含油率和出苗率如表 5.6 所示。所采美国 18 个家系乌桕种子的千粒质量为 91.71～179.19 g，其均值低于对照用的我国种子（197.20 g）。其中千粒质量大于 150 g 的家系有 13 个，占样品总数的 72.2%。千粒质量最高的 3 个家系分别是 TX-4-1（179.19 g）、LA-5-1（178.67 g）、GA-2-1（175.44 g），比我国对照用的种子的千粒质量分别低 9.13%、9.40%、11.03%。

表 5.6　美国乌桕不同家系种子的千粒质量、含油率和出苗率

序号	家系编号	千粒质量/g	含油率/%	出苗率/%	序号	家系编号	千粒质量/g	含油率/%	出苗率/%
1	AL-1-1	155.36	38.9	16.8	11	TX-3-1	155.09	47.2	16.8
2	SC-1-1	91.71	28.0	29.6	12	TX-4-1	179.19	41.4	53.4
3	FL-1-1	135.36	43.9	2.7	13	TX-5-1	170.10	42.0	46.6
4	FL-1-2	151.64	39.0	35.2	14	LA-1-1	154.99	34.1	63.3
5	GA-1-1	160.18	35.3	36.3	15	LA-1-2	158.22	26.7	46.2
6	GA-2-1	175.44	37.5	50.5	16	LA-4-1	112.26	42.0	16.3
7	GA-2-2	150.52	44.9	34.4	17	LA-5-1	178.67	45.0	40.3
8	MS-1-1	123.11	43.7	27.3	18	LA-5-2	147.82	39.4	30.4
9	TX-5-2	153.69	48.1	38.7	19	CK（对照）	197.20	40.0	49.2
10	TX-5-3	162.45	46.8	31.9					

美国乌桕种子的含油率为 26.7%～48.1%，其中含油率达到 45%的家系有 4 个，分别是 TX-5-2（48.1%）、TX-3-1（47.2%）、TX-5-3（46.8%）和 LA-5-1（45.0%），比对照用的我国乌桕种子的含油量（40.0%）分别高 20.3%、18.0%、17.0%、12.5%，含油量最高的前 3 个家系都来自得克萨斯州；其中含油率在 40.0%～45.0%的家系有 6 个，分别是 GA-2-2（44.9%）、FL-1-1（43.9%）、MS-1-1（43.7%）、TX-5-1（42.0%）、LA-4-1（42.0%）、TX-4-1（41.4%）。

美国乌桕种子在引种苗圃的出苗率为 2.7%～63.3%。出苗率最高的前 3 个家系分别是 LA-1-1（63.3%）、TX-4-1（53.4%）、GA-2-1（50.5%），比对照用的中国乌桕种子的出苗率（68.5%）分别低 7.6%、22.0%、26.3%。出苗率低于 30.0%的有 6 个家系，占样品总数的 33.3%，分别是 SC-1-1（29.6%）、MS-1-1（27.3%）、AL-1-1（16.8%）、TX-3-1（16.8%）、LA-4-1（16.3%）、FL-1-1（2.7%）。

比较上述美国乌桕不同家系种子的千粒质量、含油率和出苗率可以得出，本批样品中，72.2%的家系属于中粒乌桕；55.6%的家系种子其含油率达到 40.0%，且其所占比例高；在引种苗圃中，其平均出苗率为 34.3%，低于对照的 49.2%，其中 16.7%的家系种子其出苗率高于 50.0%，33.3%的家系种子其出苗率低于 30.0%，整体出苗率并不高。

3. 不同家系苗木苗期生长性状的比较

苗高和地径是常用来评价苗木质量的主要形态指标。由苗高和地径计算得出的高径比，反映了苗高和地径的平衡关系，在一定范围内，高径比越小，表明苗木越粗矮，其抗性越强。为了解表型性状值的离散程度，计算性状指标的变异系数，变异系数越小则表明性状值的离散程度越小。表 5.7～5.9 是美国乌桕不同家系 1 年生苗木的苗高、地径、高径比的均值、变异系数及多重比较结果。

表 5.7　乌桕不同家系 1 年生苗木苗高统计结果

序号	家系编号	平均值/cm	标准差	变异系数/%	序号	家系编号	平均值/cm	标准差	变异系数/%
14	LA-1-1	107.90±3.060 a	16.763	15.54	15	LA-1-2	68.45±4.076 bc	21.952	32.07
2	SC-1-1	107.74±4.195 a	21.796	20.23	6	GA-2-1	66.37±3.127 c	17.129	25.81
10	TX-5-3	99.63±5.730 a	29.772	29.88	9	TX-5-2	60.19±2.749 cd	14.017	23.29
8	MS-1-1	99.21±2.750 a	14.812	14.93	3	FL-1-1	59.00±10.440 cd	18.083	30.65
17	LA-5-1	98.79±4.975 a	26.793	27.12	4	FL-1-2	56.26±3.437 cd	14.981	26.63
7	GA-2-2	77.17±3.686 b	20.189	26.16	16	LA-4-1	51.00±1.647 d	5.207	10.21
11	TX-3-1	72.54±4.354 bc	23.042	31.76	12	TX-4-1	49.42±2.631 d	12.887	26.08
5	GA-1-1	72.32±5.102 bc	26.999	37.33	18	LA-5-2	49.00±3.361 d	12.117	24.73
1	AL-1-1	71.12±4.174 bc	20.452	28.76	13	TX-5-1	48.32±2.957 d	15.649	32.39
19	CK	69.29±3.913 bc	20.708	29.89					

注：数值后面的不同小写字母代表差异达到 0.05 的显著水平。

表 5.8　美国乌桕不同家系 1 年生苗木地径的统计结果

序号	家系编号	平均值/mm	标准差	变异系数/%	序号	家系编号	平均值/mm	标准差	变异系数/%
17	LA-5-1	12.49±0.431 a	2.322	18.59	6	GA-2-1	7.83±0.417 d	2.286	29.20
2	SC-1-1	11.94±0.676 a	3.512	29.41	5	GA-1-1	6.92±0.416 de	2.203	31.84
10	TX-5-3	11.12±0.738 b	3.833	34.47	9	TX-5-2	6.26±0.289 e	1.476	23.58
7	GA-2-2	10.49±0.477 bc	2.611	24.89	13	TX-5-1	5.87±0.404 e	2.177	37.09
8	MS-1-1	10.06±0.298 bc	1.604	15.94	12	TX-4-1	5.79±0.279 e	1.368	23.63
14	LA-1-1	9.45±0.414 c	2.266	23.98	16	LA-4-1	5.64±0.309 e	0.978	17.34
11	TX-3-1	9.18±0.666 cd	3.523	38.38	3	FL-1-1	5.51±1.139 e	1.973	35.81
19	CK	8.93±0.470 cd	2.484	27.82	4	FL-1-2	5.36±0.297 e	1.294	24.14
15	LA-1-2	8.30±0.463 cd	2.493	30.04	18	LA-5-2	4.93±0.335 e	1.209	24.52
1	AL-1-1	8.11±0.410 d	2.009	24.77					

注：数值后面的不同小写字母代表差异达到 0.05 的显著水平。

表 5.9　美国乌桕不同家系 1 年生苗木高径比的统计结果

序号	家系编号	平均值	标准差	变异系数/%	序号	家系编号	平均值	标准差	变异系数/%
7	GA-2-2	74.11±2.696 a	14.765	19.92	10	TX-5-3	92.26±2.680 bc	13.923	15.09
19	CK	79.17±3.899 ab	20.633	26.06	2	SC-1-1	94.37±3.485 c	18.111	19.19
17	LA-5-1	79.25±3.151 ab	16.966	21.41	9	TX-5-2	97.24±2.811 cd	14.332	14.74
11	TX-3-1	82.12±3.712 ab	19.642	23.92	8	MS-1-1	99.31±2.071 cd	11.154	11.23
15	LA-1-2	83.72±4.449 b	23.958	28.62	18	LA-5-2	99.75±3.136 cd	11.308	11.34
12	TX-4-1	86.41±3.777 bc	18.503	21.41	5	GA-1-1	103.13±2.935 cd	15.529	15.06
6	GA-2-1	86.50±3.168 bc	17.350	20.06	4	FL-1-2	105.57±3.225 d	14.059	13.32
13	TX-5-1	86.89±3.659 bc	19.707	22.68	3	FL-1-1	110.17±10.605 de	18.368	16.67
1	AL-1-1	87.53±2.085 bc	10.216	11.67	14	LA-1-1	117.11±3.724 e	20.401	17.42
16	LA-4-1	92.07±3.920 bc	12.396	13.46					

注：数值后面的不同小写字母代表差异达到 0.05 的显著水平。

综合分析得出，美国乌桕 1 年生苗木的平均苗高为 76.30 cm，高于对照 10.1%，其差异不显著（$P=0.198>0.05$）；其平均地径为 8.52 mm，低于对照 4.6%，其差异也不显著（$P=0.514>0.05$）；而其平均高径比为 91.86，高于对照 16.02%，其差异显著（$P=0.001<0.01$）。整体来看，美国乌桕 1 年生苗木的表型性状指标并不优于中国乌桕。

美国乌桕不同家系 1 年生苗木的苗高、地径、高径比之间的差异均显著，不同指标下家系间的优劣排序不尽相同。苗高最高的 5 个家系分别是 14 号家系 LA-1-1（107.90 cm）、2 号家系 SC-1-1（107.74 cm）、10 号家系 TX-5-3（99.63 cm）、8 号家系 MS-1-1（99.21 cm）、17 号家系 LA-5-1（98.79 cm），地径最大的 2 个家系分别是 17 号家系 LA-5-1（12.49 mm）和 2 号家系 SC-1-1（11.94 mm），高径比最小的 3 个家系分别是 7 号家系 GA-2-2（74.11）、17 号家系 LA-5-1（79.25）、11 号家系 TX-3-1（82.12）。

美国乌桕不同家系 1 年生苗木的苗高、地径、高径比的变异系数分别为 10.21%～37.33%、15.94%～38.38%、11.23%～28.62%。由此可知，美国乌桕家系内 1 年生苗木表型性状的变异程度较大。

4. 美国乌桕各性状指标间的相关分析

将美国乌桕 18 个家系的出苗率、苗高、地径、高径比和千粒质量、含油率两两之间作相关分析，结果见表 5.10。

表 5.10　乌桕不同性状指标间的相关系数

性状指标	地径	高径比	千粒质量	含油率	出苗率
苗高	0.894**	0.097	−0.226	−0.170	0.102
地径		−0.348	−0.061	−0.055	0.123
高径比			−0.375	−0.185	−0.153
千粒质量				0.227	0.621**
含油率					−0.283

注：**表示达到 0.01 的显著水平。

由表 5.10 可知，苗高和地径之间的相关系数是 0.894，说明两者呈极显著正相关；千粒质量和出苗率之间的相关系数是 0.621，说明两者极显著相关；千粒质量与高径比、含油率之间也都存在一定的相关性，但相关性不显著。不同性状之间的相关性与李熳等[11]的研究结果一致。这说明，质量优良的种子可以提高出苗率，但子代苗木的生长更多依赖于环境条件。因此，播种育苗时宜选择千粒质量较大的种子。

5. 不同家系生长性状的苗期选择

综合参试家系的苗高和地径进行欧氏系统聚类分析，结果如图 5.1 所示（为方便直观，图中以家系序号表示）。由此，可将美国乌桕家系分为 3 个类别，其中的第 1 类表现最优，此类包含 5 个家系，分别是 LA-5-1、TX-5-3、SC-1-1、MS-1-1、LA-1-1，其平均苗高为 102.65 cm，平均地径为 11.01 mm（表 5.11）。

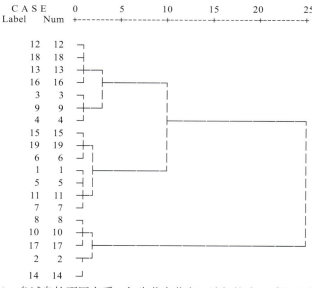

图 5.1　参试乌桕不同家系 1 年生苗木苗高、地径的欧氏系统聚类分析

表 5.11　参试美国乌桕不同家系 1 年生苗木的聚类分析结果

类别	第 1 类	第 2 类	第 3 类
家系编号	LA-5-1、TX-5-3、SC-1-1、MS-1-1、LA-1-1	GA-2-2、TX-3-1、LA-1-2、GA-2-1、AL-1-1、GA-1-1	TX-4-1、TX-5-1、LA-4-1、TX-5-2、LA-5-2、FL-1-2、FL-1-1
平均苗高/cm	102.65	71.04	53.31
平均地径/mm	11.01	8.54	5.62

5.2.2　小　结

乌桕原产于我国，其含油量高、适应性广，是非常重要的生物质能源树种，从我国引种到美国至今已有 240 余年。在美国，乌桕发生了明显的变异，其在生长速度、繁殖能力、耐受性、抗逆性等方面均表现出极强的适应性和竞争能力。因此，从美国引种乌桕，仍然有必要对比分析气候条件，评价引种预期结果。最低温和降雨量都是乌桕地理分布关键的气候限制因素[12]，也都是乌桕生长的重要环境影响因素。对比分析气象数据后可以发现，武汉市年平均气温低于美国产地 2.2～7.5 ℃，冬季平均气温低于美国产地 5.3～11.3 ℃，夏季平均气温和降雨量均与美国产地的相当。所以，美国乌桕成功引回中国的可能性高，但是在年平均温度明显降低和改变的生态关系中，美国乌桕的变异特性是否会得到稳定遗传，仍是不确定的，还有待于继续观测。

根据 1990 年全国乌桕科研协作组对乌桕农家品种的分类结果，乌桕籽分为大粒（千粒质量在 250 g 以上）、中粒（千粒质量为 149～249 g）、小粒（千粒质量在 148 g 以下）这 3 个类型，我国乌桕平均全籽出油率约为 40%[1]。而所采美国乌桕样品种子中，有 86.7% 的家系属于中粒乌桕，55.6% 的家系种子的含油率达到 40.0%，说明该批次所采美国乌桕种子的整体品质较好，从引进的家系中选育优良乌桕品种的潜力大。同时，从各性状指标的相关分析结果中可以看出，千粒质量和出苗率之间的相关系数是 0.621，因此，宜选择千粒质量较大的种子播种育苗。

在美国乌桕不同家系苗期试验中观测发现，美国乌桕的平均出苗率为 34.3%，低于对照 49.2%，整体出苗率不高；美国乌桕 1 年生苗木的平均苗高高出对照 10.1%，其平均地径低于对照 0.46%，其苗高和地径与对照间的差异均不显著；其平均高径比为 91.86，高于对照 16.02%，说明两者间的差异显著。试验结果表明，美国家系没有表现出比我国家系更强的繁殖能力和更快的生长速度。这与同类研究结果有所不同，这可能与生长环境条件和管理水平不同有关。

试验中发现，美国乌桕不同家系 1 年生苗木的苗高、地径生长和高径比间的差异均极显著，最大变异系数分别达到了 37.33%、38.38% 和 28.62%，家系间存在丰富的变异，说明苗期生长状况的差异是由亲本的遗传基础所致，良种选育空间很大，有较大可能选育出乌桕优良品种。

林木早期选择是利用幼年的性状对后期生长做出预测，这是一种相关选择的方法[13]。陈益泰[14]对不同树种、不同指标的评价结果进行了总结，认为在苗期实施早期选择是有效、可行的，在一定的苗圃条件下进行苗木生长的高强度选择，可以发现优良基因型。有关乌桕早期选择的有效性和可靠性的试验研究还未见诸报道。经试验综合分析，参试的 18 个样品的家系可分为 3 个类别，其中的第 1 类表现最优，其平均苗高为 102.65 cm，平均地径 11.01 mm。第 1 类包含了 5 个家系，分别是 LA-5-1、TX-5-3、SC-1-1、MS-1-1、LA-1-1。其中，家系 LA-5-1 和 TX-5-3 的含油率分别达到 45.0% 和 46.8%。

鉴于美国乌桕种子的来源问题，不同家系苗期试验不容易重复开展，且受环境因素、人为因素的影响，试验结果具有一定的局限性和参考价值。苗期试验后，项目组将营建美国乌桕试验林，保存引进资源，并开展持续观测等优良品种选育工作。还可将试验结果与美国乌桕造林后的大田试验结果结合起来，对比苗期初选与后期生长测定结果，以验证乌桕苗期优良家系筛选结果的可靠性和稳定性。

5.3　完全甜柿良种"阳丰"*

"阳丰"是日本农林水产省果树试验场 1991 年育成的甜柿杂交品种，亲本为"富有"×"次郎"。2004 年湖北省林业科学研究院和华中农业大学引进该品种，并对其生物学特性和经济性状进行多年连续观测调查，通过嫁接扩繁、品种比较和区域栽培试验，该品种遗传特征稳定，适应性和抗病虫性强，比对照品种"宝华甜柿"平均增产 21.2%，表现为果大、丰产稳产、种子少、品质上等、抗逆性强等特点，2015 年 5 月通过湖北省林木品种审定委员会审定，良种编号为鄂 R-SV-DK-001-2014，定名为"阳丰"（图 5.2、图 5.3）。

图 5.2　甜柿良种"阳丰"　　　　　　图 5.3　"阳丰"丰产示范林

5.3.1　品种特征特性

树势中庸，枝条粗壮，树姿半开张。单性结实能力强，大小年不明显，可连年丰产，10 月中下旬成熟。果实大，扁圆形，平均单果重 240 g，最大单果重 280 g。果皮橙红色，软化后红色，果粉较多，无网状纹，无裂纹，无蒂隙。纵沟无，果肩圆，无棱状突起，偶有条状锈斑，无缢痕或有浅浅的缢痕，状若花瓣。十字沟浅，果顶广平微凹，脐凹，花柱遗迹断针状。果柄粗长，柿蒂大，圆形，微红色，具有断续环纹，果梗附近斗状突

---

* 引自：程军勇，邓先珍，罗正荣，等. 完全甜柿良种"阳丰". 湖北林业科技，2019（1）：85-86.

起。萼片 4 枚，心脏形，平展。相邻萼片的基部分离，边缘相互不重叠。果肉横断面圆形，果肉橙红色，黑斑小而少，肉质松脆，软化后黏质，纤维少而细，汁液少，味甜，可溶性固形物质量分数为 18%，品质上等，适宜鲜食。髓大，正形，成熟时实心。心室 8 个，线形。心皮在果内合缝呈三角形，果内无肉球，种子 1～2 粒，硬果期 20～40 d，易脱涩，耐储性强。

5.3.2　栽培技术要点

适宜在湖北省甜柿产区栽植。以君迁子为砧木嫁接繁殖，宜选择土壤肥沃、光照充足、有灌溉条件的地块建园，行株距 3 m×4 m。柿子采收后结合全园深翻普施腐熟有机肥做基肥，土壤封冻前、开花前以及幼果期加强肥水管理。树形采用变则主干形整形，干高 80 cm，全树培养主枝 4～5 个，主枝与主干开张角度为 40°～50°。冬季修剪以疏剪为主，主枝延长头和弱枝短截，连续结果的下垂枝回缩。生长期修剪以抹芽、摘心、拉枝为主。重点防治柿圆斑病、角斑病及柿蒂虫、柿绵蚧[15-18]。

5.4　紫薇品种性状综合评价选择体系*

紫薇（*Lagerstroemia indica* L.），千屈菜科紫薇属落叶灌木或小乔木，是我国夏季重要的观赏花木，其花色丰富，花期长，树形优美，极具观赏价值，在园林绿化中得到广泛应用[19]。近年来，培育紫薇新品种的需求越来越大，而综合评价是植物新品种选育的关键，采用科学的数学方法，建立一套客观、合理的评价体系，才能得到正确的、综合的判断[20]。目前，常见的植物品种综合评价方法主要有百分制记分法[21-22]、层次分析法[23-28]、模糊综合评判法[29]、灰色关联分析法[30-31]、主成分分析法[32-35]和多维价值理论[36-39]等。层次分析法主要应用于观赏植物的种质资源评价[23, 40-43]、优良单株选择[44]、品种（系）综合评价[45-48]、无性系选择[20, 49]、引种适应性评价[50-52]等方面，其选择效果基本反映了观赏植物的实际观赏应用价值，尤其适用于多因素问题中各评价指标权重因子的确定[44]。满意度多维价值理论分析法在果树果实品质评价、引种筛选上应用较多，具有理论简单、计算方便等优点[53]，王旭等[36]首次应用该方法进行南岭地区抗冰雪灾害常绿树种的评价筛选。本节基于层次分析法筛选优良单株，并利用满意度多维价值理论分析法评价筛选优良无性系，旨在建立一套紫薇品种选育的性状综合评价选择体系，为紫薇良种选育工作提供理论依据，尽可能地加快良种选育和推广应用的步伐。

5.4.1　材料与方法

1. 试验材料

本节试验选取材料为湖北省林科院九峰试验苗圃栽培的 10 个半同胞家系实生苗，2008 年以花色为主要选择目标，筛选出 42 个单株，并以湖北省紫薇良种鄂薇 1 号作为对照品种，2009 年基于层次分析法理论对待选单株进行综合分析与评判，选择性状综合表现优良的 22 个优良单株，于 2009～2011 年连续 3 年进行了扦插扩繁，同时对母株及

* 引自：李振芳，张新叶，陈慧玲，等. 紫薇品种性状综合评价选择体系. 湖北林业科技，2017（3）：39-43.

繁殖得到的无性系进行了生长性状和开花性状的连续观察。

2. 优良单株选择

（1）性状筛选

参考《植物新品种特异性、一致性、稳定性测试指南 紫薇》[54]，并结合生产实际，选择花色、花径、花序长、花序宽、着花数、着花密度、花期、地径、冠幅、秋叶颜色、株高、抗病虫害性 12 个性状作为评价指标。着花数为每个花序上着生的花朵数，着花密度为每株开花分株数占总分枝数的比例，花期为从初花期至末花期的天数，抗病虫害性选择生长期内感染白粉病的情况作为指标，花径每株测量 5 朵，花序长、花序宽、着花数每株测量 5 个分枝。

（2）选育指标层次结构的建立

层次分析的指标主要以紫薇的花性状为主，兼顾生长性状和抗逆性，经过分析建立 3 个层次的综合评价模型[28]，即目标层（A），根据紫薇观赏特性等指标为优良单株选择综合排序，选出表现优异的单株；准则层（C），包括紫薇的花性状、生长性状、抗逆性；指标层（P），为影响优良单株选择的因子，包括选取的 12 个性状指标（表 5.12）。

表 5.12 紫薇优良单株评价因子的分层结构模型

目标层 A	准则层 C	指标层 P
紫薇优良单株	花性状 C_1	花色 P_1、花径 P_2、花序长 P_3、花序宽 P_4、着花数 P_5、着花密度 P_6、花期 P_7
	生长性状 C_2	地径 P_8、冠幅 P_9、秋叶颜色 P_{10}、株高 P_{11}
	抗逆性 C_3	抗病虫害性 P_{12}

（3）判断矩阵的构建和指标权重的赋予

根据层次分析法理论，运用 1~9 比例标度法[55]，按照各指标对紫薇优良单株筛选的重要程度两两比较，建立下一层次各因素对上一层次某因素的判断矩阵 $A-C_i$、C_i-P_i，利用方根法计算权重值[56]，具体步骤如下。

计算判断矩阵中第 i 行因素的乘积

$$\bar{M}_i = \prod_{j=1}^{n} b_{ij} \ (i=1,2,\cdots,n) \tag{5.1}$$

式中：b_{ij} 为判断矩阵的因素，即某一层次第 i 个因素、第 j 个因素相对于上一层次某因素的重要性两两比较的比例标度；n 为判断矩阵的阶数。

计算 M_i 的 n 次方根

$$W_i = \sqrt[n]{M_i} \ (i=1,2,\cdots,n) \tag{5.2}$$

将向量 $W=[W_1, W_2, \cdots, W_n]^T$ 归一化处理，确定某一层次各指标对上层次指标的相对重要性权重，$W_i = W_1 \left/ \sum_{i=1}^{n} W_i \right.$，则 $W=[W_1, W_2, \cdots, W_n]^T$，即为所求的权向量。

为保证结果的合理性，还需对判断矩阵进行一致性检验[56]，步骤如下。

计算权向量所对应判断矩阵的最大特征根

$$\lambda_{max} = \sum_{i=1}^{n} \frac{(AW)_i}{nW_i} \tag{5.3}$$

式中：A 为判断矩阵；W 为权向量；$(AW)_i$ 为 A、W 矩阵相乘后的合成矩阵 AW 的第 i

个因素；n 为判断矩阵的阶数；W_i 为权向量的第 i 个因素。

计算一致性指标

$$C_i = \frac{\lambda_{\max} - n}{n - 1} \qquad (5.4)$$

查随机一致性标准值 R_i（n）。

计算随机一致性比率

$$C_R = C_1 / R_1 \qquad (5.5)$$

当 $C_R < 0.10$ 时，认为一致性检验是满意的，说明建立的判断矩阵是合理的，否则，需要对判断矩阵进行调整和修正。

（4）层次总排序

根据各评价指标因素 P_i 对所隶属性状 C_i 的权重值，再用该性状 C_i 的权重值加权综合，计算指标层各指标因素 P_i 对于目标层 A 的综合权重值 w_i，得到层次总排序[27]。同时，层次总排序也需要进行一致性检验。

（5）定性指标评分标准的界定

在 12 个指标中花径、花序长、花序宽、着花数、着花密度、花期、地径、冠幅、株高为定量指标，取实测值。花色、秋叶颜色、抗病虫性为定性指标，为将定性指标定量化，在查阅文献[19, 22, 49]和广泛征询专家意见的基础上，拟定了紫薇杂种优良单株定性指标的评分标准（表 5.13）。

表 5.13　紫薇优良单株定性选择指标的评分标准

编号	定性指标	评分标准				
		1 分	3 分	5 分	7 分	9 分
P_1	花色	白色	淡紫、粉红、樱红	洋红、海棠红	品红、玫瑰红、深紫	艳红、绛红
P_{10}	秋叶颜色	绿色	黄色	红色		
P_{12}	抗病虫性	弱	中	强		

（6）各性状观测值的无量纲化

为充分利用定量指标信息，同时排除由于各指标的单位不同及数值数量级间的悬殊差别所造成的影响，避免不合理现象发生，对待评价的紫薇优良单株的 12 个性状指标值作无量纲化处理。

根据各个定量评价指标的特点，花径、花序长、花序宽、着花数、着花密度、花期、地径、冠幅、株高等指标值都是越大越优，各定性指标也是越大越优，故采用升半梯形分布隶属函数进行处理[35,57]。

$$d_{ji} = \frac{b_{ji} - b_{ji\min}}{b_{ji\max} - b_{ji\min}} \quad (j = 1, 2, \cdots, m; \ i = 1, 2, \cdots, 12) \qquad (5.6)$$

式中：d_{ji} 为第 j 个品种第 i 个因子无量纲化的标准测定值；b_{ji} 为第 j 个品种第 i 个因子的测定值。

（7）待选单株的综合评价

将标准化处理后的指标测定值 d_{ji} 代入以下公式计算各指标的综合得分

$$y_j = \sum w_i d_{ji} \quad (j = 1, 2, \cdots, m; \ i = 1, 2, \cdots, 12) \qquad (5.7)$$

式中：y_j 为第 j 个品种的综合得分；w_i 为第 i 个评价指标的综合权重系数。

对各单株的综合得分进行排序，并根据观赏价值划分优良（Ⅰ）、较优良（Ⅱ）、中等（Ⅲ）、一般（Ⅳ）4 个等级。

3. 建立优良无性系选择模型

优良无性系筛选评价指标以花性状观赏价值为主[49]，对 22 个待选优良单株扦插苗的花序长、花序宽、着花数、花径、花色、着花密度、花期 7 个花性状进行测定，采用合理-满意度和多维价值理论的多目标评价体系，作为优良无性系的选择模型。

（1）各指标数据处理与权重赋予

每个待选优良无性系测量 5 株扦插苗的花序长、花序宽、着花数、花径、花色、着花密度、花期，每株扦插苗测量 4 个花序、花朵。其中，花色与层次分析法采用同样标准量化。评价指标权重的赋予采用层次分析法中的判断矩阵与一致性检验[37]。

（2）综合评价模型的构建

合理-满意度是指品种所表现出来的特性满足人们需要的程度[37]，用 0～1 的数值表示合理度。1 表示品种的某一特性完全符合"规律"；0 表示完全不符合"规律"。假若满意度 M_{b_i} 与某一指标 b_i 呈线性关系，最大值为 $b_{i\max}$，最小值为 $b_{i\min}$，$0 < M_{b_i} < 1$。紫薇花性状的 7 个指标值都是越大越好，其单因素"合理-满意度"计算式[39]为

$$M_{b_i} = \frac{b_i - b_{i\min}}{b_{i\max} - b_{i\min}} \tag{5.8}$$

再采用多维价值合并规则，依据各单因素指标的权重值，用加法合并规则计算，将单因素合理度或满意度合并成花性状的合理-满意度，即"合成满意度"[39]为

$$V = \sum_{i=1}^{n} w_i M_i \tag{5.9}$$

式中：w_i 为第 i 个指标的权重值，满足 $0 < w_i < 1$；M_i 为第 i 个单因素指标的满意度。合成满意度越高，证明此类型越符合人们对其观赏特性的要求，是期望得到的类型[38]。

5.4.2　结果与分析

1. 运用层次分析法确定各评价因子的权重

各评价指标权重的确定是评价的前提[28]。根据 **A-C** 和 **C-P** 判断矩阵得到的各级权重值，计算出指标层各因素对目标层的权重值并进行一致性检验，由表 5.14 可知，$A\text{-}C_i$、$C_1\text{-}P_i$、$C_2\text{-}P_i$ 的随机一致性比率均小于 0.1，表明构建的矩阵具有满意的一致性，层次总排序也具有满意的一致性。

表 5.14　判断矩阵及一致性检验结果

检验指标	权重值			总层次
	$A\text{-}C_i$	$C_1\text{-}P_i$	$C_2\text{-}P_i$	
一致性 C_i	0.032	0.047	0.039	0.086
随机一致性 R_i（n）	0.058	1.320	0.900	2.220
随机一致性比率 C_R	0.056	0.035	0.043	0.039

紫薇优良单株各评价指标对于育种目标的相对重要性，即各评价指标因素 P_i 对于目标层 A 的综合权重总排序，见表 5.15。

表 5.15　各评价因素的层次总排序

准则层	C-A 的权重值	指标层	P-C 的权重值	C-A 的权重值	层次总排序
C₁	0.731	P_1	0.353	0.258	1
		P_2	0.049	0.036	9
		P_3	0.191	0.140	2
		P_4	0.191	0.140	2
		P_5	0.093	0.068	6
		P_6	0.093	0.068	6
		P_7	0.029	0.021	11
C₂	0.188	P_8	0.564	0.106	4
		P_9	0.118	0.022	10
		P_{10}	0.055	0.010	12
		P_{11}	0.263	0.050	8
C₃	0.081	P_{12}	1.000	0.081	5

从表 5.15 可以看出，花性状的权重值为 0.731，生长性状的权重值为 0.188，抗逆性的权重值为 0.081，表明紫薇花枝观赏性状是影响紫薇优良单株选择的首要因素，其次为生长性状。在选取的 12 个评价指标中，花色的权重最大，其次为花序长、花序宽，地径和抗病虫害性的影响力次之。由此可见，花色和花序长、花序宽是评价紫薇优良单株最为重要的 3 个指标。

2. 待选单株的综合评价及优良单株筛选

对 42 个待选单株进行花性状、生长性状、抗性等指标的综合评价，并与对照品种鄂薇 1 号一起评价。根据各性状指标的综合权重值和各性状观测值的无量纲化值，计算各待选单株的综合得分，结果见表 5.16。

表 5.16　待选单株的综合评分及总排序

单株编号	综合得分	排序	单株编号	综合得分	排序	单株编号	综合得分	排序	单株编号	综合得分	排序
D14	0.736	1	D5	0.532	12	D43（对照）	0.481	23	D30	0.402	34
D3	0.648	2	D38	0.526	13	D7	0.481	24	D24	0.394	35
D2	0.621	3	D8	0.525	14	D19	0.470	25	D23	0.361	36
D11	0.601	4	D28	0.524	15	D10	0.468	26	D29	0.357	37
D32	0.600	5	D15	0.522	16	D34	0.463	27	D21	0.342	38
D13	0.599	6	D1	0.519	17	D17	0.456	28	D40	0.342	39
D18	0.567	7	D41	0.510	18	D9	0.456	29	D20	0.315	40

单株编号	综合得分	排序	单株编号	综合得分	排序	单株编号	综合得分	排序	单株编号	综合得分	排序
D6	0.555	8	D16	0.506	19	D42	0.439	30	D25	0.283	41
D12	0.551	9	D22	0.499	20	D26	0.433	31	D31	0.272	42
D33	0.545	10	D27	0.496	21	D4	0.419	32	D35	0.224	43
D39	0.533	11	D36	0.492	22	D37	0.407	33			

根据综合排序结果将参试的 43 个单株（包括对照）分为优良、较优良、中等、一般 4 个等级（表 5.17）。其中 D14、D3、D2、D11、D32 5 个单株观赏性状优良，可作为重点观测的优良单株，有望成为新品种；D13、D18、D6、D12、D33、D39、D5、D38、D8、D28、D15、D1、D41、D16 14 个单株观赏应用价值较高，建议作为优良品种待选单株。

表 5.17　紫薇待选单株观赏价值等级划分

综合评价等级	综合评分	单株数量/株	观赏应用价值
优良	分值≥0.6	5	观赏应用价值高，可作为重点观测单株，有望成为新品种
较优良	0.5≤分值<0.6	14	观赏应用价值较高，建议作为优良品种待选单株
中等	0.4≤分值<0.5	15	观赏价值中等，有待进一步观察研究
一般	分值<0.4	9	观赏应用价值一般，仅作为种质资源保存

3．优良无性系的筛选

根据表 5.15 层次分析法结果可以得到，花色、花径、花序长、花序宽、着花数、着花密度、花期的权重值分别为 0.353、0.049、0.191、0.191、0.093、0.093、0.029。根据调查结果，计算各待选品种的单因素满意度（M_{b_i}）及合成满意度（V）（表 5.18）。

表 5.18　参选单株的花性状指标、单因素满意度及合成满意度

编号	花色		花径		花序长		花序宽		着花数		着花密度		花期		合成满意度（V）
	b_i	M_{b_i}	b_i/cm	M_{b_i}	b_i/cm	M_{b_i}	b_i/cm	M_{b_i}	b_i/朵	M_{b_i}	b_i/%	M_{b_i}	b_i/d	M_{b_i}	
D33	7	0.67	4.5	0.95	25.1	1.00	16.9	1.00	82.0	0.92	96.40	0.93	66	0.71	0.857
D32	7	0.67	4.6	1.00	17.3	0.56	14.9	0.82	88.0	1.00	94.70	0.90	63	0.66	0.744
D14	9	1.00	3.7	0.56	9.5	0.13	12.8	0.62	34.3	0.25	100.00	1.00	83	1.00	0.670
D3	7	0.67	4.0	0.70	13.7	0.36	11.0	0.46	52.0	0.50	92.37	0.85	59	0.59	0.571
D12	7	0.67	3.9	0.63	12.5	0.30	10.5	0.42	49.0	0.46	100.00	1.00	44	0.33	0.548
D6	7	0.67	3.8	0.59	13.1	0.33	11.5	0.51	35.3	0.27	100.00	1.00	35	0.17	0.548
D11	7	0.67	3.7	0.53	12.6	0.30	11.4	0.50	35.4	0.27	100.00	1.00	41	0.28	0.541
D43(对照)	5	0.33	4.1	0.74	16.5	0.52	13.6	0.70	57.6	0.58	72.73	0.48	60	0.60	0.503
D13	7	0.67	3.5	0.45	11.7	0.25	9.8	0.35	25.6	0.13	100.00	1.00	44	0.33	0.488

续表

编号	花色		花径		花序长		花序宽		着花数		着花密度		花期		花色
	b_i	M_{b_i}	b_i/cm	M_{b_i}	b_i/cm	M_{b_i}	b_i/cm	M_{b_i}	b_i/朵	M_{b_i}	b_i/%	M_{b_i}	b_i/d	M_{b_i}	
D2	7	0.67	3.4	0.42	12.2	0.28	9.7	0.35	36.4	0.28	91.67	0.84	31	0.10	0.484
D41	5	0.33	4.5	0.95	13.0	0.32	12.3	0.58	29.5	0.19	89.88	0.81	74	0.84	0.455
D27	7	0.67	3.4	0.41	9.9	0.15	9.2	0.30	37.0	0.29	88.26	0.78	35	0.17	0.446
D28	7	0.67	2.6	0.01	11.3	0.23	10.5	0.41	34.6	0.26	59.57	0.23	30	0.09	0.406
D7	5	0.33	3.7	0.54	12.4	0.29	10.9	0.46	48.9	0.46	83.99	0.69	30	0.09	0.397
D10	9	1.00	3.1	0.26	7.2	0.00	6.5	0.06	16.0	0.00	47.74	0.00	46	0.36	0.387
D18	5	0.33	3.9	0.65	12.6	0.30	9.0	0.28	32.9	0.23	100.00	1.00	32	0.12	0.379
D9	7	0.67	3.3	0.33	7.6	0.02	7.6	0.15	25.9	0.14	86.31	0.74	28	0.05	0.368
D22	7	0.67	2.8	0.12	8.9	0.09	7.0	0.10	22.1	0.08	90.72	0.82	30	0.09	0.366
D39	3	0.00	4.0	0.71	12.8	0.31	12.2	0.57	63.2	0.66	77.15	0.56	35	0.17	0.322
D1	7	0.67	2.8	0.10	7.7	0.03	5.9	0.00	24.7	0.12	75.62	0.53	25	0.00	0.306
D36	5	0.33	4.0	0.69	7.4	0.01	7.6	0.15	19.1	0.04	89.33	0.80	34	0.16	0.264
D8	3	0.00	3.5	0.44	12.7	0.31	8.7	0.26	31.5	0.22	100.00	1.00	35	0.17	0.247
D5	3	0.00	3.9	0.66	8.4	0.07	7.5	0.14	23.5	0.10	93.75	0.88	63	0.66	0.184

由表 5.18 可知，待选单株 D33、D32、D14 花性状指标的合成满意度排在前三位，分别为 0.857、0.744、0.670；D3、D12、D6、D11 等待选单株均高于 D43（对照）。其中，D3 的花色为深紫色，其余均为红色系。因此，根据排序结果选择 D33、D32、D14、D3、D12 作为具有推广应用价值的优良无性系。

5.4.3　小　　结

选取与紫薇花性状、生长性状和抗性密切相关的 12 个性状指标作为评价因子，采用定性和定量相结合的层次分析法确定了各指标的权重值，对 43 个待选单株和对照品种进行综合评分，结果表明，花色和花序长、花序宽是评价优良单株的重要指标，并筛选出 22 个单株进行扦插繁殖，测定各无性系扦插苗的花序长、花序宽、着花数、花径、花色、着花密度、花期等性状，采用合理-满意度和多维价值理论的多目标评价体系，构建优良无性系的选择模型，筛选出 5 个具有推广应用价值的优良无性系，其中 4 个无性系花色鲜艳、着花密度高、综合性状优良，目前已获得国家植物新品种授权 1 个[58]，湖北省林木良种审（认）定 3 个。

层次分析法是将定性分析与定量分析有机结合的科学决策方法，既包含了主观的逻辑判断和分析，又发挥了定量分析的优势，用构造两两比较的判断矩阵来确定不同性状对综合性状的影响权重，消除了由偶然因素造成的认识上的差异，使加权值更客观合理[59]。从试验结果来看，评价得分高的单株综合性状表现良好，与生产利用的实际表现相符。杨彦伶[49]等已将层次分析法应用于野生紫薇资源的优良无性系选择研究中，但由于选择群体、目的不同，评价性状指标的选择存在一定差异，各性状的权重占比有所不同。本节应用层次分析法进行优良单株选择，结果显示，花性状的权重值为 0.731，生长性状的权重值为 0.188，抗病虫害性的权重值为 0.081，表明紫薇花枝观赏性状是影响紫薇优良单株选择的重要因素，这与杨彦伶等[58]的研究结论是一致的。

综上所述，基于层次分析法的优良单株性状综合评价，以及合理-满意度和多维价值理论的优良无性系多目标评价选择体系，实现了紫薇优良单株和无性系的快速筛选，尽早地选优去劣，加快了优良品种的繁殖推广进程。

5.5 紫薇新品种"赤霞"*

2006 年收集紫薇品种"Victor"天然杂交种子并播种，得到实生苗。2008 年从开花的实生苗中筛选出花红色、灌丛状、着花密度大的优良单株，并于 2008~2010 年连续 3 年进行扦插扩繁和性状观测，发现其性状稳定，生长健壮，开花良好。2011 年通过专家鉴定，正式命名为"赤霞"（Lagerstroemia indica 'Chixia'）。

5.5.1 品种特征特性

灌丛状[图 5.4（a）]，小枝四棱。叶片长 6.1~6.8 cm、宽 2.9~3.8 cm，多椭圆形，颜色深绿，叶缘有起伏。花红色，有香味，花径 3.0~4.0 cm，花瓣 6 枚[图 5.4（b）]，瓣长 1.0~1.5 cm、宽 0.9~1.2 cm，花瓣卷曲且边缘褶皱，瓣爪红色，长 0.8~1.1 cm；花序平均长 15 cm、宽 15 cm，平均着花数为 65[图 5.4（c）（d）]；着花密度高，开花繁茂；花期为 6 月下旬至 9 月中下旬，开花早，花期长，整体观赏效果好。果实椭圆形，成熟时为褐色。

（a）株型   （b）花朵细部

---

* 引自：杨彦伶，李振芳，张新叶，等. 紫薇新品种"赤霞". 林业科学，2013（9）：186.

（c）花蕾　　　　　　　　　　　　　　（d）花序

图 5.4　紫薇新品种"赤霞"

5.5.2　栽培技术要点及目前栽培区域

该品种萌芽力、成枝力强，适应性广，对高温、干旱、短时间渍水的抗性较强，适合于园林应用或盆花栽培，适合我国中部、南部、西南部、东部等广大地区生长栽培。喜排水良好、疏松、肥沃的中性或偏微酸性土壤，pH 高于 7.5 时植株叶片发黄，生长不良。喜阳光充足和温暖的气候，宜栽植在通风向阳之处，荫蔽或通风不良易感染白粉病，导致生长开花不良。可通过扦插、嫁接等方式繁殖。目前主要采用扦插繁殖，硬枝扦插一般在 3 月份或秋冬季，嫩枝扦插可于 7~8 月进行。栽培技术同一般紫薇。一般在冬季落叶后进行修剪，生长季节主要剪除基部萌条，盆栽紫薇宜在花后修剪。目前在湖北、上海、河南、江苏等地引种栽培，生长表现良好。

5.6　紫薇家系表型多样性*

紫薇是千屈菜科的落叶灌木或小乔木。其花色丰富，花期长，树形优美，极具观赏价值，在园林绿化中得到广泛应用。国内外对紫薇的研究主要集中在种质资源评价及品种分类、杂交育种、遗传学研究、栽培繁殖、药用研究等方面[60-63]，而对紫薇种内表型多样性研究尚未见报道。表型作为各种形态特征的组合，是生物遗传变异的表征。通过表型性状差异研究，可以揭示群体的遗传规律、变异大小，可客观评价其遗传多样性[64-66]。本节借鉴林木种质资源表型变异研究的方法，对引种收集的 10 个紫薇家系的表型变异规律进行分析研究，旨在了解家系内和家系间的表型变异程度，评价家系的遗传多样性，为进一步筛选紫薇优良品种提供依据，为遗传改良策略的选择提供指导。

5.6.1　材料与方法

供试材料为美国引种的 10 个紫薇优良家系。2006 年 11 月份当蒴果变为棕色时，采

---

* 引自：杨彦伶，李振芳，王瑞文，等. 紫薇家系表型多样性. 东北林业大学学报，2011（5）：12-14.

集自由授粉种子，置于通风干燥处晾干后，放入冰箱 4℃保存。2007 年 3 月种子用温水浸泡催芽后播种育苗。同年 7 月份定植于湖北省林科院九峰试验苗圃，2008 年播种苗开始开花结果，2008～2010 年对开花和生长性状进行了调查。

在紫薇的品种分类上，花部和株型性状起到了决定性作用，尤其是花色、花径和株型、株高在紫薇的品种分类中是几个比较重要的性状[62-63]。同时在调查中发现不同家系叶部、花序、分枝等性状也存在较大变异，因此，综合考虑开花和生长性状，本节选择了花径、花序长、花序宽、着花数、着花密度、花色、花期、株高、冠幅、分枝数、叶长、叶宽、节间距 13 个关键性状进行家系表型性状变异分析。花径以整株树上处于盛花期的花朵为标准，测其横截面垂直两个方向的直径，取其平均值。测定叶片和花序的最长、最宽处作为叶长、叶宽、花序长、花序宽。除花色、花期、着花数、着花密度、分枝数以外，其他性状均使用直尺或卷尺测量。每个家系随机测定 30 个单株，每个单株随机测定 5 朵花、5 个花序、10 片叶子，测量精度为 0.1 cm。

对花径、花序、节间距、叶长、着花数等性状采用巢式设计方差分析，线性模型为

$$Y_{ijk} = \mu + S_i + T_{(i)j} + \varepsilon_{(ij)k} \tag{5.10}$$

式中：Y_{ijk} 是第 i 个家系第 j 个单株第 k 个观测值；μ 为总均值；S_i 为家系效应（固定）；$T_{(i)j}$ 为家系内单株效应（随机）；$\varepsilon_{(ij)k}$ 为试验误差[64]。对株高、冠幅、地径、分枝数、着花密度等性状采用单因数方差分析。

表型分化系数[67]

$$V_{st} = \sigma^2_{t/s} / (\sigma^2_{t/s} + \sigma^2_s) \tag{5.11}$$

式中：$\sigma^2_{t/s}$ 为家系间方差分量；σ^2_s 为家系内方差分量。

以上数据处理与分析均采用 SAS 8.0 软件和 Excel 2003 软件进行。

5.6.2　结果与分析

1. 紫薇家系表型性状的形态变异特征

表 5.19 中方差分析结果显示，紫薇 10 个家系的花径、花序长、花序宽、着花数 4 个性状在家系间和家系内两个层次上的差异均达到极显著水平，着花密度在家系间达到极显著差异；参试的 10 个紫薇家系的花部性状在群体内和群体间均存在广泛变异，这种变异一方面来自遗传，另一方面可能来自生态环境。这种多层次的变异成为优异种质选择的主要来源[65-66]。

表 5.19　紫薇家系开花性状方差分析

性状	均方		F 值	
	家系间	家系内	家系间	家系内
花径	8.85（9）	0.81（290）	10.91**	9.32**
花序长	411.41（9）	38.10（290）	10.80**	3.27**
花序宽	172.24（9）	31.70（290）	5.43**	3.37**
着花数	87.07.90（9）	1 188.01（290）	7.33**	3.10**
着花密度	1 935.66（9）	237.13（290）	8.16**	—

注：括号内数据为自由度；**表示差异极显著（$\alpha = 0.01$）。

变异系数可以反映表型性状在居群内和居群间的变异，从而揭示其变异格局，变异系数越大，则性状值离散程度越大[65]。

从表 5.20 可以看出，10 个紫薇家系开花性状平均变异系数为 13.24%～75.85%，其中以着花数、着花密度变异范围最广，表型变异系数的均值分别达到 75.85% 和 50.41%，遗传多样性较丰富；以花径变异幅度和变异系数最小（13.24%），是较稳定的植物学性状。在所调查的 5 个开花性状中变异度从大到小依次为：着花数、着花密度、花序宽、花序长、花径。10 个家系中，花性状平均变异系数 5 号家系最大（50.34%）、3 号家系最小（32.93%）。

表 5.20　紫薇家系开花性状变异

| 家系 | 花径 | | 花序长 | | 花序宽 | | 着花数 | | 着花密度 | | 变异系数均值/% |
	/cm	CV/%	/cm	CV/%	/cm	CV/%	/个	CV/%	/%	CV/%	
1	3.22	16.24	11.94	43.38	9.47	40.11	33	66.57	40.33	60.08	45.28
2	3.37	15.50	15.39	36.37	11.62	38.23	49	76.40	45.23	43.56	42.01
3	3.76	12.56	10.24	30.48	8.16	27.27	25	64.08	69.19	30.27	32.93
4	3.75	11.85	11.22	34.70	9.76	37.99	26	60.97	48.35	47.05	38.51
5	3.60	14.71	10.12	34.41	8.77	38.53	27	93.99	26.84	70.09	50.34
6	3.76	12.12	10.28	33.81	9.10	37.98	26	83.81	34.18	64.66	46.48
7	3.77	10.63	9.38	36.35	8.84	38.00	23	72.52	59.09	41.67	39.83
8	3.31	13.29	11.22	37.19	8.30	37.88	25	64.88	46.57	59.54	42.56
9	3.62	13.66	11.57	35.93	9.82	41.58	27	75.36	49.98	41.50	41.61
10	3.98	11.87	11.75	32.34	10.65	45.52	26	99.94	52.64	45.69	47.07
平均值	3.61	13.24	11.31	35.49	9.45	38.31	28.75	75.85	47.24	50.41	42.66

注：为家系内所有调查单株的平均值；CV为变异系数。

表 5.21 中的方差分析结果显示，紫薇 10 个家系的叶长、叶宽、叶片长宽比、节间距等 8 个生长性状在家系间和家系内两个层次上的差异均达到极显著水平，株高、冠幅、地径、分枝数等性状在家系间达到极显著差异。方差分析结果表明，10 个紫薇家系其生长性状在群体内和群体间均存在广泛变异。

表 5.21　紫薇家系生长性状方差分析

| 性状 | 均方 | | F 值 | |
	家系间	家系内	家系间	家系内
叶长	175.84（9）	6.92（290）	25.42**	11.83**
叶宽	44.03（9）	2.53（290）	17.43**	3.69**
叶片长宽比	1.85（9）	0.47（290）	3.92**	5.94**
节间距	119.35（9）	6.41（290）	18.62**	6.49**
株高	24 075.32（9）	1 721.84（290）	13.98**	—

续表

性状	均方		F 值	
	家系间	家系内	家系间	家系内
冠幅	7 113.91（9）	1 328.27（290）	5.36**	—
地径	286.28（9）	75.16（290）	3.81**	—
分枝数	1 952.23（9）	620.04（290）	3.15*	—

注：括号内数据为自由度；*表示差异显著（$\alpha = 0.05$），**表示差异极显著（$\alpha = 0.01$）。

从表 5.22 可以看出，10 个紫薇家系的生长性状平均变异系数为 16.83%～59.97%，遗传多样性较为丰富，其中以分枝数变异范围最广，变异系数最大，达到 59.97%。8 个生长性状中变异度从大到小依次为：分枝数、冠幅、叶宽、地径、株高、叶长、节间距、叶片长宽比。10 个家系中，4 号家系生长性状平均变异系数最大（36.38%），5 号家系最小（24.03%）。

表 5.22　紫薇家系生长性状变异

家系	叶长 /cm	CV/%	叶宽 /cm	CV/%	叶片长宽比 /cm	CV/%	节间距 /cm	CV/%	株高 /cm	CV/%	冠幅 /cm	CV/%	地径 /cm	CV/%	分枝数 /个	CV/%	变异系数 均值/%
1	5.56	24.06	3.1	35.68	1.92	25.72	8.26	19.33	153.4	32.47	90.07	41.24	33.5	27.98	46	70.72	34.65
2	6.15	20.08	3.14	16.54	1.97	15.81	9.54	14.68	185.7	17.49	79.85	30.04	33.7	30.10	52	61.77	25.81
3	4.82	17.02	2.54	18.03	1.92	14.83	8.51	18.06	90.5	26.69	62.05	18.06	26.1	24.42	35	58.12	24.40
4	4.79	22.8	2.38	85.09	2.13	17.75	7.95	18.75	127.2	26.32	74.38	23.4	27.2	29.76	36	67.15	36.38
5	5.22	19.08	2.52	19.38	2.10	16.53	7.89	16.07	158.4	16.49	82.43	34.38	30.8	26.84	36	43.44	24.03
6	4.86	19.63	2.36	19.44	2.07	15.16	7.34	17.78	158.8	23.52	107.67	81.35	30.1	30.22	51	70.64	34.72
7	4.76	21.95	2.42	19.14	1.98	15.19	8.53	18.90	126.6	31.16	93.42	31.85	25.8	31.06	31	54.01	27.91
8	7.01	21.12	3.41	21.60	2.08	15.35	10.18	15.47	169.8	44.24	101.10	24.83	33.5	33.66	29	55.04	28.92
9	4.77	19.02	2.51	47.49	1.96	16.24	8.05	14.69	136.9	28.75	69.65	32.03	29.6	18.38	34	44.31	27.61
10	4.74	18.86	2.42	18.94	1.98	15.66	7.42	16.88	115.0	29.51	66.45	32.28	27.3	33.47	37	74.53	30.02
平均值	5.27	20.36	2.68	30.13	2.01	16.83	8.37	17.06	142.2	27.66	82.71	34.95	29.75	28.59	39	59.97	29.44

注：为家系内所有调查单株的平均值；CV 为变异系数。

进一步分析比较开花性状与生长性状的变异系数可以看出，生长性状的变异系数基本为 15%～35%，而开花性状除花径外，其他性状变异系数为 35%～75%，开花性状的变异幅度明显大于生长性状。

2. 紫薇家系表型分化

按巢式方差分量比组成，进一步分析出花径、花序长、花序宽、着花数、叶片长、叶片宽、叶片长宽比、节间距等性状各方差分量占总变异的比例（表 5.23）。

表 5.23　各性状的方差分量及家系间表型分化系数

性状	方差分量		方差分量百分比 / %		表型分化系数 / %
	家系间	家系内	家系间	家系内	
花径	0.053 6	0.144 9	18.77	50.73	27.01
花序长	2.488 8	5.290 7	12.81	27.24	31.99
花序宽	0.937 1	4.461 3	6.33	30.13	17.36
着花数	50.132 6	161.039 3	8.44	27.11	23.74
叶长	0.563 1	0.633 2	31.62	35.56	47.07
叶宽	0.138 3	0.184 1	13.74	18.28	42.91
叶片长宽比	0.004 5	0.039 1	3.73	31.84	10.49
节间距	0.752 9	1.084 6	26.65	38.39	40.97
平均值	6.883 9	21.609 7	15.26	32.41	30.19

根据 8 个性状的平均值，家系间的方差分量占总变异的 15.26%，家系内的占 32.41%。家系间的表型分化系数为 10.49%~47.07%，平均表型分化系数为 30.19%，家系内的平均表型变异为 69.81%（由表 5.23 中数据计算而来），紫薇家系内变异是主要变异来源，家系内的多样性程度大于家系间的多样性。

3. 花性状分析及优良家系筛选

根据对各家系花色、花序、花期、花的数量等开花性状的分析评价，筛选优良家系。

质量性状变异：表 5.24 中分析结果显示，家系间花色、花期性状存在明显差异。从花色来看，10 个家系中 7 号家系的花色种类最丰富，共有 8 种花色，其中白色为其特有花色；其次为 1 号、2 号、3 号、10 号家系，各有 7 种花色；5 号、6 号、8 号家系各有 6 种花色。艳红、绛红、深紫红等花色鲜艳，观赏价值高，在 2 号、3 号、10 号家系中

表5.24　10个紫薇家系开花性状分析

家系	花色所占比例/%									花期/d	标准化得分	
	艳红	绛红	品红	洋红	粉红	深紫红	紫红	淡紫	白色		分值	排序
1	0.0	12.9	22.6	19.4	12.9	9.7	6.5	16.1	0.0	78	1.73	7
2	6.5	12.9	38.7	3.2	16.1	0.0	6.5	16.1	0.0	73	2.21	1
3	51.4	17.1	2.9	14.3	0.0	8.6	2.9	2.9	0.0	98	2.06	2
4	0.0	3.6	17.9	57.1	17.9	0.0	0.0	3.6	0.0	78	1.76	6
5	0.0	3.7	14.8	11.1	14.8	33.3	22.2	0.0	0.0	73	1.33	10
6	0.0	6.9	20.7	17.2	0.0	24.1	24.1	6.9	0.0	78	1.48	9
7	0.0	6.7	3.3	23.3	16.7	16.7	13.3	10.0	10.0	100	1.84	4
8	0.0	7.7	30.8	7.7	15.4	0.0	30.8	7.7	0.0	73	1.68	8
9	0.0	10.3	6.9	72.4	10.3	0.0	0.0	0.0	0.0	78	1.82	5
10	3.5	20.7	10.3	44.8	13.8	0.0	6.5	6.9	0.0	82	1.86	3

艳红和绛红花色所占比例分别达到 19.4%、68.5%、24.2%，在 5 号、6 号、7 号家系中深紫红花色所占比例分别达到 33.3%、24.1%、16.7%，明显高于其他家系。从花期来看，3 号、7 号家系的花期明显长于其他家系。从花色、花期性状看，表现比较突出的家系有 3 号、6 号、7 号、10 号家系。

数量性状变异：对花径、花序长、花序宽、着花数、着花密度 5 个花性状的均值进行比较（表 5.20），可以看出，花径值最大的为 10 号家系，最小的为 1 号家系。2 号家系的花序长、花序宽最大，着花数最多，3 号家系的着花密度最大。为提高评价结果的有效性、可靠性，将各家系数量性状的平均数作标准化处理，然后将各性状标准化分值相加为每一家系总分值，分值越高，说明该家系性状综合表现越好。由表 5.24 可以看出，各家系按标准化得分由大到小排序为 2 号、3 号、10 号、7 号、9 号、4 号、1 号、8 号、6 号、5 号。

综合考虑 10 个紫薇家系花的质量性状和数量性状，2 号、3 号、7 号、9 号、10 号 5 个家系表现突出，从中选育优良单株的机会较大，可将这 5 个家系列为重点良种选育对象。

5.6.3 小　结

10 个家系的 13 个表型性状差异显著，变异系数较大，变幅为 13.24%～75.85%，除花径性状的变异系数小于 15%，是相对稳定的植物学性状外，其他 12 个性状的变异系数均在 17% 以上，遗传多样性丰富[68]。进一步分析结果显示：花性状的平均变异系数（42.66%）明显大于生长性状的平均变异系数（29.44%），说明花性状的遗传多样性更丰富，花性状进一步选择的潜力很大。因此，在进行优良家系、优良单株选择时应优先选用花性状。

10 个家系表型性状分化系数的变异幅度为 10.49%～47.07%，平均值为 30.19%，与其他园林植物相比，高于滇北球花报春（28.54%）[69]，低于紫荆（32.30%）[70]、复伞房蔷薇（33.14%）[71]、大花香水月季（37.28%）[72]、蜡梅（39.40%）[65]、紫丁香（43.93%）[64]、岷江百合（61.52%）[73]。紫薇家系间的平均表型变异约占 30%，家系内的平均表型变异约占 70%，说明紫薇家系内变异是主要变异来源，家系内的多样性程度大于家系间的多样性。与 Hogbin 等[74]研究总结的异交物种遗传变异大多分布在群体内的结果相吻合。虽然本节所研究的只是表型变异，但它们是遗传型和环境因子共同作用的结果，表型变异必然蕴藏着遗传变异。表型变异越大，可能存在的遗传变异越大[70, 75]。

根据以上分析，以 5 个花的数量性状综合评分值作为主要依据，参照花色、花期等质量性状指标，筛选出 2 号、3 号、7 号、9 号、10 号 5 个性状优良的家系，各家系花部数量性状的标准化得分值分别比 10 个家系平均分值高出 24.4%、15.9%、3.5%、2.4%、4.7%，其花色、花期、花型等质量性状也明显优于非入选家系。下一步将以优良家系为基础，从中进一步筛选观赏性状优良的优异单株，培育优良无性系品种。

参 考 文 献

[1] 张克迪，林一天. 中国乌桕[M]. 北京: 中国林业出版社，1991.

[2] BRUCE K A，CAMERON G N，et al. Introduction，impact on native habitats，and management of a woody invader，the Chinese Tallow Tree，*Sapium sebiferum*(L.) Roxb[J]. Nat Areas J，1997，17: 255-260.

[3] SIEMANN E，ROGERSW E. Genetic differences in growth of an invasive tree species[J].Ecology Letters，2001，4: 514-518.

[4] SIEMANN E，ROGERS W E. Reduced resistance of invasive varieties of the alien tree Sapium sebiferum to a generalist herbivore[J]. Oecologia，2003，135: 451-457.

[5] ROGERS W E，SIEMANN E. Invasive ecotypes tolerate herbivory more effectively than native ecotypes of the Chinese tallow tree *Sapium sebiferum*. Journal of Applied Ecology[J]. 2004，41: 561-570.

[6] ROGERS W E，SIEMANN E. Effects of simulated herbivory and resource availability on native and invasive exotic tree seedlings[J]. Basic and Applied Ecology，2002，3: 297-307.

[7] ZOU J，ROGERS W E，SIEMANN E. Plasticity of *Sapium sebiferum* seedling growth to light and water resources: Inter- and intraspecific comparisons[J]. Basic and Applied Ecology，2009，10: 79-88.

[8] WEI HUANG，JULI CARRILLO，JIANQING DING. Interractive effects of herbivory and competition intensity determine invasion plant performance[J]. Oecologia，2012(170): 373-382.

[9] 徐建民，韩旭，唐红燕，等. 卡西亚松引种种源/家系苗期选择的研究[J]. 中南林业科技大学学报，2014，34(10): 14-18.

[10] 李艳，潘百红，何浩志，等. 湿地松半同胞家系苗期选择的研究[J]. 中南林业科技大学学报，2014，34(3): 86-89.

[11] 李熳，李昌珠，王丽云，等. 不同种源乌桕苗期生长特性[J]. 经济林研究，2012，30(3): 75-79.

[12] ROBERT R P，RICHARD N M. Potential distribution of the invasive tree *Triadica sebifera* (Euphorbiaceae)in the United States: evaluating CLIMEX predictions with field trials[J]. Global Change Biology，2008(14): 813-826.

[13] 刘代亿，李根前，李莲芳，等. 云南松优良家系及优良个体苗期选择研究[J]. 西北林学院学报，2009，24(4): 67-72.

[14] 陈益泰. 林木早期选择新进展[J]. 林业科学研究，1994，7(7): 13-22.

[15] 程军勇，邓先珍，潘德森，等. 完全甜柿新品种"宝盖"甜柿的选育[J]. 果树学报，2015，32(2): 341-342.

[16] 易珍望，罗正荣，潘德森，等. 完全甜柿新品种鄂柿 1 号[J]. 园艺学报，2004，31(5): 699.

[17] 潘德森，马业萍，余秋英，等. 罗田甜柿资源调查及优良株系选育[J]. 经济林研究，1994，12(1): 51-54.

[18] 李高潮，杨勇，王仁梓，等. 我国原产完全甜柿品种甜宝盖的引种与鉴定[J]. 中国果树，2007(2): 52-53.

[19] 杨彦伶，李振芳，王瑞文，等. 紫薇家系表型多样性[J]. 东北林业大学学报，2011，39(5): 12-14.

[20] 周俊雯，俞红强，义鸣放. 绿化型蓝刺头优良无性系综合评价体系的研究[J]. 西南大学学报(自然

科学版)，2008，30(6): 106-110.

[21] 陈俊愉，邓朝佐. 用百分制评选三种金花茶优株试验[J]. 北京林业大学学报，1986(3): 35-43.

[22] 李辛晨. 树姿变异紫薇的品种选育及古老紫薇调查[D]. 北京: 北京林业大学，2005.

[23] 蒋艾平，刘军，姜景民，等. 基于层次分析法的乐东拟单性木兰优良种源选择[J]. 林业科学研究，2015，28(1): 50-54.

[24] 吴晓星，刘凤栾，房义福，等. 36 个欧美观赏海棠品种(种)应用价值的综合评价[J]. 南京林业大学学报(自然科学版)，2015，39(1): 93-98.

[25] 白为，王辉，韩菊兰，等. AHP 评价法在大花蕙兰杂交后代选育中的应用研究[J]. 安徽农业科学，2014，42(15): 4599-4601.

[26] 马彦，赵和祥，张起源，等. 长春市 25 种草本花境植物景观价值的综合评价[J]. 东北林业大学学报，2012，40(7): 86-89.

[27] 孙明，李萍，张启翔. 基于层次分析法的地被菊品系综合评价研究[J]. 西北林学院学报，2011，26(3): 177-181.

[28] 陈仲芳，张霖，尚富德. 利用层次分析法综合评价湖北省部分桂花品种[J]. 园艺学报，2004，31(6): 825-828.

[29] 邬晓红，刘素清，郝喜龙，等. 利用模糊综合评判模型对观赏草景观的评价[J]. 内蒙古农业大学学报(自然科学版)，2014，35(4): 40-45.

[30] 周俐宏，王志刚，张惠华，等. 基于灰色关联度分析的百合品种评价[J]. 东北农业大学学报，2013，44(1): 91-95.

[31] 鲁黎，王瑞文，杨彦伶. 鸢尾优良单株的灰色关联度综合评价[J]. 湖北林业科技，2012(3): 30-32，39.

[32] 韩霜. 22 个菊花品种耐阴指标筛选与综合评价分析[J]. 河北农业大学学报，2015，38(6): 46-51.

[33] 施旭丽，朱安超，陈发棣，等. 17 个菊花品种幼苗的耐镉性评价[J]. 植物资源与环境学报，2015，24(3): 50-59.

[34] 孙静，曾俊，王银杰，等. 20 个切花菊品种抗旱性评价与筛选[J]. 南京农业大学学报，2013，36(1): 24-28.

[35] 常英俏，徐文远，穆立蔷，等. 干旱胁迫对 3 种观赏灌木叶片解剖结构的影响及抗旱性分析[J]. 东北林业大学学报，2012，40(3): 36-40.

[36] 王旭，胡文强，周光益，等. 南岭山地抗冰雪灾害常绿树种选择[J]. 生态学杂志，2015，34(11): 3271-3277.

[37] 焦艺. 不同桃品种鲜食和制汁品质评价研究[D]. 北京: 中国农业科学院，2014.

[38] 武媛林. 酸枣种质资源的评价及选优[D]. 保定: 河北农业大学，2008.

[39] 赵思东，袁德义，张琳，等. 砂梨新品种引种筛选研究[J]. 中南林业科技大学学报，2007，27(1): 30-34.

[40] 王业社，陈立军，杨贤均，等. 湖南云山野生地被植物资源及其综合评价分析[J]. 草业学报，2015，24(7): 30-40.

[41] 王月清，张延龙，司国臣，等. 秦巴山区主要野生草本花卉资源调查及观赏性状评价[J]. 西北林学院学报，2013，28(5): 66-70.

[42] 鲜小林，陈睿，万斌，等. 西南地区野生春石斛资源搜集、保存与观赏利用价值评价[J]. 西南农

业学报，2013，26(3): 1184-1189.

[43] 陈睿,潘远智,陈其兵. 野生花卉资源评价因子及评价方法确定[J]. 北方园艺,2009(10): 201-204.

[44] 李娜娜,张德平,朱珺,等. 利用层次分析法初选单头切花菊杂种 F1 代优良单株的研究[J]. 西北农林科技大学学报(自然科学版)，2012，40(2): 129 - 135.

[45] 熊亚运,夏文通,王晶,等. 基于观赏价值和种球再利用的郁金香品种综合评价与筛选[J]. 北京林业大学学报，2015，37(1): 107-114.

[46] 韩勇,叶燕萍,陈发棣,等. 多头切花菊品质性状综合评价体系构建[J]. 中国农业科学，2011，44(20): 4265-4271.

[47] 陈和明,江南,朱根发,等. 层次分析法在大花蕙兰品种选择上的应用[J]. 亚热带植物科学,2009，38(2): 30-32.

[48] 刘龙昌,尚富德,向其柏. 植物品种综合评价方法: 以桂花为例[J]. 河南大学学报(自然科学版)，2003，33(1): 14-17.

[49] 杨彦伶,雷小华,李玲,等. 层次分析法在紫薇优良无性系选择的应用研究[J]. 西南农业大学学报(自然科学版)，2005(4): 518-521.

[50] 白露,张志国,栾东涛,等. 基于层次分析法的八仙花引种适应性综合评价[J]. 北方园艺,2015(24): 40-45.

[51] 张冬菊, 张晓, 吴鹏夫, 等. 基于层次分析法的切花菊引种适应性评价[J]. 北方园艺，2013(22): 82-85.

[52] 董航,张杰,孙红梅. 亚洲百合新品种引进与筛选[J]. 沈阳农业大学学报，2013，44(6): 816-819.

[53] 樊丁宇. 新疆杏品种果实数量性状评价研究[D]. 乌鲁木齐: 新疆农业大学，2010.

[54] 国家林业局.植物新品种特异性、一致性、稳定性测试指南紫薇中华人民共和国林业行业标准LY/T1847—2009 [S]. 北京: 中国标准出版社，2009.

[55] SAATY T L. How to make a decision: Theanalytic hierarchy process[J]. European Journal of Operational Research，1990，48: 9-26.

[56] 赵焕臣,许树柏,和金生. 层次分析法: 一种简易的新决策方法[M]. 北京: 科学技术出版社,1986.

[57] 郭素娟,吕文君,邹锋,等.不同数学方法对板栗授粉组合的评价与筛选[J]. 北京林业大学学报，2013，35(6): 42-47.

[58] 杨彦伶,李振芳,张新叶,等. 紫薇新品种"赤霞"[J]. 林业科学，2013，49(9): 186，189.

[59] 王青,戴思兰,何晶,等. 灰色关联法和层次分析法在盆栽多头小菊株系选择中的应用[J]. 中国农业科学，2012，45(17): 3653-3660.

[60] 张洁,王亮生,张晶晶,等. 紫薇属植物研究进展[J]. 园艺学报，2007，34(1): 251-256.

[61] 王敏,宋平,任翔翔,等. 紫薇资源与育种研究进展[J]. 山东林业科技，2008，175(2): 66-68.

[62] 张启翔. 紫薇品种分类及其在园林中的应用[J]. 北京林业大学学报，1991，13: 57-66.

[63] 王献. 我国紫薇种质资源及其亲缘关系的研究[D]. 北京: 北京林业大学，2004.

[64] 明军,顾万春. 紫丁香表型多样性研究[J]. 林业科学研究，2006，19(2): 199-204.

[65] 赵冰,张启翔. 蜡梅种质资源表型多样性[J]. 北京林业大学学报，2007，35(5): 10-13.

[66] 李斌,顾万春,卢宝明. 白皮松天然群体种实性状表型多样性研究[J]. 生物多样性，2002,10(2): 181-188.

[67] 葛颂,王明麻,陈岳武. 用同工酶研究马尾松群体的遗传结构[J]. 林业科学,1988,24(4): 399-409.

［68］ 马玉敏，陈学森，何天明，等. 中国板栗3个野生居群部分表型性状的遗传多样性［J］. 园艺学报，2008，35(12): 1717-1726.

［69］ 张睿鹂，贾茵，张启翔. 滇北球花报春天然群体表型变异研究［J］. 生物多样性，2008，16(4): 362-368.

［70］ 竺利波，顾万春，李斌. 紫荆群体表型性状多样性研究［J］. 中国农业通报，2007，23(3): 138-145.

［71］ 邱显钦，张颢，蹇洪英，等. 云南复伞房蔷薇天然居群表型多样性的居群生物学分析［J］. 云南农业大学学报，2010，25(2): 200-206.

［72］ 邵珠华，李名扬，邱显钦，等. 大花香水月季天然群体表型多样性研究［J］. 江苏农业科学，2010(2): 184-187.

［73］ 张彩霞，明军，刘春，等. 岷江百合天然群体的表型多样性［J］. 园艺学报，2008，35(8): 1183-1188.

［74］ HOGBIN P M，PEAKALL R. Evaluation of the contribution ofgenetic research to the management of the endangeredplant *Zieria prostrate*［J］. Conservation Biology，1999，13(3): 514-522.

［75］ 冯毅，王朱涛，蔡应君，等. 川西北地区康定柳天然群体表型多样性研究［J］. 西南林学院学报，2010，30(4): 11-15.

第 6 章

九峰科技植物资源培育及经营管理

混交林能够充分利用空间环境、提高森林生产力、增强生态系统稳定性及最大限度发挥森林生态效益，是森林近自然经营的重要方式，本章将重点介绍湖北省分布最广的马尾松与其他阔叶树种枫香、麻栎等营造混交林的技术要点，以及部分树种引种、施肥管理、幼林生长节律等与资源培育相关的技术原理，为森林经营管理提供强有力的技术支撑。

通过十多年的研究，基本掌握了马尾松枫香混交林的不同混交方式，不同混交比例的种间和种内的生长特点、生长规律和生态效益。研究结果表明，26 年生和 36 年生的马尾松枫香混交林，无论是提高立木产量和质量，还是改良土壤，改善林分小气候，抑制病虫害，效果均优于纯林。

马尾松麻栎混交林较马尾松纯林，能提高木材产量，改善生态环境，抑制松毛虫对马尾松的危害。低产马尾松中幼林可套种麻栎，提高林分产量和质量。合理经营马尾松麻栎混交林，可充分发挥其用材、薪材、改良土壤、改善生态环境等多种功效。

1955 年开始引种原产地中海沿岸各国的栓皮槠，已获得成功，开始推广应用。

选择小叶栎、栓皮栎、麻栎、短柄枹栎和白栎作为研究对象，探讨中亚热带栎属不同树种幼苗的生长和生物量分配对短期氮沉降的响应，结果表明：①短期氮添加处理对 5 种栎属幼苗的地径、株高和叶数无显著性影响；②低、中浓度氮处理可以显著促进生物量的积累，而高浓度氮添加对生物量积累产生了一定的抑制作用；③氮沉降在一定程度上提高了植物的叶质量比和茎质量比。

通过对我国 20 个枫香地理种源 6 年生幼龄林树高、胸径和材积等生长性状，以及物候节律进行观测，结果表明：不同种源间树高、胸径和材积均达到极显著差异水平，湖北武汉适宜生长的优良种源有"江苏南京"和"云南富宁"。枫香树高分别与经度和年降水量呈显著正相关，且胸径和材积与年降水量呈显著正相关；不同种源枫香的萌动期、绽叶期、展叶期和落叶期等存在显著差异，处于低纬度的"广西岑溪"和"云南富宁"种源的萌动期、绽叶期、展叶始期、展叶盛期、落叶始期均较其他高纬度种源早，而落叶盛期和落叶末期又较其滞后。

6.1 马尾松枫香混交林营造技术*

马尾松（*Pinus massoniana*）是湖北省主要速生用材树种。全省马尾松人工林面积达 $200×10^4$ hm²，占全省森林蓄积面积的 41.1%，是低山丘陵地区的主要材源。马尾松人工林绝大部分为纯林，林木生长常受松毛虫和松梢害虫的危害，在理论和生产上迫切需要多造混交林。湖北省林科所从 20 世纪 60 年代起，就在试验林场营造了各种类型混交林。1973 年以来，作者开展了各类型混交林的定位研究工作，马尾松枫香混交林（以下简称松枫混交林）是其中之一，将研究结果进行概述。

6.1.1 试验区概况

马尾松枫香混交林试验点分别设在宜城和武昌九峰。宜城县[①]位于湖北省西北部，东经 111°57′~112°45′，北纬 31°26′~31°54′，属北亚热带季风区，年平均气温 15.7 ℃，年平均降雨量 890 mm。土壤属于黄棕壤，质地较黏重，土层厚 30~100 cm，腐殖质层薄，石砾较多，水肥条件差，造林前为荒山草坡。武昌九峰位于武汉市东郊，位于北纬 30°31′，东经 114°19′，海拔 80~90 m，年平均气温 17.2 ℃，年平均降雨量 1 244.4 mm，土壤以黄棕壤为主，植被有继木、茅草、悬钩子等。各类森林面积约 330 hm²，林分类型以马尾松为主体的人工纯林和混交林。

6.1.2 试验内容

1. 设置固定标准地长期观测

在 20 世纪 70 年代营造的不同混交方式和混交比例的试验林中设置固定标准地。在九峰地区，分年龄阶段选择立地条件和营林措施大体相似的松枫混交林和纯林，分别设置临时标准地和样方进行每木调查和植被调查。在标准地中间挖土壤剖面，进行土壤调查和土壤理化性质分析。同时随机设点收集林地枯枝落叶，取样烘干，称其重量。

2. 根系调查

利用解析木进行松枫混交林与纯林的根系全根调查，观察种间根系分布情况、形态特征与相互影响，按根系等级或大小记载，并绘制根系的水平分布和垂直分布图，分等级称其鲜重。

3. 小气候及生理指标观测

小气候观测采用通风干湿表、轻便风速表、照度计、地温表等，在松枫混交林、纯林的 1.5 m 高度上测定光照强度、温度、湿度、风速等，同时采用红外线二氧化碳分析仪测定林木光合强度和呼吸强度，分析其与环境因子的相互关系。

---

* 引自：袁克侃，张学黎，李惠保，等. 营造马尾松枫香混交林的研究. 林业科技通讯，1995（1）：10-13.

① 宜城县到于 1994 撤县改市，现为宜城市，后同。

6.1.3　结果与分析

1．松枫混交林产量高质量好

从表 6.1 可以看出 16 年生、26 年生和 36 年生的松枫混交林，其立木蓄积量按林分年龄均分别大于纯松林和纯枫林。根据 16 年生的松枫混交林与纯林的立木蓄积数据，经方差分析结果表明，松枫混交林有显著差异。松枫混交林不仅能增加林分产量，而且林中的马尾松通直挺拔，分枝较细，自然整枝良好，断梢木少，没有风倒木和雪压木。16 年生松枫混交林中的马尾松已达到中径级的林木有 41%～70%,而纯林马尾松仅有 18%。

表 6.1　马尾松与枫香不同混交比例、方式与纯林生长比较

试验地点	标准地号	混交方式	混交比例/%	株数/(株/hm²)	林龄/年	胸径/cm 总量	年均量	树高/m 总量	年均量	立木蓄积量/(m³/hm²) 总量	年均量	混交林与纯林蓄积量比/%	
宜城县	I	3 行松	75	1 249	16	11.4	0.71	6.6	0.41	37.032 7	2.314 5	102.82	95.82
		1 行枫	25	416	16	12.8	0.80	8.8	0.55	17.903 5	1.119 0		
	II	5 行松	83	1 382	16	12.2	0.76	7.2	0.45	51.180 9	3.199 8	119.89	110.99
		1 行枫	17	283	16	12.8	0.80	9.0	0.56	12.456 4	0.778 5		
	III	7 行松	88	1 465	16	12.8	0.80	7.4	0.46	61.390 4	3.836 9	131.69	122.90
		1 行枫	12	200	16	13.0	0.81	9.0	0.56	9.076 7	0.567 3		
	IV	纯松	100	1 665	16	11.6	0.73	6.9	0.43	53.430 7	3.339 4	100.00	93.19
	V	纯枫	100	1 665	16	11.2	0.70	9.2	0.57	57.335 3	3.583 5	107.35	100.00
武昌九峰	VI	星状混交	82	1 341	26	13.8	0.53	14.2	0.55	125.344 3	4.820 9	107.89	121.67
			18	294	26	13.3	0.51	15.1	0.58	23.432 0	0.901 2		
	VII	星状混交	90	1 471	26	14.4	0.55	14.2	0.55	149.718 3	5.758 4	118.86	134.04
			10	164	26	13.9	0.53	15.0	0.58	14.180 9	0.545 4		
	VIII	纯林	100	1 635	26	13.3	0.51	13.8	0.53	137.896 0	5.303 7	100.00	112.77
	IX	纯枫	100	1 530	26	13.1	0.50	14.6	0.56	122.276 8	4.703 0	88.67	100.00
	X	星状（松）混交（枫）	80	1 188	36	19.5	0.54	17.0	0.53	265.343 1	7.370 6	110.76	155.87
			20	297	33	17.2	0.52	18.0	0.60	47.211 6	1.430 7		
	XI	星状（松）混交（枫）	88	1 306	36	19.8	0.55	17.2	0.54	304.322 4	8.453 4	118.04	166.12
			12	179	33	17.3	0.52	18.0	0.60	28.784 7	0.872 3		
	XII	纯松	100	1 500	36	18.0	0.50	16.8	0.52	282.189 6	7.838 6	100.00	140.73
	XIII	纯枫	100	1 470	33	16.3	0.49	17.2	0.57	200.517 3	6.076 3	71.06	100.00

2．不同混交方式、混交比例林分的稳定性分析

（1）行带状混交

即 3 行松 1 行枫、5 行松 1 行枫、7 行松 1 行枫的混交方式，它们的造林密度为 1 665 株/hm²，造林 16 年后，3 行松 1 行枫混交林的林木生长不如纯林；5 行松 1 行枫混交林中的马尾松胸径和树高比纯松林分别大 5.3%和 4%。7 行松 1 行枫混交林中的马尾松胸径和树高比纯林分别大 10.3%和 7.2%。根据方差分析的结果表明，混交方式、混交比例有显著差异。

（2）星状混交

26 年生和 36 年生的星状松枫混交林的初植密度为 3 335 株/hm²，其中马尾松 2 335 株/hm²。枫香 1 000 株/hm²，随着时间的增长，林木种内和种间的竞争是死亡及多次人为调节的结果。星状混交呈散生状均匀分布，使枫香与马尾松四周相邻，种间关系十分紧密。林分群体结构稳定，能充分利用营养空间，有效地改善立地条件，增加了单位面积蓄积量，提高了防护效益，并增加了抗性。

3. 林木生长进程比较

从图 6.1 的连年生长曲线比较来看，松枫混交林中的马尾松和枫香，其胸径和树高的连年生长进程随着年龄的增长比纯林快，当林分达到中龄后。生长趋势的差异更加显著。松枫混交林中马尾松胸径和树高连年生长量最大值分别出现在 21 年和 16 年，生长量分别为 1.0 cm 和 1.0 m。而纯林中马尾松的胸径和树高连年生长量最大值分别出现在 17 年和 13 年，生长量分别达到 1.0 cm 和 1.0 m。以后，生长量逐年下降，高峰生长期仅有 1 年时间，而松枫混交林生长高峰期分别持续了 2 年和 3 年。松枫混交林中的伴生树种枫香的胸径和树高连年生长量最大值都出现在 18 年，生长量达到 1.0 cm 和 1.0 m，高峰生长期分别持续了 3 年和 1 年，而纯枫香林的胸径和树高连年生长量最大值出现在 16 年和 14 年，生长量也分别达到 1.0 cm 和 1.0 m，高峰生长期只有胸径持续了 1 年，说明松枫混交林中不论目标树种或是伴生树种的生长高峰持续时间均较长，而纯林速生高峰期来得早，衰退得也早，几乎没有高峰持续期。

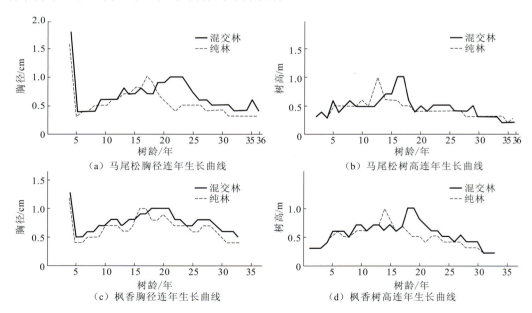

（a）马尾松胸径连年生长曲线　　　（b）马尾松树高连年生长曲线

（c）枫香胸径连年生长曲线　　　（d）枫香树高连年生长曲线

图 6.1　松枫混交林中马尾松、枫香的胸径和树高连年生长曲线

4. 松枫混交林能改良土壤，提高地力

土壤状况的好坏，直接影响林木生长发育。对松枫混交林和纯林的土壤调查结果表

明，松枫混交林积累的凋落物比纯林高 78.4%，松枫混交林中 0～20 cm 的土壤容量为 1.05 g/cm³，而纯松林则为 1.51 g/cm³，说明松枫混交林的土壤比纯松林疏松，透水透气性能良好。从土壤分析结果（表 6.2）看出，松枫混交林土壤中有机质、全氮、全磷、全钾的质量分数比纯松林分别高 42.4%、41.2%、55.8%、25.7%。除速效磷比纯松林低以外，速效的氮和钾分别高于纯松林的 35.5% 和 76.5%，说明松枫混交林土壤中的土壤酶活性及土壤微生物含量高。因为土壤肥力与土壤酶有很大的相关性。所以，松枫混交林能改良土壤，能起到维持和提高地力的作用。

表 6.2　松枫混交林与纯松林土壤养分质量分数比较

林分类型	取样深度/cm	容重/（g/cm³）	pH	全量质量分数/%			速效质量分数/（mg/100g 干土）			有机质/%
				氮	磷	钾	氮	磷	钾	
松枫混交林	0～20	1.05	6.20	0.160	0.056	1.263	1.65	0.58	14.25	4.12
	21～40	0.96	5.70	0.093	0.054	1.300	0.71	0.55	6.63	2.11
	41～60	1.17	5.65	0.066	0.052	1.313	0.59	0.49	6.50	1.33
纯松林	0～20	1.51	5.25	0.085	微量	0.743	0.83	1.24	4.25	2.15
	21～40	1.02	5.20	0.087	0.052	1.113	0.67	0.77	5.85	2.12
	41～60	0.86	5.40	0.054	0.052	1.225	0.63	0.76	5.38	1.04

测定表明，枫香的枯落物的最大持水量达枫叶自身重的 2.8 倍，松针达 2.0 倍，同时，松枫混交林林冠截持量比纯松林大 13.8%，经观测，松枫混交林内的土壤只出现面蚀，而纯松林中土壤出现了沟蚀。说明松枫混交林的林冠结构复杂，凋落物量大，持水量也大，从而有效地避免降水直接冲刷林地而形成地表径流，起到保持水土的作用。

5. 松枫混交林能合理利用土壤中的养分

对松枫混交林和纯松林的根系形态及根量调查表明（表 6.3）马尾松与枫香两个树种，它们虽然都具有深根性，但它们的根系并无互相排斥现象，相反，马尾松侧根往往穿过枫香根系往下伸展的根数达 3 条，枫香根系也有 3 条穿过马尾松根系，两种根系交织生长，互相穿插。马尾松吸收根群在松枫混交林内发育良好。细根量占总根量的 8.2%，作者还比较了松枫混交林中马尾松与纯松林马尾松的全根量，前者比后者大 20.8%；而且细根量更大，高达 31.8%，说明在松枫混交林中根系发育相互促进。松枫混交林中马尾松与枫香距离 410 cm。

表 6.3　松枫混交林与纯松林的根系生长情况

林分类型	树种	树龄/年	水平根系						垂直根系		
			根幅/m	主要侧根数/条	基部直径/cm	最长根系/m	细根密集范围/cm	根深/m	主要垂直根系/条	基部直径/cm	细根密集范围/cm
松枫混交林	马尾松	36	3.88	20	5.5	2.84	70～120	2.55	3	8～12	40～60
	枫香	33	4.02	17	6.1	3.05	80～130	2.84	2	10～14	50～70
纯松林	马尾松	36	3.64	10	5.2	2.58	60～100	2.08	2	8～10	40～60

6. 松枫混交林与纯松林对光能利用率比较

光合作用是林木制造有机物的唯一途径，而光合强度与林分结构，光能分布，土壤水肥条件相关联，也与树种的光合特性相关。松枫混交林形成了合理的垂直复层的林冠结构，使林冠层的叶子成嵌镶分布，松枫混交林林分叶量比纯松林叶量高 30.8%，透光率只有纯松林的 11%～28%，其叶面积指数比纯林高 38.6%。说明松枫混交林的林冠受光面积大，透光率低，光能利用率高（表 6.4）。从表 6.4 中可以看出，松枫混交林中的光合强度明显高于纯松林。

表 6.4 松枫混交林与纯松林光合作用强度变化

观测时间/h		8	10	12	14	16
光合作用强度	松枫混交林	0.718 4	0.851 7	1.341 7	0.660 7	0.579 6
	纯松林	0.546 2	0.634 4	0.429 6	0.437 8	0.635 3

7. 改善林分的小气候

松枫混交林林冠分布层次和互相嵌镶均比纯松林好，阳光直射林地减少，在高温季节降低林内气温，提高空气湿度，减少地面蒸发。观测表明（表 6.5），气温的变化趋势，松枫混交林变幅较少，日变幅为 29.0～33.4 ℃；纯松林的变幅较大，日变幅为 28.4～34.5 ℃。相对湿度日变化曲线呈 V 字形，松枫混交林曲线位于纯松林上方，在 1 d 之中，松枫混交林相对湿度较纯松林高出 3.7%，对于低山丘陵地区来说，混交林的增湿作用对林木的生长是有利的。

表 6.5 松枫混交林与纯松林气温和相对湿度变化情况

观测项目	林分类型	观测时间/h											极端值	平均值
		8	9	10	11	12	13	14	15	16	17	18		
气温/℃	松枫混交林	29.0	29.1	29.6	31.1	31.7	32.4	33.4	33.0	32.5	32.0	31.2	33.4	31.4
	纯松林	28.4	29.3	29.8	32.0	32.9	34.5	34.4	34.0	33.2	32.8	32.0	34.5	32.1
相对湿度/%	松枫混交林	90	89	86	85	82	78	75	72	73	76	78	90	80.4
	纯松林	88	88	83	80	76	72	72	70	73	74	74	88	76.7

8. 抑制病虫害发生和蔓延

对松枫混交林和纯松林的调查结果表明，松枫混交林的马尾松松毛虫的虫口密度较小，仅 2.4 条/株，而纯松林马尾松林分的虫口密度较大，达 4.1 条/株。为了切实反映出针叶被害情况，采用了松针被害分级的方法进行调查。结果表明，松枫混交林中的主林木马尾松被害指数为 12%，而纯松林中马尾松被害指数竟达 40%。产生这种差异的原因是：松枫混交林的林相复杂，枯枝落叶层厚，提高了林地的肥力，促进了林木的生长，增强了抗病虫性能，同时，松枫混交林对机械阻隔松毛虫扩散蔓延起到一定的作用。另外，松枫混交林具有良好的生态环境，树木和害虫及天敌形成一个比较复杂的食物链，而纯松林树种单一，食物链简单，容易遭病虫危害。据在九峰地区的调查，松枫混交林内鸟类有 56 种，占全区鸟类总数的 87.5%，纯松林内鸟类总数有 39 种，占全区鸟类总数的 60.9%。松枫混交林中主要鸟种有灰喜鹊、大山雀、麻雀、红尾伯劳、火斑鸠、白头鸭等。充分证明松枫混交林是各种鸟类栖息的好场所，天敌较多，生态系统比较稳定。因此，松枫混交林对病虫害的发生和蔓延起着抑制作用。

6.1.4　马尾松与枫香混交林营造技术措施

1. 适宜发展的地区

马尾松一般生存在海拔 600～800 m 的低山丘陵地带，在湖北省主要分布在海拔 1200 m 以下。马尾松和枫香对土壤要求不严，能耐干旱瘠薄的土壤，枫香对气候适应性广，能发展马尾松的地区，都能营造松枫混交林，以低山丘陵地区发展松枫混交林为宜。

2. 造林地选择

松枫混交林造林地宜选在：①山的上坡和山脊，土层在 40 cm 以上，腐殖质层厚 2～4 cm，土壤坚硬，质地较黏；②山脊，山顶及山坡，土层不到 40 cm，腐殖质层不到 2 cm，土壤干燥的死黄土或石砾土；③山脊和水土流失严重的冲刷地区，土层厚度不到 40 cm，土壤干燥贫瘠，石砾含量较多。若立地条件优于上述三种条件，则更能发挥松枫混交林的生产潜力。

3. 整地

根据地形和坡度不同，采取不同的整地方式。坡度在 15°～30° 的造林地，采用带状整地，带宽 60～80 cm、深 20～30 cm。坡度在 35° 左右的造林地，采用块状整地，规格为 40 cm×40 cm×30 cm。丘陵地区，土壤较为黏重瘠薄，抽槽整地可以改变土壤理化性质，提高蓄水保肥能力，有利于林木生长发育。表 6.1 中的 16 年生的松枫混交林就是采取抽槽整地，林木生长迅速，胸径年平均生长量都在 0.7 cm 以上。

4. 混交方式

混交比例和密度在人工松枫混交林中，选择合理的混交方式是松枫混交林成败关键之一。由于配置方式不同，种间关系也有变化。为了利用两种树种间的互助关系，促进目标树种的生长，作者认为采用 5 行松 1 行枫、7 行松 1 行枫和星状混交为佳，这种方式既简化了造林工序，又便于经营管理。

人工松枫混交林的比例和密度是随着林木各生长发育阶段而发生变化的，但这个变化又是以造林初期为基础的。确定合理初始比例和密度，作者认为，采用 5 行松 1 行枫、7 行松 1 行枫就能使混交林达到预期栽培目的。

5. 幼林抚育和成林间伐

幼林抚育是调节林木生长发育与环境生态关系的主要措施。造林后 3 年，每年应抚育 1～2 次，第一次在 5～6 月，第二次在 8～9 月，松土深度为 15.0～20.0 cm。抽槽整地的林地应间作黄豆、绿豆、花生等农作物，以耕代抚。造林密度为 2 505 株/hm²，林分在 10～12 年郁闭。造林密度为 1 665 株/hm²，林分在 14～16 年郁闭，此时就应间伐被压木、濒死木、病虫害木等，改变松枫混交林的光照、温度、湿度及营养面积，这些工作必须经常进行。

6.2 马尾松麻栎混交林调查报告*

马尾松（*Pinus massoniana*）、麻栎（*Quercus acutissima*）是湖北省主要用材和薪材树种。由于大面积经营纯林，林分树种单一，结构简单，森林群落不稳定，抗病虫害能力差，地力恶化，生产力低。合理营造混交林是解决这一问题的重要措施。为了探索马尾松麻栎混交林（以下简称松栎混交林）的混交机制，总结营造经验，为湖北省大面积营造松栎混交林提供科学依据，作者于 1987～1989 年对松栎混交林进行了调查研究。

6.2.1 概况及调查方法

调查地点选设在襄樊①、广水、汉阳及湖北省林科所试验林场。该地带属北亚热带季风气候，具有南北过渡型气候特征。年平均气温 15 ℃以上，年降雨量为 800～1 200 mm，年日照时数为 1 800 h 以上，无霜期为 230～290 d。调查标准地海拔约为 80 m，土壤为黄红壤、黄砂壤，土层厚度一般在 50～100 cm，坡度为 15°～30°。

调查时选择有代表性的地段，根据地形部位、林分特征等设置标准地，面积为 0.5～1.0 亩，形状为矩形。对样地内的林分分树种进行每木检尺。伐倒平均木，进行树干解析。设置小样方调查植被，收集枯枝落叶。在林地中央挖取土壤剖面，按发生层次记载其物理性质，并分层取样（三层：1～20 cm、21～40 cm、41～60 cm），在实验室测定土壤养分和 pH 等。

6.2.2 马尾松麻栎混交效益

1. 提高林分产量和干材品质

衡量混交林效益很重要的一个指标是林分蓄积量。林木材积生长量直接受胸径、树高、干形的影响。根据作者对襄樊、广水、汉阳及湖北省林科所试验林场的松栎混交林的调查，测定结果见表 6.6。

表 6.6 混交林与纯林生长量比较表

调查地点	标地号	林分组成		现有密度/（株/亩）	树龄/年	平均胸径/cm	平均树高/m	单株材积/m³	蓄积量/（m³/亩）		松栎混交林较纯林增值/（m³/亩）
襄樊市林科所	1	混交林	6行松4行栎	88	145	22	13.3	7.6	0.053 0	4.664 0	6.935 4	3.022 6
				57		22	11.1	7.8	0.039 8	2.271 4		
	2	纯林		90		22	11.0	8.5	0.043 5	3.912 8		
广水市中华山林场	15	混交林	8行松2行栎	83	100	20	12.8	12.0	0.081 0	6.723 0	10.301 6	3.113 1
				17		30	19.6	14.5	0.211 1	3.588 6		
	16	纯林		131		20	11.3	10.8	0.055 0	7.198 5		

* 引自：汤景明，袁克侃，张学黎. 马尾松麻栎混交林调查研究报告. 湖北林业科技，1990（3）：29-34.
① 2010 年 12 月，襄樊市更名为襄阳市，后同。

续表

调查地点	标地号	林分组成		现有密度/（株/亩）		树龄/年	平均胸径/cm	平均树高/m	单株材积/m³	蓄积量/（m³/亩）		松栎混交林较纯林增值/（m³/亩）
汉阳嵩阳林场	3	混交林	8 行松	77	96	37	16.0	13.0	0.127 8	9.840 6	13.618 5	2.544 5
			2 行栎	19		37	19.3	14.0	0.198 8	3.777 9		
	4	纯林		80		37	16.9	12.5	0.138 4	11.074 0		
汉阳九真林场	13	混交林	6 行松	130	233	27	9.9	8.6	0.036 2	4.699 5	5.633 2	2.470 9
			4 行栎	103		16	5.4	6.9	0.009 1	0.933 7		
	14	纯林		83		27	9.5	9.0	0.038 1	3.162 3		
汉阳县林科所	11	混交林	8 行松	78	104	26	11.6	9.0	0.053 5	4.173 0	6.717 3	1.491 2
			2 行松	26		25	13.5	14.1	0.097 9	2.544 3		
	12	纯林		127		26	1.11	7.9	0.041 2	5.226 1		
湖北省林科所试验林场	18	混交林	7 行松	94	134	35	18.3	10.8	0.136 9	12.868 6	14.744 6	5.107 1
			3 行栎	40		25	11.4	8.5	0.046 9	1.876 0		
	19	纯林		125		35	14.2	9.5	0.077 1	9.637 5		

从表 6.6 看出，相同的林龄、相似的立地条件，松栎混交林同纯林相比，马尾松的平均胸径、平均树高和单株材积一般都是松栎混交林高于纯林。松栎混交林的单位面积蓄积量一般比纯林高 1.49～5.10 m³/亩。

为分析松栎混交林和纯林中马尾松的生长发育进程，在 18 号和 19 号标准地中各选取一株马尾松解析木进行树干解析。

从胸径生长情况看（图 6.2），松栎混交林马尾松平均生长量曲线在纯林马尾松上方，松栎混交林马尾松平均胸径生长量高于纯林马尾松。松栎混交林马尾松胸径连年生长量在第 10 年和第 20 年出现两个高峰期，其值分别为 0.74 cm、0.70 cm，而纯林马尾松在第 15 年出现一个生长高峰期，其最大值为 0.58 cm，胸径连年生长量最大值，松栎混交林马尾松比纯林马尾松高 0.16 cm。胸径连年生长量在 0.5 cm 以上的生长期，松栎混

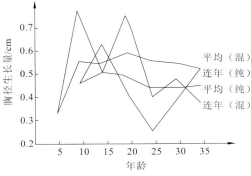

图 6.2　胸径生长曲线

林马尾松总共 14 年，而纯林马尾松只有 5 年，松栎混交林马尾松比纯林马尾松多 9 年。这说明，松栎混交林马尾松不仅在单位时间内较纯林马尾松生长快，而且持续时间长。

松栎混交林马尾松树高连年生长量，从第 5 年到第 10 年是下降的，第 10 年最低，其值为 0.28 m。从第 10 年到第 20 年，处于上升阶段，在 20 年时达到最大值，其值为 0.6 m。20 年后逐年下降。纯林马尾松，树高连年生长量在第 5 年时最低，为 0.26 m。从第 5 年到第 10 年为上升阶段，在第 10 年时达到最大值，为 0.62 m。随后下降，一直到第 25 年，25 年以后略有回升。松栎混交林和纯林马尾松树高生长曲线（图 6.3）说明，

在 10 年生马尾松林中套种麻栎后，马尾松高生长不断上升，而纯林马尾松高生长开始下降。在套种麻栎 10 年（20 年生马尾松）后，混交林马尾松树高生长量高于纯林马尾松。套种麻栎时高生长较慢的马尾松林，套种麻栎后，则高生长明显比纯林马尾松快。可见，松栎混交可有效地促进马尾松的高生长。

松栎混交林马尾松材积连年生长量(图 6.4)，从第 5 到第 35 年一直处于上升阶段，第 10 年到第 15 年增长较慢，第 15 年到第 30 年增长较快。纯林马尾松材积连年生长量，第 5 年到第 25 年增长较慢，25 年以后增长较快。从 17 年以后，松栎混交林马尾松材积连年生长量明显高于纯林马尾松。

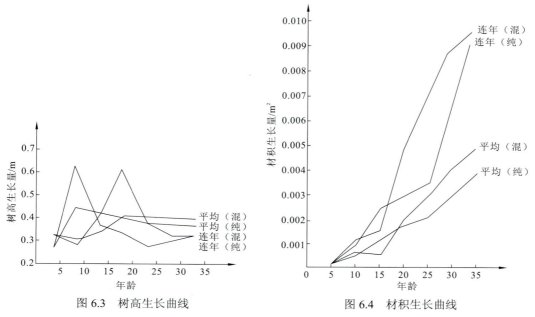

图 6.3　树高生长曲线　　　　　　图 6.4　材积生长曲线

通过以上分析，可以看出，松栎混交可有效地促进林木速生丰产。

林分生物量指标可以衡量林分对光能的利用程度。松栎混交林提高了林分生物产量（表 6.7）。从表 6.7 可以看出，松栎混交林每亩生物量（鲜重）比纯林增加 6 158 kg，增长 20.9%。

表 6.7　松栎混交林与纯林生物量比较

林分类型	树种	树龄/年	现有密度/（株/亩）	标准木鲜重/kg					林分生物量鲜重/（kg/亩）	松栎混交较纯林增值/（kg/亩）	比率
				干	枝	叶	根	合计			
松栎混交林	马尾松	35	94	185.5	31.2	17.8	47.0	276.5	25 991.0	6 158.0	120.9
	麻栎	25	40	161.5	37.5	12.9	27.9	239.8	9 592.0		
纯林	马尾松	35	125	147.9	29.4	19.6	38.5	235.4	29 425.0		1 000.0

松栎混交林不仅提高林分产量，还提高林分质量（表 6.8）。从表 6.8 可以看出，松栎混交林中马尾松较大径级（≥14 cm）百分数比纯林马尾松高。这说明松栎混交提高了较大径级比例，有利于培养较大径级木材。另外，麻栎为阳性喜光树种，但在全光照条

件下，侧枝横生而发达，松栎混交相互形成侧方庇荫，有效抑制了侧枝的横向生长，使两树种干形通直圆满。因此，松栎混交有利于提高木材品质。

表 6.8　松栎混交林与纯林马尾松分化状况表

标准地号	林分类型	林龄	保存密度/（株/亩）	枝下高/m	径级株数百分值/%			
					≤12 cm	14～18 cm	≥20 cm	≥14 cm
1	松栎混交林	22	88	4.8	67.8	22.0	10.2	32.2
2	纯林		90	4.0	78.9	18.9	2.2	21.1
11	松栎混交林	26	78	5.2	77.4	22.6		22.6
12	纯林		127	4.9	81.0	19.0		19.0
15	松栎混交林	20	83	8.4	67.5	27.7	4.8	32.5
16	纯林		131	6.4	84.2	11.8	4.0	15.8

2．合理利用营养空间

松栎混交林，从光能的利用情况看，马尾松为最喜光树种，当它居于上层时，可充分利用光能进行光合作用。马尾松枝叶较为稀疏，透过的阳光又能供麻栎利用，麻栎有很强的争夺光能的能力，虽暂居下层，仍竞相生长。所以，松栎混交能合理利用光能。

从地下根系的分布情况看（表 6.9），松栎混交林的马尾松根深 1.6 m，麻栎根深 2.1 m。马尾松垂直根系的细根范围为 65 cm，麻栎为 85 cm。马尾松水平根系的细根范围为 130 cm，麻栎为 45 cm。松栎混交林中两树种吸收根系分布范围不同，呈立体交错分布，这样就可充分利用地下营养空间，促进林木生长。

表 6.9　松栎混交林与纯林根系分布情况

林分类型	树种	树龄/年	根幅/m	水平根系					垂直根系		
				主要侧根/条	基部直径/cm	最长根系/m	细根范围/cm	根深/m	主要垂直根数	基部直径/cm	细根范围/cm
松栎混交林	马尾松	35	4.0	6	9.0	3.2	130	1.6	1	12.0	65
	麻栎	25	3.8	8	5.0	2.5	45	2.1	2	6.6	85
纯林	马尾松	35	3.6	7	6.0	3.0	85	1.5	1	10.7	52

3．提高土壤肥力，改善林地环境

从表 6.10 可以看出，有机质含量、水解氮，各层次均是松栎混交林高于纯林，全氮、全磷、全钾除个别层次略低外，也是松栎混交林高于纯林，但速效钾、磷松栎混交林低于纯林。松栎混交林 pH 高于纯林。从总的情况看，松栎混交土壤养分条件较马尾松纯林得以改善，可供林木吸收的养分提高，酸度降低。马尾松纯林其针叶灰分含量低，且富含油脂，脱落后分解缓慢，酸度高，不易吸水，土壤干燥，所以，马尾松纯林对改良土壤作用不大。松栎混交林因麻栎落叶量多，富含灰分元素，易于分解，保水能力强，可以改良土壤。所以，松栎混交林能改善林地环境，提高土壤肥力。

表 6.10　松栎混交林与纯林土壤养分比较表

项目	层次 /cm	有机质 /%	全氮 /%	全磷 /P_2O_5%	全钾 /K_2O%	水解氮 /（mg/kg）	速效磷 /（mg/kg）	速效钾 /（mg/kg）	pH
松栎混交林	0～20	2.93	0.158 20	0.098 5	2.353 3	152.82	2.72	158.16	6.10
	21～40	1.23	0.095 74	0.076 1	2.585 7	88.29	0.88	120.16	5.81
	41～60	1.02	0.139 30	0.168 4	2.601 4	81.50	2.54	120.66	6.02
纯林	0～20	2.00	0.095 79	0.050 0	2.582 6	106.97	2.36	174.83	5.33
	21～40	1.06	0.103 90	0.119 3	2.260 2	71.32	3.74	172.74	5.31
	41～60	0.95	0.099 88	0.102 5	2.248 2	66.22	5.54	158.85	5.21

4. 减轻松毛虫的危害

从表 6.11 可以看出，纯松林松毛虫虫口数明显高于松栎混交林。不同比较之间的松栎混交林虫口密度不同。松栎混交林中阔叶树占比越大，其松毛虫密度越小。这是因为松毛虫为单食性害虫，松栎混交林枝叶互相间隔和阻挡，使松毛虫难以迁移，且取食困难。另外，松栎混交林林分结构复杂，高落稳定性较高，林内生态条件得以改善，适于松毛虫的各种天敌生存和繁殖，因而松栎混交林能抑制松毛虫的危害。

表 6.11　松栎混交林与纯林松毛虫虫口密度比较

林分类型		调查株数	总虫口数	虫口密度/(条/株)	调查虫期
松栎混交林	7 行松 3 行栎	50	296	5.92	越冬代 4～5 龄幼虫
	5 行松 5 行栎	50	157	3.14	
	3 行松 7 行栎	50	135	3.70	
纯林	10 行松	50	425	8.50	

6.2.3　松栎混交林营造技术

营造松栎混交林关键是要正确处理好两树种之间的相互关系。因此，应根据立地条件、造林目的、混交林种间关系特点，因地制宜地确定合理的造林技术措施。

混交方式和比例决定混交林各树种种间关系的发展方向，通过调节混交比例，有利于形成稳定的混交林。根据作者的调查研究，以马尾松为主要树种的混交林，应采用行带状混交方式即 3～5 行马尾松与 1 行麻栎混交，这种方式既可利用行带间松栎两树种的互助关系，又便于造林施工。同时，当林分郁闭后，麻栎生长对马尾松生长不利时，可顺利调节。

在中等立地条件下，造林初植密度一般为 200～300 株/亩，株行距为 1.5 m×1.5 m 或 1.5 m×2.0 m。行带状混交造林图式见图 6.5。

造林后应及时抚育管理。一般连续抚育 3 年。随着

图 6.5　行带状混交造林图式（3∶1）
△—马尾松　○—麻栎

林木的不断生长，幼林慢慢开始郁闭，应进行修枝和抚育间伐。当林分郁闭度在 0.9 以上，林分分化开始明显，应及时间伐。通常始伐年龄为 8～9 年。间伐时既要考虑马尾松群体间的关系，又要注意合理调节麻栎以有利于马尾松的生长。间伐后郁闭度保持在 0.6～0.7。根据立地条件和经营条件确定间伐重复期，通过间伐调控后，在林分达到 30 年左右，每亩保留株数可控制在 100～150 株。

6.2.4　小　　结

松栎混交林较马尾松纯林，可提高木材产量，改善生态环境，抑制松毛虫对马尾松的危害。

营造松栎混交林以行带状混交为好。混交比例以 3～5 行马尾松∶1 行麻栎为宜。一般初植密度为 200～300 株/亩，株行距为 1.5 m×1.5 m 或 1.5 m×2.0 m。

对低产马尾松中幼林可套种麻栎，提高林分产量和质量。

松栎混交林的地区为广大的红黄壤丘陵区。合理经营松栎混交林，可充分发挥其用材、薪材、改良土壤、改善生态环境等多种功效。

松栎混交林为针阔叶混交林，两树种混交表现了互助互利的关系，同时，松栎两树种均为喜光树种，林分郁闭后，双方为争夺光能和营养空间，种间将表现出竞争的关系。不同的造林目的，种间关系作用方式不同。营造用材林松栎混交林，种间关系表现比较激烈，及时且合理地调节混交比例，控制种间关系是培育松栎混交林的关键。一般采用修枝、抚育间伐等措施调控种间关系。关于松栎混交林的抚育间伐及综合调控技术有待进一步研究。

6.3　栓皮槠的引种栽培[*]

栓皮习称软木，也叫木栓，它具有绝热、隔音、耐压、弹性、不透水、不透气和不易与化学药品反应等特性，用途很广，是一种重要的工业原料。我国生产栓皮的树种，最主要的是栓皮栎（*Quercus variabilis* BI.），湖北山区群众称之为花栎树、黄花栎、大花栎。它广泛分布于黄河流域和长江流域各省份，资源非常丰富，但因国产栓皮大部分是初生皮，质量较差，在制造工业上需要质量较高的栓皮，还依赖进口。

为了增加栓皮产量，提高栓皮质量，较快地解决供需之间的矛盾，除了经营管理好大面积的现有林，以及选定适当地区建立新的生产基地外，从国外引种优良栓皮树种也是一项重要的措施。湖北省林科所于 1955 年开始引种原产地中海沿岸各国的栓皮槠（*Quercus suber* L），至今 18 年，已获得初步成功，开始推广栽培，兹将有关引种栽培情况汇总如下。

6.3.1　栓皮槠的分布和引种

栓皮槠又叫软木栎，也称欧洲栓皮栎，原产欧洲地中海西部沿岸地区，西班牙、意

---

* 引自：湖北省林业科学研究所.栓皮槠的引种栽培.湖北林业科技，1973（3）：28-31.

大利南部、非洲北部的阿尔及利亚、突尼斯、摩洛哥，以及大西洋的葡萄牙。这些国家的栓皮槠林面积约 3 300 万亩，年产栓皮 30×10^4 t，其中葡萄牙的产量最多，约占栓皮总产量的一半。我国进口的栓皮制品的原料就是这种栓皮。

栓皮槠在世界上已有许多国家引种成功，投入生产，如在高加索黑海沿岸地区栽培已经非常普遍。我国第一次引种是在 1955 年，种子由苏联进口，分在中南和西南各省份育苗造林，至今只有贵州和湖北保存少数，但生长都较好并早形成了栓皮。引种在湖北省林科所的栓皮槠于 1972 年第一次采到了种实，除在所内即播大部分外，其余已分送湖南省林科所、南京林产工业学院[①]和浙江农业大学林学系试种。1958～1960 年第四次自苏联引种，4 年生产苗高 1.8 m，地径 4.3 cm，栓皮层厚 0.53 cm，生长也较为良好。

6.3.2　栓皮槠的形态特征

栓皮槠属壳斗科麻栎属，常绿乔木，树高 5～20 m，胸径 1～2 m。树冠具有多个主枝而成为阔圆形，枝下高较低。树皮暗灰色，栓皮厚，浅褐色。

栓皮槠的幼枝和芽具有灰色细绒毛。叶单生抢生，卵形至卵状椭圆形，长 3～7 cm，宽 1.5～3.0 cm，基部圆形或近似心脏形，有 4～5 对叶脉，有锯齿，极少近全缘，表面光滑，暗绿色，里面具有灰白色细绒毛，少有光泽，叶柄短，长 0.8～1.5 cm。花单性，雌雄同株，4 月下旬～5 月上旬开花，雄花序长 4～5 cm，下垂，聚生于上年生的枝条上，花轴有绒毛；雌花 1～3 朵聚生于当年生的新枝短梗上，子房 3 室，每室有 2 个胚珠，通常只有一个胚珠发育，引种在湖北省林科所的栓皮槠果实两年成熟，成熟期为 10 月下旬～11 月中旬。

橡果卵状长椭圆形，壳斗杯状，壳斗上部鳞片尖长，直立，有时平展。湖北省林科所于 1972 年收到橡果纵径 3.0～3.9 cm，横径 1.6～2.1cm，平均纵径 3.45 cm、平均横径 1.80 cm，鲜种千粒质量为 5 729.4 g。

栓皮槠的形态特征与国产栓皮栎比较见表 6.12。

表 6.12　栓皮槠的形态特征与国产栓皮栎比较

特征	栓皮槠	栓皮栎
树高	15～20 m	20～25 m
树枝	有黄色细绒毛	光滑无毛
栓皮	栓皮层较（栓皮栎）厚、深裂	栓皮层厚，浅裂
树叶	常绿，卵形至卵状椭圆形，长 3～7 cm，基部圆形或近似心脏形，有叶脉 4～5 对，叶柄长 8～15 mm	落叶，长椭圆形至长椭圆披针形，长 8～15 cm，基部渐尖阔楔形，有叶脉 9～16 对，叶柄长 5～25 mm
种实	卵状长椭圆形，长 2.5～4.0 cm，短柄、壳斗杯状，鳞片直立有时平展	近似球形或状卵形，长 1.5～2.0 cm，近无柄。壳斗浅皿状，鳞片尖锐反卷

[①] 南京林产工业学院于 1985 年更名为南京林业大学，后同。

6.3.3　栓皮槠的生长

栓皮槠在原产地树高可达 20 m，胸径 1.5 m，寿命长达 150～200 年，在黑海沿岸 20 年生的栓皮槠高达 15 m，胸径 30 cm。

1955 年引种到湖北省林科所的栓皮槠实生树，因三次移栽，管理粗放，生长不很整齐，生长好的树高 7.9 m，胸径 19.0 cm。平均树高 6.12 m，平均胸径 13.28 cm。

1966 年 3 月，湖北省林科所进行了栓皮槠的嫁接繁殖，接株的生长较实生树快，生长好的 7 年生接株，树高 5.5 m，胸径 13.5 cm，平均树高 4.64 m，平均胸径 8.77 cm。

由于栓皮槠多发侧枝的习性很强，影响了树高生长，1968 年作者对当年的接株及时进行了修枝，取得了较好的效果。5 年生的接株中，生长好的树高 4.3 m，胸径 6.5 cm，平均树高 3.62 m，平均胸径 5.9 cm。栽培栓皮槠的主要目的在于采剥栓皮，因此，判断栓皮槠引种是否成功还应以栓皮的生长好坏为鉴定的一项主要指标。

栓皮槠实生树在原产地至 4～5 龄时开始形成栓皮，至 15～20 龄时，栓皮层的厚度约为 5～7 cm，可以开始剥皮，以后每隔 10 年左右剥 1 次，厚度为 10～14 cm，可以连续剥 10～15 次。第一次剥的栓皮质量较差，第 2～3 次剥取的较好，第 4 次和以后几次剥取的更好，到衰老之年，栓皮的产量和质量都会下降。每株树平均每次可剥栓皮 5～10 斤。

引种在湖北省林科所的实生栓皮槠早已形成栓皮，栓皮层的厚度为 1～2 cm，其中一株于 1968 年擦掉了树皮，随后很快形成了栓皮，生产速度远较未剥部分快，5 年后栓皮厚度已达 1.5 cm 以上，也说明了剥取栓皮有利于新栓皮的加速形成。

至于接株的栓皮层远较实生树为早，如在湖北省林科所嫁接的栓皮槠，有少数在嫁接当年就形成了栓皮，多数则在 2～3 年形成。栓皮生长速度也较快，7 年生的接株中，最大的一株栓皮厚度已达 1 cm 以上。

6.3.4　栓皮槠的适生条件

栓皮槠分布区和引种区的气候土壤条件差别很大，说明它的适应性很强。如对低温的适应，在西欧产区的极端最低温度不低于-5 ℃，北非为-6～-10 ℃，外高加索黑海沿岸则低达-15.5 ℃，甚至-20 ℃，栓皮槠并未受到严重冻害。引种到湖北省林科所的栓皮槠，也经历了-17.3 ℃的极端最低气温，受到的冻害很轻，说明它的抗寒性很强。

栓皮储也是抗旱性很强的树种。在自然分布区的西欧部分，年降水量仅 500～700 mm，大气相对湿度为 50%～60%，干旱期达 4 个月；北非降水量较多（600～1 500 mm），但干旱期达 4 个月，大气相对湿度为 66%，栓皮储的生长仍然正常，引种在湖北省林科所的栓皮槠，在干旱的季节里没有灌溉抗旱，也未见旱象，1972 年遇到特大干旱，生长如常，并且第一次收到了果实。

栓皮槠的较强抗寒性和抗旱性为向北部地区引种栽培提供了有利条件。

栓皮槠是喜光树种，它在 1～2 龄时期不能忍受庇荫，特别是不能忍受上方的庇荫，如湖北省林科所在松林下嫁接的栓皮槠，远没有嫁接的纯林长得好，受光不足是重要的原因。因此,在其他树种林冠下造林,或采用嫁接方法改造野生栎树林时,及时进行除伐是非常必要的。

栓皮槠对土壤条件的适应性也很强,它能生长在多种土壤上,但是最宜栽培在土层深厚、质地疏松、排水良好的地方。如在通气不良和石灰质过多的黏土壤上栽种,就难以收到预期的效果。湖北省林科所于 1955 年引种的栓皮槠,最后定植在土壤较浅、土质黏重、排水不良的熟荒地上,是生长不够良好的主要原因。1966~1968 年嫁接的栓皮槠,栽种在土壤较深厚疏松的缓皮地,生长就比较良好。

6.3.5 栓皮槠的繁殖和管理

栓皮槠在原产地主要用种子繁殖,一般是直播造林,也有采用植苗造林的。栓皮槠的种子发芽率很高,一般可达 90%以上,发芽生长也很快,1 年生苗高 1.0 m 左右,地径为 0.5~0.6 cm。1972 年冬湖北省林科所第一次采到的种子播种后,至 6 月份苗高平均已达 15 cm。

栓皮槠引种初步成功后,在种子来源缺乏的情况下,嫁接是一种较好的繁殖方法,因为采用这种方法,可以较快地将栓皮栎或其他栎类树林改造为栓皮槠林,生产较多较好的栓皮,同时嫁接树木初期生长较快,结实期也较早,湖北省林科所 1966~1968 年嫁接的栓皮槠已于 1972 年开始结实,据国外的经验,还可以增强抗病,减少黑水病或称黑腐病(病菌是 *Phyaxfora Cinnamonea* Rand)的危害。

嫁接栓皮槠在国外已有 100 多年历史,我国在 20 世纪 60 年代初期,引种栓皮槠之后不久便开始了嫁接试验。湖北省林科所于 1966 年进行嫁接,1968 年办了嫁接学习班,推广栽培栓皮槠。

嫁接栓皮槠的主要方法有劈接、切接和插皮接,南京林产工业学院采用砧木树种以栓皮栎较好,也可采用麻栎和小叶栎,嫁接在砧木树液开始流动之时,接后注意管理保护,防止人畜踩踏碰伤,及时除去砧木上的萌芽。

栓皮槠造林方法基本上与栓皮栎和麻栎相同,据 18 年生树冠生长情况,株行距定为 2 m×2 m 或 2 m×3 m 是比较适宜的。

无论用实生苗还是嫁接苗的造林,都要加强抚育保护,林地要中耕除草,最好进行间作,在高温干旱季节里,灌溉对林木生长有利。适当的修枝也是必要的。对天牛的防治要特别注意,因为它有导致林木死亡的危险。湖北省林科所 1955 年引种的栓皮槠,从 1967 年的 22 株减少为 9 株,死亡率达 59%,没有及时防治天牛是一个重要的原因。

6.3.6 小 结

栓皮槠在湖北省林科所引种初步成功,对发展栓皮生产,提高栓皮质量,是有重要意义的,但由于作者对此项工作重视不够,对它的林学特性和栽培技术要点还没有完全了解掌握,无论是实生的还是嫁接的栓皮槠,生长都不够理想,保存率还不够高,推广栽培的步子也迈得不大,今后作者要在总结过去引种工作的基础上,继续进行试验研究,并扩大引种栽培地区。

6.4 氮素添加对栎属幼苗生长及生物量分配的影响[*]

近几十年来，随着人类活动的加剧，如化石燃料燃烧、含氮化肥的生产和使用及畜牧业集约化经营等，氮化物以大气沉降的形式不断向陆地生态系统累积[1-2]，氮沉降增加已经成为全球化的生态环境问题[3-4]。有关研究表明，我国已成为全球三大氮沉降集中区之一（分别为欧洲、美国和中国），国内许多地区存在高氮沉降现象，如太湖地区的常熟生态站 2001～2003 年大气氮湿沉降量约为 27 kg/（hm²·年）[5]，珠江三角洲北缘的鼎湖山自然保护区 1998～1999 年的降水氮沉降量约为 38.4 kg/（hm²·年）[6]。氮沉降的增加对陆地生态系统的影响，及其所带来的生态效应也逐渐成为人们关注和研究的热点[7-8]。

森林作为陆地中最重要的生态系统，在维护区域生态安全方面发挥着十分重要的作用。因此，在氮沉降全球化的环境背景下，研究和预测氮沉降对森林生态系统的影响及其反馈就显得尤为重要。许多学者已经开展了此方面的相关研究，包括对氮沉降下植物形态变化、生理生态响应、生物量分配格局、生产力、有机质分解、营养结构状况、抗逆性、生物多样性等诸多方面[4, 7, 9-12]。结果表明，氮沉降在一定范围内能够刺激植物生长，提高植物生产力[9, 13]，但当氮素在植物体内积累到一定程度出现氮饱和现象时，氮的输入反而会抑制植物的生长，甚至导致生态系统衰退[14-15]，这是因为在氮沉降的临界负荷之内，适宜程度的氮沉降能改变植物的生物学特性、化学组成和生化过程并加速植物的生长，而如果超过了氮的临界负荷，营养缺乏和其他负面效果才使得植物生长缓慢[7, 16]。然而，国内外关于亚热带森林植物对氮沉降的响应机制还存在很多不确定性[4, 10, 17]，氮素对植物生长的影响因森林类型、植物种类和氮的输入量、生长条件和实验设施等诸多因素的差异而不同，特别是不同树种的生长及生理反应与其生态适应能力有关[17]。以往关于氮沉降的研究多以单一树种或者不同树种为对象[4, 18-20]，将同属不同树种相结合研究还比较少见，同属物种常常具有相似的生境要求，但又有自身独特的生态适应特征，是进行模拟实验的天然材料。

壳斗科栎属（*Quercus*）植物是我国亚热带最重要的森林树种，在天然林和人工林中往往成为优势种和建群种。本节选择中亚热带广泛分布的小叶栎（*Q. chenii*）、麻栎（*Q. acutissima*）、栓皮栎（*Q. variabilis*）、短柄枹栎（*Q. glandulifera var. brevipetiolata*）、白栎（*Q. fabri*）作为研究对象，通过研究短期氮素添加对栎属不同树种幼苗期生长变化特征，以及生物量积累和分配格局的影响，了解植物对氮沉降的初始反应状况，以探讨中亚热带森林幼苗对短期氮沉降的响应机制，从而为该区域气候变化下森林的培育和管理提供科学依据。

6.4.1 研究地概况

研究地点位于湖北省武汉市郊区的九峰国家森林公园，该区属亚热带季风性湿润气候，具有热富雨丰、雨热同季、四季分明的特点。全年平均气温为 16.7 ℃，极端最高气温为 41 ℃，极端最低气温为-17.6 ℃，年日照时数为 1 600 h，无霜期为 235 d，年降水

* 引自：王晓荣，潘磊，唐万鹏，等. 氮素添加对中亚热带栎属不同树种幼苗生长及生物量分配的短期影响. 东北林业大学学报，2014（6）：24-28.

量为 1 200~1 400 mm。由于工农业和城市化的发展，该区大气污染相当严重，武汉市郊区 2005 年降水氮沉降总量为 26.07 kg/(hm²·年)，2006 年则上升为 33.09 kg/(hm²·年)，与全国湿沉降最高值相近，远高于同期欧洲和美国的氮沉降量[11]，已经成为我国典型的高氮沉降区域。

6.4.2　材料与方法

于 2011 年 9 月中旬，采集九峰生长的小叶栎、麻栎、栓皮栎、短柄枹栎、白栎当年所产种子，种子选取自行脱落、种皮饱满有光泽、无虫蛀的成熟种子，经过沙藏处理后播于湖北省林科院温室内进行育苗生长。2012 年 4 月选择株高、地径及生长状况基本一致的苗木，每个物种各选择 48 株，共计 240 株，移栽于直径 17.2 cm、高 15 m 的生长盆内，用 V（九峰土壤）：V（草炭土）= 2∶1 混合的土壤进行栽植，且放置在自然环境下生长。待实验材料生长稳定后，设置 4 个氮沉降处理水平[CK（对照）、N_5（低氮）、N_{15}（中氮）、N_{30}（高氮）]，每个处理 12 盆。7 月初开始，每月初和月中向幼苗土壤浇灌 NH_4NO_3 溶液，溶液浓度分别为 0、0.013 75、0.027 50、0.041 25 mol/L，每盆每次 50 mL，保证所浇灌溶液不会造成烧苗现象发生，共施氮 6 次（以代表年氮沉降量），累计施氮量折算为氮沉降率分别是 0、5、15、30 kg/(hm²·年)，不包括大气沉降的氮含量，这些施氮量是基于试验区的氮沉降量和国际上同类研究的情况而确定[4, 17]。

1. 生长指标测量

从控制实验开始采集生长数据，每隔 30 d 测量 1 次生长指标，共测定 4 次。生长指标包括株高、地径、叶片数、分枝数、相对生长速率等。

生长期不同处理植株的株高、地径的相对生长速率按以下公式计算

$$R=（\ln H_2-\ln H_1）/\Delta t \tag{6.1}$$

式中：H_1 和 H_2 分别表示前后两次测量的株高、地径，Δt 表示测量间隔时间。

2. 生物量测定

于 2012 年植株生长末期，每个处理每个物种随机各抽取 5 株，应用全收割法，将幼苗整棵挖出并清洗干净后，按叶、茎、根进行鲜重称量，之后放置在烘箱中 80 ℃烘干至恒质量，分别称取其干重，计算叶生物量、茎生物量、根生物量、叶质量比（叶干质量／全株干质量）、茎质量比（茎干质量／全株干质量）、根质量比（根干质量／全株干质量）、根冠比（根干质量／地上部分干质量）。

3. 数据统计分析

数据均采用 SPSS16.0 和 Excel2007 软件进行处理和分析，对生长数据和生物量采用单因素方差分析（one-way ANOVA），且进行 LSD 多重比较，以检验数据之间的差异显著性（$P = 0.05$）；采用 SigmaPlot10.0 作图。

6.4.3　结果与分析

1. 短期氮处理对栎属幼苗形态特征影响

由表 6.13 可知，短期不同氮水平添加处理对 5 种栎属幼苗的地径、株高和叶片数无

显著性影响（$P>0.05$）。仅有麻栎和栓皮栎幼苗的分枝数 CK 组与氮处理组均表现出显著差异（$P<0.05$），麻栎 N_5 和 N_{15} 分别较对照增加了 23%和 54%，栓皮栎 N_{15} 和 N_{30} 分别较对照增加了 3.76%和 9.77%。可见短期氮沉降仅在一定程度上促进了栓皮栎和麻栎幼苗的分枝数的增加，而其他树种没有显著变化，这可能主要与树种生物特性相关。另外还可发现，5 种树种幼苗分枝数整体变化趋势与地径和株高生长相反，地径和株高生长较好的幼苗分枝数较少，反之幼苗分枝数较多。

表 6.13　氮素添加对栎属不同树种幼苗生长的短期影响

物种	处理	地径/mm	株高/cm	叶数	分枝数
小叶栎	CK	(7.63±0.53) a	(38.28±4.23) a	(40.67±3.90) a	(2.00±0.35) a
	N_5	(6.94±0.41) a	(39.05±4.26) a	(35.38±4.69) a	(1.69±0.30) a
	N_{15}	(6.71±0.31) a	(35.97±3.05) a	(32.92±4.22) a	(2.07±0.56) a
	N_{30}	(7.79±0.54) a	(37.06±3.08) a	(32.00±3.21) a	(1.92±0.44) a
麻栎	CK	(9.64±0.42) a	(53.26±2.96) a	(21.67±1.30) a	(1.00±0.00) a
	N_5	(10.34±0.33) a	(54.60±4.48) a	(24.46±2.11) a	(1.23±0.12) ab
	N_{15}	(9.35±0.59) a	(51.51±6.17) a	(24.00±3.09) a	(1.54±0.27) a
	N_{30}	(10.80±0.59) a	(52.65±2.19) a	(24.00±1.02) a	(1.00±0.00) b
栓皮栎	CK	(8.43±0.48) a	(39.43±3.48) a	(22.25±3.14) a	(1.33±0.14) b
	N_5	(8.41±0.33) a	(39.89±3.49) a	(21.17±1.92) a	(1.17±0.11) b
	N_{15}	(8.27±0.62) a	(41.63±3.61) a	(24.69±2.29) a	(1.38±0.18) a
	N_{30}	(8.44±0.445) a	(40.27±2.09) a	(22.92±2.00) a	(1.46±0.21) a
短柄枹栎	CK	(5.80±0.49) a	(17.70±2.66) a	(20.83±2.99) a	(1.92±0.28) a
	N_5	(5.15±0.58) a	(19.69±2.15) a	(27.83±5.59) a	(3.08±0.29) a
	N_{15}	(4.83±0.48) a	(15.85±1.91) a	(19.71±1.98) a	(2.28±0.38) a
	N_{30}	(5.25±0.54) a	(14.10±1.74) a	(18.58±4.33) a	(1.92±0.45) a
白栎	CK	(5.25±0.42) a	(15.29±1.31) a	(22.67±3.92) a	(3.00±0.75) a
	N_5	(4.38±0.40) a	(13.02±1.04) a	(20.67±2.48) a	(2.25±0.41) a
	N_{15}	(4.99±0.55) a	(16.26±2.12) a	(28.50±6.05) a	(4.00±0.71) a
	N_{30}	(5.45±0.52) a	(17.13±2.33) a	(22.08±3.43) a	(3.25±0.67) a

注：表中数据为平均值±标准差；同列不同字母表示不同氮添加量的影响差异显著（$P<0.05$）。

2. 短期氮处理对栎属幼苗相对生长速率的影响

从图 6.6 中可以看出，除栓皮栎在中高氮水平一直保持快速生长外，其他所有树种不同处理下地径相对生长速率表现为先增加后降低的趋势，均在 8～9 月份生长最快，10～11 月份生长速率又开始下降，但高氮水平均促使其季末生长速率高于对照，说明栎属植物幼苗在生长季后期，地径生长速率虽然变慢，但是氮添加有利于提高它的生长，或者说在一定程度上延缓了植株的衰落。不同氮处理水平下，5 种栎属幼苗的株高生长均没有表现出规律性的变化趋势，但在 10～11 月份生长末期，株高生长速率在不同氮沉降水平基本保持一致，说明此时外界气候及物种生物学特性起到关键性作用，株高生长基本停滞。

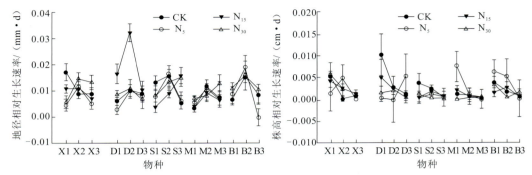

图 6.6　氮素添加对栎属不同树种幼苗相对生长速率的短期影响

图中横坐标 X、D、S、M、B 分别代表小叶栎、短柄枹栎、栓皮栎、麻栎、白栎；

1，2，3 分别代表 8～9 月、9～10 月和 10～11 月

3. 短期氮处理对栎属幼苗生物量的影响

由表6.14可知，短期氮沉降对栎属不同树种幼苗全株生物量影响程度具有一定差异，分别是小叶栎变化趋势为 $N_5 >$ CK $> N_{15} > N_{30}$；栓皮栎和短柄枹栎为 $N_5 > N_{15} >$ CK $> N_{30}$，而麻栎为 $N_{15} > N_5 >$ CK $> N_{30}$，此 3 种树种低、中浓度氮处理组与对照组和高浓度氮处理组均表现为显著性差异（$P < 0.05$），分别较对照增加了 10.82%、9.07%、−20.45%、52.26%、49.07%、−18.22%和 42.97%、18.85%、−0.21%；白栎为 $N_{15} > N_{30} > N_5 >$ CK，氮处理组与对照组表现出显著性差异（$P < 0.05$），分别较对照增加了 99.81%、88.39%、10.86%。从中可以发现，除白栎高浓度氮沉降对植株生物量积累表现为促进作用外，其他 4 种均表现为高浓度氮沉降对生物量积累产生了一定的抑制作用，而低、中浓度氮处理可以显著促进生物量的积累。

表 6.14　氮素添加对栎属不同树种幼苗生物量分配的短期影响

物种	处理	叶生物量/g	茎生物量/g	根生物量/g	全株生物量/g
小叶栎	CK	(2.40±0.34) a	(3.19±0.34) a	(8.25±0.92) a	(13.84±1.39) a
	N_5	(3.08±0.60) a	(3.80±0.78) a	(7.60±1.26) a	(14.84±2.57) a
	N_{15}	(2.29±0.21) a	(3.24±0.18) a	(6.62±0.37) a	(12.15±0.66) a
	N_{30}	(1.98±0.28) a	(2.44±0.53) a	(5.60±0.84) a	(10.02±1.54) a
麻栎	CK	(4.49±0.54) b	(5.14±0.55) b	(13.92±1.39) ab	(23.55±2.34) b
	N_5	(5.48±0.60) ab	(7.32±0.93) ab	(15.20±2.30) ab	(27.99±3.59) ab
	N_{15}	(6.88±0.49) a	(9.19±1.75) a	(17.60±1.41) a	(33.67±3.59) a
	N_{30}	(5.08±0.81) ab	(6.01±0.99) ab	(12.42±0.65) b	(23.50±2.11) b
栓皮栎	CK	(5.40±0.30) a	(2.28±0.45) a	(16.91±1.57) a	(25.13±2.17) ab
	N_5	(5.63±0.57) a	(3.70±0.47) a	(18.51±1.34) a	(27.85±2.33) a
	N_{15}	(6.24±0.36) a	(3.97±0.36) a	(17.20±0.85) a	(27.41±1.55) a
	N_{30}	(5.28±0.85) a	(3.46±0.53) a	(11.25±1.116) b	(19.99±2.10) b

续表

物种	处理	叶生物量/g	茎生物量/g	根生物量/g	全株生物量/g
短柄枹栎	CK	(1.60±0.34) ab	(1.08±0.17) ab	(4.83±0.71) ab	(7.52±1.17) ab
	N_5	(2.22±0.19) ab	(1.43±0.21) a	(7.79±0.65) a	(11.45±0.81) a
	N_{15}	(2.67±0.52) a	(1.41±0.26) a	(7.12±1.34) ab	(11.21±2.04) a
	N_{30}	(1.13±0.51) b	(0.60±0.23) b	(4.42±1.39) b	(6.15±2.10) b
白栎	CK	(1.43±0.45) b	(0.69±0.18) b	(3.22±0.45) a	(5.34±1.02) b
	N_5	(1.39±0.21) b	(0.52±0.13) b	(4.01±0.87) a	(5.92±1.03) ab
	N_{15}	(3.36±0.65) a	(1.51±0.34) a	(5.80±1.28) a	(10.67±2.21) a
	N_{30}	(2.98±0.57) a	(1.58±0.37) a	(5.50±1.04) a	(10.06±4.22) a

注：表中数据为平均值±标准差；同列不同字母表示不同氮添加量的影响差异显著（$P<0.05$）。

4. 短期氮处理对栎属幼苗生物量分配比例的影响

由表 6.15 可知，不同水平氮处理均对各树种叶质量比、茎质量比和根质量比具有不同程度的影响作用，其中氮浓度一定程度上促进了叶质量比的增加，栓皮栎中氮和高氮水平与对照存在显著差异（$P<0.05$），其他物种均无显著性差异，说明短期氮沉降对不同树种叶生物量的分配比例影响不明显。对于茎质量比，土壤氮素的增加对栓皮栎和白栎均存在明显的促进作用。表现为随着氮浓度的增加而显著增加，其他 3 种的茎质量比在不同处理间未表现出显著性差异，但仍可以看出土壤氮素的增加对其茎生物量积累存在一定的促进作用。对于不同树种幼苗根质量比而言，除短柄枹栎根质量比在高氮水平促进其比例显著增加（$P<0.05$），低氮和中氮水平则变化较小以外，其他 4 树种幼苗根质量比和根冠比则均发生降低，其中小叶栎和麻栎幼苗根质量比对氮素添加无显著性差异（$P>0.05$），栓皮栎和白栎则中、高浓度氮水平下幼苗根质量比显著减小（$P<0.05$），分别较对照降低了 5.97%、14.92% 和 14.28%、14.28%，说明短期氮沉降可导致植物根质量比和根冠比减小。

表 6.15　氮素添加对栎属不同树种幼苗生物量分配比例的影响

物种	处理	叶质量比	茎质量比	根质量比	根冠比
小叶栎	CK	(0.17±0.02) a	(0.23±0.02) a	(0.60±0.03) a	(1.52±0.17) a
	N_5	(0.21±0.02) a	(0.26±0.01) a	(0.53±0.02) a	(1.14±0.09) a
	N_{15}	(0.19±0.02) a	(0.27±0.01) a	(0.54±0.01) a	(1.21±0.05) a
	N_{30}	(0.20±0.01) a	(0.24±0.02) a	(0.56±0.03) a	(1.34±0.17) a
麻栎	CK	(0.19±0.01) b	(0.22±0.00) a	(0.59±0.01) a	(1.45±0.08) a
	N_5	(0.20±0.01) ab	(0.26±0.01) a	(0.54±0.02) a	(1.18±0.09) ab
	N_{15}	(0.21±0.01) ab	(0.26±0.02) a	(0.53±0.01) a	(1.12±0.06) b
	N_{30}	(0.22±0.02) ab	(0.25±0.02) a	(0.53±0.03) a	(1.21±0.17) ab

续表

物种	处理	叶质量比	茎质量比	根质量比	根冠比
栓皮栎	CK	(0.22±0.01) a	(0.11±0.01) bc	(0.67±0.01) a	(2.07±0.13) a
	N5	(0.20±0.01) a	(0.13±0.01) b	(0.67±0.01) a	(2.03±0.12) a
	N15	(0.23±0.00) a	(0.14±0.01) ab	(0.63±0.01) ab	(1.70±0.05) ab
	N30	(0.26±0.02) a	(0.17±0.01) a	(0.57±0.03) b	(1.38±0.20) b
短柄枹栎	CK	(0.21±0.02) a	(0.14±0.01) a	(0.65±0.03) a	(1.91±0.22) ab
	N5	(0.19±0.02) a	(0.12±0.01) ab	(0.68±0.02) a	(2.20±0.26) ab
	N15	(0.24±0.03) a	(0.12±0.01) ab	(0.63±0.01) a	(1.75±0.18) b
	N30	(0.16±0.04) b	(0.09±0.02) b	(0.74±0.04) a	(2.58±1.10) a
白栎	CK	(0.25±0.03) a	(0.12±0.01) b	(0.63±0.03) a	(1.78±0.24) ab
	N5	(0.24±0.02) a	(0.11±0.02) b	(0.65±0.04) a	(2.11±0.42) a
	N15	(0.32±0.04) a	(0.14±0.01) ab	(0.54±0.03) b	(1.21±0.12) b
	N30	(0.31±0.03) a	(0.16±0.01) a	(0.54±0.04) b	(1.22±0.16) b

注：表中数据平均值±标准差；同列不同字母表示不同氮添加量的影响差异显著（$P<0.05$）。

6.4.4 小　结

以往的研究发现，植物的形态适应可能是植物应对不良环境的最主要适应机制[18]。有效的氮沉降往往引起土壤可利用性氮的增加，直接影响植物生态发育[17]，特别是植物株高、地径、叶数和分枝数等个体形态结构对氮沉降的响应较为敏感，但氮素对植物生长的影响因森林类型、植物种类、氮的输入量及氮沉降时间长短而不同[7, 17]，因此，研究植物对氮环境变化产生的形态可塑性对于揭示植物对氮沉降的影响机制具有重要意义。本节中，随着氮素添加浓度的增加，栎属不同树种地径、株高和叶数未表现出规律性的变化趋势。但短期氮处理却在一定程度上增加了幼苗的分枝数。同时，高氮水平促使树种在生长末期的地径相对生长速率高于对照，说明氮添加有利于提高它的生长，或者说在一定程度上延缓了植株的衰落，而株高生长速率却没有规律性的变化，这与李德军等[4]在研究氮沉降对南亚热带两种乔木幼苗生长发育的结果存在一定差异，而与窦晶鑫等[16]研究小叶樟对氮沉降生理生态的影响的结果一致，这可能与树种自身生态学特性及氮处理时间长短有关。

氮素是影响森林植物生长发育的重要生态因子，氮沉降适当增加刺激植物生长，提高其初级生产力的累积，特别是在氮限制的生态系统影响更为明显[9, 13]，而高氮沉降和长期氮沉降反而会产生负面效应，造成氮刺激的植物生长量减少或者无影响。因此，氮沉降将导致植物生产力增加还是减少，完全取决于这些植物所处的生态系统的氮供应情况[4, 15, 17, 21]。大量的研究表明，氮输入的增加会明显促进亚热带森林植物的生长，导致生物量累积的增加[4, 10, 17]，亚热带的高氮沉降区域一定氮沉降仍可促进植物幼苗生长，且以中等程度氮处理的效果最佳[4]，随着氮素在植物体内的累积，植物生长则会受到抑制作用，而 Matson 等[22]认为绝大部分亚热带森林植物的生长不受氮的限制，氮沉降的增加可能不会促进植物生长，甚至会引起土壤酸化，以及盐基阳离子的可利用性降低，对植物生长产生不利影响。本节的结果与前者相一致，除白栎高浓度氮沉降对植株生物量积累表现为促进作用以外，其他 4 种均表现为高浓度氮沉降对生物量积累产生了一定的抑制作用，而低、中浓度氮处理可以显著促进生物量的积累。

以往研究证明，外源施氮增加了土壤中可利用氮的含量。必然会引起植物体内氮的积累，引起植物体内的生物量分配比例发生变化[23]，叶质量比、茎质量比和根质量比则反映了生物量在叶、枝和根不同器官之间分配的比例[17]。本节中，不同氮处理水平对栎属各树种叶质量比、茎质量比和根质量比均具有不同程度的影响作用，短期氮添加对叶生物量和茎生物量的分配比例具有促进作用，而根质量比降低，但不同树种生物量分配存在一定差异，这与很多研究结果相一致[4, 16]。随着氮浓度的增加，对栓皮栎和白栎的茎质量比存在明显的促进作用，其他 3 种的茎质量比在不同氮处理间没有表现出显著性差异（$P<0.05$），仍在一定程度上促进了茎生物量的增加。这是因为氮素是植物光合色素合成的重要元素，而地上植物叶和枝是光合合成竞争资源的有效构件，短期氮添加刺激了植物光合产物的产生，使得叶和茎生物量积累增加[17, 24]。本节中小叶栎、栓皮栎、麻栎和白栎根冠比降低的现象与 Persson 等[24]的研究结果相一致，他们认为氮沉降导致森林植物根冠比下降的原因主要在于氮添加改变了土壤的理化性质。而土壤的理化性质又与根的生长和结构显著相关。当土壤有效氮不足时，根系作为植物获取地下资源（养分和水分）的主要构件，必须通过扩大根系生长来吸收更多的养分，而当土壤有效氮比较充足时，且能满足植物生长和发育所需的养分，光合产物向根分配的比例就会减少，而向地上部分分配的比例就会增加[17]。同时，本节也发现氮沉降使得短柄枹栎的根冠比显著增加，短期氮添加浓度的增加不会限制短柄枹栎根部的生长。可见森林植物对土壤养分状况应答策略存在不同，导致其生物量分配比例的不同，反映了植物应对氮沉降响应存在一定的差异。

本节中，栎属不同树种生长特征对短期氮素添加响应不够敏感，没有表现出显著的变化趋势，而生物量积累则反映出了一定的变化，说明短期适量氮素添加可以使得树种干物质累积增加，过量氮素反而明显发生抑制作用，且不同树种对氮素增加的响应存在差异。然而，本节模拟试验时间相对较短，相对树木较长的生命周期而言，试验结论还不能够充分揭示中亚热带栎属树种对氮沉降的响应，仅可以代表树种幼苗阶段对氮增加的响应结果。同时，所采取施氮方式是以土壤表面氮添加来模拟，而地上植物营养部件直接受到的影响没有直观的反映。因此，未来氮沉降对幼苗幼树阶段的研究应该以生长在自然环境中的林分进行长期定位研究，尽量结合当地降水变化进行外源氮的施加，所得结果会更加合理。

6.5　不同种源枫香幼龄林生长性状及物候节律*

枫香（*Liquidambar formosana*）又名枫木、黑板木、香枫等，金缕梅科枫香属，是亚热带阔叶林地带性森林植被中的重要乔木树种。在我国主要分布于秦岭及淮河以南，主产于江苏、浙江、安徽、湖南、湖北、江西、福建、台湾和广西等省份[25-27]。由于枫

* 引自：王晓荣，庞宏东，郑京津，等.不同种源枫香幼龄林生长性状及物候节律研究.湖北林业科技，2016（3）：19-22.

香具有生长快、用途广、适应性强、耐干旱瘠薄、易于天然更新等特点,在观赏、药用、用材等方面也具有重要作用,是我国优良的乡土阔叶树种,已在生态公益林建设、林种树种结构调整、园林绿化等方面发挥重要作用[28]。

近年来,随着我国对生态建设的重视,人们逐渐认识到开发乡土树种的重要性。目前,针对枫香的研究主要集中在生物学特性、种源收集、种源地理变异、优树选择、高效繁育、生长节律、优良家系选择、造林技术等方面[26, 29-32]。然而,由于枫香分布范围广泛,分布区内的不同气候条件形成了不同的地理种源[5],各地局域气候差异往往限制了不同种源枫香的开发和推广,特别是全球气候变化的发生,会改变枫香植物器官的生理机能及适应性。

本节以栽植于九峰试验林场的 7 省 10 个种源的 6 年生枫香试验林为对象,通过观测各种源的生长指标及物候节律,探讨不同种源枫香在该地区的生长差异和种源变异规律,为湖北地区适宜的优良枫香种源选择和推广提供科学依据。

6.5.1　材料与方法

1. 材料来源

造林材料为中国林业科学研究院采集的 10 个种源(表 6.16)40 个家系的种子播种得到的实生苗。

表 6.16　试验林分种源、位置及气候情况

编号	种源	纬度/(°)	经度/(°)	年均气温/℃	年降水量/mm
1	广西岑溪	22.92	110.99	21.3	1 466
2	云南富宁	23.63	105.62	19.3	1 184
3	江西铜鼓	28.32	114.05	15.8	1 470
4	浙江开化	28.54	118.03	16.4	1 814
5	江西婺源	29.15	117.05	17.4	1 700
6	湖南城步	29.42	117.60	17.7	1 500
7	浙江舟山	30.24	122.04	16.0	2 100
8	河南商城	31.38	115.01	15.4	1 241
9	江苏南京	31.57	118.45	15.4	1 106
10	河南南阳	33.02	112.05	15.0	800

2. 造林设计及调查

2009 年在九峰试验林场进行造林试验,采取随机区组设计,试验为 4 株单行小区,3 次重复,苗木为 1 年生苗,平均苗高 70 cm,平均地径 1 cm,株行距为 2 m×3 m,具体试验林分情况见表 6.16。2013 年 11 月,对枫香试验林进行每木检尺,测定树高和胸径。

3. 物候节律观察

从 2014 年 2 月初开始,每个种源随机选择生长良好、无病虫害、生长健壮的 3 个单株进行物候观测，并挂牌编号。物候观测采用野外定点目视观测法，以定人、定时、定株的原则，采用放大镜结合目测的方法。对物候变化较快的萌芽期、绽叶期、展叶期每隔 1 d 观察 1 次，而落叶期每 3 d 观察 1 次。若遇特殊天气，如骤冷骤暖、霜雪、大雨等将适当增加观察次数，每天观察 1 次。观测植物物候现象的时间一般选择在 13：00～14：00 气温最高的时候进行[33-34]。观测时间持续 1 年。

4. 数据处理

枫香单株材积按湖北省阔叶树二元立木材积公式[7]计算：

$$V_i = 0.000\,050\,479\,055 \times D^{1.908\,505\,4} \times H^{0.990\,765\,07} \qquad (6.2)$$

式中：V_i 为材积，m^3；D 为胸径，cm；H 为树高，m。利用 Office 2013 软件进行数据统计及作图，采用 SPSS 19.0 软件对各种源枫香的树高、胸径和材积等生长性状进行方差分析，以及各生长性状与地理位置和环境因子的相关性分析。

6.5.2　结果与分析

1. 不同种源枫香幼龄林生长性状

从不同种源 6 年生枫香的树高、胸径、材积的方差分析（表 6.17）可知，不同种源间树高、胸径和材积均达到极显著差异（$P<0.01$），表明各种源间生长差异较大，这为开展枫香优良种源选择提供了可能性[35]。

表 6.17　不同种源 6 年生枫香生长性状的方差分析

性状	变异来源	平方和	自由度	均方	F 值	P 值
树高	种源间	102.172	9	11.352	7.361**	<0.000 1
	种源内	462.701	360	1.542		
	总变异	564.873	369			
胸径	种源间	95.164	9	10.574	3.031**	0.002 0
	种源内	1 046.549	360	3.488		
	总变异	1 141.713	369			
材积	种源间	0.003	9	0.000	5.208**	<0.000 1
	种源内	0.018	360	0.000		
	总变异	0.021	369			

注：*表示差异显著（$P<0.05$）；**表示差异极显著（$P<0.01$）。

根据不同种源枫香的生长性状统计（表 6.18）可以看出：各种源 6 年生枫香幼龄林平均树高为 5.13～6.83 m，变异系数为 11.59%～28.04%，以"湖南城步"最大，"江苏南京"次之，以"浙江舟山""河南南阳""河南商城"和"广西岑溪"等地的枫香树高表现较差；各种源平均胸径为 5.42～7.14 cm，变异系数为 16.77%～35.10%，以"江苏南京"最大，"云南富宁"次之，以"河南南阳"和"河南商城"等地的胸径最小；各地种源枫香的平均材积为 0.007～0.016 m³，变异系数为 40.58%～74.15%，材积变化趋势与胸径变化相一致。由上说明，"江苏南京"和"云南富宁"种源在该地有更好的生长适应性，而"河南南阳"和"河南商城"生长相对较差。

表 6.18　不同种源 6 年生枫香生长性状统计分析

种源	树高/m		胸径/cm		材积/m³	
	平均数±标准误差	变异系数/%	平均数±标准误差	变异系数/%	平均数±标准误差	变异系数/%
广西岑溪	5.13±0.20	28.04	5.94±0.26	30.73	0.009±0.001	70.03
云南富宁	6.39±0.15	21.53	6.96±0.23	30.49	0.015±0.001	66.77
江西铜鼓	5.64±0.62	24.59	6.02±0.83	30.86	0.010±0.002	50.93
浙江开化	5.94±0.25	17.53	6.78±0.40	25.14	0.013±0.002	58.88
江西婺源	5.52±0.17	23.24	6.34±0.30	35.10	0.011±0.001	74.15
湖南城步	6.83±0.39	19.89	6.57±0.54	28.49	0.014±0.003	64.20
浙江舟山	5.25±0.17	11.59	6.40±0.38	21.59	0.009±0.001	48.76
河南商城	5.17±0.13	19.42	5.53±0.18	23.73	0.007±0.001	56.67
江苏南京	6.70±0.37	14.62	7.14±0.69	25.51	0.016±0.003	53.98
河南南阳	5.20±0.20	12.96	5.42±0.27	16.77	0.007±0.001	40.58

2. 枫香种源幼龄林生长性状的地理变异

分析枫香生长性状与环境因素的相关性（表 6.19）可知，6 年生不同种源枫香树高、胸径、材积两两生长性状均呈现极显著正相关。枫香树高分别与经度和年降水量呈现显著正相关，胸径和材积与年降水量呈显著正相关，所有生长性状指标与种源地纬度和年均气温不存在显著相关性。由此说明，不同种源幼龄林的生长性状与种源地纬度关系不密切，而与经度关系较密切，降水量丰富地区更有利于枫香的生长。

表 6.19　种源 6 年生枫香生长性状与环境因素的相关性分析

	树高	胸径	材积	纬度	经度	年均气温	年降水量
树高	1.000	0.802**	0.839**	0.082	0.173**	−0.057	0.205**
胸径	0.802**	1.000	0.947**	0.009	0.120	0.002	0.188**
材积	0.839**	0.947**	1.000	−0.013	0.112	0.012	0.211**
纬度	0.082	0.009	−0.013	1.000	0.804**	−0.950**	0.161*
经度	0.173**	0.120	0.112	0.804**	1.000	−0.719**	0.692**
年均气温	−0.057	0.002	0.012	−0.950**	−0.719**	1.000	−0.088
年降水量	0.205**	0.188**	0.161*	0.161*	0.692**	−0.088	1.000

注：**表示在 0.01 水平上显著相关，*表示在 0.05 水平上显著相关。

3. 不同种源枫香物候节律

树木生长的快慢除同某树种的遗传特性有关，受本身遗传因子的影响，还受其他环境因子的影响，导致不同的树种有其自身的地理变异规律[36]。从表 6.20 和图 6.7 可以看出：不同种源物候期存在一定的差异，萌芽期主要发生在 2 月中旬至 3 月下旬，时长 22～44 d；绽叶期在 3 月下旬至月底，时长 2～4 d；展叶期在 3 月底至 4 月初，时长 6～18 d；落叶期在 10 月上旬至 12 月中上旬，时长 44～89 d。可见，不同种源在萌动期、绽叶期、展叶期和落叶期存在显著差异。各种源萌动期最早的是"广西岑溪""云南富宁""浙江开化""江西婺源""湖南城步"（2 月 12 日），萌动最晚的是"江苏南京"（3 月 5 日），大约晚 21 d；绽叶期、展叶始期、展叶盛期和落叶始期具有相同的变化趋势，表现为"广西岑溪"和"云南富宁"绽叶期较其他种源提前 14～18 d，展叶始期提前 7～17 d，落叶始期较其他种源提前 3～5 d，落叶盛期较其他种源晚 8～12 d，落叶末期晚 17～37 d，说明处于低纬度种源的枫香萌动期、绽叶期、展叶始期、展叶盛期、落叶始期均较高纬度提前，而落叶盛期和落叶末期又较其滞后。

表 6.20　不同种源枫香物候期特征

种源	萌动期/年-月-日	绽叶期/年-月-日	展叶始期/年-月-日	展叶盛期/年-月-日	落叶始期/年-月-日	落叶盛期/年-月-日	落叶末期/年-月-日
广西岑溪	2014-02-12	2014-03-11	2014-03-14	2014-03-24	2014-10-08	2014-12-04	2014-12-31
云南富宁	2014-02-12	2014-03-13	2014-03-14	2014-03-30	2014-10-05	2014-12-01	2015-01-07
江西铜鼓	2014-02-21	2014-03-26	2014-03-31	2014-04-02	2014-10-10	2014-11-29	2014-12-01
浙江开化	2014-02-12	2014-03-28	2014-03-29	2014-03-31	2014-10-10	2014-12-01	2014-12-14
江西婺源	2014-02-12	2014-03-25	2014-03-28	2014-03-31	2014-10-11	2014-11-28	2014-12-18
湖南城步	2014-02-13	2014-03-17	2014-03-21	2014-03-24	2014-10-10	2014-11-30	2014-12-03
浙江舟山	2014-02-18	2014-03-29	2014-03-29	2014-03-31	2014-10-10	2014-11-30	2014-12-18
河南商城	2014-02-14	2014-03-29	2014-03-30	2014-04-02	2014-10-10	2014-11-23	2014-12-01
江苏南京	2014-03-05	2014-03-29	2014-03-31	2014-04-04	2014-10-10	2014-11-23	2014-12-01
河南南阳	2014-02-14	2014-03-29	2014-03-31	2014-04-04	2014-10-10	2014-11-25	2014-12-18

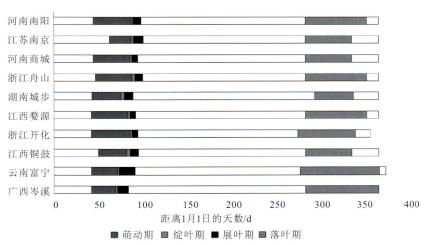

图 6.7　不同种源枫香物候图谱

6.5.3　小　结

枫香不同种源的树高、胸径和材积等生长特征存在差异，并均达到显著水平，表明种源对枫香生长具有明显影响，遗传变异幅度较大，这与王俊青等[31]研究结果相一致，也说明不同种源是在特定环境条件形成不同遗传型的结果。比较各种源枫香生长性状初步得到，适合生长在湖北省平原地区的种源有"江苏南京"和"云南富宁"，而生长最差的"河南南阳"和"河南商城"。进一步将各种源枫香生长性状与地理位置及气候条件进行相关分析发现，枫香树高分别与经度和年降水量呈显著正相关，胸径和材积与年降水量呈显著正相关，而与种源地纬度和年均气温不存在显著相关性。但叶晓霞等[28]对10年生20个枫香种源的造林试验研究结果表明，树高、胸径和材积等生长性状与地理位置不存在显著相关性，这种差异可能是因为不同种源树种生长节律除决定于树种本身的遗传特性之外，还受引种地综合生态因子的影响，包括气候和土壤条件等[37]。

　　树木的年生长节律与物候，是气候周期性变化对树木生长发育年循环过程影响的综合反应，是树木对栽植地自然环境适应和受本身遗传因子控制的结果[37]。从对不同种源枫香幼龄林物候观测结果发现，不同种源枫香物候期存在明显差异，低纬度种源枫香的萌动期、绽叶期、展叶期均较高纬度提前，而落叶期又较高纬度滞后，说明幼龄枫香种源物候期仍主要受遗传特性影响，低纬度地区温度高且生长季较长等原因导致该现象的发生。同时，本节研究物候观测数据仅有1年的数据，仅初步反映物候变化节律，在全面评价各种源枫香适应方面具有一定的局限性，未来需要长期对该试验地枫香生长性状及物候节律进行跟踪调查，进一步分析枫香种源生长性状的遗传变异规律，以及生物适应和进化的方式[38, 39]，进而验证速生种源和解释其对当地气候变化周期的适应性反应[40]。

参 考 文 献

[1] 赵亮，周国逸，张德强，等. CO_2浓度升高和氮沉降对南亚热带主要乡土树种及群落生物量的影响[J]. 应用生态学报，2011，22(8): 1949-1954.

[2] 张蕊，王艺，金国庆，等. 氮沉降模拟对不同种源木荷幼苗叶片生理及光合特性的影响[J]. 林业科学研究，2013，26(2): 207-213.

[3] 常运华，刘学军，李凯辉，等. 大气氮沉降研究进展[J]. 干旱区研究，2012，29(6): 972-979.

[4] 李德军，莫江明，方运霆，等. 模拟氮沉降对南亚热带两种乔木幼苗生物量及其分配的影响[J]. 植物生态学报，2005，29(4): 543-549.

[5] 王小治，朱建国，高人，等. 太湖地区氮素湿沉降动态及生态学意义：以常熟生态站为例[J]. 应用生态学报，2004，15(9): 1616-1620.

[6] 周国逸，闫俊华. 鼎湖山区域大气降水特征和物质元素输入对森林生态系统存在和发育的影响[J]. 生态学报，2001，21(12): 2002-2012.

[7] 吕超群，田汉勤，黄耀. 陆地生态系统氮沉降增加的生态效应[J]. 植物生态学报，2007，31(2): 205-218.

[8] REAY D S，DENTENER F，SMITH P，et al. Global nitrogen deposition and carbon sinks[J]. Nature Geoscience，2008，1(7): 430-437.

[9] 李德军，莫江明，方运霆，等. 氮沉降对森林植物的影响[J]. 生态学报，2003，23(9): 1891-1900.

[10] 李德军，莫江明，方运霆，等. 模拟氮沉降对三种南亚热带树苗生长和光合作用的影响[J]. 生态学报，2004，24(5): 876-882.

[11] ZHAO C S. HU C X，HUANG W，et al. A lysimeter study of nitrate leaching and optimum nitrogen

application rates for intensively irrigated vegetable production systems in Central China[J]．Journal of Soils and Sedim ents，2010，10(1): 9-l7.

[12] 陈琳，曾杰，徐大平，等．氮素营养对西南桦幼苗生长及叶片养分状况的影响[J]．林业科学，2010，46(5): 35-40.

[13] MATSON P，LOHSE K A，HALL S J．The globalization of Nitrogen deposition: consequences for terrestrial ecosystems[J]．Ambio，2002，31(2): 113-119.

[14] NEFF J C，TOWNSEND A R，GLEIXNER G，et a1．Variable effects of Nitrogen additions on the stability and turnover of soil Carbon[J]．Nature，2002，419: 915-917.

[15] NORDIN A，STRENGBOM J，WITZELL J，et a1．Nitrogen deposition and eth biodiversity of boreal forests: implications for the Nitrogencritical load[J]．Ambio，2005，34(1): 20-24.

[16] 窦晶鑫，刘景双，王洋，等．小叶章对氮沉降的生理生态响应[J]．湿地科学，2009，7(1): 40-46.

[17] 吴茜，丁佳，闫慧，等．模拟降水变化和土壤施氮对浙江古田山 5 个树种幼苗生长和生物量的影响[J]．植物生态学报，2011，35(3): 256-267.

[18] 刘洋，张健，陈亚梅，等．氮磷添加对巨桉幼苗生物量分配和 C∶N∶P 化学计量特征的影响[J]．植物生态学报，2013，37(10): 933-941.

[19] VILLAGRA M，CAMPANELLO P I，BUCCI S J，et a1．Functional rela-tionships between leaf hydraulics and leaf economic traits in response to nutrient addition in subtropical tree species[J]．Tree Physiology，2013，33(12): 1308-1318.

[20] SANTIAGO L S，WRIGHT S J，HARMS K E，et a1．Tropical tree seedling growth responses to nitrogen，phosphorus and pota- ssium addition[J]．Journal of Ecology，2012，100(2): 309-316.

[21] PATTERSON T B，GUY R D，DANG Q L．Whole—plant nitrogen-and water—relations traits，and their associated trade—offs，in adjacentmuskeg and upland boreal spruce species[J]．Oecologia，1997，110(2): 160-168.

[22] MATSON P A，MCDOWELL W H，TOWNSEND A R，et a1．The globalization of N de- position: ecosystem Consequences in tropical environments[J]．Biogeochemistry，1999，46(1/3): 67-83.

[23] BERGER T W，GLATZEL G．Response of Quercus petraea seedlings to nitrogen fertilization[J]．Forest Ecology and Management，2001，149(1/3): 1-14.

[24] PERSSON H，AHLSTROM A，CLEMENSSON L．Nitrogen addition and removal at Gardsjon-effects on fine—root growth and fine—root chemistry[J]．Forest Ecology and Management，1998，101(1/3): 199-205.

[25] 翁琳琳，蒋家淡，张鼎华，等．乡土树种枫香的研究现状与发展前景[J]．福建林业科技，2007，34(2): 184-189.

[26] 杜超群，许业洲，胡兴宜，等．枫香不同种源苗期生长差异研究[J]．湖北林业科技，2009(5): 17-20.

[27] 柴国锋，郑勇奇，王良桂，等．枫香同工酶遗传多样性分析[J]．林业科学研究，2013，26(1): 15-20.

[28] 叶晓霞，许肇友，王帮顺，等．不同枫香种源造林实验及优良种源选择[J]．浙江林业科技，2013，33(2): 71-74.

[29] 刘明宣，辜云杰，夏川，等．枫香地理种源变异与选择[J]．四川林业科技，2014，35(5): 13-16.

[30] 魏和军．枫香造林技术[J]．现代农业科技，2009，13: 210，212.

[31] 王俊青，赵天宇，谷凤平，等．枫香半同胞家系子代遗传变异与优良家系选择研究[J]．西南林业

大学学报，2015，35(4): 33-38.

[32] 佘新松，方乐金. 枫香树幼林生长节律的观察研究[J]. 江苏林业科技，2001，28(2): 13-15.

[33] 张志伟. 4种落叶松的生长与年周期物候的调查观测[J]. 安徽农学通报，2013，19(15): 106-107.

[34] 怀慧明，贾忠奎，马履一，等. 北京地区红花玉兰幼苗物候观测研究[J]. 北方园艺，2010(11): 101-104.

[35] 刘德浩，张卫华，张方秋，等. 不同种源巨桉幼林生长性状变异和早期评价[J]. 西南林业大学学报，2015，35(4): 91-94.

[36] 王艺，张蕊，冯建国，等. 不同种源南方红豆杉生长差异分析及早期速生优良种源筛选[J]. 植物资源与环境学报，2012，21(4): 41-47.

[37] 李爱平. 樱桃圆柏不同种源苗期高生长与物候节律的研究[J]. 内蒙古林业科技，2011，37(3): 13-15.

[38] 王旭军，程勇，吴际友，等. 红椎不同种源叶片形态性状变异[J]. 福建林学院学报，2013，33(3): 284-288.

[39] 郑仁华，苏顺德，赵青毅，等. 福建柏种源生长性状遗传变异及种源选择[J]. 福建林学院学报，2014，34(3): 249-254.

[40] 裴顺祥，郭泉水，辛学兵，等. 国外植物物候对气候变化响应的研究进展[J]. 世界林业研究，2009，22(6): 31-37.

第 **7** 章

九峰科技植物资源遗传多样性

植物遗传多样性分析是从植物外部表现型到内部遗传物质微观型研究的飞跃，广泛应用于物种鉴定、群体遗传结构、遗传图谱构建、比较基因组及分子辅助育种等方面，本章就乌桕遗传物质提取方法及油茶种质资源 SSR 分析、垂枝杉 RAPD 鉴定、水杉基因组微卫星分析等重点介绍了九峰科技植物资源遗传多样性方面的研究成果。

以乌桕嫩叶和胚乳为材料，采用改良十六烷基三甲基溴化铵（CTAB）法和十二烷基苯磺酸钠（SDS）法提取乌桕基因组 DNA，研究提取条件对 DNA 提取效果的影响，确定 β-巯基乙醇（β-ME）用量、聚乙烯吡咯烷酮（PVP）用量、核糖核酸酶 A（RNase A）用量。结果表明，用改良 CTAB 法提取乌桕叶片和种子时，DNA 获取量和提取纯度明显优于 SDS 法。

利用油茶 SSR 标记对油茶种质资源进行了分析，结果表明：10 个不同 SSR 位点所揭示的 86 份油茶种质间存在较丰富的遗传多样性。36 个优良品种的聚类分析结果表明：同一地区的油茶品种相对外地品种具有较近的亲缘关系，且各品种间存在一定的差异，可以利用 SSR 标记进行品种鉴别。

利用 RAPD 标记对垂枝杉种质资源进行了遗传多样性分析，结果表明：垂枝杉群体具有较高的遗传多样性，群体间变异占总变异的 15.6%；3 个垂枝杉群体遗传相似度高，与其他杉木类型的遗传相似度低；垂枝杉具有稳定的遗传性和一致的表现型。

利用 Roche-454glx 高通量测序平台对稀有植物水杉的部分基因组进行了测序，通过序列组装和微卫星查找，得到 1965 微卫星序列，重复单位长度为 2～5 碱基对，利用软件 Primer 3 对这些位点序列设计引物 921 对。水杉基因组中四核苷酸微卫星序列最丰富，其次是二核苷酸、三核苷酸和五核苷酸。在二核苷酸重复类型中，AG 类型最多。在 8 个三核苷酸重复类型中，AAG 类型占总重复类型的 8.3%，占三核苷酸重复类型的 37.7%，其次是 ATG、AAC 和 AAT。变异最丰富的是二核苷酸微卫星，其次是四核苷酸重复、三核苷酸重复和五核苷酸重复。对 SSR 标记的验证表明，87 对引物具有清晰产物，46 对具有多态性，分别占 140 对引物中的 62.14%和 32.86%。这些微卫星序列的分析对水杉群体的遗传变异提供较丰富的标记资源，同时对保存遗传学及分子标记辅助育种具有重要价值。

7.1 乌桕不同组织 DNA 提取方法及其效果*

乌桕（*Sapium sebiferum*）为大戟科（Euphorbia）乌桕属植物，俗称桕子柴、木油树，落叶乔木，主要分布在黄河流域、华中地区和长江中下游部分地区，是我国特有的本土木本油料植物，乌桕籽可用作生产柴油和提炼可可脂，与小桐子、文冠果同为制备生物柴油的理想材料。关于乌桕分子生物学方面的研究少有报道，而从乌桕组织中获得高质量和产量的基因组 DNA 是进行乌桕扩增片段长度多态性（amplified fragment length polymorphism，AFLP）、RAPD、SSR 等分子生物学研究的基础。乌桕组织中主要含有黄酮、香豆素、二萜、三萜及其他酚、酸类成分，从富含次生代谢物质的木本植物中提取高质量的基因组 DNA 比多数禾谷类及蔬菜类植物更困难，从这些木本植物中分离的 DNA 由于多酚被氧化成棕褐色，多糖、单宁等物质易与 DNA 结合成黏稠的胶状物，获得的 DNA 常出现产量低、质量差、易降解，影响了 DNA 质量和纯度，不能被限制性内切酶酶切，严重的甚至不能作为模板进行 PCR 扩增。鉴于乌桕组织中化学成分的特殊性，本节对影响乌桕 DNA 基因组得率和提取纯度的主要条件进行实验，确定 β-ME、PVP 用量、RNase A 酶用量，获得了适合乌桕不同组织 DNA 提取纯化的技术。

7.1.1 材料与方法

1. 材料

乌桕嫩叶采自湖北省九峰，种子采自湖北省英山县 30 年生乌桕优树。

2. 方法

称取若干份乌桕叶片和种子，采用改良 CTAB 法和 SDS 法分别提取乌桕基因组 DNA，并对提取液分别进行紫外分光光度法检测、琼脂糖凝胶电泳检测、限制性内切酶 *Eco*RI 检测。

7.1.2 结果与分析

1. 不同 DNA 提取方法的效果比较

分别称取 8 份 0.3 g 嫩叶和 0.5 g 种子用液氮迅速研磨至细末，转入离心管中，采用改良 CTAB 法和 SDS 法提取。经紫外分光光度计检测，改良 CTAB 法 A260 / A280 均达到 1.81～1.95，而 SDS 法获得 DNA 絮状沉淀呈黄褐色，A260 / A280 在 1.61～1.75。经琼脂糖电泳检测结果表明，在其他条件相同的情况下，采用改良 CTAB 法提取的乌桕嫩叶和种子 DNA 泳带平直清晰，亮度高，呈块状，无明显拖尾现象，点样孔较干净；而采用 SDS 法提取的 DNA 泳带呈块状，点样孔处残留少量杂质。纯度不高可能会影响到后续试验的结果。

---

* 引自：张帅，王晓光，涂炳坤，等. 乌桕不同组织 DNA 提取方法及其效果. 亚热带植物科学，2009（4）：82-83.

2. 适量 β-ME 对乌桕 DNA 提取效果的影响

取 8 份 0.3 g 嫩叶，用液氮迅速研磨至细末转入离心管中，其中 4 份采用改良 CTAB 法（1.5×CTAB），4 份采用 SDS（1.5×SDS）法。经紫外分光光度计检测，加入 1.5% β-ME 后 CTAB 法的 A260 / A280 均达 1.8～2.0，而 SDS 法获得 DNA 絮状沉淀呈黄褐色，A260 / A280 在 1.7～1.8。经琼脂糖凝胶电泳检测，SDS 法 1～4 泳道带点样孔处虽无杂质，但 DNA 显带模糊，亮度不够；CTAB 法 5～8 泳道显带亮度高，无明显的拖尾现象，点样孔处无杂质残留，说明加入 1.5% β-ME 的改良 CTAB 法提取乌桕 DNA 得率和纯度均较高。

3. 适量 PVP 对乌桕 DNA 提取效果的影响

称取 8 份 0.3 g 嫩叶用液氮迅速研磨至细末，转入离心管中，4 份采用改良 CTAB 法（2.5×CTAB）提取，4 份采用 SDS 法（2.5×SDS）提取，经紫外分光光度计检测，加入 2.5% PVP 改良 CTAB 法 A260 / A280 均达 1.8～2.0，而 SDS 法获得 DNA 絮状沉淀呈黄褐色，稀释液经检测 A260 / A280 在 1.7～1.8；琼脂糖凝胶电泳检测显示，加入 2.5% PVP 改良 CTAB 法得到的泳带平直清晰且亮度高，点样孔处无杂质，说明次生物质去除效果较明显；而 SDS 法的泳带狭窄，亮度不强，点样孔处还有少量杂质。

4. RNase A 处理对 DNA 提取效果的影响

RNA 一般随时间的延长慢慢降解，但速度缓慢不彻底，通常在纯化阶段按 TE 溶解液体积加入不同量 RNase A。本节实验称取 10 份 0.4 g 乌桕嫩叶的基因组 DNA 原液按 50 μL TE 溶解后，分别精确加入 1 μL、3 μL、5 μL、7 μL、10 μL RNase A。随着加入 RNase A 量的增加 RNA 逐渐被清除，加入 1 μL RNase A 和 3 μL RNase A 后去除不明显，加入 5 μL RNase A 后泳带中 RNA 明显减少，加入 7 μL RNase A 和 10 μL RNase A 后泳带中 RNA 完全去除。结果表明，RNase A 使用量以最终 TE 溶解液 10∶1 的比例较为合适，可彻底去除 RNA。

5. 改良 CTAB 法获得乌桕不同材料 DNA 限制性内切酶检测效果

取 6 份乌桕叶片和种子 DNA 提取液，分别加入限制性内切酶 EcoRI 5U / μg，37 ℃ 消化 6 h，在 1.0% 琼脂糖凝胶上电泳 1.5 h。经酶切的第 1～6 泳道中 DNA 图谱呈弥散状，说明采用改良 CTAB 法从乌桕不同材料中提取的总 DNA 均可被限制性内切酶 EcoRI 切断。同时也表明本节试验所用改良方法提取的总 DNA 完全可以用聚合酶链式反应（polymerase chain reaction，PCR）扩增，以进行乌桕 RAPD 及 SSR 等分析。

7.2　湖北油茶种质资源 SSR 分析*

油茶（*Camellia Oleifera*）是中国特有的木本油料经济树种，其主要产品茶油不饱和脂肪酸含量高达 90% 以上，有"东方橄榄油"的美誉；油茶还是一个抗污染能力极强的树种，同时科学经营油茶林还具有保持水土、涵养水源、调节气候等生态效益，因此，

---

* 引自：彭婵，李振芳，陈慧玲，等. 湖北油茶种质资源 SSR 分析. 湖北林业科技，2013（5）：1-4.

近年来国内大力发展油茶产业，有关油茶的研究也陆续展开。油茶在我国湖北、湖南、广西、江西、安徽等南方丘陵地区均有分布，主要研究也集中在这些地区。

简单重复序列（simple sequence repeat，SSR）标记又称微卫星（microsatellite）标记，主要是以 2～5 个核苷酸为基本重复单位的串联重复序列。目前，由于 SSR 标记具有共显性，多态率高、位点稳定，且具双引物特异性扩增等特点，因此 SSR 标记已被广泛应用于资源鉴定、图谱构建及目标性状基因定位等研究中。目前利用 SSR 标记研究国内油茶种质资源的遗传多样性、分子鉴别的研究较少，大多是利用随机标记如简单重复序列间区（inter-simple sequence repeat，ISSR）和相关序列扩增多态性（sequence related amplified polymorphism，SRAP）等标记进行相关研究[1-6]，只有范小宁等[6]对油茶的 SSR-PCR 体系进行了优化研究。不同的分子标记技术各有其优缺点，随机标记技术虽然应用方便，不需要针对特定物种，但所得结果不够准确全面，不能代表所研究物种的基因组特异性。为此，本节研究首次利用 SSR 分子标记对湖北的油茶种质资源进行遗传多样性分析，旨在为油茶遗传育种相关研究提供新的实验方法和理论依据。

7.2.1　材料与方法

1. 供试材料

本节研究供试油茶材料包括：鄂 102、151、276、361、424、465、54、63、81，湘林 1、5、7、10、30、31、53、65、69、70、210，长林 3、4、8、18、20、21、22、23、26、40、61、65，大别山 1、2、3、4 油茶优良种质 36 份及随机采集的湖北油茶种质 50 份，共 86 份。

2. SSR 引物

本节研究利用的 SSR 引物是由南京林业大学与湖北省林科院合作开发的，根据油茶基因组测序所获得的数据库自行设计并经过筛选的多态性引物。具体引物序列信息见表 7.1，由上海生物工程公司合成。

表 7.1　有效扩增引物相关信息表

名称	左引物序列	右引物序列	重复单元
NJFUC53	5'-TGCCCTAAGTGTCATTC-3'	5'-CAGGGATGATATTGTTTCT-3'	（AAAAT）n
NJFUC57	5'-ATAGGTCTTTGTCTGGTT-3'	5'-ATGTAGAGGAAGACTGGA-3'	（TC）n
NJFUC69	5'-CTTCCATCTGCGTAGT-3'	5'-AATAGAGCTGATTCTCATA-3'	（TA）n
NJFUC129	5'-TAACTATTTTGTCGCTA-3'	5'-GATGGTTAGAAGTGAAA-3'	（TTTTA）n
NJFUC157	5'-GTTTGGGCATGAGGTAG-3'	5'-AACCTCCTTGTGATTTGG-3'	（AAT）n
NJFUC243	5'-TGTATGGTTTGGCTCG-3'	5'-GGTTGGCAAGATGAGA-3'	（AGA）n
NJFUC273	5'-ATCTGTAGCTTAATTCTAG-3'	5'-ATTTTCTGGAGCATCT-3'	（AAAAC）n
NJFUC601	5'-CAAAACCGACTTATGG-3'	5'-GTGGATTCTAGGGAGC-3'	（TAAA）n
NJFUC787	5'-CATTACACCGTCTTCAT-3'	5'-GTGGCTCAATAAGGAT-3'	（AT）n
NJFUC833	5'-CGGGACAAGTTCAGTT-3'	5'-GTGGGTTACGGGTTTA-3'	（AAT）n

3．试验方法

（1）DNA 提取与检测

采用改良 CTAB 方法[4]进行油茶叶片基因组 DNA 提取，取新鲜幼嫩油茶叶片 3～5 片，在液氮中迅速研磨成粉末，转入 400 μL CTAB 提取液中，加入 10 μL 的 10 mg/mL RNase，混匀后 65 ℃保温 15 min；再加入 400 μL 2% SDS，混匀后 65 ℃保温 15 min；加入 5 mol/L 醋酸钾 130 μL，混匀后放冰上保存 30 min；再加入氯仿：异戊醇 = 24：1 的抽提液 800 μL，轻微混匀后 12 000 r/min 离心 10 min；转移上清液至新离心管中后加入等体积的预冷异丙醇，-20 ℃冻存 1 h 后 12 000 r/min 离心 5 min；去除上清液，加入 70%乙醇浸泡漂洗 2 次；最后用无水乙醇清洗一次，自然干燥待乙醇完全挥发后用 200 μL TE 溶解后，涡旋混匀。

提取好的 DNA 经 1.0%琼脂糖凝胶电泳检测后，用紫外分光光度计测定比值 A260/A280 在 1.8～2.0，将 DNA 的质量浓度稀释至 20 ng/μL 于-80 ℃保存备用。

（2）SSR 扩增

SSR-PCR 反应体系为 15 μL：10 μmol/L Tris-HCl（pH 为 8.3），50 mmol/L KCl，2.0 mmol/L MgCl$_2$，0.01%明胶，0.1 mg 牛血清白蛋白，200 μmol/L dNTP（Promega 公司产品），引物 2.0 μmol/L，Taq 聚合酶（Takara 公司产品）0.5 U，10 ng 基因组 DNA。PCR 反应在仪器 GenAMP 9700（ABI）上进行，反应程序采用 Touch-down PCR：94 ℃ 5 min；94 ℃ 30 s，59 ℃ 30 s（ΔT=-1.0 ℃），72 ℃ 30 s，9 个循环；94 ℃ 30 s，55 ℃ 30 s，72 ℃ 30 s，21 个循环；72 ℃ 3 min；直至低于 4 ℃。PCR 产物采用 1.2%琼脂糖凝胶和 6%变性聚丙烯酰胺凝胶进行检测。

（3）数据采集与分析

根据聚丙烯酰胺凝胶电泳结果，读取各位点扩增产物的大小值。再根据 Popgene 软件[5]的数据录入要求对采集的数据进行转换处理，然后选择性地对相关遗传参数进行计算。

7.2.2　结果与分析

1．PCR 扩增结果分析

根据前期相关实验结果，利用优化后的 PCR 反应体系，直接选取在油茶基因组中能产生清晰谱带并具有较好多态性的 10 对 SSR 引物对 86 个油茶样品进行 PCR 扩增，见表 7.2。

表 7.2　基因组 SSR 位点分析遗传参数表

位点	样本数	观察等位基因数	有效等位基因数	Shannon 信息指数	期望杂合度	Nei's 期望杂合度	平均杂合度
NJFUC53	86	5	3.481 6	1.831 9	0.846 2	0.816 3	0.281 6
NJFUC57	86	5	3.457 2	2.025 4	0.801 5	0.814 5	0.514 3
NJFUC69	86	3	2.277 8	1.054 9	0.556 2	0.602 5	0.132 5
NJFUC129	86	4	2.628 3	1.416 9	0.873 6	0.843 2	0.355 6
NJFUC157	86	6	4.241 5	1.826 6	0.652 8	0.666 7	0.214 6
NJFUC243	86	8	5.546 6	2.251 5	0.722 5	0.713 4	0.188 9

续表

位点	样本数	观察等位基因数	有效等位基因数	Shannon信息指数	期望杂合度	Nei's 期望杂合度	平均杂合度
NJFUC273	86	6	3.451 3	2.036 1	0.899 5	0.868 9	0.577 8
NJFUC601	86	3	1.445 1	0.950 3	0.625 3	0.607 8	0.301 6
NJFUC787	86	5	3.273 3	1.684 4	0.579 5	0.563 2	0.102 5
NJFUC833	86	6	3.469 5	2.135 1	0.708 1	0.684 4	0.088 9
平均值	86	4.9333	3.166 7	1.136 6	0.713 2	0.698 7	0.253 7
St.Dev		2.2818	1.687 8	0.395 5	0.125 1	0.120 6	0.153 2

不同引物在相同油茶样品中产生的多态性明显不同，其中引物 NJFUC243 产生的多态谱带达 8 条，而引物 NJFUC601 产生的多态谱带仅 3 条。不同引物的多态谱带结果见表 7.2 中观察等位基因数。图 7.1 为不同油茶样品在 NJFUC57 位点上产生的 SSR 指纹图，从图 7.1 中可以看出，本节研究所采用的 PCR 反应体系和 PCR 扩增条件较好，不同样品间可产生清晰可辨的特征谱带，为进一步遗传分析提供了可靠的数据来源。

图 7.1　不同油茶样品在位点 NJFUC57 的 SSR 指纹图谱

1~39 泳道为 39 份不同油茶种质样品，40 泳道为分子量 Marker

2．不同位点的遗传参数分析

利用 Popgene 软件中的共显性标记分析功能，对不同位点上采集的等位基因数据进行相关遗传参数分析。分析结果见表 7.2，10 个不同位点所揭示的等位基因数存在很大差异，最少的为 3 个（NJFUC69、NJFUC601），最多的为 8 个（NJFUC243），平均观察等位基因数为 4.933 3 个；在 10 个基因组 SSR 位点中，有效等位基因数为 1.445 1~5.546 6 个，平均为 3.166 7 个，平均 Shannon 信息指数为 1.136 6，10 个位点的平均杂合度为 0.253 7，其中位点 NJFUC273 的平均杂合度最大为 0.577 8，位点 NJFUC833 的平均杂合度最小为 0.088 9。表 7.2 中不同位点所反映的遗传参数信息表明，86 份油茶种质间存在较丰富的遗传多样性。

3．不同品种 SSR 分析聚类图

为了明确湖北引种油茶优良品种及当地选育优良品种间的遗传关系，通过 SSR 分析，根据 36 个不同来源的品种（基因型）间的遗传距离进行 UPGMA 聚类分析，构建了各品种间的亲缘关系图，见图 7.2。从图中可以看出：来自不同地区的优良品种基本聚

为一类，但大别山区选育的品种与鄂油系列和湘林系列有所交叉，反映了同一地区的油茶品种相对外地品种具有较近的亲缘关系，同时，聚类分析也明确显示出各品种间存在一定的差异，可以利用 SSR 标记将它们进行品种鉴别。

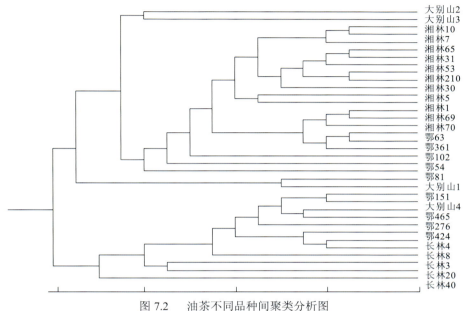

图 7.2　油茶不同品种间聚类分析图

4. 遗传参数与抽样大小分析

为了比较随机抽样大小对遗传参数的影响，利用 10 个油茶 SSR 多态引物对湖北随机 50 份油茶资源进行了 SSR 分析，结果见表 7.2，再从测试样本群体中，按 10、20、30、40、50 个个体 5 个级别进行随机抽样，来代表该群体进行有效等位基因数（N_e）及基因多样度（h）计算，每个级别随机重复抽样 15 次。参数大小用 Popgene 进行计算，结合 Excel 绘图功能，所得结果见图 7.3（a）和 7.3（b）。由图可见，湖北油茶资源的有效等位基因数（N_e）和基因多样度（h）受取样个体数的影响很大，在每个群体取样 10 个、20 个时，遗传参数值波动较大，不能较好地反映整个群体的状况，不过随着样本数的增大，这种波动逐渐减小，标准差也逐渐减小，当取样数达到 50 个时，重复 15 次的值基本聚成一个点。

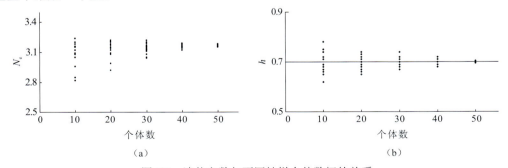

图 7.3　遗传参数与不同抽样个体数间的关系

水平线为根据全部采样个体所得到的数值，每个小点为每次抽样所得到的遗传参数值

7.2.3 小 结

1）分子标记技术的发展为林木育种和资源利用的研究提供了有力的手段，尤其是 SSR 标记是目前应用最为有效的分子标记技术之一，该技术已广泛应用于各种植物的系谱分析、分子鉴定、比较作图等多个方面。但在油茶研究中，还未发现有相关研究利用油茶的特异 SSR 标记进行油茶种质资源的遗传多样性分析，大多研究是利用 ISSR 标记和 SRAP 等随机标记[5-7]。本节研究利用 10 对油茶特异 SSR 引物，对 86 份油茶种质进行了 SSR 分析，获得了不同标记的遗传参数值。结果表明，利用筛选出的有效 SSR 引物及组合可建立油茶优良无性系的分子鉴别体系，进行全国油茶更多品种的分子鉴定和遗传关系研究，并为油茶的选择育种提供理论依据。

2）适当的采样数目不仅可以节省大量的人力和物力，减少不必要的浪费，而且可以提高分析问题的效率。一般在群体遗传结构的研究中需要的样品数目较大，对于某个多态性位点来说，不同采样地区的等位基因频率也会有所不同，但由于取样太少可能检测不出来，等位基因频率的实际差异越小，可靠的检测差异所需要的样品数目就越大，因此在本节研究中，采用 SSR 标记数据，讨论了不同的取样方法对遗传学参数的影响。通过对遗传参数与抽样群体大小的分析，获知可以代表湖北油茶种质资源遗传多样性的最小抽样群体为 30 个，能最好反映遗传参数大小的样本数为 50 个。

3）湖北省曾是油茶主产区之一，但由于各种原因，油茶产业发展缓慢，良种的选育与推广明显滞后于周边湘、赣等省[6-7]。从本节研究结果看，湖北省引种的外地油茶品种及本地油茶种质资源的遗传多样性较为丰富，与张婷等[3]利用 ISSR 和 SRAP 标记研究湖北省油茶种质资源的遗传多样性的结果较一致，不存在资源遗传背景过于单一的现象。因此利用湖北现有的油茶资源，再结合引进的优良资源开展杂交育种等研究，有望获得遗传变异类型丰富的杂交后代，加速良种的选育进程。

7.3 垂枝杉种质资源的 RAPD 鉴定及遗传多样性*

罗田垂枝杉是湖北省 20 世纪 70 年代发现的一种杉木优良变异类型，具有生长快、干形通直圆满、材质优良等优良性状，其区别于其他杉木类型的主要形态特征是侧枝自然下垂，生长 6～7 年后自然脱落，树冠窄小，冠高比一般为 1∶3 左右。经过多年的引种栽培和子代林观测，垂枝杉的形态特征和生物学特性具有稳定的遗传性。

随着分子遗传学的发展，大量 DNA 分子标记技术被广泛用于各物种的品种鉴别及遗传分析等研究，尤其是 RAPD 技术，以其快速、简捷、高效等优点，更是被广泛应用，如各品种指纹图谱的构建[8-9]、遗传连锁图谱的构建[10-11]及各物种的品种鉴定[12-14]等。

本节研究应用 RAPD 分子标记手段，以 3 个不同地域的垂枝杉群体为对象，并以其

---

* 引自：宋丛文，许业洲，胡兴宜，等. 垂枝杉种质资源的 RAPD 鉴定及遗传多样性研究. 华中农业大学学报，2004（2）：256-260.

他杉木类型为对照，对垂枝杉种质资源进行了鉴定和遗传多样性分析，旨在为垂枝杉育种提供科学依据。

7.3.1　材料与方法

1. 材料

垂枝杉样品采集于湖北省罗田县大崎乡（20 份）、红安县老君山林场（20 份）和湖北省林科院九峰试验林场（8 份）。另外，为了鉴别垂枝杉与其他杉木变种的不同，作者采集了若干独杆杉、柔叶杉及普通杉木样品作为对照。采集的样品用变色硅胶进行干燥。试验所用的随机引物购自 Operon 公司，DNA 聚合酶 Taq 购自大连宝生物有限公司，dNTP购自上海生物工程公司。

2. 方法

1）样品 DNA 提取纯化。垂枝杉样品的总 DNA 提取参考 Boom R 的 CTAB 法[15]。取叶片材料 0.1 g 于液氮中迅速研磨成粉末，转入预热的 600 μL CTAB 提取液中进行提取，然后加入等体积的氯仿：异戊醇（24：1）溶液抽提 2 次，再用 70%的乙醇漂洗 DNA，沉淀 2 次，最后将真空干燥的 DNA 加适量 1×TE 溶解即可。

2）RAPD 分析。本节研究参考部分杨树的 RAPD 反应体系[10]，结合杉木及垂枝杉自身的特点，建立了其 RAPD 分析的稳定反应体系。PCR 反应体系为 20 μL，其中，DNA模板量约为 20 ng（2 μL），引物 2 μL（0.5 μmol/L），dNTP 2 μL（200 μmol/L），Taq 酶0.2 μL（1U），10×缓冲液 2 μL（200 mmol/L Tris-HCl，pH 为 8.3，500 mmol/L KCl，0.01%明胶，25 mmol/L MgCl$_2$）。扩增反应程序为：首先，94 ℃预变性 2 min，然后 38 个循环（94 ℃ 30 s，42 ℃ 30 s，72 ℃ 1.5 min），72 ℃延伸 7 min。扩增产物在 1.0%琼脂糖凝胶中电泳，经溴化乙锭（EB）染色后在紫外灯下观察照相。根据各样品 DNA 扩增产物的电泳谱带，记录有多态性的 RAPD 标记，用于数据分析。

3）数据处理。在 RAPD 扩增谱带中，有带记为 1，无带记为 0。然后利用 Popgene软件计算垂枝杉群体中各多态位点的有效等位基因数 N_e、基因多样度 h 及 Shannon 信息指数等遗传多样性参数，同时将垂枝杉的 3 个亚群体及作为对照的独杆杉、柔叶杉及普通杉木样品进行聚类分析。

7.3.2　结果与分析

1. 扩增结果

经过部分样品 DNA 的初筛与复筛，从 200 个随机引物中筛选出 10 个反应稳定、存在多态性的随机引物用于垂枝杉群体及其他杉木类型的遗传多样性分析。对所有的 DNA样品进行 RAPD 扩增反应，共扩增出 25 个多态片段，片段大小在 350～2 000 bp 变化，平均每个引物产生 2.5 个多态片段。这 10 个多态引物的名称、碱基序列及多态片段数目见表 7.3。图 7.4 和图 7.5 为引物 OPQ-4 和引物 OPN-19 对部分样品的扩增结果。

表 7.3 多态引物名称、序列及多态片段数

序号	引物名称	引物序列	多态片段数
1	OPN-19	5′-TCTCGCCTAC-3′	3
2	OPN-20	5′-AGGCGAACTG-3′	2
3	OPAI-4	5′-TGGCGCAGTG-3′	2
4	OPAJ-6	5′-ACGGTTCCAC-3′	2
5	OPAI-20	5′-TCACCAGCCA-3′	1
6	OPAI-18	5′-GTCCACTGTG-3′	3
7	OPQ-4	5′-CAGCTCCTGT-3′	4
8	OPO-19	5′-GGTCGATCTG-3′	3
9	OPAI-1	5′-GGGCCAATGT-3′	2
10	OPAJ-15	5′-TGTGCCOGAA-3′	3

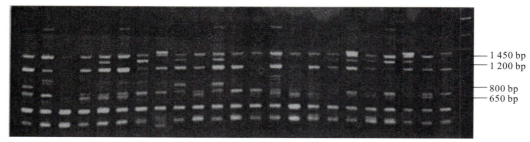

图 7.4 引物 OPQ-4 的部分扩增结果

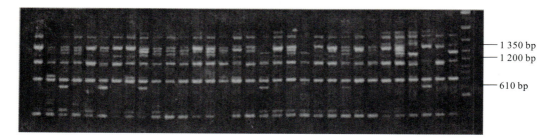

图 7.5 引物 OPN-19 的部分扩增结果

2. 遗传参数估计

利用 Popgene 软件包对垂枝杉群体中各位点的观察等位基因数、有效等位基因数、基因多样度、Shannon 信息指数、总群体基因多样度、亚群体内基因多样度、基因分化系数及基因流等遗传参数进行估计，结果见表 7.4。有效等位基因数和基因多样度是衡量遗传变异最常用的 2 个遗传指标，具有明显的遗传学意义，Shannon 信息指数本身没有遗传学意义，但方便与同类研究进行比较，基因分化系数可以反映出群体变异的主要来源。结果分析表明，各位点遗传多样性程度存在较大差别，有效等位基因数最大值为 1.994 1，最小值为 1.000 0；基因多样度的最大值为 0.498 5，最小值为 0；从基因分化系

数的平均值 0.156 1 可以看出垂枝杉的主要变异来自各亚群体内,群体间的变异占总变异的 15.6%。这几个遗传多样度量参数表明垂枝杉群体具有较高的遗传多样性。另外在表 7.5 中,25 个多态位点中有 22 个位点在垂枝杉中具有多态性,另外 3 个位点 AJ-6-1、AJ-15-1 和 AJ-15-3 在垂枝杉中是呈单态的,明显区别于其他杉木类型的特异位点。

表 7.4 垂枝杉群体各位点遗传多样性参数分析

位点	观察等位基因数 N_a	有效等位基因数 N_e	基因多样度 h	Shannon 指数 I	总群体基因多样度 Ht	亚群体内基因多样度 Hs	基因分化系数 Gst	基因流 Nm
N-19-1	2.000 0	1.985 2	0.496 3	0.698 4	0.496 9	0.460 2	0.073 8	6.272 6
N-19-2	2.000 0	1.856 4	0.461 3	0.654 0	0.476 6	0.440 8	0.075 0	6.164 3
N-19-3	2.000 0	1.915 7	0.478 0	0.671 0	0.486 8	0.447 5	0.080 6	5.705 4
N-20-1	2.000 0	1.714 3	0.416 7	0.607 3	0.416 2	0.409 4	0.016 2	30.372 0
N-20-2	2.000 0	1.649 2	0.393 6	0.582 7	0.367 2	0.348 7	0.050 3	9.439 8
AI-4-1	2.000 0	1.874 8	0.466 6	0.659 4	0.428 8	0.295 4	0.311 2	1.106 8
AI-4-2	2.000 0	1.994 1	0.498 5	0.691 7	0.492 0	0.297 7	0.395 0	0.765 9
AJ-6-1	1.000 0	1.000 0	0.000 0	0.000 0	0.000 0	0.000 0	* * * *	* * * *
AJ-6-2	2.000 0	1.912 3	0.477 1	0.670 0	0.437 4	0.331 1	0.243 0	1.557 6
AI-20-1	2.000 0	1.630 4	0.386 6	0.575 1	0.430 3	0.388 4	0.097 4	4.634 1
AI-18-1	2.000 0	1.687 5	0.407 3	0.597 4	0.440 9	0.374 2	0.151 2	2.806 3
AI-18-2	2.000 0	1.954 7	0.488 4	0.681 5	0.476 6	0.440 8	0.075 0	6.164 3
AI-18-3	2.000 0	1.985 1	0.496 3	0.689 4	0.499 0	0.475 1	0.045 9	10.394 7
Q-4-1	2.000 0	1.940 7	0.484 7	0.677 8	0.482 2	0.479 7	0.005 1	97.202 8
Q-4-2	2.000 0	1.923 2	0.480 0	00673 0	0.475 3	0.434 4	0.086 0	5.315 1
Q-4-3	2.000 0	1.975 5	0.418 5	0.686 9	0.496 3	0.283 7	0.428 4	0.557 2
Q-4-4	2.000 0	1.719 8	0.228 4	0.609 3	0.376 7	0.272 4	0.276 9	1.305 8
O-19-1	2.000 0	1.296 1	0.228 4	0.389 2	0.190 8	0.177 0	0.072 2	6.428 8
O-19-2	2.000 0	1.534 3	0.348 2	0.532 6	0.300 0	0.262 8	0.123 7	3.540 5
O-19-3	2.000 0	1.991 3	0.497 8	0.691 0	0.500 0	0.458 0	0.083 8	5.463 2
AI-1-1	2.000 0	1.419 7	0.295 6	0.471 9	0.255 4	0.232 8	0.088 4	5.154 7
AI-1-2	2.000 0	1.416 0	0.293 8	0.469 7	0.253 7	0.164 8	0.350 4	0.927 1
AJ-15-1	1.000 0	1.000 0	0.000 0	0.000 0	0.000 0	0.000 0	* * * *	* * * *
AJ-15-2	2.000 0	1.954 4	0.488 3	0.681 4	0.456 8	0.318 0	0.303 7	1.146 2
AJ-15-3	1.000 0	1.000 0	0.000 0	0.000 0	0.000 0	0.000 0	* * * *	* * * *
平均值	1.880 0	1.693 2	0.379 8	0.546 1	0.369 4	0.311 8	0.156 1	2.703 6

3. 种质资源鉴定

利用 Popgene 软件包对垂枝杉、普通杉木、柔叶杉及独杆杉几个群体进行遗传相似度和 Nei 遗传距离分析[16]，结果见表 7.5。利用非加权组平均法（unweighted pair-group method with arithmetic means，UPGMA）方法，根据 Nei 遗传距离构建 3 个垂枝杉亚群体与普通杉木、柔叶杉及独杆杉群体间的聚类图，结果如图 7.6 所示。从图中可以看出，3 个垂枝杉亚群体明显遗传相似度高，与普通杉木群体遗传相似度次之，与柔叶杉和独杆杉遗传相似度低。

表 7.5　各群体间遗传相似度及遗传距离分析表

	大崎垂枝杉	红安垂枝杉	柔叶杉	独杆杉	普通杉木	九峰垂枝杉
大崎垂枝杉	****	0.930 7	0.750 0	0.551 0	0.785 4	0.823 6
红安垂枝杉	0.071 8	****	0.613 1	0.496 2	0.744 0	0.883 1
柔叶杉	0.287 7	0.489 3	****	0.480 0	0.709 6	0.523 2
独杆杉	0.596 0	0.700 8	0.734 0	****	0.662 8	0.448 0
普通杉木	0.241 6	0.295 7	0.343 0	0.411 3	****	0.699 0
九峰垂枝杉	0.194 0	0.124 3	0.647 7	0.802 9	0.358 1	****

注：****以上为各群体间遗传相似度，****以下为各群体间遗传距离。

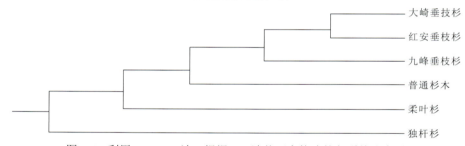

图 7.6　利用 UPGMA 法，根据 Nei 遗传距离构建的各群体聚类图

7.3.3　小　　结

1. 试验稳定性

过去很多研究证明 RAPD 对 PCR 反应的条件比较敏感，在 RAPD 反应过程中，由于引物的 T_m 值较低，反应产物的特异性下降，反应易受环境条件的影响，本节研究的结果证实了这一点。Mg^{2+} 的浓度、引物与 dNTP 用量、缓冲系统的种类与 pH、模板的纯度、聚合酶的种类和用量、扩增程序与循环周期等都会影响扩增式样，主要表现为产物丰度的增减、弱带的不稳定甚至带谱的明显改变。因此，RAPD 的成功应用要求对绝大多数反应条件进行精确控制，并确保使用同一批次 Taq 酶和同一台 PCR 热循环仪，在 PCR 反应基本组分稳定的情况下，模板 DNA 的量和纯度差异是造成 RAPD 不稳定的主要原因。

2. 种质资源鉴定

为鉴别垂枝杉是否杉木的 1 个变异类型，本节研究采集了垂枝杉发源地的 1 个群体样本，2 个引种地的群体样本作为分析对象，同时以普通杉木、杉木的另外 2 个变种（柔叶杉、独杆杉）为对照，从各群体间遗传距离的聚类分析结果可以看出，3 个垂枝杉群体明显遗传相似度高，与普通杉木群体次之，与柔叶杉和独杆杉遗传相似度低。另外，从 25 个多态位点分析中可以看出，只有 22 个位点在垂枝杉中具有多态性，另外 3 个位点在垂枝杉中呈单态，明显区别于其他杉木类型的特异位点。在垂枝杉的 3 个群体中，包括通过杂交种子或母树林种子有性繁殖的子代，本节研究表明垂枝杉具有可靠的遗传性和一致的基因表现型。因此，从分析结果可以看出，垂枝杉是杉木的一个新的变异类型，对这种天然变异资源应加以珍视，并作为新的育种资源进行人工选育、保护、利用和开发。

3. 遗传多样性保护

本节所研究的垂枝杉群体的遗传多样性是较丰富的，但从垂枝杉各位点平均基因分化系数分析中可以看出垂枝杉群体的遗传变异主要来自于各个亚群体内的个体间，不过 3 个垂枝杉亚群体间也有一定程度的分化，这可能与采集样品有关，也可能与早期引种有关，无论如何，在进行遗传多样性保护和种质资源保存的同时，应充分重视对于大范围群体内不同个体的保存，加大个体间的取样距离，要防止人为因素对垂枝杉群体的进一步破坏，现有群体可作为今后选择育种的基本群体，满足不同育种目标和未来的各种需要。

7.4　水杉基因组微卫星分析及标记开发*

微卫星又称简单重复序列，是指以少数几个核苷酸为单位，多次串联重复的 DNA 序列，其普遍存在于真核生物及一些原核生物基因组中。基因组序列中微卫星重复序列变异最快，在群体间和不同个体间通常表现出很高的序列多态性，且呈共显性遗传[17]。由于重复单元重复次数的高度可变性及其侧翼序列的相对保守性，微卫星作为一种分子标记被广泛应用于物种的指纹鉴定、亲子谱系分析、群体遗传结构分析、遗传图谱构建、比较基因组及分子标记辅助育种等诸多研究领域[17]。

近年来，随着表达序列标签（expressed sequenced tags，EST）计划在不同物种间的扩展和研究内容的深入，来源于不同类型的基因表达序列信息在公共数据库中急剧上升，使得 EST 序列成为开发不同物种 EST-SSR 标记的主要来源[18]。这些 EST-SSR 标记来自基因的编码序列，因此可成为控制基因表达的功能分子标记[19]。但相比于基因组 SSR，EST-SSR 的不足在于其更保守，通常只存在于基因表达丰富区，而基因组 SSR 多态性更高，且遍布于整个基因组中[20]。而且，最近建立的 GA（Illumina 公司）、SOLiD（ABI 公司）和 454（Roche 公司）等新一代测序平台在进行高通量基因组测序的同时，体现出价格低、速度快等特点，短期内即可产生千兆碱基的数据量[21]，完全改变了先前开发基因组 SSR 标记费时、费力且成本高的缺点。因此，新一代测序技术将对那些没有足够数据库资源的物种开发大量分子标记（包括基因组 SSR 标记）的工作发挥重要作用。

* 引自：张新叶，张亚东，彭婵，等. 水杉基因组微卫星分析及标记开发. 林业科学，2013，49（6）：160-166.

水杉（*Metasequoiagly ptostroboides*）是世界珍稀的孑遗植物，也是我国一级保护植物。水杉素有"活化石"之称，它对于古植物、古气候、古地理和地质学，以及裸子植物系统发育的研究均有重要意义。尽管水杉在世界各国、各地区的引种栽培取得了巨大成功[22]，但水杉的遗传学相关基础研究较少。在水杉细胞遗传学方面，仅 1948 年 Stebbins 指出水杉的染色体 $2n=22$，后来 Schlarbaum 等[23]和 He 等[24]进行确认；在水杉遗传多样性研究中，所有相关研究都是利用 RAPD、AFLP 及等位酶等随机标记[25-28]，在开发水杉特异标记方面，仅 Cui 等[29]新开发了 11 个可利用的微卫星标记。

针对这一现状，本节研究利用 Roche-454 glx 高通量测序平台获得的水杉基因组序列，在序列拼接的基础上，开展了微卫星序列查找，对水杉基因组所含微卫星重复序列的特征和组成情况进行分析，并根据所发现的 1 965 个微卫星开发出 921 个 SSR 标记位点。本节研究结果将对利用分子标记研究水杉群体的遗传变异提供较丰富的标记资源，同时对保存遗传学及分子标记辅助育种具有重要价值。

7.4.1　材料与方法

1. 微卫星序列查找及引物设计

水杉基因组测序材料为武汉九峰附近的 1 株水杉，利用 Roche-454 glx 测序仪进行序列测定，在序列组装的基础上利用软件 SSRIT 在线对组装的序列进行 SSR 序列查找。查找标准为：重复次数分别不小于 5 次、4 次和 3 次的二核苷酸、三核苷酸、四核苷酸及更多核苷酸重复序列。最后再应用引物设计软件 Primer 3 Plus 对含有 SSR 的水杉基因组序列进行引物设计。SSR 引物设计原则为：序列长度大于 100 bp；引物长度为 18～25 bp；退火温度为 55～60 ℃；GC 质量分数为 40%～60%；PCR 扩增产物长度为 100～300 bp[18]。

2. 水杉基因组微卫星组成及序列长度变异分析

根据微卫星重复的序列特征不同，利用 Excel 表统计分析 2～5 核苷酸重复类型所占比例，找出不同类型微卫星中的优势重复单元，分析其碱基组成及频率；并对 2～5 核苷酸重复类型中不同 SSR 的分布和长度变异情况进行分析，了解水杉基因组微卫星长度多态性等相关信息。

3. 水杉基因组 SSR 标记初步验证

以武汉九峰附近随机采集的水杉叶片为植物材料，利用改进的 CTAB 法进行基因组总 DNA 提取[30]。PCR 反应体系 15 μL：10 μmol/L Tris-HCl（pH 为 8.3），50 mmol/L KCl，2.0 mmol/L MgCl$_2$，0.01%明胶，0.1 m 牛血清白蛋白，200 μmol/L dNTP（Promega 公司产品），引物 2.0 μmol/L，Taq 聚合酶（Takara 公司产品）0.5 U，10 ng 基因组 DNA。PCR 反应在仪器 GenAMP 9700（ABI）上进行，反应程序采用 Touch-down PCR：94 ℃ 5 min；94 ℃ 30 s，59 ℃ 30 s（$\Delta T=-1.0$℃），72 ℃ 30 s，9 个循环；94 ℃ 30 s，55 ℃ 30 s，72 ℃ 30 s，21 个循环；72 ℃ 3 min；4 ℃保存。PCR 产物检测采用琼脂糖凝胶（引物初筛）和聚丙烯酰胺凝胶（引物复筛）进行。

7.4.2　结果与分析

1. 水杉基因组序列测定及微卫星序列查找

在水杉 DNA 文库构建基础上，利用 Roche-454 glx 测序仪进行序列测定，共得到 1 534 336 条序列，测得水杉基因组 401.01 Mb 的 DNA 序列，片段平均长为 261.4 bp。利用 GS Assembler 软件对序列进行了序列组装和拼接，共获得 28 459 个长度大于 100 bp 的重叠群（contigs），最大的 contig 长度为 49 762 bp，contig size 为 4 040 个，contigs 平均长度为 290.28 bp，平均 contig size 为 15.43 个。

由于微卫星扩增片段一般在 100～300 bp，这些 contigs 适合用于微卫星标记开发。利用 SSRIT 软件要求及查找标准，在 28 459 个 contigs 序列中，共获得 2～5 核苷酸重复序列 1 965 个，没有发现大于 5 个核苷酸的重复序列，其中二核、三核、四核、五核苷酸重复序列的数量分别为 625 个、432 个、762 个和 146 个。根据引物设计原则及 Primer 3 Plus 的要求，共获得水杉基因组 SSR 引物 921 对，表 7.6 列出了开发的部分引物的信息。

表 7.6　开发的部分水杉微卫星引物信息

contig 名称	重复单元	重复次数	引物序列	长度 /bp	退火温度 /℃	GC 质量分数/%	产物大小 /bp
contig1-4	ATAAA	4	F：CCATGGATGCTATGGCAAA	19	60.4	47.4	250
			R：CGATGGGTATACTAGAAAAGAACGA	25	59.9	40.0	
contig2-6	TTC	5	F：GGGAACAACCAGAATTGGAA	20	59.8	45.0	205
			R：TCCAATATATCCCGGAACCA	20	60.0	45.0	
contig3-1	AT	6	F：CTGGGCCACTAGACGATAGG	20	59.7	60.0	363
			R：GGGCTTGAACCGATGACTTA	20	60.1	50.0	
contig5-1	AT	6	F：ATACGAGCAATGCCATCTCC	20	60.1	50.0	249
			R：ACCTGCTCCTAGCCATGAAA	20	59.8	50.0	
contig8-2	TTTTG	3	F：GCTTTGAGCACCCACTATCA	20	58.9	50.0	201
			R：ATCTTgGGcACAAAGCACA	19	60.3	47.4	
contig72	AGA	4	F：AaCgAGGAGAAGATGGAGAAGA	22	59.5	45.5	211
			R：CCTTGAGATGAAGGCAAAGG	20	59.8	50.0	
contig80	AGA	7	F：CCAAGGCAATctGTTGGAAT	20	59.9	45.0	171
			R：TCAACCATGCATTGTCACCT	20	60.0	45.0	
contig194	ATTT	10	F：TTGTtGCTTGCCCATCTTAAT	21	59.6	38.1	458
			R：CATGtCCCCAAAACATGACA	20	60.2	45.0	
contig204	CCA	4	F：GCcAGTtGAGGAGCCAGtAG	20	60.0	60.0	225
			R：GcagAATccGATGGCTAAaA	20	60.2	45.0	
contig250-1	TCT	5	F：TTtCCCtcGAGTCCCTTTCT	20	60.2	50.0	241
			R：CAGGTGAAtgCAAAcATTGG	20	60.0	45.0	

2. 水杉基因组微卫星组成和相关特征分析

按照微卫星重复序列结构的不同,可以分为精确型 SSR、非精确型 SSR 及复合型 SSR。精确型 SSR 是由 1 种串联重复序列以不间断的重复方式组成的单一重复类型的微卫星[31]。本节研究仅对水杉基因组中由 2~5 核苷酸重复构成的精确型 SSR 进行分析,建立相关水杉基因组 SSR 数据库。

参考有关学者对重复序列单元分类的标准[32],对本节研究建立的水杉基因组 SSR 数据库中的重复序列进行分析。结果(表 7.7)发现,以四核苷酸为重复单元的 SSR 最多,占总数的 38.8%,之后依次为二核苷酸(31.8%)、三核苷酸(22.0%)和五核苷酸(7.4%)。其中,该数据库中的二核苷酸重复微卫星只有 3 种类型,缺少 GC-CG 类型;三核苷酸重复微卫星有 8 种,缺少 GGC-CGC 和 ACG-TCG 类型;但在四核苷酸和五核苷酸重复序列中,各种不同重复单元类型丰富,四核苷酸中包含了 116 种,五核苷酸中包含了 88 种重复序列微卫星。

表 7.7 基因组 SSR 重复序列类型及相关统计信息

重复类型	重复单元种类	总发现频率	占比/%	平均重复次数	最大重复次数
二核苷酸	3	625	31.8	6.53	86
三核苷酸	8	432	22.0	4.63	176
四核苷酸	116	762	38.8	3.19	16
五核苷酸	88	146	7.4	3.12	6
总计	215	1 965	100.0		

在二核苷酸重复类型中,AG 重复序列的数量最多,总发现频率为 274 次,占所有发现重复序列总数的 13.9%,占二核苷酸重复类型的 43.8%。在 8 种三核苷酸重复类型中,AAG 重复序列数量最多,占总重复序列数的 8.3%,占三核苷酸重复类型的 37.7%,其次为 ATG(23.1%)、AAC(16.7%)和 AAT(13.0%),其他类型相对较少。四核苷酸和五核苷酸重复类型较多,但不同类型所占比例相对较小。图 7.7 显示了不同长度重复单元微卫星中各重复单元的占比。

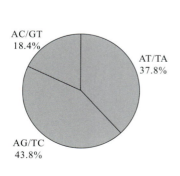

(a)二核苷酸重复微卫星

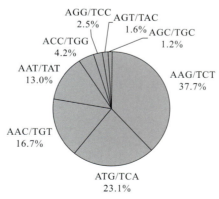

(b)三核苷酸重复微卫星

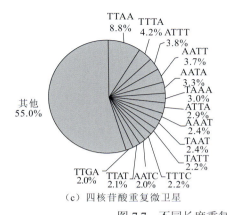

（c）四核苷酸重复微卫星

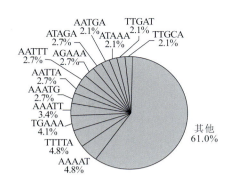

（d）五核苷酸重复微卫星

图 7.7　不同长度重复单元微卫星中各重复单元占比

图中每一个扇区分别对应不同的重复单元；若对应单元频率≤0.02，则合并在同一扇区内

进一步对含不同长度重复单元的水杉微卫星的出现频率进行统计，结果表明（表 7.8），二核苷酸重复微卫星长度变异类型最丰富，有 23 种不同长度的重复类型，其次是四核苷酸重复（10 种）、三核苷酸重复（8 种），变异类型最少的是五核苷酸重复，只出现 3 种不同长度的重复类型；同时还表明，在 2～5 核苷酸重复微卫星类型中，每种类型都有其占绝对优势的不同长度的 SSR，在 2～5 核苷酸重复中，出现频率最高的 SSR 分别占各自类型总频率的 60.2%、86.6%、91.1% 和 89.0%，尤其在四核苷酸重复类型中，重复 3 次的 SSR 出现频率高达 694 次，而重复 4 次的骤降为 47 次。表明水杉基因组微卫星序列具有明显的物种特异性。

表 7.8　水杉基因组不同长度重复单元微卫星的变异

类型	长度/bp	重复次数	出现频率	占比/%
	10	5	376	60.2
	12	6	108	17.3
	14	7	42	6.7
	16	8	29	4.6
	18	9	14	2.2
	20	10	14	2.2
	22	11	6	1.0
	24	12	9	1.4
二核苷酸	26	13	2	0.3
	28	14	4	0.6
	30	15	4	0.6
	32	16	2	0.3
	36	18	2	0.3
	38	19	2	0.3

类型	长度/bp	重复次数	出现频率	百分比/%
二核苷酸	40	20	2	0.3
	42	21	2	0.3
	44	22	1	0.2
	46	23	1	0.2
	50	25	1	0.2
	58	29	1	0.2
	60	30	1	0.2
	104	52	1	0.2
	172	86	1	0.2
三核苷酸	12	4	374	86.6
	15	5	38	8.8
	18	6	13	3.0
	21	7	3	0.7
	27	9	1	0.2
	36	12	1	0.2
	48	16	1	0.2
	528	176	1	0.2
四核苷酸	12	3	694	91.1
	16	4	47	6.2
	20	5	6	0.8
	24	6	5	0.7
	28	7	1	0.1
	32	8	3	0.4
	36	9	3	0.4
	48	12	1	0.1
	52	13	1	0.1
	64	16	1	0.1
五核苷酸	15	3	130	89.0
	20	4	15	10.3
	30	6	1	0.7

3. 水杉基因组 SSR 标记验证

在设计好的 921 对水杉基因组 SSR 引物中，随机选取 140 对引物进行 PCR 扩增，其中分别含有二核苷酸、三核苷酸、四核苷酸及五核苷酸重复单元。首先采用 1 个 DNA 样品对这 140 对引物进行初筛（图 7.8），结果显示有 15 对引物没有扩增产物，占比为 10.71%，有 38 对引物的 PCR 产物不清晰，其余 87 对引物有清晰谱带，占合成引物总数的 62.14%。然后利用 5 个不同的水杉 DNA 样品对初筛出的 87 对引物进行多态性检验，结果显示（图 7.9），有 46 对引物检测出多态性，占初筛引物总数的 32.86%，占复筛引物总数的 52.87%。

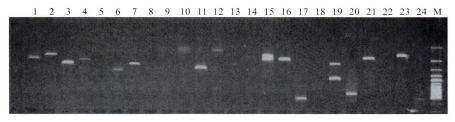

图 7.8　引物初筛电泳结果

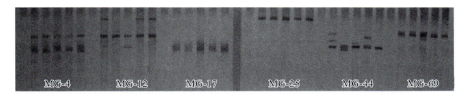

图 7.9　引物多态性检测电泳结果

7.4.3　小　结

由于水杉基因组信息资源的匮乏使其分子标记开发受到严重制约，目前可查阅利用的水杉微卫星标记仅有 11 对[29]，因此，通过快速高效测序方法获得足够长度能覆盖基因组的序列信息对全面开发 SSR 分子标记具有重要意义。本节研究完成了水杉基因组 400 Mb 以上的序列测定，获得了 150 余万条序列，而且经组装和拼接，获得近 3 万个有效 contigs，这些数据为水杉基因组微卫星序列查找提供了可靠且丰富的来源，同时也保障了所开发水杉基因组 SSR 标记的准确性，本节研究共在 28 459 个 contigs 序列中获得 2～5 核苷酸重复序列 1965 个，获得高质量的 SSR 引物 921 对，引物验证结果也充分表明所开发 SSR 标记的高效性，在 140 对引物中，约 90% 的引物可以得到有效扩增。本节试验在验证标记时，为方便试验，统一设置了 PCR 条件，没有针对每个引物的退火温度进行调整，因此，能得到 62.14% 的高标准初筛结果和 32.86% 多态性标记比例，表明本节研究标记开发的可行性和可靠性。

由于微卫星序列与基因组中的其他序列相比变异频率较高，所以微卫星被认为是在基因组进化过程中导致并维持数量性状变异的重要因素之一[33-34]，因此，研究基因组中的微卫星特征对于了解所研究物种的基因组进化具有重要意义。越来越多的研究表明，基因组中的微卫星具有重要的功能，包括基因调控、发展和进化等各个方面。Gabor 等[35]对 9 大类真核生物基因组中微卫星的分布进行了分析，显示微卫星主要分布在内含子区和基因间隔区，只有少部分分布在外显子区。在原核生物和酵母的基因组中，处于优势的重复序列类型是三碱基，而比它们更高等的生物基因组中，则倾向于两碱基和单碱基重复序列类型。在 Lawson 等[36]对拟南芥（Arabidopsis thaliana）和水稻（Oryza sativa）的基因组微卫星分析中，发现两者都是三碱基重复序列最丰富，其次是二碱基和四碱基重复序列。在杨树（Populus）基因组[37]和火炬松（Pinus taeda）基因组[38]中，微卫星最丰富的是二碱基重复序列，然后是三碱基和四碱基。而对本节研究构建的水杉微卫星数据库的分析发现，水杉基因组中的优势重复序列类型是四碱基重复单元（38.8%），然后是二碱基（31.8%）、三碱基（22%）和五碱基（7.4%）。而且发现在火炬松[38]和杨树[37]这 2 个木本植物基因组中，两者有相同的组成规律，最丰富的二核苷酸类型都是 AT，其次是 AG，最丰富的三核苷酸类型都是 AAT 和 AAG，最丰富的四核苷酸类型是 AAAT，即处于优势数目的重复拷贝类型富含 A/T。但在本节中，最丰富的二核苷酸类型是 AG，占二核苷酸重复类型的 43.8%，其次是 AT（37.8%）和 AC（18.4%），且只有这三种类型，缺少 GC-CG 类型。在出现的 8 种三核苷酸重复类型中，AAG 重复序列数量最多，占三核苷酸重复类型的 37.7%，其次为 ATG（23.1%）、AAC（16.7%）和 AAT（13.0%）。最丰富的四核苷酸类型是 TTAA，占四核苷酸重复类型的 8.8%。这些重复序列组成特征明显不同于火炬松和杨树基因组相关组成。这些差异充分表明不同物种基因组中，其微卫星序列的组成特征不同，也同时表明水杉作为一种"活化石"植物，有着其独特的基因组组成，与目前广泛研究的模式植物拟南芥、水稻和杨树等的基因组存在较大差异。

微卫星序列长度的分化情况反映了微卫星序列获得（或失去）重复单元的速率，这一特征与微卫星位点的多态性直接相关[17]。根据 Temnykh 等[39]对微卫星的分类：长度 $L \geqslant 20$ bp 的 SSR 为第 1 类，12 bp$<L<$20 bp 的为第 2 类，且两类 SSR 相比，$L \geqslant 20$ bp 的 SSR 具有更高的多态性。这一规律是 Weber[31]最早于人类的微卫星实验数据中发现，并已在很多生物体中得到证实。第 2 类 SSR 由于片段长度较短，在滑链错配时可产生的错配位点就会相对较少，故多态性不如第 1 类。片段长度小于 12 bp 的 SSR 的突变率与其他序列没有差别，呈随机变异趋势[40]。本节研究对发现的 1965 个微卫星长度进行分析发现，水杉基因组序列所含微卫星在长度上存在极显著的变异，微卫星长度为 10～528 bp，微卫星平均长度为 13.32 bp。其中长度 $L \geqslant 20$ bp 的微卫星仅占 5.1%。

这一结果显示水杉基因组序列中的微卫星在进化过程中可能受趋同选择的影响，从而使这些微卫星在较短长度的区间内大量富集，通过对含不同长度重复单元的微卫星的长度变异情况看，这些微卫星的长度变异与所含重复单元的长度大致成反比，微卫星的长度变异随着重复单元长度的增加而降低，该结果与油茶基因组微卫星特征分析结果相似[41]。总体而言，在本节研究构建的水杉微卫星数据库中，五核苷酸重复微卫星理论多态性最低，而二核苷酸重复微卫星理论多态性最高。

水杉基因组大小目前还没有确定，本节研究完成的 400 Mb 的水杉基因组序列信息将成为水杉基因组研究的重要基石，基于这些序列开发的高质量微卫星标记将使水杉基因组研究更加深入，并将为水杉及相关物种的分子研究提供有效的遗传工具，在更多领域更深层次的研究中得到更广泛的应用。

参 考 文 献

[1] 温强，雷小林，叶金山，等. 油茶高产无性系的 ISSR 分子鉴别[J]. 中南林业科技大学学报，2008，28(1): 39-43.

[2] 杨扬，洪亚辉，黄勇，等. 西南地区小果油茶群体遗传多样性的 SRAP 分析[J]. 湖南农业科学，2011(13): 1-4.

[3] 张婷，刘双青，董妍玲. 湖北省油茶种质资源的遗传基础研究[J]. 河南农业科学，2011，40(11): 53-56.

[4] DOYLE J J，DOYLE J L. A rapid DNA isolation procedure for small quantities of fresh leaf tissue[J]. Phytochemistry Bulletin，1987，19: 11-15.

[5] YEH F C，BOYLE T J B. Population genetic analysis of co-dominant and dominant markers and quantitative traits[J]. Belgian Journal of Botany，1997，129: 157.

[6] 范小宁，林萍，张盛周. 油茶 SSR-PCR 反应体系的优化研究[J]. 安徽农业科学，2011，39(23): 14098-14102.

[7] 石鹏皋，罗治建. 湖北省油茶产业发展对策[J]. 湖北林业科技，2009，15(5): 48-51.

[8] 甘四明，施季森，白嘉雨，等. 尾叶桉和细叶桉无性系的 RAPD 指纹图谱构建[J]. 南京林业大学学报，1999，23(1): 11-14.

[9] 郭旺珍，张天真，潘家驹，等. 我国棉花主栽品种的 RAPD 指纹图谱研究[J]. 农业生物技术学报，1996，4(2): 429-134.

[10] 张新叶，尹佟明，诸葛强，等. 利用 RAPD 标记构建美洲黑杨×欧美杨分子标记连锁图谱[J]. 遗传，2000，22(4): 209-213.

[11] 陈洪，朱立煌，徐吉臣，等. RAPD 标记构建水稻分子连锁图[J]. 植物学报，1995，37: 677-684.

[12] 张超良，孙世孟. RAPD 技术在 12 个玉米骨干自交系快速鉴定中的应用[J]. 作物学报，1998，24(6): 718-722.

[13] 刘青林，陈俊愉. 梅花亲缘关系 RAPD 研究初报[J]. 北京林业大学学报，1999，2(2): 81-85.

[14] GREGOR D，HARTMAN W，STOSSER R. Cultivar identification in Prunus domestica using RAPD[J]. Acta Hortic，1994，359: 33-44.

[15] BOOM R，SOL C J A，SALIMANS M M M，et al. Rapid and simple method for purification of nucleic acids[J]. J Clin Microbiol，1990，28: 495-503.

[16] NEI M，LI W H. Mathematical model for studying genetic variation in terms of restriction endonucleases[J]. Proc Natl Acad Sci，1979，76: 5269-5273.

[17] 李淑娴，张新叶，王英亚，等. 桉树 EST 序列中微卫星含量及相关特征[J]. 植物学报，2010，45(3): 363-371.

[18] 张新叶，宋丛文，张亚东，等. 杨树 EST-SSR 标记的开发[J]. 林业科学，2009，45(9): 53-59.

[19] CHOUDARY S，SETHY N K，SHOKEEN B，et al. DevElopement of chickpea EST-SSR markers and analysis of allelie variation across related species[J]. Theor Appl Genet，2009，118(3): 591-608.

[20] SAHA M C，COOPER J D，MIAN M A R，et al. Tall fescue genomic SSR markers: development and transferability across multiple grass species[J]. Theor Appl Genet，2006，113(8): 1449-1458.

[21] HOLT R A，JONES S J. The new paradigm of flow cell sequencing[J]. Genome Res，2008，18(6): 839-846.

[22] 王希群，马履一，田华，等. 中国水杉引种研究[J]. 广西植物，2005，25(1): 40-47.

[23] SCHLARBAUM S E, JOHNSON L C, TSUCHIYA T. Chromosome studies of Metasequoia glyptostroboides and Taxodium distichum[J]. Bot Gaz, 1983, 144(4): 559-565.

[24] HE Z C, LI J Q, CAI Q, et al. Cytogenetic studies on Metasequoia glyptostroboides, a living fossil specie s[J]. Genetica, 2004, 122(3): 269-276.

[25] 李春香, 杨群, 周建平, 等. 水杉自然居群遗传多样性的 RAPD 研究[J]. 中山大学学报, 1999, 38(1): 59-63.

[26] 李晓东, 杨佳, 史全芬, 等. 8 个栽培水杉居群遗传多样性的等位酶分析[J]. 生物多样性, 2005, 13(2): 97-104.

[27] 李作洲. 水杉孑遗居群 AFLP 遗传变异的空间分布[J]. 生物多样性, 2003, 11(4): 265-275.

[28] LI Y Y, CHEN X Y, ZHANG X, et al. Genetic differences between wild and artificial populations of Metasequoia glyptostroboides: Implications for species recovery[J]. Conservation Biology, 2005, 19(1): 224-231.

[29] CUI M Y, YU S, LIU M, et al. Isolation and characterization of polymorphic microsatellite markers in Metasequoia glyptostroboides(Taxodiaceae)[J]. Conservation GeneResour, 2010, 2(9): 19-21.

[30] DOYLE J J, DOYLE J L. Arapid DNA isolation procedure for small quantities of freshleaf tissue[J]. Phytochemical Bulletin, 1987, 19: 11-15.

[31] WEBER J L. Informativeness of human(dC-dA)n·(dG-dT)npolymorphisms[J]. Genomics, 1990, 7(4): 524-530.

[32] JURKA J, PETHIYAGODA C. Simple repetitive DNA sequences fromprimates: compilation and analysis[J]. J Mol Evol, 1995, 40(2): 120-126.

[33] TAUTZ D, TRICK M, DOVER G A. 1986. Cryptic simp licity in DNA is a major source of genetic variation[J]. Nature, 322(6080): 652-656.

[34] KASHI Y, KING D, SOLLER M. Simple sequence repeats as asource of quantitative geneticvariation[J]. Trends Genet, 1997, 13(2): 74-78.

[35] GÁBOR TÓTH, ZOLTÁN GÁSPÁRI, JERZYJURKA. 2000.Microsatellites indifferent eukaryotic genomes: survey and analysis[J]. Genome Res, 2000, 10(7): 967-981.

[36] LAWSON M J, ZHANG L Q. Distinct patterns of SSR distribution in the Arabidopsis thaliana and rice genomes[J]. Genome Bio, 2006, 7(2): R14.

[37] TUSKAN G A, GUNTER L E, YANG Z K, et al. 2004. Characterization of microsatellites revealed by genomic sequencing of Populustrichocarpa[J]. Can J For Res, 34(1): 85-93.

[38] ECHT C S, SAHA S, DEEMER D L, et al. Microsatellite DNA in genomic survey sequences and UniGenes of loblolly pine[J]. Tree Genetics & Genomes, 2011, 7(4): 773-780.

[39] TEMNYKH S, DECLERCK G, LUKASHOVA A, et al. Computational and experimental analysis of microsatellites in rice(Oryza sativa L.): frequency, length variation, transposon associations, and genetic marker potential[J]. Genome Res, 2001, 11(8): 1441-1452.

[40] 阎毛毛, 戴晓港, 李淑娴, 等. 松树、杨树及桉树表达基因序列微卫星对比分析[J]. 基因组学与应用生物学, 2011, 30(1): 103-109.

[41] 史洁, 尹佟梅, 管宏伟, 等. 油茶基因组微卫星特征分析[J]. 南京林业大学学报(自然科学版), 2012, 36(2): 47-51.

第 8 章

九峰科技植物资源灾害防治机理

森林火灾和森林病虫害是植物资源主要的自然灾害，本章对九峰地区森林防火林带设计和国外松枯梢病发生规律进行探讨，对紫薇梨象生物防治方法进行相应的讨论。

通过对九峰森林防火林带的建设探讨，找出适合湖北省低丘地区林带防火的优化模式，对湖北省乃至全国同类地区森林防火工作能起到示范作用，有推广的价值和潜力。

对国外松枯梢病病原菌分生孢子萌芽、菌丝体生长及产生子实体所需条件三个方面开展了生物学特性的研究。结果表明：自然界或人工诱导的分生孢子在清水中均不易萌芽，分生孢子萌芽需要补充一定的营养条件，该菌在湖北省适应范围广，适应性、生命力均较强。

湖北省国外松枯梢病导致当年新梢自 4 月下旬至 5 月中旬开始发病，随即病梢率急剧增长，于 6 月下旬至 7 月上旬即可达到高峰，病梢率高达 81.3%～95.0%。7 月至 8 月上旬由于气候干旱及抽生夏梢病梢率略有下降，于 8 月下旬再度回升。全年除发病始期外，病梢率始终处于高水平，当年新梢几乎全部罹病枯死。

采用食叶浸渍法测定阿维菌素对紫薇梨象的室内胃毒防效。结果表明：2%的阿维菌素乳油处理紫薇梨象成虫 48 h 后，致死中质量浓度为 0.19 mg/L，校正致死率在 85%以上。在 48 h 内，2%的阿维菌素乳油对紫薇梨象的毒杀效果随着药物浓度的增加而增强，随着处理时间延长而增强，阿维菌素对紫薇梨象具有较强的胃毒作用。

8.1 九峰森林防火林带设计[*]

8.1.1 九峰地区森林防火现状及对策

九峰以狮子峰、黄柏峰为中心，大王峰、纱帽峰、顶冠峰、宝盖峰、蚂蚁峰、钵盂峰、象鼻峰四周环绕，为省内典型的低丘地貌地形，一般海拔 50～100 m。顶峰海拔 240.47 m。整个山体呈东西趋向，南北坡居多，坡度多在 15°以下。山体间有许多谷地和水体，如长春谷、箬箕肚等。母岩为砂岩，个别山顶有零星的石灰岩。九峰地处中亚热带海洋季风气候区，夏季高温高湿，秋季干冷少雨。境内林分绝大多数为人工中幼林。主要以马尾松、杉木、湿地松、柏木、火炬松等针叶林为主，火灾隐患严重，冬春两季森林火警、火灾频繁，春节期间火灾时有发生，森林火灾一直困扰着该地区。为了解决这个问题，有关单位也采取过措施，但收效甚微，主要原因是预防工作没有引起足够的重视，习惯于有火灭火的做法，形成了被动扑救的思维定式；现有的空白防火线小范围内不成系统，没有规模。客观的经济状况，也无力负担年复一年的修复费用。特别是林缘、道路、坟地等人为活动频繁的地方，一旦失火，即使能扑灭也要耗费大量的人力、物力，甚至造成人员伤亡，无法从根本上解决问题。多年的防火实践及外地经验证明，选择合适的抗火、耐火的树种，用林带阻隔的方法是预防森林火灾的有效途径，与其他措施相比，林带防火有以下特点：其一，防火林带一旦建立，可以长期地发挥作用，防火效果明显，一劳永逸，不像空白防火线必须每年花费大量的人力、物力，反复清理修复。其二，以防火林带替代空白防火线，充分利用了土地资源，能产生一定的经济效益。其三，防火树种一般常绿，四季常青，可避免水土流失，绿化美化生态环境，对九峰森林公园来说也是一道风景线。

8.1.2 九峰地区森林防火林带设计原则

1. 区域控制原则

区域控制首先要求不同森林权属之间要有相应的林带隔离，以防止林火从外界蔓延、侵入，同时也可起到不同林权之间的划界作用。林带设计与道路、农田、水体等自然隔离带有机结合，形成控制区。控制区内不同林分类型之间——特别是容易发生火灾且蔓延迅速的针叶林——也应相互分隔。林带控制面积应在 200～300 亩，即使发生火灾，也便于集中力量扑灭，将损失减少到最低限度。林带要有一定的规模，其面积应是整个林区面积的 8%以上。局部控制网眼与大规模的控制网络相互连接，形成有效的阻隔网络系统。

2. 以防为主和防治结合的原则

森林火灾具有突发性和毁灭性，一旦起火造成重大损失和人员伤亡，即便有效的扑救也常常造成人力、物力的巨大浪费。本节设计突出以防为主的原则，对林缘、林区道

---

* 引自：张家来，曾样福，漆荣，等. 九峰森林防火林带设计. 湖北林业科技，1999（4）：10-11.

路、坟地等都有相应的林带隔离措施及林分改造方法。林缘及道路两旁一般栽植树形高大、生长迅速，且路人不易接近的带刺的防火树种，如光叶石楠等，而坟地等则将针叶林改造成针阔混交林或常绿阔叶林。此外，宣传教育及设置林区防火警示牌等措施，也是非常必要的，宣传教育与林带措施相结合会产生良好的防火效果。

3. 防火效益和经济效益兼顾的原则

注重效益是市场经济对防火林带设计的要求。防火林带的经济效益包括两个方面。一是防火林带的施工最经济有效，即以较小的投入达到最理想的防火效果；二是防火林带本身要产生一定的经济收入。本节设计在适地适树的前提下，尽可能地选择经济价值比较高的防火树种，按提高防火隔离作用的要求，优化林带结构，既能有效地防止森林火灾，又能产生明显的经济效益。

4. 工程设计与科研设计相结合的原则

九峰森林防火林带既是工程项目，也是科研项目，工程设计是科研设计的基础，科研设计包含在工程设计之中。按项目总体规划的要求，该项目在九峰地区研究的内容有：①森林防火林带综合效益的评价，通过评价，阐明林带对森林防火的作用和意义及提高林带防火效益的途径。②防火林带结构模式的研究，在比较分析不同林带结构防火性能的基础上，筛选出适合九峰地区的最优模式。③不同林分类型防火性能的研究，通过重点防火地段如坟地等人为活动较频繁地方的林分改造，对比研究不同森林类型防火能力的差别，以便选择出防火性能较好的林分结构作为同类地方森林防火的推广模式。

8.1.3　九峰森林防火林带规划设计

九峰森林防火林带规划设计图如图 8.1 所示。

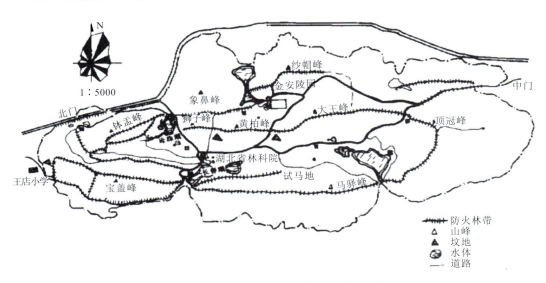

图 8.1　九峰森林防火林带规划设计图

8.2　国外松枯梢病病原菌生物学特性[*]

由松色二孢菌 *Diplodia pinea*（Desm.）Kickx（又名 *Sphaeropsis sapinea*）引起的松枯梢病为一种世界性病害。由英国皇家植物园首次报道（1907～1911 年）。该菌广泛分布于南北半球纬度 30°～50°，主要侵染引种的外来松、生长衰弱的松树及其他针叶树，造成枯梢，溃疡，针枯，芽腐，球果、根茎腐烂等危害。在美国发生范围达 24 个州以上，主要危害引种的南欧黑松（*P.nigra*）、欧洲赤松（*P.sylvestris*）等外来松。在新西兰与澳大利亚也以引种的辐射松等外来松受害最重。

枯梢病在我国危害马尾松、樟子松等多种松树，也以引种的国外松发病最为普遍而严重，导致树木生长衰弱，以致整株与成片死亡。湖北、湖南、江苏、江西、广东、安徽、陕西、河南等省均已有该病害严重危害外国松的报道，为我国发展国外松及其他针叶树的一大障碍。

湖北省自 20 世纪 70 年代末以来发现该病害后，危害面积迅速扩大，病情日趋加重，造成巨大经济损失，严重影响了湖北省国外松的发展，为有效防治该病害，湖北省林科所组织了对此病害的研究工作。

对该病原菌生物学特性国内外均已有学者开展过研究，但较系统的报道所见很少，且结果相互有一定的差异。为切实搞清该病原菌生物学特性，从而为了解该病害的发生发展规律及防治提供依据，作者对此开展研究。

8.2.1　材料与方法

病原菌孢子：从湖北省林科所同一湿地松林分采集 1 年生病梢，经常规表面消毒保湿 2～3 d 后用无菌水冲洗分生孢子，再经两层纱布过滤，离心富集（2 500 r/min），并稀释至所需浓度后备用。

病原菌菌丝体：由该病梢常规组织分离得到。

松汁营养液：用成熟的火炬松针叶剪成 2～3 cm，加少许水碾 3 min 后加水配成所需浓度。

1. 孢子萌芽条件测定

1）营养：用 5 种营养液及蒸馏水配成的孢子悬浮液（20～60 个/视野，10×10），载玻片萌芽法 25℃下培养 16 h 后检查孢子萌芽率。

2）温度：将 10%的松针汁孢子液用载玻片萌芽法分批在①4 ℃，8 ℃；②23 ℃，25 ℃，27 ℃，29 ℃；③32 ℃，35 ℃，38 ℃，41 ℃；④41.5 ℃，42 ℃ 4 个温度组下做孢子萌芽试验。为方便计数，各组分别培养不同时间。

3）湿度：用 5 种盐的饱和溶液、硫酸及清水在密闭的小容器内控制成不同的相对湿度（溶液不少于容器的 4/5），测定 10%松针汁孢子涂层的孢子萌芽率。

4）pH：用 4%的 NaOH 及 3.7%的稀盐酸将 10%的松针营养液调成不同的 pH（用 AME L333 型 pH 计测定），将经室内自然干燥的孢子涂层载玻片在不同的 pH 松针汁浸

* 引自：徐鸿玺，赵升平，陶惠平，等. 国外枯梢病病原菌生物学特性的研究. 湖北林业科技，1992（1）：33-38.

没后即取出，使孢子层外形成一层不同 pH 的松针汁薄层，保湿条件下做孢子萌芽试验。

5）光照：分别在 LRH-250G 型光照培养箱内距 24 W 荧光灯 20 cm 的光照下及恒温培养箱的黑暗条件下做孢子萌芽试验。

6）孢子寿命：将孢子涂层载玻片置于直径 18 cm 的大培养皿内，室温下保存，不定期检查孢子萌芽率。

以上处理均为三次重复，每次检查 5 个（载玻片萌芽法）或 10 个（孢子涂层载玻片）视野。做相对湿度试验时每一水平检查孢子 300 个以上。除做特殊说明外，一般在 25℃下培养 24 h 检查孢子萌芽率。

2. 菌丝体生长条件测定

1）营养：用 7 种培养基在直径 9 cm 培养皿内制平板，用内径为 3 mm 的玻管从培养 3 d 的菌落边缘切取丝块，置于平板中央，25℃下培养 48 h 测量菌落大小，并观察比较菌落性状。

2）温度：同上法用 PDA 培养基分别置于以下温度组中培养：①4 ℃；②23～30 ℃；③32 ℃，35 ℃，38 ℃。根据菌丝体生长速度培养不同时间，求菌落 24 h 平均生长量。以上试验均为 4 次重复。

3. 产生子实体条件测定

试验分两次进行，第一次用马尾松、湿地松、火炬松梢与针叶段（长度 2～3 cm）为基质，置于直径 9 cm 的培养皿中，将不同基质的培养皿各分为两组，一组做高压灭菌，另一组做表面消毒，接入培养 3 d 的菌丝块。再将每组各分为两组，一组置于培养箱的光照下，另一组置于黑暗中 23 ℃保湿培养。第二次用与菌丝体营养条件测定中相同的 7 种培养基，各分为两组分别于黑暗及光照条件下（23 ℃）培养。以上试验的光照条件同孢子萌芽试验，均为 4 次重复，以观察光照及营养对产生子实体及分生孢子的影响。同时也观察室内自然光下不同培养基上产生子实体的情况。

8.2.2　结果与分析

1. 孢子萌芽条件

1）营养：在表 8.1 所示的供试营养液中，以 10% 的松针汁最有利萌芽，萌芽率达 97.1%；其次为 2% 的葡萄糖与 0.5% 的酵母浸膏液，萌芽率分别为 79.2% 与 58.4%。100 mg/L 的维生素 B_1 与 2% 的蔗糖液对萌芽也有明显的促进作用。在蒸馏水对照中孢子基本不萌芽（表 8.1）。

表 8.1　不同营养液中孢子萌芽率比较

营养液	松针汁 10%	酵母浸膏液 0.5%	维生素 B_1 100 mg/L	葡萄糖 2%	蔗糖液 2%	蒸馏水（CK）
检查孢子数	395	707	684	644	884	652
萌芽数	384	414	245	507	241	1
平均萌芽率/%	97.1	58.4	36.1	79.2	35.6	0

2）温度：试验结果表明，孢子在 4℃时即可有少量萌芽；8～9 ℃下 24 h 萌芽率即可达 90.9%，萌芽最适温度为 27～29 ℃，3 h 萌芽率即可达 90.9%与 90.4%。38 ℃的高温对萌芽率几乎没有什么影响，5 h 内萌芽率即可达 81.8%。芽管伸长速度以 27 ℃最快，3 h 可达 116.1 μm；38 ℃对芽管生长有明显的抑制作用，5 h 仅为 39.2 μm。孢子萌芽率在 40 ℃时受到影响，但在 24 h 内萌芽率仍可达 74.7%。在 41.5 ℃时孢子萌芽率仅为 0.47%，42 ℃时孢子萌芽率为 0，但 25 ℃下 24 h 后仍有少量孢子萌芽，说明 42 ℃的高温并不能将孢子全部杀死（表 8.2）。

表 8.2　温度对孢子萌芽的影响

温度组	I		II				III				IV	
温度/℃	4	8～9	23	25	27	29	32	35	38	41	41.5	42
萌芽率/%	6.8	90.9	83.9	86.1	90.9	90.4	94.8	93.8	81.8	0	0.47	0
萌芽时间/h	72	24	3				5				24	

3）湿度：在 7 种不同相对湿度下及清水层中的孢子萌芽试验表明，相对湿度在 75%以下时，孢子均不能萌发；80%时开始有极少数萌发；88%时萌芽率达 63.7%；93%以上时萌芽率达 85.2%，相对湿度在 98%与 100%时萌芽率分别达 86.8%和 88.1%，在清水层中萌芽率反而较低，仅为 30.7%。作者认为是松针汁孢子涂层中的营养物质被水稀释的缘故（表 8.3）。

表 8.3　不同相对湿度对孢子萌芽率的影响

相对湿度/%	检查孢子数	萌芽数	萌芽率/%	湿度控制物质
66	329	0	0	$NaNO_2$
75	358	0	0	H_2SO_4 (32.4%)
80	386	2	0.5	NH_4Cl
88	358	228	63.7	$K_2Cr_2O_7$
93	325	277	85.2	Na_2SO_4
98	319	281	88.1	$CuSO_4$
100	357	310	86.8	清水
清水层	365	112	30.7	清水

4）pH：试验控制的 pH 为 4～10，结果表明在此 pH 范围内孢子均可萌芽，以 pH 6～8 最为适宜（表 8.4）。

表 8.4　pH 对孢子萌芽的影响

pH	4	5	6	7	8	9	10
检查孢子数	564	731	565	522	418	414	538
萌芽数	211	284	254	254	201	172	102
平均萌芽率/%	37.4	38.9	45.0	48.7	48.1	41.5	19.0

5）光照：试验结果表明，光照对孢子萌芽没有抑制作用，似乎略有促进作用，在已萌芽的孢子中，光照下产生双芽管的孢子比例较黑暗中的高（表 8.5）。

表 8.5 光照条件对孢子萌芽的影响

条件	检查孢子数	萌芽数	平均萌芽率/%	双芽管孢子数	孢子双芽管率/%
光照	524	508	96.9	56	10.7
黑暗	424	407	96.0	26	6.1

6）孢子寿命：1990 年 7 月 10 日测定涂层玻片的孢子萌芽率为 93.0%，11 月 23 日再次测定时萌芽率降至 52%，说明室温保存 4 个月后仍有很高的萌芽率。1989 年 5 月 22 日制作的孢子涂层玻片，一年后于 1990 年 6 月 30 日测定萌芽率仍为 16%，说明孢子生命力可保持一年以上。

2. 菌丝体生长条件

1）营养：在试验用的 7 种培养基中（表 8.6），以 10%松针汁+马铃薯葡萄糖琼脂（potato dextrose agar，PDA）培养基最有利于菌丝体的生长。其次为马铃薯庶糖琼脂（potato saccharose agar，PSA）、5%松针汁+PDA。可见加入适量松针营养物可促进菌丝体生长。该菌在适宜的培养基平板上形成白色、灰白色绒毛状菌落，边缘较齐整，呈羽绒状扩展。培养 3～4 d 后从菌落中央向外分泌青褐色色素，菌丝体也由中央开始逐渐向外塌陷，随着菌落的扩展与成熟，褐变范围向外扩大，颜色逐渐加深，最后整个菌落呈黑色，菌落表面菌丝体塌陷呈污灰色，并聚集成团絮状。在 PSA 培养基上初期菌丝体色白而细密；在不加马铃薯的松针汁+葡萄糖琼脂（dextrose agar，DA）培养基及松针段培养物上菌丝体稀疏，扩展缓慢（表 8.6）。

表 8.6 不同培养基上菌落生长量比较

培养基种类	PDA	2%松针汁+DA	5%松针汁+PDA	10%松针汁+PDA	PSA	10%松针汁+DA	松针段
平均直径/cm	4.75	4.70	5.00	5.20	5.10	3.70	3.50

2）温度：菌落在 4 ℃时即有弱度生长，24 h 平均直径增长 0.04 cm；26～27 ℃为生长最适温度，24 h 直径平均增长约 2.7 cm，高温 38 ℃ 24 h 直径平均增长 0.43 cm，仅为最适温度时的 16%（表 8.7）。

表 8.7 温度对菌落直径增长的影响

温度组	I	II								III		
温度/℃	4	23	24	25	26	27	28	29	30	32	35	38
直径总增长/cm	1.45	3.62	4.13	4.43	5.10	5.07	4.97	4.92	4.82	3.45	1.93	1.28
24 h 直径平均增长/cm	0.04	1.93	2.20	2.36	2.71	2.70	2.65	2.62	2.57	1.15	0.64	0.43
培养时间	33 d	45 h								72 h		

3. 产生子实体条件

在光照条件下培养一周后经高压灭菌的松针段与松梢上均开始产生子实体的突起，

以火炬松针叶段与松梢上产生量较多，但尚未突破表皮。马尾松梢上仅有菌丝体聚集成疏松颗粒。而表面消毒的松梢与松针段上尚未显现任何产生子实体的迹象。说明高压灭菌可能破坏松针、梢组织中的某些抑菌物质，从而有利于该菌的生长发育。20 d 时发现表面灭菌的鲜松梢上亦产生了大量子实体，但镜检时孢子量很少，而高压灭菌的松针、梢上，火炬松的产生了大量密生子实体与多量分生孢子，湿地松的较稀疏，而马尾松的最为稀疏。这种顺序与自然界观察的三种松树的病感性顺序一致。在黑暗条件下，无论是高压灭菌还是表面消毒的材料上均未见子实体及孢子的形成。

在 7 种培养基上 23℃下持续光照半个月均可形成子实体，但丰度不同，以 PSA、PDA 及 10%松针汁+DA 基质上产生的子实体较多，但尚未检出孢子。而松针段上已形成大量直径为 0.5~0.8 mm 灰色绒毛状菌丝覆盖的子实体突起，并已形成棕褐色单胞分生孢子。说明经高压灭菌的松针段最利于产孢。一个月后检查子实体及分生孢子的丰度以火炬松针叶段，2%松针汁+PDA、10%松针汁+DA 与 PSA 培养基上子实体丰度最高（表 8.8）。

表 8.8 培养基对子实体丰度的影响

培养基	PDA	2%松针汁+PDA	5%松针汁+PDA	10%松针汁+PDA	PSA	10%松针汁+DA	火炬松针叶段
子实体丰度	++	+++	+	+	+++	+++	++++

在黑暗条件下及室内自然光下，7 种培养基上除了在松针段及 10%松针汁+DA 上产生极少量实体突起或絮状菌丝体聚集小颗粒外，均未形成子实体。两个试验均证明松枯梢病病原菌形成子实体及产生分生孢子需要加强光照。经测定人工培养的孢子在清水中也不萌芽，而在 10%松针汁中萌芽率几乎达到 100%。

8.2.3 小 结

多次试验表明，松色二孢菌分生孢子萌芽需要一定的营养条件，参试的几种营养液中以 10%松针汁最有利于萌芽。菌丝体在 10%松针汁+PDA 及 PSA 培养基上生长最快。孢子及菌丝体从 4℃开始即可有少量萌芽与生长。孢子萌芽的最适温度为 27~29℃，菌丝体生长最适温度为 26~27℃。该菌对高温的耐受力较强，38℃、40℃时在松针营养液中的萌芽率仍很高。但在 41.5℃的高温下孢子萌芽严重受阻，孢子致死温度达 42℃以上。35~38℃时芽管及菌丝体生长明显受抑制。孢子在 pH 为 4~10 时均可萌芽，以 6~8 最为适宜。分生孢子在相对湿度 80%以上方可萌芽，在 98%与 100%时萌芽率几乎相同。高湿度有利于孢子萌芽，但不一定需要自由水。增强光照有利于该菌产生子实体，且不影响孢子萌芽。以松针段、PSA、10%松针汁+DA 培养基最有利于子实体及孢子的产生。

本节试验结果与国内外其他有关该菌的生物特性研究结果有一定的异同。例如，本书的试验表明该菌孢子萌芽需要一定的营养条件，而 Brookhouser 等证明该菌的分生孢子在蒸馏水、清水及水洋菜中都可正常萌芽[1]。邱广昌等对马尾松松色二孢菌的研究也未提及分生孢子萌芽需要补充营养。在他们及苏开君等[2]的研究结果中，孢子萌芽及菌丝体生长的最适温度均较低，温度范围较窄。而邱广昌等证明分生孢子萌芽的湿度在 80%以上，培养基中加入松针有利于产孢，Brookhouser 证明人工培养需要在荧光灯（15 W）

的光照下才能产孢[1]，苏开君等证明自然光下人工培养不易产生子实体[2]，这些均与本节试验结果相符。

从本节试验结果可见，该病原菌对温度的适应范围较广，最适温度偏高，孢子寿命较强，孢子萌芽对 pH 及湿度的要求不高，这说明该病原菌耐受力强，故可在湖北省广大国外松栽培区普遍发生。高湿度有利于孢子萌芽与侵染，湖北省国外松抽生春梢期正值高温多雨季节，5～6 月份新梢严重被害，病梢率在此期间呈直线上升。增强光照有利于子实体的产生，并对孢子萌芽没有抑制作用，因此不仅郁闭度大的林分因生长不良而易受侵染，郁闭度小的林分也可能因其他原因导致的树势衰弱及病原菌来源丰富而发病。

本节作者与其他研究者试验结果间的差异，可能由于病原菌的变异引起。该病害分布范围广，本节作者认为由于该病害分布范围内的气候条件及生态环境差异甚远，寄主种类繁多，有可能导致病原菌的变异，从而造成各地研究结果的差异。此外试验方法与误差也可能对结果带来一定的影响。本节孢子萌芽中的多项试验均在以松针汁为营养的条件中进行，对温度的试验最低从 4 ℃开始，并分组在较小的温度梯度中进行，由此可以较确切地测定出温度条件的影响。

8.3　国外松枯梢病周年发生规律与传播方式[*]

20 世纪 70 年代末，湖北省引种栽培的国外松开始发生严重枯梢病（*Diplodia pinea*）。为掌握该病害的周年发生规律从而确定防治关键时期以有效防治该病害，本节作者 1989～1990 年对新梢发病动态病原菌的侵染循环及孢子散发动态等问题进行了研究。在室内对病原菌的传播方式等做了模拟试验，对该病害的周年动态国内外曾开展过研究，但结论有的相差甚远，对有关传播问题尚未见任何研究报道。

8.3.1　新梢发病周年动态

1989 年在湖北省林科所试验林场 18 年生火炬松林（该林分枯梢病发病株率为 100%，病情指数为 60～70）固定 5 株标准株，每 10 d 于各株不同方位剪取树冠中下部枝条 3～4 个，摘取当年新梢混合成样本，统计新梢数、病梢数，计算新梢发病率。1990 年在该林分中固定 4～5 年生林下幼树 5 株，每 10 d 调查新梢发病率，通过两年调查了解新梢发病周年动态。

定期调查表明，1989 年于 5 月中旬首次发现新梢发病，之后病梢率急剧上升，于 6 月下旬达 95%，至 8 月初略有降低，达 85.3%，8 月中旬又回升至 97%，以后一直维持在 95%～100%。1990 年于 4 月下旬首次发现新病梢，随后病梢率亦急剧上升，至 7 月上旬达 81.3%，7 月下旬后病梢率略有下降，至 8 月中旬回升至 72%，9 月下旬达 81%。两年调查结果表明当年初侵染后 4 月下旬开始出现新病梢，5～6 月病梢率急剧上升，很

* 引自：徐鸿玺，赵升平，陶惠平，等. 国外松枯梢病周年发生规律与传播方式的研究.湖北林业科技，1992（4）：22-25.

快达到发病高峰。除在 7 月下旬至 8 月初略有下降外，病梢率均处于高水平，当年新梢几乎全部罹病枯死（图 8.2）。

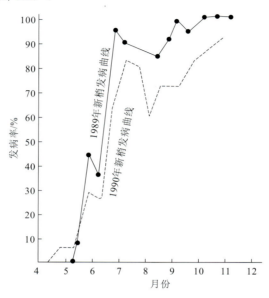

图 8.2　国外松枯梢病周年发病动态

8.3.2　病害的侵染循环及病原菌周年动态

通过切片镜检及扩大镜观察了解越冬病组织上分生孢子器的形成与发展。对越冬病组织进行常规分离以确证病原菌以菌丝体越冬的可能性。

对病梢产孢量进行常年检查，在统计病梢率的同时将病梢混合，从中随机取 10 个，从梢端向下剪取 3 cm 长，置于小瓶内，加水 10 mL 振荡 3 min 后分别从上、中、下层各取 1 滴制成 3 个临时玻片，每玻片检查 10 个视野，求每个视野平均孢子数。

林间孢子捕捉，1989 年 6 月下旬开始在林中固定地点进行近一年的孢子捕捉。每次悬挂凡士林玻片 20 块，10 d 回收一次，每块玻片分上下两列检查 20 个视野，求每日每玻片的平均孢子捕获数。

越冬期 3 月中旬可看见病梢上特别在芽鳞上有大量子实体自表皮下微隆起，中间有细的纵向裂缝，有少数子实体突破表皮，呈黑色球形裸露于外。切片检查可见典型的具乳头状突起的分生孢子器及分生孢子。4 月中旬可见大多数子实体明显隆起。约有 10%～40%突破表皮裸露在外。4 月下旬可见多数分生孢子器已突破表皮裸露。此时针叶上的分生孢子器多数仍扁平，仅有少数突起并开裂，可见针叶上的分生孢子器较梢上的发育要迟。由于分生孢子器的不断成熟，自 4 月下旬开始越冬病梢产孢量迅速上升，由此形成 4 月下旬至 5 月上旬的初侵染高峰（图 8.3）。据观察，新梢在发病后 20 d 内即可形成子实体并产孢进行再侵染。

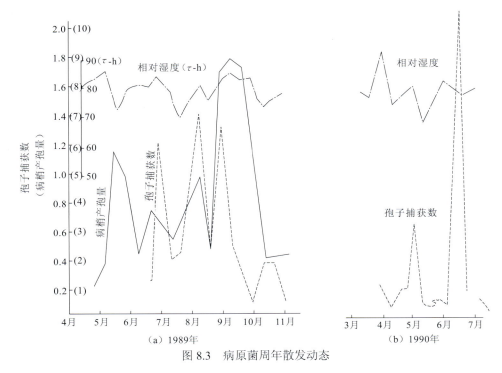

图 8.3　病原菌周年散发动态

对越冬病斑的分离培养表明，除了以分生孢子器及分生孢子越冬外，病原菌亦以菌丝体越冬。以 1989 年 4 月 12 日对越冬病组织的分离培养结果为例，病针叶上的松色二孢菌落出现频率为 54%，病枯梢中该菌的出现频率为 90%。

根据病梢产孢量检查及林间孢子捕捉的结果可知，从 3 月中旬至 12 月上旬病梢均可检出孢子。3 月下旬林间已可捕捉到孢子。林间孢子数量消长与气温、降雨、相对湿度等因子关系密切。当 4 月下旬至 5 月初温度上升至 20 ℃左右，相对湿度达 85%以上时病梢产孢量显著增长，林间孢子散发量达到第一个高峰，此时为初侵染高峰。6 月中下旬为高湿多雨期，相对湿度在 80%以上，降雨量为全年最高，罹病新梢开始大量产孢，形成全年孢子散发量的最高峰。此后又由于高温高湿，分别于 8 月上旬与 8 月下旬再次形成孢子散发高峰，而 7 月中旬与 8 月中旬由于低湿少雨，孢子捕获数与病梢产孢量均显著下降。全年孢子散发量与病梢产孢量基本同步，但孢子散发量自 9 月上旬开始急剧下降，10 月份虽略有回升仍处于低水平，而病梢产孢量在 9 月份一直处于高水平，直至 10 月上旬才下降至低谷。

8.3.3　病原菌的传播

为了解病原菌的传播方式、散发时间及传播距离等问题，在室内开展了模拟气流与降水试验。将 10 个长约为 15 cm 的病枯梢（带下部针叶与小枝）聚集成束置于实验室用铁架台的铁环中，使铁环距地面的距离为 0.5 m，在距铁环中心 0.5 m 处放一台电扇，另一端 0.5 m 处垂直放置一块木板，于木板中心部位固定涂凡士林载玻片 10 块，使电扇的中心、病梢束及玻片的中心同在一条直线上，使玻片可更多地接收孢子。

1. 病原菌传播方式的测定

将电扇开至最高档（风速为 5.4 m/s），模拟气流对准病梢吹 1 h 后，取下玻片，每玻片分上下两列共检查 10 个视野，统计 10 块玻片捕获的孢子量，结果 10 块玻片的捕获总量为 0。重复以上试验，在吹风的同时用普通农用背负式喷雾器在病梢束上方约 20 cm 处喷雾，使呈均匀粗雾状水滴，模拟气流加中度降雨。每 10 min 换一次玻片，同上述镜检孢子捕获量，结果第 1 个 10 min 即已捕获到孢子，1 h 共捕获到孢子 120 个，说明单纯的气流不能携带并传播孢子，病原菌的传播必须有风雨交加的条件。

统计本节试验 1 h 内每 10 min 捕获的孢子量可以看出：在模拟条件下孢子散发高峰在 20～30 min，即捕获的孢子占总数的 35.8%，在 10～40 min 内散发的孢子量为 76%，在第 1 个 10 min 与第 6 个 10 min 内孢子散发量最低，说明 1 h 内孢子基本可以散发完毕（表 8.9）。

表 8.9　人工模拟风雨条件下 1 h 内孢子散发量

时间/min	0～10	10～20	20～30	30～40	40～50	50～60
孢子数/个	9	21	43	27	12	8

2. 病原菌水平传播距离的测定

将中央固定有 10 块涂布凡士林的载玻片的木板，分别垂直放置于距离病梢束 0.5 m、1.0 m、1.5 m、2.0 m 的距离，每次换以 10 个病梢聚集成束置于铁架台的铁环中，用上述方法模拟风雨交加对准病梢吹风 0.5 h 后，取下玻片逐片镜检，分别统计不同距离 10 片载玻片所捕获的孢子数（表 8.10）。

表 8.10　人工模拟风雨条件下孢子传播距离

距离/m	0.5	1.0	1.5	2.0
孢子数/个	43	38	17	15

结果表明，0.5 m 处捕捉到的孢子数最多，占全部捕获量的 38%，1.0 m 以内占 71%，1.0 m 以外至 2.0 m 处所捕捉的孢子数不足 30%。可见，在试验条件下孢子传播的最远距离约为 2.0 m，大部分孢子降落在 1.0 m 之内。

8.3.4　小　　结

湖北省国外松枯梢病导致当年新梢自 4 月下旬至 5 月中旬开始发病，随即病梢率急剧增加，于 6 月下旬至 7 月上旬即可达到高峰，病梢率可高达 81.3%～95.0%。7 月至 8 月上旬由于气候干旱及抽生夏梢病梢率略有下降，于 8 月下旬再度回升。全年除发病始期外，病梢率始终处于高水平，当年新梢几乎全部罹病枯死。

越冬病原菌自 3 月下旬即可产生并散发孢子，至 11 月初林间仍可捕捉到孢子，3 月底至 4 月初新梢开始萌动时病菌即开始初侵染。4 月底至 5 月初为越冬病原菌孢子散放高峰期，即形成初侵染高峰。当年新梢罹病后约 20 d 内即可产生子实体，形成新的侵染来源，加剧病害的发生。病梢的产孢量与孢子散发量基本同步，与温度、湿度及降雨关系密切，一年可形成多次产孢与孢子散放高峰。

室内模拟试验证明该病原菌属于风雨传播。在风速为 5.4 m/s 时，76%的孢子在降雨后 10～40 min 内散发，水平传播的最远距离约为 2 m。约 70%的孢子仅传播至 1 m 之内。

研究结果表明：防治该病害的关键时期应在初侵染高峰之前，即于 4 月下旬之前进行。由于湖北省在 6 月份为高温高湿的梅雨季节，孢子散发量达全年最高峰，此时新梢木质化尚未完善，有必要在 6 月上旬左右进行第二次防治。该病原菌水平扩散的距离较近。因此，初发病林分应注意清除重病株，剪除病枯梢，以杜绝或减少侵染来源。由于该病害为一弱寄生菌引起，选择适宜的立地条件，采取合理的抚育管理措施以增强树势，防止病害的发生蔓延。

8.4　阿维菌素对紫薇梨象的室内毒力评价*

紫薇梨象（*Pseudorobitis gibbus* Redtenbacher）属于鞘翅目（*Coleoptera*）梨象科（*Apionidae*），危害我国园林常用绿化树种——紫薇（*Lagerstroemia indica* L）。该虫成虫取食紫薇的嫩叶、嫩梢、花及幼嫩种子，造成叶面皱缩、嫩梢干枯、花色变淡、花瓣卷曲等危害。而幼虫钻蛀花萼、幼嫩蒴果、种子，导致紫薇蒴果大量落地、种实空瘪[3]。目前，紫薇梨象不仅在山东省泰安市、枣庄市等地造成危害，而且该虫在湖北省武汉市九峰紫薇苗圃也发生严重，造成紫薇的观赏价值下降。由于紫薇梨象是新发现的紫薇害虫[3]，目前还没有农药防治紫薇梨象试验的相关报道。阿维菌素是一种新型抗生素类杀虫剂，是从土壤微生物中分离的天然产物，在植物表面残留较少。因此，作者选用阿维菌素对紫薇梨象进行室内毒力测定，为防治紫薇梨象提供基础试验数据。

8.4.1　材料与方法

1. 供试药剂

0.2%阿维菌素乳油（安阳市安林生物化工有限责任公司）

2. 试验方法

（1）供试虫

供试虫采自湖北省武汉市九峰紫薇苗圃。供试成虫置于养虫盒中，于室温下饲养。每日饲喂新鲜的紫薇嫩叶。

（2）室内毒力测定

胃毒防效测定（食叶浸渍法）：用蒸馏水将 2%阿维菌素乳油稀释 500、1 000、1 500、2 000 倍浓度，然后把新鲜的紫薇嫩叶浸入相应浓度的药液 5～10 s，晾干后放入养虫盒中饲喂紫薇梨象成虫。以上试验每个浓度处理试虫 20 头，重复 3 次，以清水做空白对照。

* 引自：查玉平，洪承昊，胡玖进，等. 阿维菌素对紫薇梨象的室内毒力评价. 湖北林业科技，2010（6）：30-31.

（3）数据调查与统计分析

在用药后 1 h、12 h、24 h、48 h 检查死亡虫数，根据式（8.1）、式（8.2）计算死亡率，并统计校正致死率。

$$虫口死亡率（\%）=\frac{药前活虫数-药后活虫数}{药前活虫数}\times100\% \tag{8.1}$$

$$防治效果（\%）=\frac{PT-CK}{100-CK}\times100\% \tag{8.2}$$

式中：PT 为药剂处理后的虫口死亡率；CK 为空白对照的虫口死亡率。

用 DPS2000 软件对数据进行机值分析，计算毒力回归方程式、LC_{50} 值、LC_{95} 值、b 值以及卡方值[4]。

8.4.2　结果与分析

从表 8.11 和表 8.12 可以看出，阿维菌素对紫薇梨象有较强的毒杀作用。处理 24 h，稀释 2000 倍的 2%阿维菌素乳油对紫薇梨象的校正致死率就超过 50%，而稀释 500 倍的 2%阿维菌素乳油对紫薇梨象的校正致死率几乎达到 85%。在处理 48 h 后，阿维菌素乳油对紫薇梨象的致死中质量浓度为 0.19 mg/L。

表 8.11　2%阿维菌素乳油防治紫薇梨象的校正致死率

稀释倍数	校正致死率 / %			
	1 h	12 h	24 h	48 h
500	23.35	79.66	84.75	98.20
1 000	1.65	66.09	69.50	94.54
1 500	1.65	54.25	67.77	94.54
2 000	1.65	42.35	54.25	85.49

表 8.12　2%阿维菌素乳油对紫薇梨象的毒力测定结果

处理时间/h	毒力回归方程式	LC_{50} /（mg/L）	LC_{95} /（mg/L）	b 值	卡方值
1	$y=2.480\ 7+2.867\ 0x$	7.563 7	28.344 0	1.168 1	0.890 0
12	$y=4.868\ 6+1.662\ 9x$	1.200 0	11.700 4	0.674 7	0.116 3
24	$y=5.171\ 3+1.388\ 8x$	0.752 7	11.508 8	0.696 9	0.326 6
48	$y=6.171\ 8+1.624\ 5x$	0.190 0	1.955 3	1.258 4	0.372 5

实验结果显示，在 48 h 内阿维菌素乳油对紫薇梨象的毒杀效果随着药物浓度的增加而增强。例如，处理 12 h 后，稀释 500 倍、1 000 倍、1 500 倍的 2%阿维菌素乳油对紫薇梨象的致死率分别是稀释 2000 倍的 1.9 倍、1.6 倍、1.3 倍。实验结果还揭示在 48 h 内阿维菌素乳油对紫薇梨象的毒杀效果随着处理时间延长而增强。例如，在处理 48 h、24 h、12 h 后稀释 1500 倍的 2%阿维菌素乳油对紫薇梨象致死率分别是处理 1 h 的 57.3 倍、41.1 倍、32.9 倍。

8.4.3　小　　结

　　阿维菌素在光照条件下或土壤微生物作用下迅速降解，其降解物最终被植物和微生物分解利用，无任何残留毒性，具有良好的生态效应[5]。从本节实验结果来看，阿维菌素对紫薇梨象具有较强的胃毒作用，是比较理想的杀虫剂，但其防治效果还需进行田间试验。以上试验数据为阿维菌素防治紫薇梨象提供了基础的试验资料和理论依据。

参 考 文 献

[1] BROOKHOUSER L W，PETERSON G W. Infection of Austrian，Scots and ponderosa pines by diplodia pinea[J]. Phytopathology，1971，61(4): 409-414.

[2] 苏开君，谭松山，邓群. 国外松枯梢病症状和病原的研究[J]. 森林病虫通讯，1991(1): 2-5.

[3] 王菊英，周成刚，乔鲁芹，等. 严重危害紫薇的新害虫: 紫薇梨象[J]. 中国森林病虫，2010，29(4): 18-20.

[4] 唐启义，冯明光. DPS 数据处理系统软件[M]. 北京: 中国农业出版社，1997.

[5] 徐汉虹，梁明龙，胡林. 阿维菌素类药物的研究进展[J]. 华南农业大学学报，2005，26(1): 1-6.

第 9 章

九峰森林土地资源环境监测与保护

　　土壤环境是生态环境的重要组成部分,本章介绍快速测定土壤有机质的方法及利用特定植物进行修复、改善土壤环境试验,效果良好。

　　为实现快速准确测定森林土壤有机质,以土壤标准物质为试验对象,在外加热条件下,以酸性重铬酸钾氧化土壤中有机质,铬(VI)被还原为铬(III),用分光光度计测定铬(III)吸光度,与标准系列比较定量即可得出有机质质量分数。

　　利用植物刺槐和西葫芦修复受多氯联苯 Aroclor 1248 污染的土壤,结果表明,植物种植 18 d后,刺槐根际对多氯联苯总降解率为 39.7%,西葫芦根际对多氯联苯的总吸收率为 33.6%;植物种植 35 d 后刺槐根际对多氯联苯的总降解率为 58.1%,西葫芦根际对多氯联苯的总吸收率为 40.9%。

9.1　正交试验优化分光光度法测定森林土壤有机质[*]

有机质是森林土壤的重要组成成分，其含量水平是衡量土壤肥力的重要指标之一，对土壤物理、化学和生物学性质有着深刻的影响，对重金属、农药等各种有机、无机污染物有固定作用，是全球碳平衡过程中非常重要的碳库[1]。土壤有机质测定方法主要有干烧法、核磁共振法、近红外光谱法、稀释热比色法和容量法等。干烧法的测定结果虽然比较准确，但工序烦琐，需要特殊的仪器设备，很费时间，普通实验室不采用该法[2]。稀释热比色法受土壤类型和环境温度影响较大，准确度低，应用受到限制[3]。核磁共振法和近红外光谱法可以对有机质的种类、成分等进行定性和定量分析，也需特殊的仪器设备[4-5]，成本昂贵。容量法为国家行业标准法[6-7]，操作简单，被广泛采用，但该法也有一些不足之处：①存在安全隐患，在170～190 ℃的高温油浴消解样品过程中，导热油会分解挥发一些有害气体，有损实验员的健康，同时剧烈沸腾的高温消解液可能溅出伤人；②批量检测时，若土质类型不同则沸腾时间难以同时达到标准所规定的 5 min，从而影响测定结果，有试验表明有些土样消解沸腾 4～5 min、沸腾 5～6 min，测定结果均值间存在显著性差异[8]；③消解管外壁的油污不易清洗；④滴定法测定效率不高，不适应现代林业检测技术的批量快速要求。分光光度法测定土壤有机质的影响因素有：消解温度、消解时间、硫酸用量及重铬酸钾溶液用量。消解温度直接影响有机质的氧化率，消解温度低，有机质氧化反应不完全，致使结果偏低；温度过高时，可能促使重铬酸钾自我分解，导致测定值虚高。同理消解时间过短，氧化不完全，致使结果偏低，消解时间过长，重铬酸钾会自我分解，会使结果偏高。硫酸在该反应体系中提供酸性环境，以保证有机质氧化完全，硫酸用量不足氧化不完全，结果偏低，用量过多，造成浪费。本节研究以标准土样为试验对象，采用正交试验，确定消解时间、消解温度、硫酸用量及重铬酸钾溶液用量等实验技术参数，并对该方法进行验证，从而建立分光光度法测森林土壤中有机质含量的测定方法。

9.1.1　材料与方法

1. 材料、仪器及主要试剂

标准土壤样品 GBW 07458（土壤有效态成分分析标准物质——黑龙江黑土，中国地质科学院地球物理地球化学勘查研究所）：有机质质量分数认定值范围为（34.5±1.3）mg/g；实验室留存森林土壤样品 3 个（代表有机质质量分数低、中、高）。

电子天平（精度 0.1 mg），721 可见分光光度计，电热恒温干燥箱，具塞玻璃消解管（具有 100 mL 刻度线），油浴消化装置，常用实验玻璃器皿。

葡萄糖、重铬酸钾、硫酸等均为分析纯。重铬酸钾溶液，ρ（$K_2Cr_2O_7$）=90.00 g/L：称取 90.00 g 重铬酸钾，加蒸馏水溶解，移于 1 L 容量瓶中，定容。葡萄糖标准溶液，ρ（$C_6H_{12}O_6$）=13.0 g/L：准确称 13.000 0 g 葡萄糖（98～100 ℃烘 2 h），加蒸馏水溶解，

* 引自：辜忠春，李光荣，李军章，等. 正交试验优化分光光度法测定森林土壤有机质. 浙江农林大学学报，2017,34（2）：239-243.

无损地移于 1 L 容量瓶中，加入 2 mL 硫酸，定容。

2. 方法

（1）方法原理

分光光度法：在外加热条件下，土壤样品中的有机质被过量重铬酸钾-硫酸溶液氧化，重铬酸钾中的铬（VI）被还原为铬（III），铬（III）质量分数与样品中有机质的质量分数成正比，用分光光度计于 585 nm 波长处测定铬（III）吸光度[7-8]。在一定范围内，吸光度与样品中有机质的质量分数成正比，与标准系列比较定量求得有机质质量分数。反应方程式为

$$2K_2Cr_2O_7+8H_2SO_4+3C \Longrightarrow 2K_2SO_4+2Cr_2(SO_4)_3+3CO_2\uparrow+8H_2O \qquad (9.1)$$

（2）土壤有机质测定

分别采用容量法和分光光度法进行测定。

容量法：按照《森林土壤有机质的测定及碳氮比的计算》（LY/T 1237—1999）进行测定[6]。分光光度法：根据有机质质量分数范围，准确称取过 100 目筛的风干土样 0.100 0～0.500 0 g（有机质高于 50 mg/g 的土样称 0.1 g，有机质为 20～30 mg/g 的土样称 0.3 g，有机质低于 20 mg/g 的土样称 0.5 g）于 100 mL 消解管底部，加入 90.00 g/L 重铬酸钾溶液 7.0 mL，沿消解管内壁缓缓加入 6 mL 硫酸，放入已预先加热至 135℃的电热恒温干燥箱中，于（135±1）℃保温 60 min 后取出，冷却，加蒸馏水定容，加塞摇匀，用中速定量滤纸过滤。滤液用分光光度计于波长 585 nm 处，用 10 mm 比色皿，测量吸光度。同时做标准曲线，即分别准确吸取 0.00 mL、0.50 mL、1.00 mL、2.00 mL、3.00 mL、4.00 mL、5.00 mL 葡萄糖标准溶液于具塞消解玻璃管中，其对应有机碳质量分别为 0.00 mg、2.60 mg、5.20 mg、10.4 mg、15.6 mg、20.8 mg 和 26.0 mg。其他过程同土样测定，同时进行空白试验及土样含水率测定。分光光度法结果计算公式为

$$x=\frac{G-G_0-a}{f\times m\times k}\times1.724 \qquad (9.2)$$

式中：x 为土壤样品中有机质质量分数，mg/g；G 为土壤样品溶液吸光度；G_0 为空白试验溶液吸光度；a 为校准曲线的截距；f 为校准曲线的斜率，mg^{-1}；m 为土壤样品称取量，g；k 为风干土壤样品质量换算成烘干土样质量的水分换算系数；1.724 为将有机碳换算有机质的系数。

3. 数据统计

每个样品重复测定 6 次，各平行数据以格鲁布斯（Grubbs）检验法剔除异常值，其算术平均值为测定结果。分光光度法与容量法[6]的测定数据根据 Excel 2007 软件用 t 检验法检验两种方法的显著性差异。

9.1.2　结果与分析

1. 消解溶液颜色稳定性试验

将 1 个标准土样和 1 个土壤样品按分光光度法消解后，放置 1～24 h 测定滤液吸光度（表 9.1），考查在该溶液体系中铬（III）颜色稳定性。由表 9.1 可见，在 24 h 内测定

的吸光度差异很小（≤0.003），表明在此期间内铬（III）颜色稳定性好。

表9.1　颜色稳定性试验测定吸光度

放置时间/h	吸光度		放置时间/h	吸光度	
	标准溶液	土壤样品溶液		标准溶液	土壤样品溶液
1	0.202	0.108	8	0.201	0.107
3	0.202	0.109	24	0.200	0.106
5	0.201	0.108			

2. 试验技术参数的选择

外加热重铬酸钾氧化-分光光度法测定森林土壤有机质的主要影响因素有：重铬酸钾用量、消解温度、消解时间和硫酸用量。

该方法需用过量的重铬酸钾氧化有机质。根据文献[6-7]要求："在滴定时样品消耗硫酸亚铁量不小于空白用量的 1/3"，即重铬酸钾所需总量为参与氧化反应的重铬酸钾的 1.5 倍以上。采用单因素多水平实验法，选用 90.00 g/L 重铬酸钾溶液 5.0 mL、6.0 mL、7.0 mL 分别进行测定，依据式（9.1），以称量 0.1 g 计，其测定上限分别为 317 mg/g、380 mg/g、443 mg/g。中国森林土壤有机质质量分数范围很广，低者只有 10～20 mg/g，高者如东北的黑土有机质可达 400 mg/g，因此 443 mg/g 的测定结果基本能够满足中国森林土壤有机质的测定上限要求，故将 90.00 g/L 重铬酸钾溶液用量选定为 7.0 mL。

其余影响因素，消解温度、消解时间和硫酸用量采用 3 因素 3 水平 $L_9(3^4)$ 正交试验，通过对标准土样 GBW07458 进行有机质测定，重复测定 6 次/实验组合，得其测量值的算术平均值 $\bar{x}$，将 $\bar{x}$ 与标准土样的认定值（$\mu=34.5$ mg/g）比对分析，以结果的绝对误差（$|\bar{x}-\mu|$）作为响应值进行数据分析，$|\bar{x}-\mu|$ 数值越小即越接近认定值，以确定消解样品的最佳实验技术参数（消解时间、消解温度、硫酸用量）。正交试验结果和极差分析见表 9.2。由极差分析结果可知：各因素影响由大到小的顺序是：B（消解时间）＞C（硫酸用量）＞A（消解温度），试验参数优化组合为：A2B3C2，即消解温度 135 ℃，消解时间 60 min，硫酸用量 6 mL。方差分析结果表明，各因素对测定结果均无显著性影响（表 9.3）。

表9.2　正交试验结果及极差分析

实验号	因素与水平			$|\bar{x}-\mu|$ /（mg/g）	实验号	因素与水平			$|\bar{x}-\mu|$ /（mg/g）
	A消解温度 /℃	B消解时间 /min	C硫酸用量 /mL			A消解温度 /℃	B消解时间 /min	C硫酸用量 /mL	
1	125	40	5	2.2	8	145	50	5	1.9
2	125	50	6	1.0	9	145	60	6	0.2
3	125	60	7	0.7	k_1	1.300	0.967	1.433	
4	135	40	6	0.1	k_2	0.567	1.433	0.433	
5	135	50	7	1.4	k_3	0.900	0.367	0.900	
6	135	60	5	0.2	R	0.733	1.067	1.000	
7	145	40	7	0.6					

表9.3　方差分析结果

因素	偏差平方和	自由度	F	$F_{0.05}$ (2, 2)	P	显著性
A	0.809	2	1.209	19.00	>0.05	不显著
B	1.716	2	2.565	19.00	>0.05	不显著
C	1.502	2	2.245	19.00	>0.05	不显著
误差	0.670	2				

3. 验证试验

由于优选的试验技术参数组合不在正交表的上述 9 组试验中，故还需进行验证试验（表 9.4），结果表明，6 次重复测定结果均在标准土样的认定值（34.5±1.3）mg/g 范围内，平均值对标准土样认定值的相对误差为-0.6%，相对标准偏差为 1.3%，加标回收率为 95.2%～98.6%，t 检验结果表明，$t=1.067$，故 $t<t_{(0.05,\ 5)}=2.571$，即与 μ 之间无显著性差异，可见采用优化组合的分光光度法，没有引起系统误差。

表9.4　标准土壤样品的优化组合验证测定结果

重复次数	x/（mg/g）	R/%	$\bar{x}$/（mg/g）	s（x）	相对标准偏差/%	相对误差/%	t	$t_{(0.05,\ 5)}$
1	34.1	96.2	34.3	0.459	1.3	−0.6	1.067	2.571
2	34.8	98.1						
3	34.4	95.2						
4	33.7	98.6						
5	34.1	96.3						
6	34.9	96.9						

4. 标准工作曲线、检出限

以确定的参数优化组合最佳试验参数试验条件下测定标准系列，以葡萄糖标准溶液的有机碳质量为横坐标，以对应的 0 质量浓度校正吸光度为纵坐标，绘制校准工作曲线。结果表明：有机碳的质量浓度在 0～260.0 mg/L 与溶液吸光度呈良好线性关系，标准工作曲线回归方程：$y=0.019x+0.001$，相关系数 $r=0.999\ 7$。重复 7 次空白实验，将各测定结果换算为有机质的质量分数，分别计算 7 次平行测定的标准偏差，参照文献[11]中的公式 $L_{MD}=t_{(n-1,\ 0.99)}\times S$ 计算方法检出限 L_{MD}（即能够被检出并在被分析物浓度大于 0 时能以 99% 置信度报告的最低浓度），$L_{MD}=0.5$ mg/g（按样品称量 0.5 g 计算），可见该方法检出限较低，测定上限为 443 mg/g（以样品称量 0.1 g 计算），能够基本满足森林土壤有机质的检测要求，因而具有广泛的应用范围。

5. 样品测定

为进一步考察优选的实验方法的适用范围，检验其可靠性，分别选取代表有机质质量分数较低（砂质土，样品编号 L_1）、有机质质量分数中等（黄壤，样品编号 L_5）、有机质质量分数较高（棕壤，样品编号 L_9）的实验室留存森林土样各一份进行测试，以标准土样 GBW07458 为质控样，分别以分光光度法和容量法[6]同时测定有机质，各方法重复6 次/样品，结果的平均值 $\overline{x}$，相对标准偏差 R_{SD} 见表 9.5。

表9.5　容量法与分光光度法实验结果（$n = 6$）

样品名称	容量法		分光光度法	
	$\overline{x}$/（mg/g）	R_{SD}/%	$\overline{x}$/（mg/g）	R_{SD}/%
L₁	8.2	2.6	8.0	2.5
L₅	27.0	4.2	28.2	3.0
L₉	82.1	1.9	83.6	1.5
质控样	34.1	1.4	34.3	1.3

对 L₁ 样品的 2 种方法测定结果用 Excel 2007 软件进行数据分析。方差齐性检验结果见表 9.6，F 检验的单尾 $P = 0.434\ 9 > 0.05$，表明 2 种方法测定值的精密度无显著性差异。t 检验结果（表 9.7）双尾 $P = 0.195\ 7 > 0.05$，表明 2 种方法的测定结果无显著性差异。依照此法，L₅ 和 L₉ 质控样的 t 检验的双尾 P 值分别为 0.10、0.11、0.43（表格略），均大于 0.05，表明采用新方法后，没有引起系统误差。由此可见，分光光度法对有机质质量分数从低到高的土壤样品测定具有较好的精密度和准确度。

表9.6　L₁样品有机质测定结果 F 检验（双样本方差分析）

项目	平均值/（mg/g）	方差	观测值	自由度	F 值	P（$T \leqslant t$）单尾	F 单尾临界
容量法	8.2	0.046 7	6	5	1.166 7	0.434 9	5.050 3
分光光度法	8.0	0.040 0	6	5			

表9.7　L₁样品有机质测定结果 t 检验（双样本等方差假设）

项目	平均值/（mg/g）	方差	观测值	合并方差	假设平均差	自由度	t值	P（$T \leqslant t$）单尾	t单尾临界	P（$T \leqslant t$）双尾	t双尾临界
容量法	8.2	0.046 7	6	0.043 3	0	10	1.386 8	0.097 8	1.812 5	0.195 7	2.228 1
分光光度法	8.0										

9.1.3　小　结

应用外加热重铬酸钾氧化-分光光度法测定森林土壤有机质，通过正交优化试验，确定试验技术参数。所需设备简单，仅为实验室常用的分光光度计等，无须特殊设备，操作过程简便、快捷。通过与行标容量法比对测定，测定结果经 t 检验无显著性差异，标准土样验证试验的准确度和精密度较为满意，同时检出限低，测定范围广。本节研究以标准土样为试验对象进行正交试验，测定结果与标准土样的认定值相比有高有低，因而不便于以测定的有机质质量分数直接进行数据分析，而以测定结果的绝对误差（$|\overline{x} - \mu|$）作响应值进行数据分析是可行的，$|\overline{x} - \mu|$ 数值越小（即越接近认定值）为优。分光光度法测定土壤有机质，会受到土壤中二价铁和氯离子等因素干扰，除去这些干扰的方法与容量法中去干扰的方法相同[6]。

9.2　植物修复多氯联苯污染土壤的效果*

多氯联苯（polychlorinated biphenyls，PCBs）是一类典型的持久性有机致癌物，能长期地存留于土壤环境中[12]。目前，主要的多氯联苯污染土壤修复技术包括植物修复、微生物修复和物理化学修复等。其中，植物修复是一个比较活跃的研究领域，植物修复PCBs污染土壤主要有3种机制，一是植物直接吸收并在植物组织中积累、转化和降解；二是植物根系释放酶到土壤中，促进土壤中生物化学反应以催化加速其降解；三是植物和根际微生物的联合作用，即植物根际效应[13]。这里对前人已经报道的修复多氯联苯污染土壤的两种植物（刺槐和西葫芦）修复效果在同样条件下进行比较研究[14-15]，以期对应用这两种植物修复多氯联苯污染土壤提出一些建议。

9.2.1　材料与方法

1. 材料

供试土壤：清洁土壤采自湖北省九峰国家森林公园内有浓密植物生长的土壤次表层（5～10 cm），自然晾干，研成粉末状，0.25 mm 筛子过筛，混匀，待用[12]。供试植物：刺槐（*Robinia pseudoacacia*）种子购自湖北省林木种苗管理站；西葫芦（*Cucurbita pepo*）种子为山西太谷县艺农种子有限公司生产。试剂：Aroclor 1248 为美国安诺伦（AccuStandard）公司产品。

2. 方法

1）土壤的人工污染将 50 mg Aroclor 1248 溶于 300 mL 丙酮中，用喷壶均匀喷雾于 5 kg 供试土壤中，混匀，放置 1 h，即为人工污染土壤，以上操作均在通风橱中完成[16]。

2）植物种植取 6 个口径 15 cm 的花钵，每个花钵中装入 0.625 kg 人工污染的土壤，2 盆用作对照，2 盆种植已发芽的刺槐种子（每盆 10 粒种子），2 盆种植已发芽的西葫芦种子（每盆 5 粒种子）。

3）样品的采集与处理采集供试植物的根际土，自然晾干，用研钵研成粉末状，0.25 mm 筛子过筛，混匀，待测定。准确称取 2.00 g 样品于 50 mL 离心管，加入 40 mL 提取液（正己烷：丙酮=1：1），振荡 30 min，用布氏漏斗抽滤，以正己烷洗涤残渣 2 次（每次 20 mL），滤液合并于分液漏斗中，以 50 mL 20 g/L 硫酸钠水溶液洗涤，上层正己烷层经无水硫酸钠收集至鸡心瓶，旋转蒸发至 1 mL，加入 0.5 mL 浓硫酸净化，取上清液进气相色谱质谱仪分析。

4）样品的测定使用安捷伦（Agilent）公司 5975 气相色谱质谱仪，配 7683 自动进样器，色谱柱为 DB-5 MS，30 m×0.25 mm×0.25 μm。①气相色谱条件。载气为氦气；柱流速为 1 mL/min；进样口温度为 250 ℃，脉冲无分流进样 1 μL；柱温程序为初始温度

---

* 引自：蔡三山，李晶，王义勋，等. 植物修复多氯联苯污染土壤的效果. 湖北农业科学，2013（4）：1783-1785.

120 ℃，保持 1 min，以 3 ℃/min 的速率升温至 220 ℃；以 6 ℃/min 的速率升温至 280 ℃，保持 5 min。②质谱条件。色谱-质谱接口温度 280 ℃；离子源温度 230 ℃；四极杆温度 150 ℃；离子化方式为 EI；电子能量为 70 eV；质谱检测方式选择离子监测（三氯联苯为离子 256，四氯联苯为离子 292，五氯联苯为离子 326，六氯联苯为 360）。

3. 图谱与数据处理

利用气相色谱质谱仪自带软件 GC MSD Data Analysis 进行 GC/MS 图谱处理，采用外标法进行定量，并利用 Excel 2003 进行数据的统计与分析。

9.2.2 结果与分析

对土壤进行 GC/MS 测定的结果（表 9.8）表明，植物种植 18 d 后，刺槐根际对多氯联苯的降解率为 36.5%~40.3%，平均降解率为 39.7%；西葫芦根际对多氯联苯的吸收率为 32.1%~36.4%，平均吸收率为 33.6%。植物种植 35 d 后，刺槐根际对多氯联苯的降解率为 53.3%~59.3%，平均降解率为 58.1%；西葫芦根际对多氯联苯的吸收率为 38.2%~45.5%，平均吸收率为 40.9%。说明在同等种植条件下，刺槐对土壤中多氯联苯的降解率比西葫芦的吸收率要高。图 9.1 显示了种植植物 35 d 后土壤中四氯联苯的丰度。从图 9.1 可以看出，在同样条件下，种植不同植物土壤的四氯联苯响应值为对照＞西葫芦＞刺槐，表明土壤中四氯联苯的降解或吸收率大小是刺槐＞西葫芦＞对照，这与表 9.8 中所显示的结果是一致的。

表 9.8 植物根际对多氯联苯降解和吸收

处理	类别	对照土/(μg/g)	种植刺槐土		种植西葫芦土	
			多氯联苯质量分数/(μg/g)	降解率/%	多氯联苯质量分数/(μg/g)	吸收率/%
种植 18 d	三氯联苯	0.572	0.347	39.3	0.364	36.4
	四氯联苯	1.030	0.625	39.3	0.699	32.1
	五氯联苯	1.910	1.140	40.3	1.270	33.5
	六氯联苯	0.137	0.087	36.5	0.091	33.6
	平均值			39.7		33.6
	总含量	3.649	2.199		2.424	
种植 35 d	三氯联苯	0.569	0.237	58.3	0.310	45.5
	四氯联苯	1.010	0.440	56.4	0.624	38.2
	五氯联苯	1.800	0.733	59.3	1.060	41.1
	六氯联苯	0.135	0.063	53.3	0.083	38.5
	平均值			58.1		40.9
	总含量	3.514	1.473		2.077	

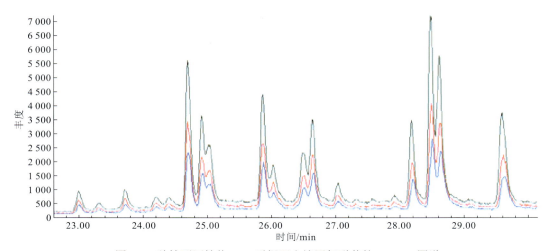

图 9.1　种植不同植物 35 d 后根际土壤四氯联苯的 GC/MS 图谱

以离子 292 为选择性离子，即图中显示的峰为四氯联苯；黑线代表对照土壤，红线代表种植西葫芦的土壤，蓝线代表
种植刺槐的土壤

9.2.3　小　　结

按 Aroclor 1248 的添加量计算，所得人工污染土壤的 Aroclor 1248 的质量分数应该是 10 μg/g，但利用 GC/MS 测得的值为 3～4 μg/g，出现差距的原因有：用的溶剂是丙酮，可能部分 Aroclor 1248 在喷雾过程中随丙酮挥发了；从土壤中提取 Aroclor 1248 时，土壤仍然存在部分 Aroclor 1248 未提取出来。

Demnerova 等[14]发现刺槐能够刺激其根际的 PCBs 降解菌大幅度的增加，这也是目前普遍认为的刺槐促进根际降解 PCBs 的机制。Berger 等[17]首次证明西葫芦是通过根部的水通道蛋白来吸收土壤中的多氯联苯；Greenwood 等[15]证明多氯联苯在西葫芦植株体内的转运是通过维管束液。从前人的研究可以看出，刺槐对多氯联苯污染土壤的修复是根际修复（rhizoremdiation），而西葫芦对多氯联苯污染土壤的修复则采取的是植物抽提（phytoextraction）。

试验再次证明了刺槐和西葫芦具有修复多氯联苯污染土壤的功能，通过这两种植物修复 Aroclor 1248 污染土壤的时间动态的研究，表明刺槐的修复效果比西葫芦要好。

参 考 文 献

[1] 张涛，李永夫，姜培坤，等. 土地利用变化影响土壤碳库特征与土壤呼吸研究综述[J]. 浙江农林大学学报，2013，30(3): 428-437.

[2] 鲁如坤. 土壤农业化学分析[M]. 北京: 中国农业科技出版社，2000.

[3] 中国土壤学会农业化学专业委员会. 土壤农业化学常规分析方法[M]. 北京: 科学出版社，1983.

[4] 王俊美，欧阳捷，尚倩，等. 土壤有机质研究中的核磁共振技术[J]. 波谱学杂志，2008，25(2): 287-293.

［5］ 杨苗，左月明，杨萍果. 基于小波变换的近红外光谱预测土壤有机质［J］. 山西农业大学学报(自然科学版)，2010，30(2): 154-158.

［6］ 国家林业局. 中华人民共和国林业行业标准 LY/T 1237－1999 森林土壤有机质的测定及碳氮比的计算［S］. 北京: 中国标准出版社，1999.

［7］ 农业部.中华人民共和国农业行业标准 NY/T 1121.6－2006 土壤检测第 6 部分: 土壤有机质的测定［S］.北京: 农业标准出版社，2006.

［8］ 辜忠春，李光荣，杜业云，等. 外加热重铬酸钾氧化-容量法测定森林土壤有机质影响因素探讨［J］. 湖北林业科技，2014，43(2): 24-26.

［9］ 王屹，李哲民. 重铬酸钾用量对硫铬氧化法测定土壤有机碳的影响［J］. 环境保护与循环经济，2011，31(6): 57-58.

［10］ 胡小明，潘自红. 分光光度法测定土壤有机质的含量［J］. 应用化工，2012，41(4): 708-709.

［11］ 环境保护部. 中华人民共和国国家环境保护部.HJ 168－2010 环境监测分析方法标准制修订技术导则［S］. 北京: 中国环境科学出版社，2011.

［12］ 刘有势，马满英，施周. 生物表面活性剂鼠李糖脂对 PCBs 污染土壤的修复作用研究［J］. 生态环境学报，2012，21(3): 559-563.

［13］ 梁芳. 多氯联苯污染土壤生物修复研究［D］. 杭州: 浙江大学，2011.

［14］ DEMNEROVA K，STIBOROVA H，LEIGH M B，et al. Bacteria degrading PCBsand CBs isolated from long-termPCB contaminated soil［J］. Water，Air，and Soil Pollution: Focus. 2003，3: 47-55.

［15］ GREENWOOD S J，RUTTER A，ZEEB B A. The absorption and translocation of polychlorinated biphenyl congeners by Cucurbita pepo ssp. pepo［J］. Environ Sci Technol，2011，45: 6511-6516.

［16］ FAVA F，DI GIOIA D. Soya lecithin effects on the aerobic biodegradation of polychlorinated biphenyls in an artificially contaminated soil［J］. Biotechnology and Bioengineering，2001，72(2): 177-184.

［17］ BERGER W A，MATTINA M I，WHITE J C. Effect of hydrogen peroxide on the uptake of chlordaneby Cucurbita pepo［J］. Plant and Soil，2012，360(1-2): 135-144.

第 10 章

九峰科技植物资源木材利用及资源开发

植物资源实物利用主要集中在木材及化学提取物等方面，本章以湖北主要用材树种杉木、水杉等为代表介绍相关树种木材材性特征及人造板开发利用潜力，并对杨梅等树种提取药用化学成分的测定方法进行相关探讨。

湖北省丘陵岗地杉木人工林的木材性质和湖北省杉木老产区及全国杉木中心产区的材质存在一定差异，九峰、广济丘陵岗地上的杉木人工林，立地条件一般，采取抚育管理措施，其生长速度较快，木材品质系数仍然比较高。

以水杉木材为原料制备水杉木束板，研究密度对板材性能的影响，结果表明，除 2 h 吸水厚度膨胀率随板材密度增加而减小以外，其余板材的各项性能均随板材密度的增加而增大。当板材的密度为 0.91 g/cm^3 时，绝大多数性能均可满足国家刨花板标准要求。

以超声波法辅助乙醇提取杨梅叶试样中的总黄酮，采用双波长分光光度法测定提取液的黄酮浓度。结果表明，芦丁标准品的标准曲线为 $\Delta A = 0.025\,9c + 0.002\,5$，芦丁标准品的质量浓度为 3.7～37.1 mg/L，与 ΔA 呈良好的线性关系（$R_2 = 0.999\,7$），采用的试验方法具有较高的准确度及精密度。

10.1 丘陵岗地杉木人工林材性指标*

杉木在湖北省森林蓄积量中仅次于马尾松，是优良的民用建筑和家具用材，20 世纪 50 年代以来湖北省丘陵地区植杉以九峰试验林场和浠水天然寺林场较早。60 年代以来在广济县大面积植杉的带动下，丘陵岗地杉木成片造林发展很快，其立地条件虽不及老产区优越，但由于采取了一些高标准的人工措施，为杉木生长创造了比较适宜的生长条件，杉木生长一般都比较快，有些地方经过抚育间伐取得了一部分小径材，开始有了收益。九峰试验林场 50 年代营造的杉木林大部分成了中径材，已经采伐利用。但丘陵岗地生长的杉木材质到底如何，为此，本节以九峰和广济县的杉木作为丘陵岗地的代表，对其材质进行研究，供营林和利用参考。样本采集记录见表 10.1。

表 10.1　样本采集记录

产地	编号	树龄/年	胸径/cm	树高/m	枝下高/m
	1	26	19.7	14.0	7.6
	2	26	16.5	12.0	6.5
九峰	3	26	18.8	13.4	7.0
	4	26	16.8	13.1	7.0
	5	26	20.3	11.8	6.2
	1	21	16.7	13.4	4.35
	2	15	13.1	10.7	5.80
广济县	3	16	15.5	11.8	4.20
	4	15	15.8	12.5	5.70
	5	16	11.6	9.8	4.60

10.1.1 结果与分析

九峰杉木与广济杉木木材物理力学性质的均值差异分别列于表 10.2 和表 10.3。

表 10.2　九峰杉木木材物理力学性质均值差异（W=15%）

试验项目	试样数 （N）	平均值 （M）	均方差 （$\pm\sigma$）	均值误差 （$\pm m$）	变异系数 （CV / %）	准确指数 （P / %）
气干密度/（g/cm³）	40	0.350	0.039 2	0.006 2	11.2	1.77
公定密度/（g/cm³）	40	0.300	0.025 8	0.004 08	8.62	1.36
每厘米年轮数	40	0.56	0.177 6	0.028 1	31.71	5.02
晚材率/%	40	21.8	8.90	1.408	40.83	6.46

---

* 引自：郑明强. 丘陵岗地杉木人工林材性指标. 湖北林业科技，1982（2）：52–53.

续表

试验项目		试样数（N）	平均值（M）	均方差（±σ）	均值误差（±m）	变异系数（CV/%）	准确指数（P/%）
干缩系数/%	径向	40	0.130	0.019 7	0.003 12	15.15	2.40
	弦向	40	0.270	0.028 1	0.004 45	10.41	1.65
	体积	40	0.400	0.054 6	0.008 53	13.70	2.15
顺纹压力极限强度/（kg/cm²）		50	322	41.38	5.85	12.85	1.82
横纹局部受压公定极限强度/（kg/cm²）	径向	38	38	6.37	1.65	16.70	2.77
	弦向	40	33	5.06	0.80	15.3	2.42
横纹全部受压公定极限强度/（kg/cm²）	径向						
	弦向						
静曲极限强度/（kg/cm²）	径向	33	640	97.0	16.90	15.16	2.64
	弦向	32	561	108.26	19.14	16.65	2.94
静曲弹性模量/（1 000 kg/cm²）	径向	33	92	12.26	2.14	13.33	2.33
	弦向	34	85	12.30	2.11	14.47	2.48
顺纹剪力极限强度/（kg/cm²）	径面	50	53	14.43	2.04	27.33	3.85
	弦面	50	63	17.41	2.46	27.63	3.91
劈开强度/（kg/cm²）	径面	50	4.8	1.048	0.199	2.18	4.15
	弦面	50	6.3	1.45	0.205	20.51	3.25
横纹拉力极限强度/（kg/cm²）	径向	49	24	6.88	0.983	28.67	4.10
	弦向	49	17	3.99	0.57	23.5	3.35
冲击强度/（kg—M/cm³）	径向	31	0.242	0.875	0.015 7	36.16	6.49
	弦向	32	0.240	0.063	0.011 3	26.25	4.64
硬度/（kg/cm²）	端部	28	330	50.95	9.63	15.44	2.92
	径面	28	220	45.73	8.64	20.79	3.93
	弦面	28	268	61.77	11.68	23.05	4.36
顺纹拉力极限强度/（kg/cm²）		43	712	165.6	25.56	23.26	3.59

表 10.3　广济县杉木木材物理力学性质均值差异（W=15%）

试验项目	试样数（N）	平均值（M）	均方差（±σ）	均值误差（±m）	变异系数（CV/%）	准确指数（P/%）
气干密度/（g/cm³）	50	0.342	0.038	0.054	11.10	1.57
公定密度/（g/cm³）	50	0.289	0.033 3	0.004 7	11.52	1.63
每厘米年轮数	50	0.66	0.206 5	0.029 2	31.29	4.42

试验项目		试样数（N）	平均值（M）	均方差（±σ）	均值误差（±m）	变异系数（CV/%）	准确指数（P/%）
晚材率/%		50	18.3	7.77	1.099	42.46	6.01
干缩系数/%	径向	50	0.149	0.040 3	0.005 7	27.05	3.82
	弦向	50	0.286	0.053 8	0.007 6	18.08	2.66
	体积	50	0.467	0.103 34	0.146	22.13	3.13
顺纹压力极限强度/（kg/cm²）		50	290	49.68	7.026	10.23	2.42
横纹局部受压公定极限强度/（kg/cm²）	径向	39	34	5.93	0.989	17.44	2.91
	弦向	37	36	6.912	1.136 3	19.20	3.16
横纹全部受压公定极限强度/（kg/cm²）	径向						
	弦向						
静曲极限强度/（kg/cm²）	径向	15	601	112.98	29.19	18.80	4.86
	弦向	15	594	123.19	31.83	20.74	5.36
静曲弹性模量/（1 000 kg/cm²）	径向	15	94	18.17	4.70	19.33	5.00
	弦向	15	93	16.15	4.17	17.37	4.48
顺纹剪力极限强度/（kg/cm²）	径面	39	46	7.51	1.20	16.3	2.61
	弦面	50	43	8.917	1.261	20.74	2.93
劈开强度/（kg/cm²）	径面	40	5	1.013	0.160 3	20.26	3.21
	弦面	44	7	1.28	0.193	18.29	2.76
横纹拉力极限强度/（kg/cm²）	径向	17	22	3.62	0.878	16.45	3.99
	弦向	18	20	3.589	0.846	17.95	4.23
冲击强度/（kg—M/cm³）	径向	12	0.230	0.073 6	0.021 3	33.17	9.26
	弦向	13	0.248	0.072 2	0.02	29.11	8.06
	端部	18	261	14.86	3.50	5.69	1.34
硬度/（kg/cm²）	径面	18	138	34.69	8.14	25.10	5.88
	弦面	18	150	12.94	3.05	8.63	2.03
顺纹拉力极限强度/（kg/cm²）		27	564	156.93	30.20	27.82	5.35

木材在自然条件下形成，木材的物理性质和力学性质受立地条件、营林措施、树龄等各种复杂因子的影响，同种树木生长在不同条件下其材质必然存在一定的差异，现将湖北省杉木老产区（恩施和咸宁）及全国杉木中心产区（江华及锦屏）的杉木与九峰、广济杉木做简略比较见表10.4。

表 10.4　不同产地杉木木材质比较

| 产地 | 容重 | 干缩系数/% | | | 顺纹拉力 | 顺纹压力 | 静力弯曲 | | 顺纹剪力 | | 干缩系数差数 | 品质系数 |
		弦向	径向	体积			弦向	径向	弦面	径面		
九峰	0.350	0.270	0.130	0.400	712	322	651	640	63	53	2.07	2 780
广济	0.342	0.286	0.149	0.467	564	290	594	601	43	46	1.92	2 588
咸宁	0.382	0.207	0.104	0.327	740	304	584	665	65	71	1.99	2 325
恩施	0.360	0.259	0.152	0.360	730	382	710	615	50	50	1.70	3 030
锦屏	0.366	0.287	0.129	0.420	820	378	689	664	43	34	2.22	2 910
江华	0.397	0.234	0.097	0.396	772	420	683	687	43	46	2.51	3 020

10.1.2　小　结

1）从以上试验结果的变异统计来看，湖北省丘陵岗地杉木人工林的木材性质与湖北省杉木老产区及全国杉木中心产区的材质存在一定差异，其原因是受立地条件、抚育措施、繁殖方式、年龄等的影响。

2）九峰、广济丘陵岗地上的杉木人工林，虽然立地条件并非十分好，但由于采取了抚育管理措施，其生长速度仍然比较快，木材品质系数仍然比较高，可见丘陵岗地只要条件比较好，再加上高标准的人工措施，发展杉木是可行的。

10.2　水杉木束板的制备与性能研究*

水杉（*Metasequoia glyptostroboides* Hu et cheng）是我国特有的树种，被誉为"植物活化石"，因其具有适应性强、生长迅速、树干通直圆满等优点，中华人民共和国成立以来，在国内各地广泛引种，特别是在长江流域育苗造林规模逐年增大，此外，水杉木材因具有易于干燥，且干燥后不翘不裂不弯曲、材质轻软、结构粗疏、运输方便等特点[1-2]，而具有很大的潜在加工利用价值。基于此，已有一些学者[3-9]对水杉材的综合利用进行过研究，如水杉的密度、硬度、抗弯强度、弹性模量等物理力学性能的研究，水杉定向刨花板的制备，水杉细木工板的制备，炭化工艺对水杉物理力学性能的影响，及水杉制浆工艺等。但是，由于水杉木材存在的材质松软、死节多、强度低、冲击韧性差等缺点，限制了其应用范围，它的合理利用问题一直受到人们的关注。

人造板产品的设计思想是将大或粗的原料变成具有一定规律和形状的基本单元，再经过一些合理的加工利用过程，使这些相对较小的基本单元组合成较大尺寸和具有一定性能的板材。为使速生水杉得以合理、高效利用，开发人造板新品种。本节试验探索将水杉木材切割制备成一定长度的木束单元，再经干燥、喷胶、铺装成型、热压、后期处理等工序，制备水杉木束板，并研究其相关物理力学性能。

---

* 引自：李晖，赵正，田卫东，等. 水杉木束板的制备与性能研究. 湖北林业科技，2014（2）：13-15.

10.2.1　材料与方法

1.试验材料

水杉，取自湖北省武汉市，气干密度为 0.342 g/cm³，含水率为 10.8%左右；胶黏剂，水溶性酚醛树脂胶黏剂（PF），固体质量分数为 44%～46%，黏度为 280～360 MPa·s（20 ℃），游离酚<1.0%，pH 为 11.5。

2.试验设备

电热干燥箱：型号 101-1，最高工作温度 300 ℃，上海市实验仪器总厂制造；自制试验切条机：电机功率为 1.1 kW，外形尺寸为 920 mm×470 mm×1 360 mm，质量为 115 kg；试验压机：型号为 QLB-D400×400×2，总压力为 0.5 MN，上海第一橡胶机械厂制造；400 合式万能木工圆锯机：型号为 MJW134，最大锯片直径为 400 mm，四川都江木工机床厂；微机控制电子万能试验机：型号为 CMT4304，最大负荷为 30 kN，深圳市新三思计量技术有限公司制造。

3.试验过程及方法

实验室制备水杉木束板的工艺流程见图 10.1。本节试验的性能测试将参照刨花板国家标准 GB/T 4897.2—2003 进行[10]。

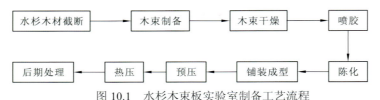

图 10.1　水杉木束板实验室制备工艺流程

（1）木束制备

由于水杉木材抗劈力小[11]，易于劈裂。本节试验先将水杉木材劈成薄片，厚度约 2～4 mm，然后将薄片放入自制试验切条机（轧辊部分见图 10.2）中，切割成木束。将制备好的木束干燥，调制处理后水杉木束含水率为 8.5%左右。

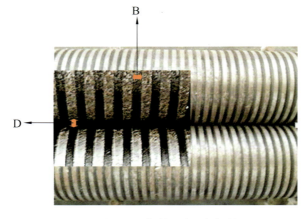

图 10.2　自制试验切条机轧

B—轧辊与齿间的水平距离；D—轧辊上下齿间的垂直距离

（2）喷胶与陈化

采用喷枪将酚醛树脂胶黏剂按施胶量 15%分批次、均匀地喷洒在木束表面，然后再将喷过胶的木束置于通风处，均匀铺开陈化 2 h，喷胶后的水杉木束见图 10.3。

图 10.3　喷胶后的水杉木束

（3）铺装成型

手工将木束均匀、随机地铺装在模具中，成品板材尺寸为 300 mm×300 mm×20 mm。经木束称重、计算，设置成品板材密度依次为 0.4 g/cm³、0.5 g/cm³、0.6 g/cm³、0.7 g/cm³、0.8 g/cm³、0.9 g/cm³。

（4）预压、热压

水杉木束板的预压工艺参数要求为压力 1.5 MPa，时间 1 min。热压工艺参数要求为热压温度 150℃，压力 3 MPa，热压时间 1.2 mm/min（成品厚）。

4．性能测试

按照国家标准《木材抗弯强度试验方法》（GB/T 1936—2009）中规定的相应试验方法测定静曲强度、抗弯弹性模量及冲击韧性；按照《人造板及饰面人造板理化性能试验方法》（GB/T 17657—1999）所规定的相应试验方法测定内结合强度、2 h 吸水厚度膨胀率、24 h 吸水厚度膨胀率等性能。

10．2．2　结果与分析

1．木束形态

用于制作水杉木束板的木束实测尺寸如表 10.5 所示。

表 10.5　水杉木束实测尺寸分布

实测指标	系数	分布范围				
长度	l /mm	>90	90～80	80～70	70～60	<60
	占比/%	15	26	5	45	9
	$\overline{l}$ /mm			72.9		
	变异系数/%			0.21		

续表

实测指标	系数	分布范围			
宽度	b / mm	>5	5~4	4~3	<3
	占比 / %	6	22	37	35
	$\overline{b}$ / mm	3.52			
	变异系数 / %	0.44			
厚度	d / mm	>4	4~3	3~2	<2
	占比 / %	2.5	22.5	48.3	26.7
	$\overline{d}$ / mm	2.48			
	变异系数/%	0.75			

　　木束的几何形状在很大程度上影响板的质量，其长度、宽度、厚度对木束的表面积都有影响，其中厚度影响最大[12]。本节试验用水杉木束的长度、宽度和厚度是制造水杉木束板的重要工艺参数。从变异系数的值看，水杉木束长度值相对集中，宽度值次之，厚度值离散性较大。产生这种差异的主要原因是：水杉木束的长度由预先锯制好的木块长度决定，因锯制木块的尺寸大致相同，所以木束长度变异系数相对较小；水杉木束的宽度由自制试验切条机轧辊上齿与齿之间的水平距离 B（如图 10.2 所示）决定，值为 3~5 mm；木束厚度由轧辊上下齿的垂直距离 D（如图 10.2 所示)和手工劈制的刀具控制,值为 2~4 mm。

2. 板材密度对板材性能的影响

（1）水杉木束板力学性能测试结果

　　板材的物理力学性能指标密度 ρ、吸水厚度膨胀率（thickness swelling，TS）、静曲强度（modulus of rupture，MOR）、弹性模量（modulus of elasticity，MOE）、内结合强度（internal bonding strength，IB）、冲击韧性（impact toughness，IT）测定的相关数据，如表 10.6 所示。

表 10.6　非定向水杉木束板物理力学性能测试结果

试验编号	性能指标						
	ρ/（g/cm^3）	2 h TS/%	24 h TS/%	MOR/ MPa	MOE/ MPa	IB/ MPa	IT/（kJ/m^2）
M-1	0.44	24.7	31.3	1.3	330	0.02	1
M-2	0.52	24.2	32.3	4.1	590	0.04	4
M-3	0.59	23.2	36.5	5.1	930	0.06	6
M-4	0.70	22.9	37.9	8.2	1 470	0.07	7
M-5	0.79	21.2	39.8	9.6	1 630	0.10	8
M-6	0.91	20.0	40.2	11.1	1 860	0.24	15

　　试验结果表明：根据预设工艺压出的板材无局部松软、分层、鼓泡等缺陷，整体性

能较好。但由于水杉木束单元形态较大、尺寸不规则等因素，无论是施胶还是铺装成型，手工操作都很难保证木束单元的均匀性。

（2）水杉木束板密度对各项力学性能的影响

图 10.4 为水杉木束板不同密度和板材各项理化性能指标之间的变化曲线，横坐标代表各板材的实际密度。

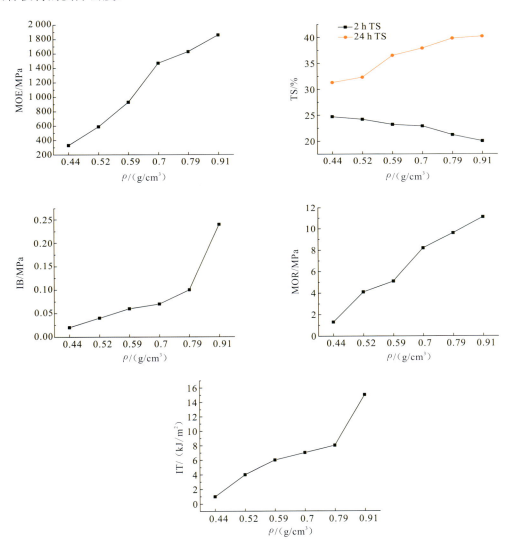

图 10.4　不同密度和板材各项理化性能指标之间的变化曲线

板材的静曲强度（MOR）和弹性模量（MOE）均随板材密度的增加而增大，当板材的密度为 0.91 g/cm³ 时取值分别为 11.1 MPa 和 1 860 MPa，只有此时 MOR 达到了国家标准规定当板的公称厚度范围为 >（20～25）mm 时，MOR≥10 MPa 的要求。

板材的内结合强度（IB）和冲击韧性（IT）均随板材密度的增加而增大，当板材密度为 0.91 g/cm³ 时，两者值的增加幅度突然变大，分别达到了最大值 0.24 MPa 和 15 kJ/m²，也只有此时 IB 达到了国家标准规定当板的公称厚度范围为＞（20～25）mm 时，IB≥0.20 MPa 的要求。当板密度为 0.91 g/cm³ 时，IB 与 IT 值突然增加原因可能是在热压时，随板材密度增加，木束与木束之间相互接触的程度越来越紧密。相同压力下压制等厚度板材，使得板坯的压缩率随密度增加，密度越大越有利于木束之间的接触和木束表面胶黏剂的流展和相互转移，最终使板材内部的孔隙度突然达到或接近于 0，从而有助于 IB 和 IT 的提高，而这种现象对板材的抗弯性能影响并不显著。

板材的 2 h 吸水厚度膨胀率（2 h TS）随板材密度的增加而减小，当板材的密度为 0.91 g/cm³ 时，最小值可达 20.0%。而板材的 24 h 吸水厚度膨胀率（24 h TS）随板材密度的增加而增加，当板材的密度为 0.44 g/cm³ 时，最小值可达 31.3%，当密度为 0.91 g/cm³ 时，最大值可达 40.2%。2 h 吸水厚度膨胀率的指标未能达到国家标准规定当板的公称厚度范围为＞（20～25）mm 时，2 h TS≤8.0% 的要求。人造板在水分作用下存在两部分膨胀：一是可恢复膨胀；二是不可恢复膨胀。前者是由于木材的吸湿性造成的，会随着人造板内水分的蒸发而消失。而后者则因为压缩木材的回弹和木材单元胶合点的破坏，一旦产生就不会恢复。木材单元在热压过程中被高度压缩，导致了木材单元自身内部及木材单元之间存在巨大的应力，当被压缩的板材放置于相对高湿度的环境下，木材细胞壁吸水膨胀及水的作用，木材单元自身内部及木材单元之间的内应力的释放现象同时出现，从而导致了宏观上板材尺寸的变化[13]。因此，本节试验板材的 2 h 吸水厚度膨胀率（2 h TS）随板材密度的增加而减小，原因可能是随着密度的增加，板材的孔隙度变得越来越小，水分的渗透速度及吸收量都有所下降，因此，板材会在短时间内吸水时，密度越低其不可恢复膨胀越明显；随水杉木束板的密度增加，木束的压缩率将提高，加之试验用木束宽度和厚度值又较大，这会导致板材内部存在较高的内应力，所以当试样在常温水中浸泡至 24 h 时的吸水量较 2 h 时增多，这将促使板材的不可恢复膨胀随板材密度的增加而更充分表现出来。

10.2.3　小　　结

本节实验采用水杉木束为组成单元制备水杉木束板，按照设定工艺参数制得成品，除 2 h 吸水厚度膨胀率（2 h TS）外，板材的各项理化性能指标均与板材的密度呈明显的正相关。只有当板材的密度为 0.91 g/cm³ 时，除吸水厚度膨胀率外，板材的各项物理性能指标均可满足刨花板国家标准对干燥状态下使用的普通用板要求。此外，实验用水杉木束的宽度和厚度尺寸很有可能是影响板材物理力学性能的关键性因素，可考虑在水杉木束制备工艺上进行改进以获取更高性能的木束板。

10.3　双波长分光光度法测定杨梅叶中总黄酮的研究*

杨梅（*Myrica rubra* Sieb.et Zucc.）为杨梅科杨梅属常绿小乔木，杨梅树是中国特产果树，亦是优良的园林绿化植物。据研究杨梅叶中含有黄酮类化合物[14]。黄酮类化合物

---

* 引自：辜忠春，李光荣，洪海彦，等. 双波长分光光度法测定杨梅叶中总黄酮的研究. 食品工业，2018（1）：295-297.

存在于多种天然植物的组织中，具有防癌、扩张冠状血管、抗菌、抗肿瘤、抗氧化等多种生理活性，目前已开发应用于医药及食品加工行业[15]。

关于黄酮类化合物含量的测定，一般采用单波长分光光度法、荧光分光光度法、高效液相色谱法（high performance liquid chromatography，HPLC）等[16-17]。荧光分光光度法和 HPLC 法设备昂贵，应用有所限制。单波长分光光度法操作简单，但要求被测物质成分单一，而植物叶片总黄酮的提取液成分复杂，因受到杂质的干扰，测定结果的准确度受到影响；为克服提取液本底中杂质的干扰，有研究以双波长分光光度法测定黄酮类化合物[18-20]。本节试验在参考现有相关研究成果的基础上，以超声波辅助法提取试样中的总黄酮[21-22]，用双波长分光光度法测定杨梅叶中的总黄酮含量，旨在为杨梅叶的资源开发利用提供理论依据。

10.3.1　材料与方法

1. 材料与试剂

杨梅叶采集于湖北省林科院杨梅种植试验地；芦丁标准品来自上海金穗生物科技有限公司；乙醚、乙醇、$AlCl_3 \cdot 6H_2O$、乙酸钠等分析纯试剂均为国产；超纯水。

2. 主要仪器与设备

BS210S 型电子天平（北京赛多利斯公司）；200PLUS 型紫外-可见分光光度计（德国耶纳仪器公司）；SB2512DT 型超声波仪（宁波新芝生物科技股份有限公司）；DF2 型微型粉碎机（河北省黄骅市科研器械厂）。

10.3.2　试 验 内 容

1. 待测样品溶液的制备

采集新鲜的杨梅叶片，洗净干燥，粉碎后混合均匀。预先用乙醚对样品脱脂，脱脂至醚相为无色，再回收乙醚，干燥即得杨梅叶脱脂粉末。精确称取脱脂粉 0.500 0 g，置于 50 mL 的锥形瓶中，加入 20 mL 体积分数为 60%乙醇溶液，35 ℃超声提取 50 min，再无损移至 50 mL 容量瓶中，用 60%乙醇溶液定容摇匀，过滤，滤液即为试样总黄酮待测液[21]。

2. 芦丁标准品溶液的配置

精确称取芦丁标准品（干燥至恒重）37.1 mg，置于 100 mL 容量瓶中，用 60%乙醇溶液超声溶解，定容摇匀，即为质量浓度为 371 mg/L 的芦丁标准品溶液。

3. 测定波长与参比波长的选择

分别吸取 2.5 mL 标准品溶液和 2.0 mL 杨梅叶试液于 25 mL 容量瓶中，各加入 0.1 mol/L 的 $AlCl_3$ 溶液 5 mL、1 mol/L 的乙酸钠溶液 7.5 mL，用 60%乙醇溶液定容[23]，摇匀，络合反应 20 min，在分光光度计上，以试剂空白液为参比，在 330～530 nm 的波长范围内，对显色络合物按 1 nm 带宽进行光谱扫描测定吸光度，吸收光谱图如图 10.5 所示。

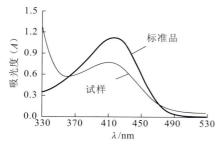

图 10.5 芦丁标准品溶液和试样
溶液吸收光谱图

采用分光光度法测定杨梅叶提取液的总黄酮时，由于提取液中因存在原花色素、氨基酸、其他多酚或无机盐等多种杂质，从而给显色体系带来背景吸收干扰，应用双波长法可以扣除背景吸收[18-20]。一般选用显色络合物的最大吸收波长作测定波长，吸收谱线的下端某点波长为参比波长，且待测组分在此两个波长间的吸光度差值需足够大[19]。由图 10.5 可知，试样和标准品的显色液扫描谱线最大吸收波峰均约位于 415 nm 处，因此据吸收光谱图，杨梅叶总黄酮的测定波长选择为 415 nm，谱线的下端等吸收点 475 nm 为参比波长。

4. 标准曲线的绘制

分别精密吸取 0.0 mL、0.25 mL、0.5 mL、1.0 mL、1.5 mL、2.0 mL 和 2.5 mL 的 371 mg/L 芦丁标准品液置于 25 mL 容量瓶中，按上述试验方法进行显色，设置双波长测定模式，于波长 415 nm 和 475 nm 处同时测定吸光度，计算两者吸光度差值 $\Delta A = A_{415\,nm} - A_{475\,nm}$。以芦丁质量浓度（$c$）为横坐标，吸光度差值（$\Delta A$）为纵坐标，绘制标准曲线。

5. 试样总黄酮质量分数的测定

吸取 2.0 mL 杨梅叶提取液于 25 mL 容量瓶中，按上述试验方法进行测定，根据标准曲线计算杨梅叶中的总黄酮质量分数，其计算公式为

$$W = \frac{C \times V \times P}{m} \qquad (10.1)$$

式中：W 为杨梅叶总黄酮质量分数，mg/kg；C 为查标准曲线得到的芦丁质量浓度，mg/L；V 为显色测定的体积，mL；P 为稀释倍数；m 为杨梅叶质量，g。

10.3.3 结果与分析

1. 标准曲线及检出限

按试验方法，对芦丁标准品系列溶液进行测定，绘制标准曲线如图 10.6 所示。

由图 10.6 可知，以测定波长 415 nm、参比波长 475 nm 的双波长法的线性回归方程：$\Delta A = 0.025\,9c + 0.002\,5$，芦丁的质量浓度在 3.7～37.1 mg/L 与吸光度 ΔA 呈良好线性关系，相关系数 $R^2 = 0.999\,7$；吸取 7 份空白溶液进行显色测定，得出检出限为 0.1 mg/g。同时也可得以测定波长 415 nm 的单波长法的线性回归方程：$A_{415\,nm} = 0.029\,9c + 0.005\,4$，检出限为 0.2 mg/g。可见双波长法具有更优异的检出限。

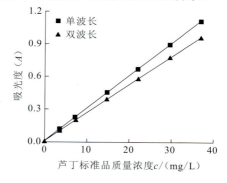

图 10.6 芦丁标准曲线

2. 精密度与回收率试验

将杨梅叶黄酮提取液重复 6 次显色测定，ΔA 值的相对标准偏差为 1.56%，说明该方法精密度良好。

吸取试液 1.0 mL 共 6 份，分别加入一定量的标准品溶液，按试验方法分别测定，计算加标回收率，结果见表 10.7。

表 10.7　回收试验结果（$n=6$）

样品量/（mg/kg）	加标量/（mg/kg）	测定总量/（mg/kg）	加标回收率/%	平均回收率/%	相对标准偏差/%
311	148	452	95.27		
311	148	461	101.35		
311	297	597	96.30	99.12	2.42
311	297	603	98.32		
311	445	739	96.18		
311	445	735	95.28		

由表 10.7 可知，加标回收率在 95.27%～101.35%，相对标准偏差为 2.42%（$n=6$），可见该方法准确度可靠。

3. 样品分析

称取 6 份杨梅叶试样，依照试验方法进行超声提取再显色测定，根据标准曲线计算试样总黄酮质量分数，试验结果见表 10.8。

表 10.8　样品分析结果（$n=6$）

测定方法	质量分数 /（10^4 mg / kg）							相对标准偏差 / %
	$1^{\#}$	$2^{\#}$	$3^{\#}$	$4^{\#}$	$5^{\#}$	$6^{\#}$	$\bar{x}$	
双波长法	2.90	3.11	3.09	3.04	3.03	3.07	3.04	2.46
单波长法	3.14	3.39	3.35	3.32	3.27	3.35	3.30	2.71

由表 10.8 可知，双波长法测定的总黄酮质量分数平均值为 3.04×10^4 mg/kg，同时显示单波长法测定结果为 3.30×10^4 mg/kg，双波长法测定结果比单波长法低 8.55%，这是因为双波长法消除杨梅叶片提取液中杂质的干扰，所以双波长分光光度法测定杨梅叶中总黄酮的可信度更高。

10.3.4　小　　结

应用 $AlCl_3$-乙酸钠溶液作显色体系，以测定波长 415 nm、参比波长 475 nm 的双波长-分光光度法测定杨梅叶中的总黄酮质量分数，为 3.04×10^4 mg/kg，平行测定结果的相对标准偏差为 2.46%（$n=6$），加标回收率在 95.27%～101.35%。该方法操作简单，重现性好，消除复杂背景干扰误差，测定结果准确可靠，适宜于杨梅叶中总黄酮质量分数的检测。

参 考 文 献

[1] 佚名. 速生树种造林技术[M]. 北京：中国林业出版社，1984.

[2] 张卜阳. 活化石水杉[M]. 北京: 中国林业出版社，2000.

[3] 徐有明. 水杉纸浆材性变异与利用[J]. 东北林业大学学报，1996，24(6): 50-56.

[4] 向仁龙，郭运勇. 南方十种树种木材作芯条的细木板性能研究[J]. 木材工业，1997，11(1): 7-9.

[5] 金菊婉，华毓坤. 水杉脲醛树脂胶定向刨花板的研究[J]. 木材工业，1997，11(2): 6-10.

[6] 艾卿，梁建萍，江萍，等. 水杉木材化学成份变异模式及其纸浆林的采伐年龄[J]. 华东森林经理，2004，18(4): 8-12.

[7] 王宏斌，朱典想，王厚立，等. 水杉板材表面凹凸纹理加工前处理方法研究[J]. 西北林学院学报，2007，22(5): 159-160.

[8] 杨柳，李晖，杨志斌，等. 木材炭化及其物理力学性能的研究[J]. 湖北林业科技，2011，(171): 32-36.

[9] 丁次平，杨丽森，李军章，等. 江汉平原水杉、池杉、落羽杉物理力学性能比较研究[J]. 湖北林业科技，2012，(178): 34-38.

[10] 中华人民共和国国家质量监督检验检疫总局. 刨花板第 2 部分: 在干燥状态下使用的普通用板要求 GB/T 4897.2—2003[S]. 北京: 中国标准出版社，2003.

[11] 成俊卿. 木材学[M]. 北京: 中国林业出版社，1985.

[12] 华毓坤. 人造板工艺学[M]. 北京: 中国林业出版社，2002.

[13] 周晓燕. 结构人造板尺寸稳定性的研究技术[J]. 林产工业，2000，27(6): 16-11.

[14] 邹耀洪，李桂荣. 杨梅叶黄酮类化合物研究[J]. 常熟高专学报(自然科学版)，1998，7(1): 36-39.

[15] 曹纬国，刘志勤，邵云，等. 黄酮类化合物药理作用的研究进展[J]. 西北植物学报，2003，23(12): 2241-2247.

[16] 韩卫娟，梁玉琴，张嘉嘉，等. 柿叶多酚及黄酮类定量分析方法的综述[J]. 中国农学通报，2014，30(31): 52-56.

[17] 张德谨，陈义勇. 荧光分光光度法测定乌饭树树叶中总黄酮含量[J]. 食品工业，2014，35(6): 273-277.

[18] 刘建兰，郑红岩，于华忠，等. 双波长分光光度法检测藤茶中的总黄酮[J]. 分析科学学报，2013，29(6): 876-878.

[19] 罗庆尧，邓廷倬，蔡汝秀，等. 分光光度分析(第 4 卷第 1 册)[M]. 北京: 科学出版社，1998.

[20] 郭建红，贾楠，史可，等. 双波长分光光度法检测洋葱黄酮方法的建立[J]. 食品工业，2015，36(7): 168-170.

[21] 汪源浩，苏曦瑶，李沅，等. 超声波法提取青钱柳叶中的黄酮组分及其含量测定[J]. 内江科技，2016，37(5): 53-54.

[22] 李怡铮，梁铁强，王立娟. 超声辅助提取黑皮油松松针黄酮及其稳定性[J]. 东北林业大学学报，2016，44(6): 89-91.

[23] 丁明玉，赵纪萍，李擎阳. 贯叶金丝桃提取物中总黄酮的测定方法[J]. 分析试验室，2001，20(6): 45-47.

附录 *A*

九峰试验林场科技植物资源项目简介

一、水杉的引种和推广

项目年限：1964～1988 年

项目来源：原林业部

承担单位：湖北省林科院、潜江市林业局

主持人：丁松昂

项目地点：凉水井

项目内容： 水杉是我国珍贵稀有树种，原产湖北省利川县[①]境内，湖北省林科院自1956 年开始引种以来，经过 30 余年的试验推广，调查资料表明，水杉在幼龄、中龄阶段高径生长在各地都表现出速生。

完成情况：1989 年获湖北省科技进步奖一等奖（协作）。

潜江市自 1956 年开始引种，经过 30 余年的试验推广，全市水杉林面积达 5.6 万亩，林木 713 万株。荆州地区推广面积 14.6 万亩，林木 3 113.3 万株。据历年调查资料表明：6～10 年生的水杉片林树高年均生长 1.12 m，胸径年均生长 1.42 cm；10～22 年生，树高年均生长 0.89 m，胸径年均生长 1.08 cm，均超过原产地。

该项目开展的研究和推广技术是：①繁殖技术研究。经过多次反复试验，获得了硬枝扦插、全光嫩枝"旱夏插"、秋插等扦插育苗的成功，其扦插成活率分别达到 80%、90%、75%，为加速水杉的繁殖开辟了新的途径。②栽培技术研究。造林密度试验、实生超级苗与扦插超级苗造林试验等。③水杉赤枯病研究。提出了以营林措施为主，药剂为辅的综合防治技术，防治效果达 86.6%。④繁育研究。建立了无性系嫁接种子园 500亩，确定了利川 5 号、7 号、12 号、潜江 105 号、101 号为重点推广无性系。⑤推广应用。主要采取样板示范、提供优良苗木、现场技术指导、出版书籍、发放技术资料及摄制科教影片等方式向省内外推广。同时先后繁殖苗木 3 亿株，除满足湖北适宜地区的造林外，向全国 16 个省（市）提供了 1 644 万株水杉优质苗木。

图 A-1　水杉的引种和推广项目现场图

---

① 1986 年，利川县撤县建市，现称利川市，后同。

二、水杉、池杉良种繁育与推广

项目年限： 1983～1987 年

项目来源： 原林业部

承担单位： 湖北省林科院

主持人： 郭尹白

项目地点： 凉水井

项目内容： ①将引种驯化的技术原理应用于林业生产；②水杉过去处于野生状态，通过引种栽培，并进行驯化，改变现有的树种布局，丰富树种资源，提高林业生产水平。

完成情况： 获得湖北省科技成果推广奖一等奖。

项目组自 1983 年以来分别在利川、洪湖的螺山林场、公安县三台林场、潜江蚌湖林场等地营建水杉、池杉种子园 3 000 余亩、采穗圃 2 000 余亩，年采种子 10 万斤，穗条 1 100 万根，种条除了满足湖北省需求外，还大量调剂到全国 20 多个省份及 50 多个国家和地区，为两杉良种在湖北省乃至全国大面积推广提供了物质保证，从根本上解决了两杉推广的良种化问题。经过 20 余年的艰辛努力，通过定向选育和分类经营，水杉、池杉利用已由过去只是作为观赏树种，扩展到用作速生丰产林、园林绿化、农田防护林、护堤护渠林等，其利用价值得到明显提升。水杉已由过去分布极其狭窄的珍稀濒危树种发展成为我国从辽宁南部至台湾等广大区域的平原湖区主要速生用材树种和城市主要绿化树种之一，其濒危状态已得到完全解除。

该项目以营建水杉、池杉良种种子园和采穗圃为基础，以两杉人工促进开花结实、无性繁殖、丰产栽培和病虫害防治等技术为突破口，很好地解决了两杉良种奇缺和繁殖困难等技术瓶颈问题，紧密结合湖北省林业生产实际，采取边研究、边推广、边示范、边创新的推广路线，在湖北省及我国长江流域平原湖区大力开展两杉的推广应用，产生了巨大的经济效益、生态效益。为缓解我国南方平原湖区森林资源短缺和改善生态环境做出了重要贡献。通过开办技术培训和现场指导的方式，累计培训推广人员 10 多万人次，取得了很好的社会效益。

经过 20 多年的推广，项目组在两杉良种基地建设、速生丰产林建设、农田防护林建设、平原湖区绿化等方面取得了显著成绩，并在种子园营建、无性系繁殖、人工促进开花结实等关键技术上又有了创新和完善，建立了世界首批水杉良种繁育基地与水杉公园，营建了我国第一批池杉良种繁育基地，有效地保障了两杉良种供应，促进了水杉珍稀濒危状态的解除；丰富和完善了水杉、池杉良种繁育与丰产栽培技术体系；经过长时间、大面积的推广，水杉、池杉已成为湖北省主要速生丰产树种，水杉更是成为湖北省省树候选树种之一。

全国水杉良种推广已发展到 60 亿株，面积达 5 400 万亩，分布由过去极其狭窄的地带发展到从辽宁南部至台湾的广大地区，其珍稀濒危状态已得到完全解除；除省内 49 个县市外，还推广到全国 10 多个省份、50 多个国家和地区，仅湖北省累计创造经济价值 191.1 亿元，利税 5.5 亿元，获得了巨大的经济效益和生态效益；水杉、池杉利用途径和领域得以扩展，由观赏树种发展到用作速生丰产林、园林绿化、农田防护林、护堤护渠林等，其利用得到明显提升。

图 A-2　水杉、池杉良种繁育与推广项目现场图

三、欧洲栓皮栎引种试验

项目年限：1970～1980 年
项目地点：九峰动物园鹿园
项目来源：湖北省林科院自立项目

科研目标树种栓皮栎，目前生长状况一般，树高 6 m，胸径 26 cm，面积 5 m^2 左右，群落地位为次优树种，主要问题是槲寄生及人为砍伐、只剩下唯一单株，分布地点在九峰动物园鹿园内，生长状况及生长环境堪忧，需要采取紧急保护措施。

图 A-3　栓皮栎引种试验项目现场图

四、丘陵岗地杉木速生丰产试验

项目年限：1973～1980 年
项目来源：原湖北省科学技术委员会
承担单位：湖北省林科院

主持人：郭尹白、袁克侃

项目地点：大王峰

项目内容：①不同林地土壤管理措施对杉木生长的影响。采取的土壤管理措施有扩槽抚育、松土抚育、加厚土层；②间伐抚育措施对杉木生长的影响；③不同土壤类型对杉木生长的影响。该项试验为湖北省丘陵岗地人工杉木林速生丰产起到重要的示范作用，同时在一定程度上丰富了我国造林学的理论和方法。

完成情况：1982 年获得湖北省科技进步奖二等奖，1983 年获得湖北省林业科技成果推广奖一等奖。

南方丘陵岗地是杉木的新发展区，与杉木中心产区相比，存在气候、土壤等方面不利的自然条件，造林不易获得成功。1973 年以来，湖北省林科院开展了以林地土壤管理和间伐抚育措施为主要内容的丘陵岗地杉木速生丰产技术的试验研究，主要措施有：扩槽抚育（分扩槽、扩槽换土、扩槽换土施肥）、松土抚育、加厚土层等。三种措施对促进杉木生长均有效果，以扩槽、换土、施肥同时进行的效果最佳，每亩材积生长量比松土抚育的大 59.3%～136.9%。间伐抚育措施对杉木生长的影响十分明显，杉木林分宜采用下层间伐抚育方式，间伐后可提高林分胸径生长量 15.4%～38.9%，单株材积生长量 34.5%～80.7%，中径材比例达到 10.5%～52.4%。在相同的栽培技术措施下，同为 16 年生的杉木林分，土层深厚的 I 类土壤的蓄积量为 20 m^3/亩，中径材占 80%；土层较深的 II 类土壤的蓄积量为 13 m^3/亩，中径材占 31%，土层瘠薄的 III 类土壤的蓄积量为 5 m^3/亩，中径材占 10%。该项试验为全省丘陵岗地人工杉木林的速生丰产起到了重要的示范作用，同时在一定程度上丰富了我国造林学的理论和方法。

图 A-4　丘陵岗地杉木速生丰产试验项目现场图

五、湿地松、火炬松母树林营建技术的研究

项目年限：1973～1985 年

项目来源：原林业部

承担单位：荆州市彭场林场、湖北省林科院、荆州市林业局

主持人：钟伦养

项目地点：九峰动物园内小熊猫馆旁

项目内容：为了获得高产优质的湿地松、火炬松（以下简称"两松"）种子，开展了"两松"母树林营建技术的研究：①母树林的建立；②母树林的管理。该项研究要为湖北省提供优质的"两松"种子，促进了"两松"的发展，还要为湖北省相同立地条件营建母树林起到示范作用。

完成情况：1986 年获湖北省林业科技进步奖二等奖。

"两松"母树林营建技术的研究包括：①母树林的建立。林地选择在地势平缓、土层深厚的坡地；实行全垦机耕、定点挖穴，穴深 50 cm，宽 80 cm，每穴施饼肥 3 斤、磷肥 1 斤；在 2 月中旬至 3 月上旬，带土栽植，湿地松林的初植密度为 6 m×8 m、8 m×8 m、7 m×7 m，火炬松林的初植密度为 7 m×7 m、8 m×8 m。②母树林的管理。每年抚育两次；初期林间间作油菜、芝麻、花生；施用氮、磷混合肥促进开花结实；每年 4 月、8 月喷 1605 或农药防治球果螟。

彭场林场在 1973～1984 年期间共营建"两松"母树林 105 hm²。母树林营建后 3 年始花、6 年结实、11 年每亩收种子 0.60～0.65 kg，种子质量好，达到了国家规定的质量标准。该项研究不仅为湖北省提供了优质的"两松"种子，促进了"两松"的发展，还为湖北省在相同立地条件营建母树林起到了示范作用。

图 A-5　湿地松、火炬松母树林营建技术的研究项目现场图

六、湖北省火炬松引种及种源选择的研究

项目年限：1981～1988 年

项目来源：原林业部

承担单位：湖北省林科院、湖北省林木种子公司、原湖北省林业厅营林处

主持人：刘立德

项目地点：九峰动物园、宝盖峰

项目内容：该项研究自 1981 年开始从美国 10 个州引进了 43 个种源，试验采用顺序阶梯错位排列和完全随机区组设计，探讨不同种源的遗传变异规律，综合评选出适合湖北生境条件、生产力高的 R-18（亚拉巴马）、R-27（路易斯安那）R-3（北卡罗来纳）、R-4（北卡罗来纳）4 个火炬松优良种源。

完成情况： 1989 年获湖北省林业科技进步奖二等奖，1990 年获湖北省科技进步奖三等奖。

1947 年湖北省开始引进火炬松，经过早期引种示范，38 年生单株材积达 0.64～1.32 m³，比同龄、同立地条件的湿地松和马尾松分别大 27%～51%。现在湖北省 36 个县（市）的低山丘陵岗地及部分河滩地营造火炬松 31 万余亩，并开展了种源选择研究。

该项研究从 1981 年开始，从美国 10 个州引进了 43 个参试材料，经过 7 年在武昌九峰、荆州、孝感、襄樊 4 地进行试验，采用顺序阶梯错位排列和完全随机区组设计，探明了不同种源的遗传变异规律，并进行生长量方差分析和差异比较，综合评选出适合湖北生境条件、生产力高的 R-18（亚拉巴马）、R-27（路易斯安那）、R-3（北卡罗来纳）、R-4（北卡罗来纳）4 个火炬松优良种源，与其他火炬松优良种源平均值相比，树高大 6.23%～14.7%，胸径大 11.3%～30.1%，材积大 34.02%～89.28%，具有显著的遗传增益。同时提出了火炬松在湖北省的垂直分布和水平分布的适生范围，为湖北丘陵岗地和部分平原滩地大力推广造林提供了科学依据。

图 A-6　湖北省火炬松引种及种源选择的研究项目现场图

七、湖北省火炬松引种和种源选择的研究成果推广应用（与第六个项目同源）

图 A-7　湖北省火炬松引种和种源选择的研究成果推广应用项目现场图

八、湿地松速生丰产林

项目年限： 1974～

项目地点： 马驿水库北岸

项目来源： 湖北省林科院自立项目

科研目标树种为湿地松，目前生长状况良好，平均树高 18 m，胸径 25 cm，面积 30 亩左右，群落地位为优势树种，主要问题是没有抚育管理，林下杂灌生长旺盛，有取代上层湿地松林的趋势。

图 A-8　湿地松速生丰产林项目现场图

九、墨西哥落羽杉引种试验

项目年限： 1974～1975 年

项目地点： 湖北省林科院办公楼前

项目来源： 湖北省林科院自立项目

科研目标树种为墨西哥落羽杉，生长状况良好，平均树高 25 m，胸径 18～23 cm，面积 30 亩左右，群落地位优势明显，主要问题有人为损坏，处在大路边，要加强保护措施，如设置围栏等。

图 A-9　墨西哥落羽杉引种试验项目现场图

十、水杉、池杉、落羽杉种子园建立

项目年限：1986～2003 年
项目来源：原林业部
承担单位：湖北省林科院
主持人：胡知定、丁松昂
项目地点：湖北省林科院办公楼前
项目内容：①水杉、池杉无性系早期鉴定技术和形态生理指标的研究；②老壮年优树杆插技术；③池杉抗碱性不发黄类型选育。
完成情况：

1）完成了"三杉"种子园调整株行距的工作；

2）对种子园母树全部进行了修枝整形，为促进主梢生长，对池杉特别是落羽杉母树改善冠型，均匀分枝，形成丰产树体结构；

3）进行了种子园母树的物候观察，分析了各树种及各无性系间花期物候的差异及不同无性系和同一单株上雌雄花成熟期的差异，为确定花期相同的无性系进行配置提供了科学依据。

基本上完成任务，但优树生理指标、池杉根提取液促进壮龄优树生根作用等有待做进一步研究，随着林龄增大，部分单株生长退化，应及时疏伐调整目标母树林分密度，促进开花结实。

图 A-10 水杉、池杉、落羽杉种子园建立项目现场图

十一、药用石斛林下仿野生栽培技术推广与示范

项目年限：2017～2019 年
项目来源：原湖北省林业厅
承担单位：湖北省林科院、湖北宗坤石斛科技开发有限公司
主持人：陈慧玲
项目地点：湖北省林科院办公楼前

项目内容：①重点推广应用霍山石斛等 4 个优良种质资源，加大优良种质种苗的繁育、推广应用力度；②推广药用石斛林下仿野生栽培的关键技术，包括种类选择、组培种苗健化与移栽、林下仿野生栽培、病虫害防治及采收加工等关键技术，通过示范，开展技术培训，进行推广应用。

完成情况：

重点推广了霍山石斛（英山）、铜皮石斛（江西）、红杆铁皮石斛（英山）和青杆铁皮石斛（浙江）这 4 个优良种质资源及药用石斛林下仿野生栽培的关键技术，加大优良种质种苗的应用推广力度，促进药用石斛优良种质、林下仿野生栽培等先进栽培技术在生产中的推广应用。

到目前为止，基本完成英山县雷家店镇 30 亩良种繁育示范基地的总体建设任务、英山县雷家店镇的林下仿野生栽培示范基地 75 亩的建设任务、九峰试验林场示范区的建设任务。2017 年、2018 年分别针对基层林农和地方兄弟单位的技术骨干开展技术培训各 1 次，完成项目相关地方标准审定 1 项。

图 A-11　药用石斛林下仿野生栽培技术推广与示范项目现场图

十二、混交林营造技术研究

项目年限：1975～1980 年

项目来源：原林业部

承担单位：湖北省林科院

主持人：郭尹白、袁克侃

项目地点：箬箕肚

项目内容：①现有混交林的调查研究；②混交林营造技术的研究；③混交林生理生态的研究。

完成情况：

在宜城、广济、嘉鱼和湖北省林科院试验林场共营造混交试验林 6 750 亩。造林树种有长叶松、短叶松、湿地松、火炬松、晚松、川柏、绿干柏、杉木、樟树、枫香、栗、光皮桦等 10 多种，大部分成活率 90% 以上。开展了湖北省混交林营造技术推广，各市、县按项目要求各自营造了不同类型的混交试验林，如平原湖区以杨树为主的各类型混交林，丘陵岗地以泡桐为主的混交林，以及鄂南、鄂西等地营造的杉檫混交林等。

图 A-12　混交林营造技术研究项目现场图

十三、城郊梯度下小叶栎群落的幼苗更新格局与动态研究

项目年限： 2014～2017 年

项目来源： 国家科技部、国家自然科学基金

承担单位： 华中师范大学

主持人： 牛红玉、王晓荣

项目地点： 筲箕肚

项目内容： ①利用空间统计方法分析幼苗分布格局与成树、林隙的关系，检验"避难组"假说在城市森林中的普适性；②分析城郊梯度下幼苗更新格局和偏爱生境的异同；③探讨城市化进程下的森林更新潜力和关键限制因素。

完成情况：

分析城郊梯度下幼苗更新格局和偏爱生境的异同，探讨城市化进程下的森林更新潜力和关键限制因素，为城市林业管理提供理论依据。已发表高水平学术论文 2 篇。

图 A-13　城郊梯度下小叶栎群落的幼苗更新格局与动态研究项目现场图

十四、湖北省杉市地理种源试验

项目年限：1977～1987 年

项目来源：原林业部

承担单位：湖北省林科院、湖北省林木种子公司、湖北省林业学校

主持人：刘立德

项目地点：长春沟

项目内容：①杉木地理变异；②杉木优势良种源选择；③杉木种源区划。

从 1977 年起，收集了南方 14 个省份 61 个县市种源，选出适合湖北省的造林种源。

完成情况：1988 年获湖北省科技进步奖二等奖，1998 年获湖北省科技进步奖三等奖。

1）选出适合湖北省造林种源有广西那坡、贵州锦屏、湖南会同、重庆永川等 10 个优良种源。

2）全省试验点种源试验林保存完好，试验林生长良好，种源间保持显著差异；

3）中试林 10 个试验点生长良好，所选出的优良种源高生长，径生长都大于 1；

4）优良种源不仅生长好，而且抗病性能强。

图 A-14 湖北省杉木地理种源试验项目现场图

十五、湖北省杉市优良种源选择的研究（与第十四个项目同源）

图 A-15 湖北省杉木优良种源选择的研究项目现场图

十六、湖北省杉市优良种源推广研究与应用（与第十四个项目同源）

图 A-16　湖北省杉木优良种源推广研究与应用项目现场图

十七、湖北省马尾松地理种源试验研究

项目年限： 1977～1985 年
项目来源： 原林业部
承担单位： 湖北省林科院、湖北省林业学校、湖北省林木种子公司
主持人： 刘立德
项目地点： 长春沟
项目内容： ①马尾松地理变异；②马尾松优良种源选择；③马尾松种源区划。

从 1977 年开始，收集了南方 14 个省份 73 个县市种源，选出适合湖北省的优良种源，有江西吉安、安福，广东南雄，湖南安化等种源；提出湖北省马尾松种源调拨区划的建议，为湖北全省种子调拨、育苗、造林提供科学依据。

完成情况： 1987 年获湖北省科技进步奖二等奖、1991 年获国家科技进步奖二等奖（协作）、2000 年获湖北省科技成果推广奖二等奖。

马尾松是我国南方主要造林树种，为了选择适合湖北省生态环境的优良种源并进行种源区划，做到适地适树适种源，合理调拨种子，从 1977 年开始，收集了全国各地提供的参试材料 176 份，按湖北省 5 个造林区合理布局 17 个，5 次重复，营造试验林 800 亩。根据马尾松种源间主要生长性状和物候性状存在的极显著差异及早期相关性，运用坐标综合评定法选出了适合湖北省的 10 个优良种源，其中江西吉安、安福，广东南雄，湖南安化 4 个种源在湖北省各个试验点均表现良好，永顺、邵武、罗定、信宜、远安、通山 6 个种源因试验点而异。与湖北省种源相比，地径平均增长 13%～27.8%，树高平均增长 12.3%～20.3%，有较大的增产潜力。运用苗高、幼林高、地径、主根长等 12 个性状指标，对 56 个种源样本进行模糊聚类分析，配以主分量分析佐证，结果极其相似。提出了湖北省马尾松种源调拨区划的建议，为湖北全省种子调拨、育苗、造林提供了科学依据。

图 A-17　湖北省马尾松地理种源试验研究项目现场图

十八、湖北省马尾松地理种源试验成果推广应用（与第十七个项目同源）

图 A-18　湖北省马尾松地理种源试验成果推广应用项目现场图

十九、油茶高产稳产栽培技术

项目年限： 1979～1981 年

项目来源： 原湖北省科委、原湖北省林业局

承担单位： 湖北省林科院

主持人： 李戊娇、项建球、潘德森

项目地点： 钵盂峰北、麻城市五脑山林场

项目内容： ①油茶稳产高产试验；②油茶良种选育的研究。

完成情况： 1982 年获湖北省科技进步奖三等奖、1982 年获湖北省林业科技成果奖。

完成了鄂东大红果等优良类型的选育。麻城、罗田、浠水等地已接收种子约 300 kg，开展了育苗、造林等对比试验，在研究其遗传品质的基础上进行品种鉴定，在宜昌、十堰、谷城、通山等地进行引种推广。

图 A-19 油茶高产稳产栽培技术项目现场图

二十、油茶修剪技术研究

项目年限： 1982～1986 年

项目来源： 原林业部

承担单位： 湖北省林科院

主持人： 潘德森

项目地点： 钵盂峰北、麻城市五脑山林场

项目内容： ①改造现有结构不合理的树形，减少主枝个数使之树体通风透光；②采取回缩修剪措施，控制树冠无限延伸，增强树势，使生长发育趋向平衡，达到立体开花结实的效果；③控制竞争，利用绞枝稳定树形，稳定树冠防止未老先衰，及时更新复壮。

完成情况：

修剪后的叶面积指数由修剪前的 2.01 提高到 4.04，增长了一倍多，叶层由修剪前的 0.5～0.6 m 提高到了 0.8～1.0 m，新梢生长量随之增加，长度由 7.7 cm 增加到 12.08 cm，粗度由 0.2 cm 增加到 0.25 cm，产果率由修剪前的 31.55% 提高到 47.9%。通过修剪，增加了油茶树的生长势，产量提高幅度较大。

图 A-20 油茶修剪技术研究项目现场图

二十一、油茶低产林改造及丰产技术推广

项目年限： 1983～1989 年

项目来源： 原林业部

承担单位： 湖北省林科院

主持人： 潘德森

项目地点： 钵盂峰北、麻城市五脑山林场

项目内容： 在湖北省麻城市五脑山林场等 13 个单位，选择亩产茶油在 5 kg 以下的 5 000 亩低产油茶林，通过深挖垦复、改良土壤、增施肥料、合理修剪等技术措施提高茶油产量。

完成情况： 1991 年获湖北省科技进步奖二等奖。

该项研究在九峰、麻城市等地，采取加强垦复、合理施肥、改换良种及使用新的修剪方法等技术措施，使平均亩产茶油从 1984 年的 4.7 kg 上升到 1989 年的 18.3 kg，坐果率由 31.5% 提高到 47.7%，叶面积指数由 2 提高到 4.04，两年平均亩产油 15 kg 以上，达到国家标准。五年来增加油脂 15.63 万 kg，总共增加收入 93.75 万元，净增收 72.75 万元，投入产出比为 1∶4.46。该项成果实现大面积（5 000 亩）高产茶油，取得了较好的经济和社会效益。

图 A-21　油茶低产林改造及丰产技术推广项目现场图

二十二、树　木　园

项目年限： 1983～

项目地点： 湖北省林科院试验林场办公楼前

项目来源： 湖北省林科院自立项目

树木园共有南酸枣、光皮梾、枇杷、栎树、池杉、樟树、红果冬青、桂花等 40 余种乔木，棕榈、红叶石楠、木瓜等 10 余种灌木，生长状况良好，树高 10～15 m，胸径 12～25 cm，面积 2 亩左右，目标树种群落地位优势明显，但规模较小，多年没有进行相应的管护。

图 A-22　树木园项目现场图

二十三、国外松地理种源实验

项目年限：1983～1990 年

项目来源：原林业部

承担单位：湖北省林科院、林木种子公司

主持人：刘立德

项目地点：九峰森林公园大门口

项目内容：①不同种源造林完成率；②种源造林设计；③种源幼林的抗逆性。

完成情况：湖北省科技进步奖二等奖、湖北省科技进步奖三等奖。

协作组先后进行了 3 次全分布区试验研究工作，参试种源来自美国东南部 10 个州，29 个产地，55 份种子，在 4 个试验点开展了火炬松苗期、造林及幼林阶段的田间对比试验，6 年共营造试验林 131 亩，在省级以上学术刊物发表有关论文报告 2 篇。

图 A-23　国外松地理种源实验项目现场图

二十四、火炬松种源中龄林生长材性的变异与综合选择的研究

项目年限：1997～1999 年
项目来源：科技部
承担单位：湖北省林科院
主持人：徐有明
项目地点：九峰森林公园大门口
项目内容：①火炬松种源内种源间纤维形态与木材密度二性状变异规律；②在相同生长发育阶段研究各种源林木生长速度与材性间关系；③利用各个生长发育阶段材性间相互关系建立早晚期材性相关预测模型。

完成情况：2001 年获湖北省科技进步奖三等奖、科技成果推广奖三等奖。

本项目共发表火炬松种源中龄林生长量、材性变异规律研究论文 11 篇，提出了火炬松材质改良应在种源选择基础上进行改良的新策略，得出了火炬松种源早期选择是无效的结论。从林木生长量、材性与形质等方面综合评估出适合豫南山区和湖北省中北部引种栽培造纸用材和建筑用材的优良种源 19 个，其木材密度在保持中等水平或增加 4.1%～5.6% 的情况下，材积生长量增加 20%～27.1% 的双向增益，具有较大社会经济效益。

图 A-24　火炬松种源中龄林生长材性的变异与综合选择的研究项目现场图

二十五、国外松速生丰产技术研究

项目年限：1986～1990 年
项目来源：原林业部
承担单位：湖北省林科院
主持人：周心铁
项目地点：大王峰西
项目内容：①两松栽培立地条件及适地适树的研究；②两松速生丰产技术的研究；③两松立地指数表等数表编制（主要是湿地松）。

完成情况：

提倡间伐抚育，从间伐材中可获得较高的收入，一般每亩平均收入 250 元左右，间伐的林分能持续生长，适合培养大中径材。间伐后进行集约经营，如施肥等措施等，则可使林木增益提高 16%～22%。除了施肥其他抚育措施也会产生明显增产效果。

图 A-25　国外松速生丰产技术研究项目现场图

二十六、濒危树种秃杉种质资源保存及利用

项目年限： 1986～2003 年
项目来源： 原林业部、原湖北省科学技术委员会
承担单位： 湖北省林科院
主持人： 宋丛文、张家来
项目地点： 长春沟
项目内容： ①秃杉成为濒危物种的主要原因；②组织培养扩繁体系；③杉木迹地改植秃杉；④秃杉遗传多样性；⑤秃杉木材理化性能。
完成情况： 2004 年获得湖北省科技进步奖二等奖。

本项目经过近 20 年研究，取得的主要成果有：①通过对利川等地秃杉原始群落的调查及对秃杉生态生物学特征的研究分析，找到了秃杉成为濒危物种的主要原因。②采用秃杉种子萌芽顶端作外植体，建立了一套组织培养扩繁体系，并已成功用于生产实际。利用顶端丛生芽建立了扦插繁殖体系，运用二阶段育苗法，大幅度提高了秃杉种子发芽率和成苗率。③通过对不同地理种源的试验研究，确定了秃杉在湖北省境内适合的推广试验区。迹地改植秃杉的试验增产效果明显。④遗传学和分子生物学研究表明秃杉具有较为丰富的遗传多样性，种群间遗传分化较大。⑤按照秃杉木材理化性能，可广泛应用于建筑、家具及人造板加工。本项成果紧密联系生产实际，可操作性强，有很高的推广应用价值。

图 A-26　濒危树种秃杉种质资源保存及利用项目现场图

二十七、秃杉种质资源保存及区域试验研究技术
（与第二十六个项目同源）

图 A-27　秃杉种质资源保存及区域试验研究技术项目现场图

二十八、秃杉区域性引种试验

项目年限：1987～1993 年

项目来源：原林业部

承担单位：湖北省林科院

主持人：刘立德

项目地点：黄柏峰山后

项目内容：①秃杉在湖北省的适应范围和能力；②制定湖北省秃杉最适宜造林区；③收集云南、四川、贵州、湖北等 40 个种源。

完成情况：通过对不同地理种源的试验研究，确定了适合湖北的秃杉优良种源有贵州凯里及云南腾冲等。

图 A-28　秃杉区域性引种试验项目现场图

二十九、南方混交林类型优选及其混交机理的研究

项目年限：1992～1996 年

项目来源：原林业部

承担单位：湖北省林科院

主持人：袁克侃

项目地点：马驿峰

项目内容：①在"六五""七五"期间营造的混交试验示范林中筛选混交林类型，包括混交方式、混交比例和营造技术措施等；②研究混交林丰产机理，包括种间关系、林分养分循环、地力动态变化和多种生理生化机制，以及抗御病虫等。

图 A-29　南方混交林类型优选及其混交机理的研究项目现场图

完成情况： 1999 年获得湖北省林业科技进步奖三等奖。

该项研究成果针对湖北省不同自然生态环境条件及社会经济条件，在杉木、马尾松、湿地松、杨树等主要速生用材树种与伴生阔叶树种组成的混交类型之中，优选出 8 个混交类型。这些混交类型相比纯林增加收入达 7 043 元/hm^2，特别是能够避免病虫害发生和蔓延，减少使用化学杀虫剂和环境污染，收到了良好的经济、社会和生态效益。

三十、湖北森林防火林带技术研究

项目年限： 1992～1996 年

项目来源： 湖北省林业局

承担单位： 湖北省林科院、湖北省林业科技推广中心

主持人： 张家来

项目地点： 顶冠峰西北坡

项目内容： ①筛选出全省森林防火树种；②防火林带与目的林分可燃物类型及火行为对应研究；③茶树防火林带的模式研究；④湖北乔灌复层防火林带配置方式及关键技术；⑤在森林火险等级、森林防火能力及火灾扑救能力下，定量确定湖北森林防火林带控制面积的范围；⑥建立森林防火林带遵循的一般原则；⑦防火林带综合效益评价。

完成情况： 2003 年湖北省科技进步奖三等奖、2007 年湖北省科技成果推广奖三等奖。

1）筛选出湖北省森林防火树种 26 种；

2）提出了湖北乔灌复层防火林带两种类型的配置方式及关键技术；

3）该项目在鹤峰县走马林场、京山虎爪山林场等地建立了 4 个试验区，在襄阳张公祠林场、太子山林管局等地建立了 4 个推广试验区，试验示范区面积 5 000 余亩，林带保护森林面积 8 万余亩，试验区内森林火灾发生频率下降 40%～50%。

图 A-30　湖北森林防火林带技术研究项目现场图

三十一、紫薇种质资源收集圃

项目年限： 2000～

项目地点： 试验林场苗圃

项目来源：湖北省林科院自立项目

科研目标树种为紫薇，目前生长状况良好，平均树高 2～3 m，地径 4～5 cm，面积 2 亩左右，群落地位优势明显。现已收集保存紫薇种质资源包括紫薇、福建紫薇、南紫薇、光紫薇 4 种，美国紫薇品种 25 个，赤霞、四海升平等新品种及优良无性系 20 余个；同时还嫁接保存紫薇野生种质资源近百份，面积总计 0.33 hm^2。

图 A-31　紫薇种质资源收集圃项目现场图

三十二、紫薇优良品种——鄂薇 1 号优质高效栽培技术中试与示范

项目年限：2007～2009 年
项目来源：国家科技成果转化资金
承担单位：湖北省林科院
主持人：杨彦伶
项目地点：湖北省林科院办公楼前

图 A-32　紫薇优良品种——鄂薇 1 号优质高效栽培技术中试与示范项目现场图

项目内容：①营建良种采穗圃 50 亩，繁殖圃 10 亩，开展采穗圃营建技术和规模化扩繁中试试验；②营建高效栽培示范园 140 亩，开展高效栽培技术中试与示范；③建立

紫薇良种繁育生产技术规程。

完成情况：

该项目全面完成了项目合同规定的中试示范基地建设任务，执行期内完成了各项经济指标。建立了一套紫薇良种规模化扩繁及优质高效栽培技术体系，制定了《紫薇无性繁殖育苗技术规程》《鄂薇 1 号紫薇优质高效栽培技术规程》2 个地方标准，为鄂薇 1 号优良品种的推广应用提供了成熟技术，各项技术经济指标均达到合同要求。鄂薇 1 号花色鲜艳、适应性广、抗逆性强、种植范围广、生态功能良好，符合国内花卉品种结构的市场需求，该项目生态、经济和社会效益显著，具有广阔的市场前景。

三十三、生物质能源树种乌桕新品种定向选育研究与示范

项目年限：2007～2011 年
项目来源：原国家林业局、原湖北省林业厅重大专项
承担单位：湖北省林科院
主持人：罗治建、王晓光
项目地点：湖北省林科院办公楼东北、黄柏峰南、地震台旁
项目内容：收集乌桕种质资源；建立种质资源圃；收集湖北省种源 12 份、四川省种源 12 份、贵州省种源 4 份，美国种源 5 份；湖北家系 57 份（其中优良家系 6 份）；湖北省审定品种 3 个，认定品种 1 个。

完成情况：2013 年获湖北省科技进步奖三等奖。

该项目在湖北省主要产区乌桕种质资源调查的基础上，选出优良单株 10 株，每平方米冠幅产量在 0.5 kg 以上，单位面积产量比一般农家乌桕提高约 28.3%，出油率在 42%以上，比一般农家乌桕出油率提高 21%；开展了矮化控冠、平衡施肥、病虫害防治的调查及试验，摸清了湖北省乌桕栽培区的土壤状况，乌桕主要病虫害种类及发生规律；在湖北省林科院九峰试验林场建乌桕病虫害防治试验林 20 亩，在英山县石头咀乡建乌桕平衡施肥试验林 20 亩等；制定湖北省乌桕栽培技术规程 1 个，公开发表论文 6 篇。

图 A-33　生物质能源树种乌桕新品种定向选育研究与示范项目现场图

三十四、乌桕新品种选育与快繁及集约化经营技术研究与示范

项目年限：2008～2010 年
项目来源：原国家林业局、原湖北省林业厅重大专项
承担单位：湖北省林科院
主持人：罗治建
项目地点：湖北省林科院森工楼院内
项目内容：①新品种选育与评价；②快繁及高效栽培技术研究。
完成情况：

1）在武汉、大悟、英山、谷城、赤壁、荆门营建了种质资源圃 50 亩，区域（品比）试验林 56 亩，采穗圃 30 亩，丰产示范林 500 亩，成活率均在 80% 以上，组培苗造林 3 000 株，造林当年平均苗高 0.7 m。种质资源圃保存优良种质资源 68 份。采穗圃每年出圃优良品种接穗 60 万枝以上。

2）选出优树 10 株，审定了优良品种 2 个（分水葡萄柏 1 号和铜锤柏 11 号）。

3）编制了《乌桕主要病虫害综合防治技术规程》《乌桕采穗圃营建技术规程》及《乌桕育苗技术规程》3 项地方标准。

4）总结出了一套大树矮化修剪技术，控制树体高度（10 年生树高控制在 3.5 m 以下）；研制适用于鄂东地区乌桕平衡施肥配方 1 个，增产达 20%。筛选出乌桕＋茶叶、乌桕＋花生＋小麦 2 个高产高效乌桕立体栽培模式。

5）研究成果通过示范辐射推广，取得良好的生态、经济和社会效益。

图 A-34 乌桕新品种选育与快繁及集约化经营技术研究与示范项目现场图

三十五、油桐品种选优及开发利用技术研究，油桐规模快繁、高效栽培及优良无性系选育

项目年限：2008～2012 年
项目来源：①原湖北省林业厅；②武汉凯迪控股投资有限公司
承担单位：湖北省林科院

主持人：周席华

项目地点：湖北省林科院办公楼东侧

项目内容：①收集油桐种质资源，建立种质资源圃。主要有景阳油桐、金丝油桐系列及其他无性系；②高产、稳产、高抗的优良品种选育及规模化快繁技术研究；③低产林改造技术。

完成情况：两个项目整合后于 2014 年获湖北省科技进步奖三等奖。

1）2000 年以来，该项目针对湖北省油桐资源丰富而开发利用不足、生产力低下等产业问题，严格按照良种选育程序，首次以优质高产、稳产、高抗为育种目标，在湖北省范围内开展了油桐资源调查与良种选育工作，在武汉和京山县境内营建种质资源收集圃 60 亩，收集省内外油桐优良种质 140 个，共计 5 200 份，并在此基础上开展了种质资源综合评价，选育出适宜湖北油桐产业发展的良种景阳桐和优良无性系 7 个。

2）研究内容体系化，成果创新突出。该项目系统研究油桐规模快繁关键技术，建立了比较完整的油桐良种快繁技术体系，使嫁接成活率和成苗率均达 93% 以上。同时系统地从平衡施肥、套种模式、病虫害防治、整形修剪、低产林改造等方面开展了油桐优质丰产栽培技术研究，研发出油桐林科学施肥配方，筛选出最佳套种模式，建立了油桐优质丰产栽培技术体系。

3）课题组分别在湖北省竹山县、郧县、巴东县、来凤县、利川市、京山县、武汉市等油桐产区新建油桐示范林 12 020 亩，辐射推广面积达 116 000 亩以上，举办良种选育、嫁接育苗、丰产栽培等技术培训班 9 期，培训技术骨干 1 500 余人，发放技术资料 5 000 余份，项目实施期间直接为当地创造经济效益达 2.48 亿元，累计新增产值 2.37 亿元，经济、社会和生态效益显著。

图 A-35　油桐品种选优及开发利用技术研究，油桐规模快繁、
高效栽培及优良无性系选育项目现场图

三十六、油桐等生物质能源树种种质资源收集保存库建设项目

项目年限：2009～2010 年

项目来源：原国家林业局、林木种苗工程第四批

承担单位：湖北省林科院

　　主持人： 王晓光

　　项目地点： 黄柏峰南

　　项目内容： 收集生物质能源树种资源，建立种质资源圃，收集主要品种有杨树、柳树、油茶、油桐、核桃、黄连木、光皮树、毛梾等。

　　完成情况：

　　自 2010 年项目正式实施以来，在收集保存种质资源的基础上研究其资源开发、利用，通过一系列关键技术的研究，提出完整的资源库建立、保存、评价与利用的技术体系，推动湖北省林业生物质能源事业的快速发展。经过近两年的抚育管理，有效地保护了乌桕、油桐、油茶、核桃、黄连木、光皮树、无患子等生物质能源树种种质资源，并通过选择、测定、繁育、杂交育种、基因工程等育种手段开发利用优良生物质能源树种种质资源，向社会提供优良生物质能源树种种苗，满足生物质能源市场需求。项目达到了预期的生态、经济、社会效益。

图 A-36　油桐等生物质能源树种种质资源收集保存库建设项目现场图

三十七、枫香种质资源发掘与创新利用

　　项目年限： 2009～2017 年

　　项目来源： "十二五" 农村领域国家科技计划课题

　　承担单位： 湖北省林科院

　　主持人： 胡兴宜

　　项目地点： 黄柏峰北

　　项目内容： ①收集枫香种质资源，建立种质资源圃。收集包含 300 多个家系，来自全国各地 20 多个种源；②种质资源评价体系建立。

　　完成情况：

　　收集保存全国 30 多个枫香种源和 300 多个家系，初步选出优良种源 13 个、优良家系 49 个，优良单株 38 株，并开展新品种选育和无性繁殖利用研究。已发表论文 5 篇，在武汉、京山、襄阳、红安等地建立试验基地 1 000 余亩，并在全省开展枫香用材林、生态林和景观林推广。

图 A-37　枫香种质资源发掘与创新利用项目现场图

三十八、紫薇优良新品种选育及规模化快繁技术研究与示范

项目年限：2010～2012 年

项目来源：武汉市科技攻关项目

承担单位：湖北省林科院

主持人：杨彦伶

项目地点：湖北省林科院办公楼前

项目内容：①初步建立紫薇种质资源鉴定评价技术体系；②选育紫薇优良品种 3～5 个，营建紫薇资源收集及良种繁育圃 20 亩，营建试验示范林 50 亩；③编制紫薇良种无性繁殖生产技术规程。

完成情况：

营建紫薇种质资源收集圃 15 亩，良种采穗圃、种苗繁育圃 20 亩，紫薇良种试验示范林 40 亩，繁育紫薇良种壮苗 10 余万株，摸索和总结出紫薇种质资源鉴定评价技术体系，选育了性状优良、抗逆性强、适应性广的优良紫薇新品种 4 个，总结出了良种壮苗规模快繁技术，制定了《紫薇无性繁殖育苗技术规程》，发表论文 6 篇，培养研究生 2 名，圆满完成了项目的研究任务。

图 A-38　紫薇优良新品种选育及规模化快繁技术研究与示范项目现场图

三十九、乡土园林绿化树种紫薇优良新品种及繁育技术推广应用

项目年限：2010～2012 年

项目来源：武汉市科学技术局

承担单位：湖北省林科院

主持人：杨彦伶

项目地点：湖北省林科院办公楼前

项目内容：①紫薇种质资源评价及优良株系选择；②紫薇良种规模化快繁技术研究；③紫薇优良品系比较试验及区域化试验。

完成情况：获湖北省科技进步奖三等奖、第六届中国花卉博览会科技成果奖二等奖。

营建紫薇种质资源收集圃 10 亩、良种试验示范基地 20 亩，建立了紫薇种质资源鉴定评价技术体系，选育了国家植物新品种 1 个、省良种 3 个，制定湖北省地方标准 2 项，圆满完成了项目的研究任务。

图 A-39   乡土园林绿化树种紫薇优良新品种及繁育技术推广应用项目现场图

四十、园林树木（桂花、茶花、樱花等）控根栽培技术推广与示范

项目年限：2012～2014 年

项目来源：中央财政林业科技推广示范项目

承担单位：湖北省林科院、湖北省林木种苗管理总站

主持人：李爱华

项目地点：湖北省林科院篮球场北面

项目内容：①栽控根容器的选择应用；②不同规格苗木控根栽培技术推广。

完成情况：

2014 年项目通过了验收。项目执行期，营建控根苗木培育示范基地 100 亩；培育桂花、茶花和樱花等各类大规格容器苗 1.05 万株、小规格容器苗 21.5 万株；制订了《园林树木控根容器育苗技术规程》，已于 2014 年 9 月发布实施。

图 A-40　园林树木（桂花、茶花、樱花等）控根栽培技术推广与示范项目现场图

四十一、八月红等板栗新品种及高效栽培技术推广示范

项目年限： 2013～2015 年

项目来源： 中央财政林业科技推广示范项目

承担单位： 湖北省林科院

主持人： 李爱华

项目地点： 黄柏峰北面

项目内容： ①收集板栗种质资源，建立种质资源圃。主要品种有浅刺大板栗、八月红、桂花香、六月瀑等 13 个品种；②板栗良种丰产栽培技术研究。

完成情况：

项目执行期应用"八月红"和"乌壳栗"等良种苗造林或穗条嫁接换种，应用率达95%以上；新造良种板栗林 100 亩，保存率 96.4%，平均冠幅 91 cm×97 cm；标准化栽培管理示范林 700 亩，栗果产量增加 69 kg/亩，达 187 kg/亩；培训技术人员及林农 896人次，辐射推广"八月红"等板栗良种及高效栽培技术 1 万亩；发表相关论文 1 篇，申报发明专利 1 项。

图 A-41　八月红等板栗新品种及高效栽培技术推广示范项目现场图

四十二、 涩柿和甜柿高效生产关键技术研究与示范

项目年限： 2013～2017 年

项目来源： 国家科技部国家"十三五"科技支撑计划项目

承担单位： 湖北省林科院

主持人： 邓先珍

项目地点： 湖北省林科院森工楼院内

项目内容： ①涩柿种质资源收集、评价与新品种选育；②涩柿高效生产关键技术研究与示范；③甜柿种质资源收集与高产高效新品种选育；④甜柿高效生产关键技术研究与示范。

完成情况：

开展了种质资源收集、评价、创新、良种选育、高效生产关键技术集成研究，培育适合于我国柿主产区栽培的优良品种，建立了配套的高效生产技术体系，营建优质高效栽培示范基地。在襄阳和麻城建立了涩柿和甜柿种质资源圃，收集保存甜柿柿属植物种质资源 801 份，选育柿良种和新品种 10 个，繁育良种苗木 27.2 万株。

营建柿试验林 49.7 hm²，示范林 414 hm²，优质果率提高了 20%～30%，平均单产提高 25%～40%，在河南、湖北等地示范辐射推广 958 hm²。授权国家专利 3 项，制定行业标准 1 项，地方标准 2 项，鉴定成果 2 项，获奖成果 2 项。

图 A-42 涩柿和甜柿高效生产关键技术研究与示范项目现场图

四十三、 紫薇优良亲本种质及育种技术引进

项目年限： 2014～2018 年

项目来源： 原国家林业局 948 项目

承担单位： 湖北省林科院

主持人： 杨彦伶

项目地点： 九峰试验林场山前苗圃

项目内容： ①种质资源收集圃。收集包含大花紫薇系列、福建紫薇系列、福氏紫薇

系列等品种，主要有红火球、红火箭、TONTO、阿波罗、三个紫叶紫薇、鄂薇1~4号、赤霞等；②杂交育种试验圃；③良种采穗圃；④种植示范圃。

完成情况：

项目经过几年实施，已通过专家验收，完成品种引进任务，同时完成出国学习、引进品种任务；完成6个亲本的30余个杂交组合试验，筛选了优良杂交组合和单株140余株（个），选育新品种2个；开展了优株繁殖、品比试验、区域试验等各项任务，繁殖苗木近9 000株；已在九峰试验林场、湖北省太子山林管局仙女林场等地营建品种园5亩、试验示范林45亩；发表论文3篇。

图A-43 紫薇优良亲本种质及育种技术引进项目现场图

四十四、栓皮栎种源试验林

项目年限：2015~2016年

项目来源：中国林业科学研究院院内项目

承担单位：湖北省林科院

主持人：王晓荣

项目地点：九峰试验林场山后水塘边

项目内容：收集栓皮栎种质资源，建立种质资源圃。主要收集北京、陕西、辽宁、河南、湖北、湖南等地种源。

完成情况：

项目收集了全国6个栓皮栎种源，并育苗种植到九峰试验林场，以种子及1年生幼苗为研究对象，通过调查种子形态特征（如种长、种宽、种长宽比和百粒质量等）和幼苗生长特性（如苗高、地径、叶片数、分枝数和苗高地径比等），表明北京平谷、湖北鹤峰种源种子百粒质量较大，幼苗生长优于其他种源，对试验地环境的适应能力更强。对2年生幼苗的光合特性研究发现，栓皮栎种源间最大净光合速率和暗呼吸速率差异显著，其中陕西黄龙种源的最大净光合速率和河南济源种源暗呼吸速率显著高于其他种源。通过光响应曲线比较，除辽宁庄河种源外，其余暖温带种源2年生幼苗均能很好地适应试验地生境条件。

图 A-44　栓皮栎种源试验林项目现场

四十五、长山核桃"契可特"良种应用示范

项目年限： 2016～2018 年
项目来源： 中央财政林业科技推广示范项目
承担单位： 湖北省林科院
主持人： 邓先珍
项目地点： 九峰试验林场花房南侧
项目内容： ①契可特良种繁育技术研究；②高效栽培技术研究；③水肥一体化良种繁育技术。

完成情况：

1）在南漳县神龙山林场完成营造长山核桃"契可特"良种示范林 200 亩。

2）南漳县神龙山林场示范林经补植后保存率达 95%，平均树高 1.79 m，分枝数 3.85 个。

3）培训林农和技术骨干 302 人次。

图 A-45　长山核桃"契可特"良种应用示范项目现场图

四十六、山核桃资源收集与评价利用

项目年限：2017 年

项目来源：原湖北省林业厅

承担单位：湖北省林科院

主持人：杜洋文

项目地点：湖北省林科院森工楼院内

项目内容：①收集山核桃种质资源，建立种质资源圃，主要有美国山核桃、浙江山核桃、大别山山核桃；②新品种选育及评价。

完成情况：

收集美国山核桃种质资源 20 余份，建立种质资源圃 10 亩，初选大别山山核桃优树 18 株，种仁含油率最高达 70.3%，其中筛选出 3 株优树具有大果优良特性，1 株优树具有皮薄优良特性。

图 A-46　山核桃资源收集与评价利用项目现场图

四十七、罗田垂枝杉种质资源收集与保存

项目年限：2017 年

项目来源：原湖北省林业厅重点科技支撑项目

承担单位：湖北省林科院

主持人：许业洲

项目地点：长春沟

项目内容：①收集罗田垂枝杉种质资源，建立种质资源圃。收集 55 个无性系（2.5 年生无性系 37 个，1.5 年生无性系 18 个）；②进行密度对比试验。

完成情况：

（1）资源收集与苗木繁殖

优树选择：在 18~20 年垂枝杉人工林中，以树高和胸径为指标，结合形态特征，采用优势木对比法和小标准地法，初选 64 株优树，入选率为 3.59%，平均单株材积为

0.202 5 m³, 比样地平均材积大 66.7%。

采穗圃营建与促萌：以大树基部萌条扦插苗、优树侧枝扦插苗、优树根蘖苗及优树种子 1 年生实生苗为材料，在九峰营建采穗圃 1 亩。

扦插育苗：分别于春秋两季采集半木质化萌条，利用轻基质容器扦插培育无性系苗木 1.0 万株，扦插生根率约 89%，移栽成活率 90% 以上。

（2）造林地整理

收集圃地点为九峰试验林场长春沟原中华蚊母采穗圃，营建面积约 20 亩。

沿等高线进行水平带状整地，带宽 0.8～1.0 m，全面深翻，深度不小于 50 cm。

（3）收集圃营建

以 2.5 年生、1.5 年生扦插无性系移栽苗为收集圃营建材料，共计 55 个无性系，分别将 2.5 年生和 1.5 年生无性系划分成 2 个大区，以单行或双行为小区进行无性系排列。2018 年 2 月 23 日～27 日造林，造林密度为 1.5 m×（1.5～2.0） m。

（4）阶段性成果及对其产业影响

丰富湖北省杉木种质资源，为改进湖北省杉木育种滞后现状、推进罗田垂枝杉遗传改良进程奠定基础；营建了全国杉木当前唯一、湖北省传统用材树种唯一新品种"鄂杉1 号"种质资源收集圃；研制出了罗田垂枝杉嫩枝扦插育苗技术体系；完成了罗田垂枝杉良种推广应用和产业化的技术储备。

图 A-47 罗田垂枝杉种质资源收集与保存项目现场图

四十八、油茶基因库

项目年限： 2017～

项目地点： 大王峰到黄柏峰交界山凹处

项目来源： 湖北省林科院自立项目

科研目标树种为油茶，目前生长状况良好，平均树高 1.2 m，地径 2～3 cm，面积 12亩左右，群落地位优势明显，应及时进行幼林抚育。现收集了油茶种质资源 174 份，其中有品种、优树和特异种质资源等。

图 A-48　油茶基因库项目现场图

四十九、油茶长林系列品种应用和高效栽培技术示范

项目年限：2017～2019 年

项目来源：中央财政林业科技推广示范项目

承担单位：湖北省林科院

主持人：杜洋文

项目地点：山前苗圃方塘南面

项目内容：①油茶长林系列繁育技术研究；②油茶长林系列机械化采摘与高效栽培试验示范。

完成情况：

采用适宜湖北省高产优质长林 3 号、4 号、40 号等油茶良种营建丰产示范林 50 亩。

图 A-49　油茶长林系列品种应用和高效栽培技术示范项目现场图

五十、中德财政合作近自然森林经营示范区

项目年限：2017～2021 年

项目来源：原湖北省林业厅

承担单位：湖北省林科院

主持人：张维

项目地点：宝盖峰、钵盂峰

项目内容：①营建近自然森林经营示范林 30 hm^2；②近自然森林经营成效定位观测，研究湖北省森林近自然经营技术体系；③开展近自然森林经营技术的宣传与培训。

完成情况：

此为在研项目，2018 年启动实施建立了近自然森林经营示范林 450 亩。

图 A-50　中德财政合作近自然森林经营示范区项目现场图

五十一、香榧良种选育与苗木快速繁育技术

项目年限：2018～2020 年

项目来源：原湖北省林业厅重点科技支撑项目

承担单位：湖北省林科院

主持人：李爱华

项目地点：湖北省林科院办公楼前

项目内容：①香榧种质资源收集及品种引进，引进东榧 1～5 号、珍珠榧、细榧等 8 个品种；②苗木快速繁育技术研究。

完成情况：

此为在研项目，目前按计划推进相关研究工作。

图 A-51　香榧良种选育与苗木快速繁育技术项目现场图

五十二、山桐子种质资源收集评价与繁育技术研究

项目年限： 2018 年

项目来源： 原湖北省林业厅重点科技支撑项目

承担单位： 湖北省林科院

主持人： 向珊珊

项目地点： 九峰试验林场山前苗圃地

项目内容： ①建立湖北省山桐子种质资源档案，保存电子档案 50 份；收集保存山桐子种质资源 30 份；②繁育苗木 5 万株，合格率达 80% 以上。

完成情况：

在湖北省恩施州和襄阳市开展山桐子种质资源调查，调查单株 90 株，初步建立湖北省山桐子种质资源信息库。收集保存四川省优良家系 5 个，分别在武汉市和通山县建立试验林 12 亩；收集种子 49 份，其中四川省优良无性系种子 3 份，为后续山桐子种质资源圃建设和优良品种选育奠定基础。

图 A-52　山桐子种质资源收集评价与繁育技术研究项目现场图

五十三、紫薇与大花紫薇 F1 代植株败育机理研究

项目年限：2018～2019 年

项目来源：湖北省科学技术厅自然科学基金计划项目

承担单位：湖北省林科院

主持人：李振芳

项目地点：九峰试验林场山前苗圃地

项目内容：对已获得的紫薇与大花紫薇杂交 F1 代不同育性植株的雄、雌蕊发育过程、花粉活力和柱头可授性、染色体倍性等进行系统的比较研究。

完成情况：

为了探明紫薇与大花紫薇杂交子代败育机理，解决种间杂种因育性低阻碍优异基因相互渗透的问题，开展了下列试验研究：①采集不同发育时期的花芽、花等材料，进行切片、镜检；②观察不同材料的花部形态特征及开花特性，检测花粉生活力与柱头可授性；③鉴定父母本、子代的染色体倍性。该项研究可促进紫薇与大花紫薇种间杂种子代的研究与利用，加快紫薇优良新品种选育步伐，推进湖北省夏秋花木产业的发展。

图 A-53　紫薇与大花紫薇 F1 代植株败育机理研究项目现场图

附录 *B*

九峰主要科技植物名录

蕨类植物门 Pteridophyta

一、里白科 Gleicheniaceae

1. 芒萁属 *Dicranopteris* Bernh.

（1）芒萁 *Dicranopteris dichotoma* (Thunb.) Bernh.

根状茎横走，被暗锈色长毛，叶光滑；叶轴一至二回二叉分枝，二回羽轴上腋芽小，被锈黄色毛；各回分叉处两侧均各有一对托叶状的羽片，平展，宽披针形，等大或不等；末回羽片披针形或宽披针形，35～50 对，向顶端变狭，尾状，基部上侧变狭，篦齿状深裂几达羽轴，顶钝，常微凹，全缘；侧脉两面隆起，直达叶缘；叶纸质，上面黄绿色或绿色，下面灰白色。孢子囊圆形，着生于小脉的弯弓处。

分布于黄柏峰、大王峰的山坡林下。

药用功能：药性苦、涩、平。有清热利尿，化瘀，止血之功效。用于鼻衄，肺热咳血，尿道炎，膀胱炎，小便不利，水肿，月经过多，血崩，白带；外用治创伤出血，跌打损伤，烧烫伤，骨折，蜈蚣咬伤。

二、海金沙科 Lygodiaceae

2. 海金沙属 *Lygodium* Sw.

（2）海金沙 *Lygodium japonicum* (Thunb.) Sw.

茎细长缠绕攀援。叶轴上面有2条狭边，羽片多数，对生于叶轴两侧，平展；不育羽片尖三角形，长宽几相等，二回羽状；基部一对卵形，一回羽状；二回小羽片2～3对，卵状三角形，互生，掌状3裂；末回裂片短阔，波状浅裂；叶缘有不规则的浅圆锯齿；叶纸质。能育羽片卵状三角形，长宽几相等，二回羽状；小羽片卵状三角形，羽状深裂；孢子囊穗长超过小羽片的中央不育部分，排列稀疏，暗褐色，无毛。

分布于黄柏峰、大王峰的林缘或灌丛中。

药用功能：茎叶及孢子入药，治湿热肿毒、小便热淋、膏淋、血淋、石淋、经痛、筋骨疼痛等症。

三、陵齿蕨科 Lindsaeaceae

3. 乌蕨属 *Stenoloma* Fee

（3）乌蕨 *Odontosoria chinensis* (Linnaeus) J. Smith

根状茎短而横走，被赤褐色的钻状鳞片。叶柄长达25 cm，禾秆色，上面有沟；叶片披针形，先端渐尖，基部不变狭，四回羽状；羽片15～20对，互生，斜展，卵状披针形，末回小羽片小，倒披针形，先端截形，有齿牙，基部楔形，下延；叶脉上面不显，下面明显；叶坚草质，通体光滑。孢子囊群边缘着生，每裂片上一枚或二枚，顶生1～2条细脉上；囊群盖灰棕色，革质，半杯形，宽，与叶缘等长，近全缘或多少啮蚀，宿存。

分布于黄柏峰、大王峰、钵盂峰、宝盖峰、马驿峰的山坡林缘或沟边灌丛中。

药用功能：全草入药，治感冒发热、肝炎、痢疾、肠炎、毒蛇咬伤、烫火伤等症。

四、凤尾蕨科 Pteridaceae

4. 凤尾蕨属 *Pteris* L.

（4）井栏边草 *Pteris multifida* Poir.

高30～45 cm。根状茎短而直立。叶簇生，明显二型；不育叶禾秆色，光滑；叶片卵状长圆形，一回羽状，羽片通常3对，对生，斜向上，无柄，线状披针形，先端渐尖，叶缘有不整齐的尖锯齿并有软骨质的边，下部1～2对通常分叉，有时近羽状，顶生三叉羽片及上部羽片的基部显著下延，在叶轴两侧形成宽3～5 mm的狭翅；能育叶有较长的柄，羽片4～6对，狭线形，仅不育部分具锯齿，余均全缘，下部2～3对通常2～3叉；叶无毛。

图 B-1　井栏边草

摄于九峰钵盂锋筲箕肚

广泛分布于钵盂峰筲箕肚、黄柏峰的墙壁、井边及石灰岩缝隙或灌丛下。

药用功能：全草入药，有清热利湿、解毒、凉血、收敛、止血和止痢功效。

五、铁角蕨科　Aspleniaceae

5. 铁角蕨属　*Asplenium* L.

（5）虎尾铁角蕨　*Asplenium incisum* Thunberg

高10～30 cm。叶簇生；叶柄、叶轴上面有浅纵沟，顶部两侧有线状狭翅，叶轴顶端从不延长成鞭状；叶片阔披针形，光滑，长10～27 cm，两端渐狭，二回（或一回）羽状；羽片12～22对，羽片长宽几乎相等，近斜方形或卵形，边缘有粗齿牙，下部对生，向上互生，有短柄，下部羽片逐渐缩短成圆耳状，一回羽状或深羽裂达羽轴；小羽片4～6对，基部一对较大；小羽片上叶脉先端有明显的水囊，伸入齿牙，但不达叶边。孢子囊群椭圆形生于小脉中部或下部，紧靠主脉，不达叶边。

分布于纱帽峰、黄柏峰、大王峰的林下阴湿处岩石缝隙中或山坡路旁草丛中。

药用功能：全草入药，有清热、利湿、镇惊、解毒功效，治肺热咳嗽、吐血、急性黄疸型传染性肝炎、小儿急惊风、指头炎等症。

六、金星蕨科　Thelypteridaceae

6. 毛蕨属　*Cyclosorus* Link

（6）渐尖毛蕨　*Cyclosorus acuminatus* (Houtt.) Nakai

高40～80 cm。根状茎长而横走，先端被棕色鳞片。叶二列远生；叶柄无鳞片，有柔毛，深禾秆色；叶片长40～45 cm，宽14～17 cm，长圆状披针形，先端尾状渐尖并羽裂，基部不变狭，二回羽裂，羽片13～18对，有极短柄，互生或基部的对生，中部以下羽片长7～11 cm，宽8～12 mm，基部羽片羽裂达1/2～2/3；裂片18～24对，近镰状披针形，尖头，全缘；叶脉下面隆起；叶坚纸质，羽轴下面被针状毛，羽片上面被短糙毛。孢子囊群圆形，生于侧脉中部以上。

分布于黄柏峰、大王峰的灌丛中、林下、路旁或田埂边。

药用功能：全草入药，有清热解毒、祛风除湿、健脾功效。

7. 针毛蕨属　*Macrothelypteris* (H. Ito) Ching

（7）针毛蕨　*Macrothelypteris oligophlebia* (Bak.) Ching

植株高 60～150 cm。根状茎短而斜升，连同叶柄基部被深棕色的披针形、边缘具疏毛的鳞片。叶簇生；叶柄长 30～70 cm，粗约 4～6 mm，禾秆色，基部以上光滑；叶片几与叶柄等长，下部宽 30～45 cm，三角状卵形，先端渐尖并羽裂，基部不变狭，三回羽裂；羽片约 14 对，斜向上，互生，或下部的对生，相距 5～10 cm，柄长达 2 cm 或过之，基部一对较大，长达 20 cm，宽达 5 cm，长圆披针形，先端渐尖并羽裂，渐尖头，向基部略变狭，第二对以上各对羽片渐次缩小，向基部不变狭，柄长 0.1～0.4 cm，二回羽裂；小羽片 15～20 对，互生，开展，中部的较大，长 3.5～8.0 cm，宽 1.0～2.5 cm，披针形，渐尖头，基部圆截形，对称，无柄（下部的有短柄），多少下延（上部的彼此以狭翅相连），深羽裂几达小羽轴；裂片约 10～15 对，开展，长 5～12 mm，宽 2.0～3.5 mm，先端钝或钝尖，基部沿小羽轴彼此以狭翅相连，边缘全缘或锐裂。叶脉下面明显，侧脉单一或在具锐裂的裂片上二叉，斜上，每裂片 4～8 对。叶草质，干后黄绿色，两面光滑无毛，仅下面有橙黄色、透明的头状腺毛，或沿小羽轴及主脉的近顶端偶有少数单细胞的针状毛，上面沿羽轴及小羽轴被灰白色的短针毛，羽轴常具浅紫红色斑。孢子囊群小，圆形，每裂片 3～6 对，生于侧脉的近顶部；囊群盖小，圆肾形，灰绿色，光滑，成熟时脱落或隐没于囊群中。孢子圆肾形，周壁表面形成不规则的小疣块状，有时连接成拟网状或网状。

分布于黄柏峰、大王峰的山谷水沟边，林缘湿地，海拔400～800 m处。

药用功能：根状茎苦、寒。清热解毒，止血，消肿，杀虫。用于烧、烫伤，外伤出血，疖肿，蛔虫病。

七、乌毛蕨科 Blechnaceae

8. 狗脊属 *Woodwardia* Smith

（8）狗脊 *Woodwardia japonica* (L.f.) Smith

高近 1 m。根状茎粗壮，横卧，与叶柄基部密被深棕色鳞片。叶近生；叶片长卵形，长25～80 cm，宽18～40 cm，先端渐尖，二回羽裂；顶生羽片卵状披针形或长三角状披针形，大于其下的侧生羽片，基部一对裂片常伸长，侧生羽片4～16对，下部对生，向上互生，无柄；下部羽片披针形，先端长渐尖，基部圆楔形，羽状半裂；裂片11～16对，基部一对缩小，边缘有细密锯齿；叶脉明显，两面隆起直达叶边；叶近革质。孢子囊群线形，挺直，不连续，呈单行排列；囊群盖线形，质厚。

分布于黄柏峰、钵盂峰的林下路旁、山脊或林下。

药用功能：全草入药，有镇痛、利尿及强壮之效，为我国应用已久的中药。根状茎富含淀粉，可作土农药，防治蚜虫及红蜘蛛。

八、鳞毛蕨科 Dryopteridaceae

9. 贯众属 *Cyrtomium* Presl

（9）贯众 *Cyrtomium fortunei* J. Smith

高25～50 cm。根状茎直立，和叶柄基部密被披针形棕色鳞片。叶簇生；叶柄有浅纵沟，禾秆色，向上鳞片秃净；叶片矩圆状披针形，长20～42 cm，宽8～14 cm，先端钝，基部不变狭或略变狭，奇数一回羽状；侧生羽片7～16对，互生，披针形，稍上弯成镰状，中部的长5～8 cm，宽1.2～2.0 cm，先端渐尖，少数成尾状，基部偏斜，上侧近截形，有时具耳状凸，下侧楔形，边缘全缘，有时有前倾的小齿；小脉联结成2～3行网眼；顶生羽片狭卵形；叶纸质，光滑。孢子囊群遍布羽片背面；囊群盖圆形，盾状，全缘。

生长于山坡或沟谷林下。

药用功能：杀虫；清热；解毒；凉血止血。用于风热感冒；温热癍疹；吐血；咳血；衄血；便血；崩漏；血痢；带下及钩、蛔、绦虫等肠寄生虫病。

10. 鳞毛蕨属 *Dryopteris* Adanson
（10）阔鳞鳞毛蕨 *Dryopteris championii* (Benth.) C.Chr.

高约50～80 cm。根状茎横卧或斜升，顶端和叶柄基部密被棕色鳞片。叶簇生；叶柄、叶轴禾秆色，密被鳞片；叶片卵状披针形，长40～60 cm，宽20～30 cm，二回羽状，小羽片羽状浅裂或深裂；羽片10～15对，基部的近对生，上部互生，卵状披针形，基部略收缩，顶端斜向叶尖，小羽片约10～13对，披针形，长2～3 cm，基部浅心形，顶端钝圆并具细尖齿，边缘羽状浅裂至羽状深裂，基部一对小羽片基部最宽；裂片圆钝头，顶端具尖齿；羽轴密被泡状鳞片；叶草质。孢子囊群大，在小羽片中脉两侧各一行，靠近边缘着生；囊群盖圆肾形。

图 B-2　阔鳞鳞毛蕨
摄于黄柏峰北面

分布于黄柏峰的沟谷林下、灌丛中或水沟边。

药用功能：根状茎苦、寒。清热解毒，止咳平喘。用于感冒，气喘，便血，痛经，钩虫病，烧、烫伤。

九、满江红科 Azollaceae
11. 满江红属 *Azolla* Lam.
（11）满江红 *Azolla imbricata* (Roxb.) Nakai

小型漂浮植物；植物体呈卵形或三角状。根状茎细长横走，侧枝腋生，假二歧分枝，向下生须根。叶小如芝麻，互生，无柄，覆瓦状排列成两行，叶片深裂为背裂片和腹裂片两部分；背裂片卵形，肉质，绿色，但在秋后常变为紫红色；腹裂片贝壳状，无色透明，稍带淡紫红色，斜沉水中。孢子果双生于分枝处，大孢子果体积小；小孢子果体积远较大，顶端有短喙。

分布于马驿水库及池塘、沟渠静水处、水田等水面。

药用功能：全草入药，有发汗利尿、驱风湿之功能。

裸子植物门 Gymnospermae

十、苏铁科 Cycadaceae
12. 苏铁属 *Cycas* Linnaeus
（12）苏铁 *Cycas revoluta* Thunberg

树干高约2 m，圆柱形。羽状叶从茎的顶部生出，倒卵状狭披针形，长75～200 cm，柄两侧有齿状刺；羽状裂片达100对以上，条形，厚革质，坚硬，长9～18 cm，宽4～6 mm，先端有刺状尖头，基部窄，两侧不对称，下侧下延生长，上面深绿色有光泽，中央微凹，凹槽内有稍隆起的中脉，中脉显著隆起，两侧有疏柔毛或无毛。雄球花圆柱形，有短梗；

大孢子叶密生黄色绒毛，边缘羽状分裂，胚珠2～6枚，生于大孢子叶柄的两侧，有绒毛。种子红褐色或橘红色。

狮子峰有栽培。为优美的观赏树种，栽培极为普遍。

药用功能：茎内含淀粉，可供食用；种子含油和丰富的淀粉，微有毒，供食用和药用，治痢疾等症，有止咳和止血之效。

十一、银杏科 Ginkgoaceae

13. 银杏属 *Ginkgo* Linnaeus

（13）银杏 *Ginkgo biloba* Linnaeus

乔木；树皮纵裂粗糙；枝有长短枝。叶扇形，有长柄，淡绿色，无毛，在短枝上常具波状缺刻，在长枝上常2裂，基部宽楔形，有柄，叶在一年生长枝上螺旋状散生，在短枝上3～8叶呈簇生状。球花雌雄异株，单性，生于短枝顶端的鳞片状叶的腋内，呈簇生状；雄球花荑黄花序状，下垂；雌球花具长梗，梗端常分两叉，每叉顶生一盘状珠座，胚珠着生其上，通常仅一个叉端的胚珠发育成种子。种子具长梗，常为椭圆形，熟时黄色。花期3～4月，种子9～10月成熟。

钵盂峰、九峰试验林场有零星栽培。银杏树形优美，春夏季叶色嫩绿，秋季变成黄色，颇为美观，可作庭园树及行道树。

药用价值（栽培种）：银杏的药用主要体现在医药、农药和兽药三个方面。种子的肉质外种皮含白果酸、白果醇及白果酚，有抗结核杆菌的作用。能降低人体血液中胆固醇水平，防止动脉硬化。叶可用于制作健康枕头，能改善人体呼吸，提高睡眠质量，长期使用可以预防与治疗心血管疾病。还可以制剂可治家畜劳伤吊鼻、肺痈咳喘、肺虚咳嗽、尿淋尿血、母畜白带等症。

图 B-3　银杏

摄于九峰试验林场大门前

十二、松科 Pinaceae

14. 雪松属 *Cedrus* Trew

（14）雪松 *Cedrus deodara* (Roxb.) G.Don

乔木。树皮深灰色，裂成不规则的鳞状块片；一年生长枝淡灰黄色，密生短绒毛，微有白粉，二三年生枝呈灰色、淡褐灰色或深灰色。叶在长枝上辐射伸展，短枝之叶成簇生状，针形，坚硬，淡绿色，长2.5～5.0 cm，宽1.0～1.5 mm，上部较宽，先端锐尖，下部渐窄，常呈三棱形，稀背脊明显，叶之腹面两侧各有2～3条气孔线，背面4～6条，幼时气孔线有白粉。雄球花长卵形或椭圆状卵形；雌球花卵圆形。球果成熟前淡绿色，微有白粉，熟时红褐色，卵圆形或宽椭圆形。

狮子峰有栽培。材质坚实、致密而均匀，有树脂，具香气，少翘裂，耐久用。可作建筑、桥梁、造船、家具及器具等用。雪松终年常绿，树形美观，亦为普遍栽培的庭园树。

药用功能：雪松木中含有非常丰富的精油，雪松精油的各种益处使其成为治疗头皮屑及皮疹的绝佳选择。雪松油具有抗脂漏、防腐、杀菌、补虚、收敛、利尿、调经、祛痰、杀虫及镇静等药效。

15. 松属 *Pinus* Linnaeus

（15）湿地松 *Pinus elliottii* Engelmann

乔木。树皮灰褐色或暗红褐色，纵裂成鳞状块片剥落。针叶2～3针一束并存，长18～25 cm，径约2 mm，刚硬，深绿色，有气孔线，边缘有锯齿；叶鞘长约1.2 cm。球果圆锥形或窄卵圆形，长6.5～13.0 cm，径3～5 cm，有梗；种鳞的鳞盾近斜方形，肥厚，有锐横脊，鳞脐瘤状，直伸或微向上弯。种子卵圆形，微具3棱，长6 mm，黑色，有灰色斑点，种翅长0.8～3.3 cm，易脱落。

顶冠峰、黄柏峰、钵盂峰、马驿峰、宝盖峰、狮子峰有广泛栽培。用材树种；树干可割取松脂；平原地区常栽作观赏。

药用功能：煮泡松针可预防脑梗死、高血压、哮喘、急性胃炎，松节漱口可治风热等。

图 B-4　湿地松

摄于黄柏峰

（16）马尾松 *Pinus massoniana* **Lamb.**

乔木。树皮红褐色，裂成不规则的鳞状块片；冬芽卵状圆柱形，褐色，顶端尖，芽鳞边缘丝状。针叶2（3）针一束，长12～20 cm，细柔，微扭曲，两面有气孔线，边缘有细锯齿；叶鞘初呈褐色，后渐变成灰黑色，宿存。雄球花淡红褐色，圆柱形，弯垂，聚生于新枝下部苞腋，穗状；雌球花单生或2～4个聚生于新枝近顶端，淡紫红色。球果卵圆形或圆锥状卵圆形，长4～7 cm，径2.5～4.0 cm，有短梗，下垂，成熟前绿色，熟时栗褐色。花期4～5月，球果第二年10～12月成熟。

顶冠峰、黄柏峰、钵盂峰、马驿峰、宝盖峰、狮子峰有广泛有栽培或野生，生于山坡林中。

药用功能：用材树种；幼根或根皮、幼枝顶端、枝干结节、松叶、花粉、球果、松油酯均可入药；花粉和松针可食。松油脂及松香、叶、根、茎节、嫩叶（俗称树心）等入药。祛风行气、活血止痛。舒筋、止血。主治咳嗽、胃及十二指肠溃疡、习惯性便秘、湿疹、黄水疮、外伤出血。

图 B-5　马尾松

摄于黄柏峰

十三、杉科 Taxodiaceae

16. 杉木属 *Cunninghamia* **R.Brown**

（17）杉木 *Cunninghamia lanceolata* **(Lamb.) Hook.**

树皮灰褐色，裂成长条片脱落，内皮淡红色。叶在主枝上辐射伸展，侧枝之叶基部扭转成2列状，披针形，通常微弯、呈镰状，革质、坚硬，长2～6 cm，宽3～5 mm，边缘有细缺齿，先端渐尖，稀微钝，上面深绿色，有光泽，除先端及基部外两侧有窄气孔带，微具白粉或白粉不明显，下面淡绿色，沿中脉两侧各有1条白粉气孔带。雄球花圆锥状，有短梗，通常40余个簇生枝顶；雌球花单生或2～3个集生，绿色，苞鳞横椭圆形，先端急尖，上部边缘膜质，有不规则的细齿，长宽几相等，约3.5～4.0 mm。球果卵圆形。花期4月，球果10月下旬成熟。

　　钵盂峰、黄柏峰、湖北省林科院试验地有栽培。木材优良，供建筑、桥梁、造船、矿柱，木桩、电杆、家具及木纤维工业原料等用。

　　药用功能：祛风止痛，散瘀止血。用于慢性气管炎，胃痛，风湿关节痛；外用治跌打损伤，烧烫伤，外伤出血，过敏性皮炎。

图 B-6　杉木

摄于九峰地震局旁

17. 水松属 *Glyptostrobus* Endl.

（18）水松 *Glyptostrobus pensilis* (Staunt.ex D.Don) Koch

　　乔木，高8～10 m，稀高达25 m，生于湿生环境者，树干基部膨大成柱槽状，并且有伸出土面或水面的吸收根，柱槽高达70 cm，干基直径达60～120 cm，树干有扭纹；树皮褐色或灰白色而带褐色，纵裂成不规则的长条片；枝条稀疏，大枝近平展，上部枝条斜伸；短枝从二年生枝的顶芽或多年生枝的腋芽伸出，长8～18 cm，冬季脱落；主枝则从多年生及二年生的顶芽伸出，冬季不脱落。叶多型：鳞形叶较厚或背腹隆起，螺旋状着生于多年生或当年生的主枝上，长约2 mm，有白色气孔点，冬季不脱落；条形叶两侧扁平，薄，常列成2列，先端尖，基部渐窄，长1～3 cm，宽1.5～4.0 mm，淡绿色，背面中脉两侧有气孔带；条状钻形叶两侧扁，背腹隆起，先端渐尖或尖钝，微向外弯，长4～11 mm，辐射伸展或列成三列状；条形叶及条状钻形叶均于冬季连同侧生短枝一同脱落。球果倒卵圆形，长2.0～2.5 cm，径1.3～1.5 cm；种鳞木质，扁平，中部的倒卵形，基部楔形，先端圆，鳞背近边缘处有6～10个微向外反的三角状尖齿；苞鳞与种鳞几全部合生，仅先端分离，三角状，向外反曲，位于种鳞背面的中部或中上部；种子椭圆形，稍扁，褐色，长5～7 mm，宽3～4 mm，下端有长翅，翅长4～7 mm。子叶4～5枚，条状针形，长1.2～

1.6 cm，宽不及1 mm，无气孔线；初生叶条形，长约2 cm，宽1.5 mm，轮生、对生或互生，主茎有白色小点。花期1~2月，球果秋后成熟。

九峰有栽培。木材淡红黄色，材质轻软，纹理细，耐水湿，相对密度为0.37~0.42。也可作建筑、桥梁、家具等用材。根部的木质轻松，相对密度为0.12，浮力大，可做救生圈、瓶塞等软木用具。种鳞、树皮含单宁，可染渔网或制皮革。根系发达，可栽于河边、堤旁，作固堤护岸和防风之用。树形优美，可作庭园树种。

药用功能：枝、叶及球果入药，有祛风湿、收敛止痛的效用。

图 B-7　水松

摄于湖北省林科院试验地水塘边

18. 水杉属 *Metasequoia* Hu & W. C. Cheng

（19）水杉 *Metasequoia glyptostroboides* Hu et.Cheng

乔木。树皮灰色，幼树裂成薄片脱落，内皮淡紫褐色；小枝对生或近对生，一年生枝光滑无毛，幼时绿色，后渐变成淡褐色，二三年生枝淡褐灰色；侧生小枝排成羽状，长4~15 cm，冬季凋落；主枝上的冬芽卵圆形或椭圆形，顶端钝。叶交叉对生，条形，长0.8~3.5 cm，宽1~2.5 mm，上面淡绿色，下面色较淡，沿中脉有2条较边带稍宽的淡黄色气孔带，每带有4~8条气孔线，叶在侧生小枝上排成2列，羽状，冬季与枝一同脱落。球果下垂，近四棱状球形，成熟前绿色，熟时深褐色，种鳞木质，盾形，通常11~12对，交叉对生。花期2月下旬，球果11月成熟。

分布于狮子峰、马驿峰等。

图 B-8　水杉

摄于湖北省林科院大门前

药用功能：水杉叶、种子有清热解毒、消炎止痛之功效。

19. 台湾杉属 *Taiwania* Hayata

（20）台湾杉 *Taiwania cryptomerioides* Hayata

乔木。大树之叶钻形、腹背隆起，背脊和先端向内弯曲，长3~5 mm，两侧宽2.0~2.5 mm，腹面宽1.0～1.5 mm，稀长至9 mm，宽4.5 mm，四面均有气孔线，下面每边8～10条，上面每边8～9条；幼树及萌生枝上之叶的两侧扁的四棱钻形，微向内侧弯曲，先端锐尖，长达2.2 cm，宽约2 mm。雄球花2～5个簇生枝顶；雌球花球形，球果卵圆形或短圆柱形；中部种鳞长约7 mm，宽8 mm，上部边缘膜质，先端中央有突起的小尖头，背面先端下方有不明显的圆形腺点。种子长椭圆形或长椭圆状倒卵形。球果10～11月成熟。

黄柏峰有栽培。用材和名贵观赏树种。我国特有树种，可供建筑、桥梁、电杆、舟车、家具、板材及造纸原料等用材。

20. 落羽杉属　*Taxodium* Richard

（21）落羽杉　*Taxodium distichum* (Linnaeus) Richard

落叶乔木；常有屈膝状的呼吸根。树皮棕色，裂成长条片脱落；新生幼枝绿色，到冬季则变为棕色；生叶的侧生小枝排成2列。叶线形，扁平，基部扭转在小枝上排成2列，羽状，长1.0～1.5 cm，宽约1 mm，先端尖，上面中脉凹下，淡绿色，下面黄绿色或灰绿色，中脉隆起，每边有4～8条气孔线，凋落前变成暗红褐色。雄球花卵圆形，有短梗，在小枝顶端排成总状花序状或圆锥花序状。球果球形或卵圆形，有短梗，向下斜垂，熟时淡褐黄色，有白粉。球果10月成熟。

（22）落羽杉（原变种）　*Taxodium distichum* (Linnaeus) Richard

主枝水平伸展；叶在当年生小枝上排成2列，线形，扁平。

九峰有栽培。

（23）池杉（变种）　*Taxodium distichum* var. *imbricatum* (Nuttall) Croom

主枝斜升；叶在当年生小枝上不排成2列，多为钻形，稀线形，扁平。

九峰有栽培。

（24）墨西哥落羽杉　*Taxodium mucronatum* Tenore

半常绿或常绿乔木，在原产地高达50 m，胸径可达4 m；树干尖削度大，基部膨大；树皮裂成长条片脱落；枝条水平开展，形成宽圆锥形树冠，大树的小枝微下垂；生叶的侧生小枝螺旋状散生，不成2列。叶条形，扁平，紧密排列成2列，呈羽状，通常在一个平面上，长约1 cm，宽1 mm，向上逐渐变短。雄球花卵圆形，近无梗，组成圆锥花序状。球果卵圆形。

湖北省林科院试验地有引种栽培。

21. 北美红杉属　*Sequoia* Endlicher

（25）北美红杉　*Sequoia sempervirens* (Lamb.) Endl.

大乔木，在原产地高达110 m，胸径可达8 m；树皮红褐色，纵裂，厚15～25 cm；枝条水平开展，树冠圆锥形。主枝之叶卵状矩圆形，长约6 mm；侧枝之叶条形，长约8～20 mm，先端急尖，基部扭转裂成2列，无柄，上面深绿或亮绿色，下面有2条白粉气孔带，中脉明显。雄球花卵形，长1.5～2.0 mm。球果卵状椭圆形或卵圆形，长2.0～2.5 cm，径1.2～1.5 cm，淡红褐色；种鳞盾形，顶部有凹槽，中央有一小尖头；种子椭圆状矩圆形，长约1.5 mm，淡褐色，两侧有翅。

钵盂峰有栽培。

药用功能：北美红杉精油可以治头皮屑、青春痘、香港脚、外伤、蚊虫叮咬。

十四、柏科　Cupressaceae

22. 侧柏属　*Platycladus* Spach

（26）侧柏　*Platycladus orientalis* (Linnaeus) Franco

乔木。树皮薄，纵裂成条片；生鳞叶的小枝细，向上直展或斜展，扁平，排成一平面。叶鳞形，长1～3 mm，先端微钝，小枝中央的叶露出部分呈倒卵状菱形或斜方形，背面中间有条状腺槽，两侧的叶船形，先端微内曲，背部有钝脊，尖头的下方有腺点。雄球花黄色，卵圆形；雌球花近球形，蓝绿色，被白粉。球果近卵圆形，鳞背顶端的下方有一向外弯曲的尖头。花期3～4月，球果10月成熟。

纱帽峰、大王峰有栽培。可供建筑、器具、家具、农具及文具等用材。常栽培作庭园树。

药用功能：种子与生鳞叶的小枝入药，前者为强壮滋补药，后者为健胃药，又为清凉收敛药及淋疾的利尿药。

23. 圆柏属　*Sabina* Mill.

（27）圆柏　*Sabina chinensis* (L.) Ant.

乔木。树皮深灰色，纵裂成条片开裂；小枝通常直或稍成弧状弯曲，生鳞叶的小枝近圆柱形。叶二型，即刺叶及鳞叶；刺叶生于幼树之上，老龄树则全为鳞叶，壮龄树兼有刺叶与鳞叶；生于一年生小枝鳞叶三叶轮生，近披针形，先端微渐尖，长2.5～5.0 mm，背面近中部有椭圆形微凹的腺体；刺叶三叶交互轮生，披针形，先端渐尖，长6～12 mm，上面微凹，有2条白粉带。雌雄异株，稀同株，雄球花黄色，椭圆形。球果近圆球形，径6～8 mm，两年成熟，有 (1)2～3 (4)粒种子。

分布于纱帽峰、大王峰海拔2 300 m以下山地。九峰寿安林苑、九峰花园、金安公司墓地也有广泛栽培。

药用功能：叶和枝入药，可收敛止血、利尿健胃、解毒散瘀；种子有安神、滋补强壮之效。

（28）龙柏　*Sabina chinensis* (L.) Ant. cv. Kaizuca

树冠圆柱状或柱状塔形；枝条向上直展，常有扭转上升之势，小枝密、在枝端成几相等长之密簇；鳞叶排列紧密，幼嫩时淡黄绿色，后呈翠绿色；球果蓝色，微被白粉。

纱帽峰、大王峰有栽培。

十五、罗汉松科　Podocarpaceae

24. 罗汉松属　*Podocarpus* L. Her. ex Persoon

（29）罗汉松　*Podocarpus macrophyllus* (Thunberg) Sweet

乔木。树皮灰色或灰褐色浅纵裂成薄片状脱落。叶螺旋状着生，条状披针形，微弯，长7～12 cm，宽7～10 mm，先端尖，基部楔形，上面深绿色，有光泽，中脉显著隆起，下面带白色、灰绿色或淡绿色。雄球花穗状，腋生，常3～5个簇生于极短的总梗上，基部有数枚三角状苞片；雌球花单生叶腋，有梗，基部有少数苞片。种子卵圆形，径约1 cm，先端圆，熟时肉质假种皮紫黑色，有白粉，种托肉质圆柱形，红色或紫红色，柄长1.0～1.5 cm。花期4～5月，种子8～9月成熟。

分布于黄柏峰。庭园作观赏树。

药用功能：果益气补中，用于心胃气痛，血虚面色萎黄；根皮可活血止痛，杀虫，治跌打损伤和癣。

图 B-9　罗汉松

摄于黄柏峰

十六、红豆杉科　Taxaceae

25.　红豆杉属　*Taxus* Linnaeus

（30）南方红豆杉　*Taxus wallichiana* var. mairei (Lemée & H. Léveillé) L. K. Fu & Nan Li

乔木。树皮灰褐色、红褐色，裂成条片脱落；一年生枝绿色或淡黄绿色，二三年生枝黄褐色、淡红褐色或灰褐色。叶排列成2列，条形，常较宽长，多呈弯镰状，长2～4 cm，宽3～4 mm，上部常渐窄，先端渐尖，下面中脉带上无角质乳头状突起点，或局部有成片或零星分布的角质乳头状突起，或与气孔带相邻的中脉带两边有一至数条角质乳头状突起，中脉带明晰可见，其色泽与气孔带相异，呈淡黄绿色或绿色，绿色边带亦较宽而明显。雄球花淡黄色。种子生于杯状红色肉质的假种皮中，微扁，多呈倒卵圆形。

被子植物门　Angiospermae

十七、三白草科　Saururaceae

26.　蕺菜属　*Houttuynia* Thunberg

（31）蕺菜　*Houttuynia cordata* Thunberg

俗称鱼腥草，直立草本，高5～60 cm。根状茎匍匐，匍匐茎节上形成根，略带紫红色。全草有鱼腥味。托叶鞘长为叶柄的1/4～1/2，通常有纤毛；叶柄无毛；叶片宽卵形的或卵状心形，纸质，浓密具腺，通常无毛，略带紫色背面；脉5～7。花序近无毛；总苞片长方形或倒卵形，先端圆形，雄蕊比子房长。蒴果2～3 mm，具宿存花柱。花期4～9月，果期6～10月。

九峰园林所试验地有栽培。

药用功能：全草入药，有清热解毒、利尿消肿功效，治恶疮、白秃等症；也可作野菜。

图 B-10　蕺菜

摄于九峰园林所试验地

十八、胡椒科　Piperaceae

27. 草胡椒属　*Peperomia* Ruiz & Pavon

（32）草胡椒　*Peperomia pellucida* (Linnaeus) Kunth

一年生、肉质草本，高20～40 cm；茎直立或基部有时平卧，分枝，无毛，下部节上常生不定根。叶互生，膜质，半透明，阔卵形或卵状三角形，长和宽近相等，约1.0～3.5 cm，顶端短尖或钝，基部心形，两面均无毛；叶脉5～7条，基出，网状脉不明显；叶柄长1～2 cm。穗状花序顶生和与叶对生，细弱，长2～6 cm，其与花序轴均无毛；花疏生；苞片近圆形，直径约0.5 mm，中央有细短柄，盾状；花药近圆形，有短花丝；子房椭圆形，柱头顶生，被短柔毛。浆果球形，顶端尖，直径约0.5 mm。花期4～7月。

逸生于九峰园林所试验地内。外来植物，原产美洲热带。

药用功能：散瘀止痛，主治烧、烫伤，跌打损伤。

十九、杨柳科　Salicaceae

28. 杨属　*Populus* Linnaeus

（33）加杨　*Populus canadensis* Moench

大乔木，高30多米。干直，树皮粗厚，深沟裂，下部暗灰色，上部褐灰色，大枝微向上斜伸，树冠卵形；萌枝及苗茎棱角明显，小枝圆柱形，稍有棱角，无毛，稀微被短柔毛。芽大，先端反曲，初为绿色，后变为褐绿色，富黏质。叶三角形或三角状卵形，长7～10 cm，长枝和萌枝叶较大，长10～20 cm，一般长大于宽，先端渐尖，基部截形或宽楔形，无或有1～2腺体，边缘半透明，有圆锯齿，近基部较疏，具短缘毛，上面暗绿色，下面淡绿色；叶柄侧扁而长，带红色（苗期特明显）。雄花序长7～15 cm，花序轴光滑，每花有雄蕊15～25(40)；苞片淡绿褐色，不整齐，丝状深裂，花盘淡黄绿色，全缘，花丝细长，白色，超出花盘；雌花序有花45～50朵，柱头4裂。果序长达27 cm；蒴果卵圆形，长约8 mm，先端锐尖，2～3瓣裂。雄株多，雌株少。花期4月，果期5～6月。

钵盂峰有栽培。速生用材树种。木材供箱板、家具、火柴杆和造纸等用。

29. 柳属　*Salix* Linnaeus

（34）垂柳　*Salix babylonica* Linnaeus

乔木，高达18 m。树皮灰黑色，不规则开裂；枝细光滑，下垂。芽线形，先端急尖。叶狭披针形或线状披针形，长9～16 cm，宽0.5～1.5 cm，先端长渐尖，基部楔形，锯齿缘；叶柄有短柔毛。雄花序长1.5～2(3)cm，有短梗，轴有毛；雄蕊2，花丝与苞片近等长或较长，基部有长毛，花药红黄色；苞片披针形，外面有毛；腺体2；雌花序长达2～3(6)cm，有梗，基部有3～4小叶，轴有毛；花柱短，2～4深裂；苞片披针形，外面有毛；腺体1。蒴果长3～4 mm。花期3～4月，果期4～5月。

马驿水库、九峰水库周边有栽培。为优美的绿化树种，还可固堤防沙。木材可供制家具；枝条可编筐，炭化后可作炭笔；树皮可提制栲胶。叶可作羊饲料。

（35）旱柳　*Salix matsudana* Koidzumi

乔木，高达18 m，树冠广圆形。枝细长，直立或斜展。叶披针形，长5～10 cm，宽1.0～1.5 cm，上面绿色，有光泽，下面苍白色，有细腺锯齿缘，幼叶有丝状柔毛；叶柄短，长5～8 mm，有长柔毛；托叶有细腺锯齿。雄花序圆柱形，长1.5～2.5(3)cm，雄蕊2，花丝基部有长毛，花药卵形，黄色；苞片卵形，基部有短柔毛；腺体2。雌花序长约2 cm，有3～5小叶分布于短花序梗上，轴有长毛；子房长椭圆形，无毛，近无柄，几无花柱，柱头卵形；腺体背生和腹生，或仅腹生。花期4月，果期4～5月。

九峰水库有零星栽培。木材供建筑器具、造纸、人造棉、火药等用；细枝可编筐；为早春蜜源树，又为固沙保土四旁绿化树种。

药用功能：清热除湿，消肿止痛。主治急性膀胱炎，小便不利，关节炎，黄水疮，疮毒，牙痛。

二十、杨梅科 Myricaceae

30.杨梅属 *Myrica* L.

（36）杨梅 *Myrica rubra* (Lour.) S. et Zucc.

常绿乔木，高可达15 m以上，胸径达60余厘米；树皮灰色，老时纵向浅裂；树冠圆球形。小枝及芽无毛，皮孔通常少而不显著，幼嫩时仅被圆形而盾状着生的腺体。叶革质，无毛，生存至两年脱落，常密集于小枝上端部分；多生于萌发条上者为长椭圆状或楔状披针形，长达16 cm以上，顶端渐尖或急尖，边缘中部以上具稀疏的锐锯齿，中部以下常为全缘，基部楔形；生于孕性枝上者为楔状倒卵形或长椭圆状倒卵形，长5～14 cm，宽1～4 cm，顶端圆钝或具短尖至急尖，基部楔形，全缘或偶有在中部以上具少数锐锯齿，上面深绿色，有光泽，下面浅绿色，无毛，仅被有稀疏的金黄色腺体，干燥后中脉及侧脉在上下两面均显著，在下面更为隆起；叶柄长2～10 mm。花雌雄异株。雄花序单独或数条丛生于叶腋，圆柱状，长1～3 cm，通常不分枝呈单穗状，稀在基部有不显著的极短分枝现象，基部的苞片不孕，孕性苞片近圆形，全缘，背面无毛，仅被有腺体，长约1 mm，每苞片腋内生1雄花。雄花具2～4枚卵形小苞片及4～6枚雄蕊；花药椭圆形，暗红色，无毛。雌花序常单生于叶腋，较雄花序短而细瘦，长5～15 mm，苞片和雄花的苞片相似，密接而成覆瓦状排列，每苞片腋内生1雌花。雌花通常具4枚卵形小苞片；子房卵形，极小，无毛，顶端极短的花柱及2鲜红色的细长的柱头，其内侧为具乳头状凸起的柱头面。每一雌花序仅上端1 (稀2)雌花能发育成果实。核果球状，外表面具乳头状凸起，径1.0～1.5 cm，栽培品种可达3 cm左右，外果皮肉质，多汁液及树脂，味酸甜，成熟时深红色或紫红色；核常为阔椭圆形或圆卵形，略成压扁状，长1.0～1.5 cm，宽1.0～1.2 cm，内果皮极硬，木质。4月开花，6～7月果实成熟。

图 B-11　杨梅
摄于湖北省林科院办公楼前

九峰试验林场有零星栽培。

药用功能：止渴、生津、助消化等功能。

二十一、胡桃科 Juglandaceae

31. 胡桃属 *Juglans* Linnaeus

（37）胡桃 *Juglans regia* Linnaeus

乔木，高达 25 m。树皮灰白色，纵向浅裂。奇数羽状复叶，长 25～30 cm；小叶通常 5～9 枚，椭圆状卵形至长椭圆形，长 6～15 cm，宽 3～6 cm，顶端钝、急尖或短渐尖，侧脉 11～15 对。雄性柔荑花序长 5～10 (15) cm；雌花序穗状，常具 1～3 朵花。果序短，具 1～3 枚坚果；果实近球状，直径 4～6 cm；果核稍具皱曲，有 2 条纵棱。花期 5 月，果期 10 月。

九峰试验林场有栽培。种仁含油量高，可生食，亦可榨油食用；木材坚实，是很好的硬木材料。由于栽培已久，品种很多；我国所产亦有许多品种。

32. 化香树属 *Platycarya* Siebold & Zuccarini
（38）化香树 *Platycarya strobilacea* Sieb. et Zucc.

乔木或灌木，高 2～15 m。树皮灰色。奇数羽状复叶，长 6～30 cm；小叶 1～15 (23) 枚，卵状披针形至狭椭圆状披针形，长 3～11 cm，宽 1.5～3.5 cm，顶端长渐尖，边缘有锯齿。两性花序和雄花序在小枝顶端排列成伞房状花序束，直立。果序球果状，卵状椭圆形至长椭圆状圆柱形，长 2.5～5.0 cm，直径 2～3 cm；宿存苞片木质；小坚果近圆形或倒卵形，背腹压扁状，两侧具狭翅。花期 5～6 月，果期 7～8 月。

分布于钵盂峰、顶冠峰的山坡林中。树皮、根皮、叶和果序均含质，作为提制栲胶的原料，树皮亦能剥取纤维，叶可作农药，根部及老木含有芳香油，种子可榨油。

药用功能：顺气、祛风、化痰、消肿、止痛、燥湿、杀虫。

33. 枫杨属 *Pterocarya* Kunth
（39）枫杨 *Pterocarya stenoptera* C. de Candolle

大乔木，高达 30 m。幼树树皮平滑，老时则深纵裂。叶多为偶数或稀奇数羽状复叶，长 8～16(25) cm，叶柄长 2～5 cm，叶轴具翅至翅不甚发达；小叶 (6)11～21(25) 枚，长椭圆形至长椭圆状披针形，长 8～12 cm，宽 2～3 cm，顶端钝圆，稀急尖。雄性柔荑花序长 6～10 cm；雌性柔荑花序顶生，长 10～15 cm。果序长 20～45 cm，果序轴常被宿存的毛；小坚果长椭圆形，长 6～7 mm；果翅线形，长 12～25 mm，宽 3～6 mm，具近于平行的脉。花期 4～5 月，果期 8～9 月。

分布于狮子峰、九峰试验林场；现已广泛栽植作园庭树或行道树、河道绿化树种。

药用功能：枝、叶入药。树皮还有祛风止痛、杀虫、敛疮等功效。

二十二、桦木科 Betulaceae
34. 桤木属 *Alnus* Miller
（40）桤木 *Alnus cremastogyne* Burkill

乔木，高可达30～40 m。树皮灰色，枝条无毛。叶倒卵形、倒卵状矩圆形、倒披针形或矩圆形，长4～14 cm，宽3.5～8.0 cm，顶端骤尖或锐尖，基部楔形或微圆，边缘具几不明显的钝齿，上面疏生腺点，下面密生腺点，几无毛，脉腋间有时具簇生的髯毛，侧脉8～10对；叶柄长1～2 cm，无毛。雄花序单生。果序单分布于叶腋，长1.0～3.5 cm，直径0.5～2.0 cm；序梗细瘦而下垂，长4～8 cm，无毛；果苞木质，长4～5 mm。小坚果卵形，长约3 mm，膜质翅宽仅为果的1/2。花期5～7月，果期8～9月。

钵盂峰及九峰试验林场有引种栽培。木材较松，宜做薪炭及燃料。

药用功能：清热凉血。用于鼻衄、肠炎、痢疾。

图 B-12　桤木

摄于九峰试验林场玻璃温室旁

35. 桦木属 *Betula* Linnaeus

（41）亮叶桦 *Betula luminifera* H. Winkler

乔木，高达 25 m。树皮红褐色或暗黄灰色，小枝密被淡黄色短柔毛。叶矩圆形至矩圆披针形，长 4.5～10.0 cm，宽 2.5～6.0 cm，顶端骤尖或呈细尾状，边缘具不规则的刺毛状重锯齿，叶下面密生树脂腺点，沿脉疏生长柔毛，侧脉 12～14 对；叶柄密被短柔毛及腺点。果序大部单生，长圆柱形，长 3～9 cm；序梗长 1～2 cm，下垂；果苞长 2～3 mm，背面疏被短柔毛，缘具短纤毛，侧裂片小，长仅为中裂片的 1/3～1/4。小坚果倒卵形，长约 2 mm，膜质翅宽为果的 1～2 倍。花期 5～6 月，果期 6～8 月。

分布于顶冠峰。木材质地良好，供制各种农具和家具；树皮、叶、芽可提取芳香油和树脂。

二十三、壳斗科 Fagaceae

36. 栗属 *Castanea* Miller

（42）锥栗 *Castanea henryi* (Skan) Rehd. et Wils.

乔木，高达 30 m。叶卵状长圆形至披针形，长 10～23 cm，顶部长渐尖至尾状长尖，新生叶的基部狭楔尖，成长叶的基部圆或宽楔形，叶缘锯齿有 2～4 mm 长的线状长尖，叶背无毛，但嫩叶有黄色鳞腺且在叶脉两侧有疏长毛；开花期的叶柄长 1.0～1.5 cm。雄花序长 5～16 cm；雌花每壳斗有花 1～3 朵，仅 1 花 (稀 2 或 3) 发育结实。成熟壳斗近圆球形，连刺径 2.5～3.5 cm，内有 1 坚果，径 15～20 mm。花期 5～7 月，果期 9～10 月。

分布于钵盂峰。果可食用；树体高大，树干挺直，为优良用材树种。

药用功能：锥栗有补肾益气，治腰脚不遂、内寒腹泻、活血化瘀等作用。叶、壳斗：苦、涩，平。用于湿热，泄泻。种子：甘，平。用于肾虚，痿弱，消瘦。

图 B-13　锥栗

摄于钵盂峰

37. 锥属 *Castanopsis* (D. Don) Spach

（43）苦槠 *Castanopsis sclerophylla* (Lindl.) Schott.

乔木，高5～10 m，枝叶无毛。叶长椭圆形，卵状椭圆形或兼有倒卵状椭圆形，长7～15 cm，宽3～6 cm，顶部渐尖或骤狭急尖，短尾状，叶基圆或宽楔形，常两侧不等，叶缘在中部以上有锯齿，成长叶叶背淡银灰色。花序轴无毛；雌花序长达15 cm。果序长8～15 cm，壳斗球形或近球形，全包或包着坚果的大部分，径12～15 mm，壳壁厚1 mm以内，不规则瓣状裂，外壁被黄棕色微柔毛，小苞片鳞片状，大部分退化并横向连生成圆环，或仅基部连生，呈环带状突起；坚果1（～3），近圆球形，径10～14 mm，顶部短尖，被短伏毛。花期4～5月，果当年10～11月成熟。

宝盖峰有栽培。种子是制粉条和豆腐的原料，制成的豆腐称为苦槠豆腐。木材较密致，坚韧，富于弹性。

药用功能：可防暑降温。

38. 青冈属 *Cyclobalanopsis* Oersted

（44）青冈 *Cyclobalanopsis glauca* (Thunberg) Oersted

乔木，高达20 m。小枝无毛。叶倒卵状椭圆形或长椭圆形，长6～13 cm，宽2.0～5.5 cm，顶端渐尖或短尾状，基部圆形或宽楔形，叶缘中部以上有疏齿，侧脉9～13对，

图B-14　青冈
摄于湖北省林科院大门外

叶面无毛，叶背有整齐平伏白色单毛，后渐脱落，常有白色鳞秕；叶柄1～3 cm。果序长1.5～3.0 cm，着生果2～3个。壳斗碗形，包着坚果1/3～1/2，径0.9～1.4 cm，高0.6～0.8 cm，被薄毛或光滑；小苞片合生成5～6条同心环，排列紧密，环带全缘或有细齿。坚果卵形、长卵形或椭圆形，直径0.9～1.4 cm，高1.0～1.6 cm。花期4～5月，果期10月。

湖北省林科院外有广泛栽培。

木材可作桩柱、车船、工具柄等；种子含淀粉，可作饲料、酿酒；树皮和壳斗可制栲胶。

（45）细叶青冈 *Cyclobalanopsis gracilis* (Rehd. et Wils.) Cheng et T. Hong

乔木，高达15m。小枝幼时被毛，后脱落。叶片长卵形至卵状披针形，长4.5～9.0 cm，宽1.5～3.0 cm，顶端渐尖至尾尖，基部楔形或近圆形，叶缘2/3以上有尖锯齿，侧脉7～13对，叶面亮绿色，叶背灰白色，有伏贴单毛；叶柄1.0～1.5 cm。雌花序长1.0～1.5 cm，顶端着生2～3朵花。壳斗碗形，包着坚果1/3～1/2，径1.0～1.3 cm，高6～8 mm，外壁被伏贴灰黄色绒毛；小苞片合生成6～9条同心环带，环带边缘常有裂齿，尤以下部2环更明显。坚果椭圆形，径约1 cm，高1.5～2.0 cm，顶端被毛。花期4～6月，果期10～11月。

分布于黄柏峰海拔1 800 m以下的山地杂木林中。木材可作桩柱、车船、工具柄等；种子含淀粉，可作饲料、酿酒；树皮和壳斗可制栲胶。

39. 柯属 *Lithocarpus* Blume

（46）港柯 *Lithocarpus harlandii* (Hance) Rehd.

乔木，高约18 m，胸径50 cm，新生枝紫褐色，干后暗褐黑色，有纵沟棱，枝、叶

及芽鳞均无毛。叶硬革质，披针形，椭圆形或倒披针形，长7～18 cm，宽3～6 cm，稀较小或更大，顶部常弯向一侧的短或长尾状尖，基部狭或渐狭楔尖，常两侧稍不对称且沿叶柄下延，稀急尖或近于圆，叶边缘在上段有波浪状钝裂齿，稀全缘，中脉在叶面近于平坦或微凸起，侧脉每边8～13条，支脉隐约可见，叶背有细圆片状薄的蜡鳞层；叶柄长2～3 cm。花序着生当年生枝的顶部，花序轴被微柔毛；雄圆锥花序由多个穗状花序组成；雌花每3朵一簇或全为单花散生于花序轴上，花柱3或2枚，长约0.5 mm。壳斗浅碗状，宽14～20 mm，高6～10 mm，基部常稍伸长呈极短的柄状，小苞片鳞片状，三角形或四边菱形，中央及边缘稍呈肋状隆起，覆瓦状排列，被微柔毛；坚果长圆锥形或宽椭圆形，高22～28 mm，宽16～22 mm，顶部圆或钝，稀为宽圆锥形，果壁厚1.5～2.0 mm，底部果脐深达4 mm，口径9～12 mm。花期5～6月，果次年9～10月成熟。

40. 栎属 *Quercus* Linnaeus

（47）麻栎 *Quercus acutissima* Carruthers.

落叶乔木，高达 30 m。幼枝被灰黄色柔毛，后渐脱落，老时灰黄色。叶片常为长椭圆状披针形，长 8～19 cm，宽 2～6 cm，顶端长渐尖，基部圆形或宽楔形，叶缘有刺芒状锯齿，叶片两面同色，幼时被柔毛，老时无毛或叶背面脉上有柔毛，侧脉 13～18 对；叶柄长 1～3 (5) cm。壳斗杯形，包着坚果 1/4～1/2，径 1.9～4.2 cm；小苞片钻形或扁条形，向外反曲，被灰白色绒毛。坚果卵形或椭圆形，直径 1.5～2.0 cm，高 1.7～2.2 cm，果脐突起，径约 1 cm。花期 3～4 月，果期翌年 9～10 月。

钵盂峰、宝盖峰有栽培。木材材质坚硬，纹理直或斜，耐腐朽，供枕木、坑木、桥梁、地板等用材；叶可饲柞蚕；种子含淀粉，可作饲料和工业用淀粉；壳斗、树皮可提取栲胶。

药用功能：树皮苦涩，微温，收敛，止泻；果解毒消肿。

（48）白栎 *Quercus fabri* Hance

落叶乔木或灌木状，高达 20 m。小枝密生灰色至灰褐色绒毛。叶片倒卵形、椭圆状倒卵形，长 7～15 cm，宽 3～8 cm，顶端钝或短渐尖，基部楔形或窄圆形，叶缘具波状锯齿或粗钝锯齿，幼时两面被灰黄色星状毛，侧脉 8～12 对；叶柄 3～5 mm，被棕黄色绒毛。雌花序长 1～4 cm，生 2～4 朵花。壳斗杯形，包着坚果约 1/3，径 0.8～1.1 cm，高 4～8 mm；小苞片卵状披针形，排列紧密。坚果长椭圆形或卵状，径 0.7～1.2 cm，高 1.7 cm，无毛，果脐微突起，径 5～7 mm。花期 4 月，果期 10 月。

分布于钵盂峰的山坡灌丛中。树叶含蛋白质；栎实含淀粉和单宁。

图 B-15　白栎
摄于钵盂峰路边

（49）枹栎 *Quercus serrata* Thunb.

落叶乔木，高达 25 m。幼枝被柔毛，后脱落。叶片薄革质，狭椭圆状披针形，卵状

图 B-16　短柄枹栎
摄于钵盂峰

披针形或倒卵形，长 (5) 7～17cm，宽 (1.5) 3～9 cm，顶端渐尖或急尖，基部楔形或圆形，叶缘有腺状锯齿，幼时被伏贴单毛，老时仅叶背被平伏单毛或无毛，侧脉 7～12 对；叶柄近无柄，或长达 3 cm。雌花序长 1.5～3.0 cm。壳斗杯状，包着坚果 1/4～1/3，径 1.0～1.2 cm，高 5～8 mm；小苞片长三角形，贴生，边缘具柔毛。坚果卵形至卵圆形，径 0.8～1.2 cm，高 1.7～2.0 cm，果脐平坦，径 5～6 mm。花期 3～4 月，果期 9～10 月。

分布于钵盂峰的山地林中。木材坚硬，供建筑，车辆等用材；种子富含淀粉，供酿酒和作饮料；树皮可提取栲胶，叶可饲养柞蚕。

（50）栓皮栎 *Quercus variabilis* Blume

落叶乔木，高达 30 m。树皮木栓层发达，小枝无毛。叶片卵状披针形或长椭圆形，长 8～15 (20) cm，宽 2～6 (8) cm，顶端渐尖，基部圆形或宽楔形，叶缘具刺芒状锯齿，叶背密被灰白色星状绒毛，侧脉 13～18 对，直达齿端；叶柄长 1～3 (5) cm，无毛。雌花序分布于新枝上端叶腋。壳斗杯形，包着坚果 2/3，径 2.5～4.0cm，高约 1.5 cm；小苞片钻形，反曲，被短毛。坚果近球形或宽卵形，径约 1.5 cm，果脐突起，径约 1 cm。花期 3～4 月，果期翌年 9～10 月。

生长在海拔 600～1 800 m 的山坡林中。分布于钵盂峰。树皮木栓层发达，是生产软木的主要原料；树皮含蛋白质；栎实含淀粉和单宁；壳斗、树皮富含单宁，可提取栲胶。

（51）小叶栎 *Quercus chenii* Nakai

落叶乔木，高达 30 m，树皮黑褐色，纵裂。小枝较细，径约 1.5 mm。叶片宽披针形至卵状披针形，长 7～12 cm，宽 2.0～3.5 cm，顶端渐尖，基部圆形或宽楔形，略偏斜，叶缘具刺芒状锯齿，幼时被黄色柔毛，以后两面无毛，或仅背面脉腋有柔毛，侧脉每边 12～16 条；叶柄长 0.5～1.5 cm。雄花序长 4 cm，花序轴被柔毛。壳斗杯形，包着坚果约 1/3，径约 1.5 cm，高约 0.8 cm，壳斗上部的小苞片线形，长约 5 mm，直伸或反曲；中部以下的小苞片为长三角形，长约 3 mm，紧贴壳斗壁，被细柔毛。坚果椭圆形，直径 1.3～1.5 cm，高 1.5～2.5 cm，顶端有微毛；果脐微突起，径约 5 mm。花期 3～4 月，果期翌年 9～10 月。

钵盂峰有栽培。白栎果实名橡子，富含淀粉，可酿酒或制白栎腐干、粉丝等，亦可入药。

二十四、榆科 Ulmaceae

41. 朴属 *Celtis* Linnaeus

（52）紫弹树 *Celtis biondii* Pampanini

落叶乔木，高达 18 m。小枝幼时密被短柔毛，后几可脱净。冬芽芽鳞被柔毛，内部鳞片的毛长而密。叶宽卵形、卵形至卵状椭圆形，长 2.5～8.0 cm，宽 2～4 cm，基部圆钝，稍偏斜，先端渐尖至尾状渐尖，在中部以上具浅齿，薄革质，上面脉纹多下陷，被毛的情况变异较大；叶柄长3～6 mm。果序1～3个生叶腋，总梗连同果梗长1～2 cm，是邻近叶柄的2～5倍；果黄色至橘红色，近球形，直径5～7 mm，核两侧稍压扁，径约4 mm。花期 4～5月，果期9～10月。

分布于黄柏峰、钵盂峰的山地灌丛。木材可供建筑和制作家具等用，树皮纤维可代麻制绳，或供造纸。

药用功能：叶可清热解毒。根可解毒消肿，祛痰止咳。茎枝有通络止痛之功效。

（53）朴树　*Celtis sinensis* Persoon

乔木，高达20 m冬芽鳞片无毛。叶厚纸质，卵状至卵状长圆形，长3～10 cm，宽3.5～6.0 cm，基部常偏斜，一侧近圆形，一侧楔形，先端急尖至短渐尖，叶近全缘或上部具钝齿，叶背幼时密生黄褐色短柔毛，老时或脱净。叶柄3～10 mm。果序1～3分布于叶腋，梗长4～10 mm，是邻近叶柄的1～1.5倍；果熟时黄色至橙黄色，近球形，径5～7 (8) mm；核近球形，径约5 mm，具4条肋，表面有网孔状凹陷。花期3～4月，果期9～10月。

分布于黄柏峰、钵盂峰的路旁、山坡、林缘。木材可供建筑和制作家具等用，树皮纤维可代麻制绳，或供造纸。可用于作园林树种或作盆景。

42. 榆属　*Ulmus* Linnaeus

（54）榔榆　*Ulmus parvifolia* Jacquin

落叶乔木，高达25 m。树皮不规则鳞状薄片剥落。叶披针状卵形或窄椭圆形，长2.5～5.0 cm，宽1～2 cm，先端尖或钝，基部偏斜，叶面近无毛，叶背幼时被毛，后变无毛，缘有单锯齿，侧脉10～15对，叶柄2～6 mm，被毛。花秋季开放，成簇状聚伞花序。花被漏斗状，花被片4。翅果椭圆形或卵状椭圆形，长10～13 mm，宽6～8 mm，除顶端缺口柱头面被毛外，余处无毛，果核部分位于翅果的中上部，花被片脱落或残存，果梗较管状花被为短，长1～3 mm，有疏生短毛。花果期8～10月。

图 B-17　榔榆
摄于钵盂峰

分布于钵盂峰的山坡灌丛中。材质坚韧，纹理直，耐水湿，可供家具、器具、农具等用材。树皮纤维可作蜡纸及人造棉，或织麻袋、编绳索，亦供药用。是良好的盆景用材和园林树种。

药用功能：根、皮、嫩叶入药有消肿止痛、解毒治热的功效，外敷治水火烫伤。

（55）榆树　*Ulmus pumila* Linnaeus

俗称家榆。落叶乔木，高达25 m。冬芽芽鳞边缘具白色长柔毛。叶椭圆状卵形至椭圆状披针形，长2～8 cm，宽1.2～3.5 cm，先端渐尖或急尖，基部偏斜或近对称，叶面平滑无毛，叶背幼时有短柔毛，后变无毛或部分脉腋有簇生毛，边缘具重锯齿或单锯齿，侧脉9～16对；叶柄长4～10 mm，被毛。花在去年生枝的叶腋成簇生状。花被宿存，4裂，裂片边缘有毛。翅果近圆形，稀倒卵状圆形，长1～2 cm，除顶端缺口柱头面被毛外，余处无毛，果核部分位于翅果的中部，成熟前后其色与果翅相同，初淡绿色，后白黄色，果梗较花被为短，长1～2 mm，被（或稀无）短柔毛。花果期3～5月。

栽培于路边。木材纹理直，坚实耐用。供家具、车辆、农具、器具、桥梁、建筑等用。树皮内含淀粉及黏性物，可食用并作醋原料；枝皮纤维坚韧，可代麻制绳索、麻袋或作人造棉与造纸原料；幼嫩翅果可食；叶可作饲料。树皮、叶及翅果均可药用。还是丘陵及荒山、砂地及滨海盐碱地的造林或"四旁"绿化树种。

药用功能：榆钱可安神健脾。用于神经衰弱，失眠，食欲不振，白带。皮、叶可安神，利小便。用于神经衰弱，失眠，体虚浮肿。内皮外用治骨折或外伤出血。

43. 榉属 *Zelkova* Spach

（56）大叶榉树 *Zelkova schneideriana* Hand.-Mazz.

乔木，高达35 m。当年生枝灰绿色或褐灰色，密生伸展的灰色柔毛。叶厚纸质，大小形状变异很大，卵形至椭圆状披针形，长3～10 cm，宽1.5～4.0 cm，先端渐尖、尾状渐尖或锐尖，基部稍偏斜，叶面被糙毛，叶背浅绿，干后变淡绿至紫红色，密被柔毛，边缘具圆齿状锯齿，侧脉8～15对；叶柄长3～7 mm，被柔毛。雄花1～3朵簇生于叶腋，雌花或两性花常单分布于小枝上部叶腋。核果浅绿色，几短柄，上面偏斜，凹陷，径2.5～3.5 mm，表面有网肋。花期4月，果期9～11月。

宝盖峰有栽培。木材致密坚硬耐腐，其老树材常带红色，故有"血榉"之称，为上等木材；树皮含纤维46%，可供制绳索和纸。

二十五、桑科 Moraceae

44. 构属 *Broussonetia* L′Héritier ex Ventenat

（57）构树 *Broussonetia papyrifera* (Linn.) L′Hér. ex Vent.

乔木，高10～20 m。小枝密生柔毛。叶广卵形至长椭圆状卵形，长6～18 cm，宽5～9 cm，先端渐尖，基部心形，常不对称，缘具粗齿，不分裂或3～5裂，表面粗糙，疏生糙毛，背面密被绒毛，基生叶脉三出；叶柄长2.5～8.0 cm。花雌雄异株；雄花序为柔荑花序，粗壮，长3～8 cm，花被4裂，裂片三角状卵形，被毛，花药近球形；雌花序头状，花被管状，顶端与花柱紧贴，柱头线形被毛。聚花果直径1.5～3.0 cm，成熟时

图 B-18　构树

摄于湖北省林科院大门外

橙红色肉质。花期 4～5 月，果期 6～7 月。

广泛分布于黄柏峰、钵盂峰、顶冠峰、狮子峰、宝盖峰海拔 1 400 m 以下的山坡、路边、沟边或林中。韧皮纤维可作造纸材料，木材可制家具，叶可喂猪。

药用功能：树液可治皮肤病。

45. 柘属　*Cudrania* Trecul
（58）柘树　*Cudrania tricuspidata* (Carr.) Bur. ex Lavallee

落叶灌木或小乔木，高 1～7 m。有棘刺，刺长 5～20 mm。叶卵形或菱状卵形，偶三裂，长 5～14 cm，宽 3～6 cm，先端渐尖，基部楔形至圆形，全缘，表面深绿色，背面绿白色，无毛或被柔毛，侧脉 4～6 对；叶柄长 1～2 cm。雌雄花序均为球形头状花序，单生或成对腋生，具短总花梗；雄花序直径约 0.5 cm，花被片肉质，先端肥厚卷曲，花丝在花芽时直立；雌花序直径 1.0～1.5 cm，花被片先端盾形，卷曲。聚花果近球形，径约 2.5 cm，肉质，熟时橘红色。花期 5～6 月，果期 6～7 月。

分布于钵盂峰、顶冠峰的山地或林缘。茎皮纤维可以造纸，根皮药用，嫩叶可以养幼蚕；果可生食或酿酒。木材坚硬，可作家具。

药用功能：化瘀止血、清肝明目之功效。

46. 桑属　*Morus* Linnaeus
（59）桑　*Morus alba* Linnaeus

乔木或灌木，高 3～10 m 或更高，小枝有细毛。叶卵形或广卵形，不规则裂，长 5～30 cm，宽 5～12 cm，先端急尖、渐尖或钝，基部圆形至心形，边缘锯齿粗，表面无毛，背面沿脉有疏毛，脉腋有簇毛；叶柄长 1.5～5.5 cm，具柔毛。雄花成下垂柔荑花序，长 2.0～3.5 cm，花丝在芽时内折；雌柔荑花序长 1～2 cm，雌花无梗，无花柱，柱头 2 裂，内面有乳头状突起。聚花果卵状、椭圆形或柱形，长 1.0～2.5 cm，成熟时暗紫色或绿白色。花期 4～5 月，果期 5～8 月。

狮子峰、宝盖峰有栽培。树皮纤维可作纺织和造纸原料；根皮及枝条入药。叶为养蚕的主要饲料。木材坚硬，可制家具、乐器和雕刻等。桑葚可以食用、药用或酿酒。种子可榨油，供制肥皂。

二十六、大麻科　Cannabaceae
47. 葎草属　*Humulus* Linnaeu
（60）葎草　*Humulus scandens* (Loureiro)
Merrill

缠绕草本，茎、枝、叶柄均具倒钩刺。叶纸质，肾状五角形，掌状 5～7 深裂，稀为 3 裂，长宽 7～10 cm，基部心脏形，表面粗糙，疏生糙伏毛，背面有柔毛和黄色腺体，裂片卵状三角形，边缘具锯齿；叶柄长 5～10 cm。雄花小，黄绿色，圆锥花序，长 15～25 cm；雌花序球果状，径约 5 mm，苞片纸质，三角形，顶端渐尖，具白色绒毛；子房为苞片包围，柱头 2，伸出苞片外。瘦果成

图 B-19　葎草
摄于湖北省林科院大门外

熟时露出苞片外，果穗长 0.5～1.5 cm。花期春夏，果期秋季。

广泛分布于狮子峰、黄柏峰、马驿峰的山坡、路边、苗圃地或荒地上。可作药用，茎皮纤维可作造纸原料，种子油可制肥皂，果穗可代啤酒花用。

药用功能：清热解毒，利尿通淋。主肺热咳嗽，肺痈，虚热烦渴，热淋，水肿，小便不利，湿热泻痢，热毒疮疡，皮肤瘙痒。

二十七、荨麻科 Urticaceae

48. 苎麻属 *Boehmeria* Jacquin

（61）苎麻 *Boehmeria nivea* (Linnaeus) Gaudich

亚灌木或灌木，高 0.5～1.5 m。茎上部与叶柄均密被开展的长硬毛和近开展或贴伏的短糙毛。叶互生；叶片草质，通常圆形或宽卵形，稀卵形，长 6～15 cm，宽 4～11 cm，顶端骤尖，基部近截形或宽楔形，边缘在基部之上有牙齿，上面稍粗糙，疏被短伏毛，下面密被雪白色毡毛，侧脉 3 对；托叶分生，钻状披针形，背面被毛。圆锥花序腋生，植株上部的为雌性，其下的为雄性，或同一株均为雌性；柱头丝形。瘦果近球形，光滑，基部突缩成细柄。花期 7～8 月，果期 9～10 月。

广泛分布于顶冠峰、黄柏峰、钵盂峰等的林下路边。苎麻的茎皮纤维细长，强韧，洁白，有光泽，拉力强，耐水湿，富弹力和绝缘性，可织成夏布、飞机的翼布，橡胶工业的衬布、电线包被、白热灯纱、渔网、制人造丝、人造棉等，与羊毛、棉花混纺可制高级衣料；短纤维可为高级纸张、火药、人造丝等的原料，又可织地毯、麻袋等。嫩叶可养蚕，作饲料。种子可榨油，供制肥皂和食用。

药用功能：根为利尿解热药，并有安胎作用；叶为止血剂，治创伤出血；根、叶并用治急性淋浊、尿道炎出血等症。

49. 糯米团属 *Gonostegia* Turczaninow

（62）糯米团 *Gonostegia hirta* (Blume ex Hasskarl) Miquel

多年生草本，有时茎基部变木质。茎蔓生、铺地或渐升，长 50～100 (160) cm，上部带四棱形，有短柔毛。叶对生；叶较大，长 (1.2)3～10 cm，狭卵形至狭披针形，顶端长或短渐尖，边缘全缘，上面稍粗糙，下面沿脉有疏毛或近无毛，基出脉 3～5 条。团伞花序腋生，雌雄异株，直径 2～9 mm；雄花花梗长 1～4 mm；花被片 5，顶端短骤尖；雄蕊 5 枚，花丝条形。雌花花被顶端有 2 小齿，有疏毛，果期呈卵形，有 10 条纵肋。瘦果卵球形，长约 1.5 mm，白色或黑色。花期 5～7 月，果期 8～9 月。

分布于大王峰、黄柏峰的山坡，沟边草丛中。茎皮纤维可制人造棉，供混纺或单纺。

药用功能：全草药用，治消化不良、食积胃痛等症，外用治血管神经性水肿、疔疮疖肿、乳腺炎、外伤出血等症。

50. 冷水花属 *Pilea* Lindley

（63）透茎冷水花 *Pilea pumila* (Linnaeus) A. Gray

一年生草本。茎肉质，无毛。叶近膜质，菱状卵形或宽卵形，先端短渐尖、锐尖或微钝（尤在下部的叶），基部常宽楔形，边缘基部全缘，其上有锯齿，基出脉 3 条；托叶脱落。花雌雄同株并常同序，花序蝎尾状，密集，生于几乎每个叶腋；雄花花被片常 2，有时 3～4，近船形，外面近先端处有短角突起；雌花花被片 3，条形，在果时长不过果实或与果实近等长，而不育的雌花花被片更长。瘦果三角状卵形，常有褐色斑点，熟时色斑多少隆起。花期6～8月，果期8～10月。

分布于大王峰、黄柏峰的沟边阴湿地。

药用功能：根、茎药用，有利尿解热和安胎之效。

二十八、桑寄生科　Loranthaceae

51. 钝果寄生属　*Taxillus* Tieghem

（64）桑寄生　*Taxillus sutchuenensis* (Lecomte) Danser

灌木。嫩枝、叶密被褐色或红褐色星状毛，有时具散生叠生星状毛，小枝具散生皮孔。叶革质，卵形、长卵形或椭圆形，长5～8 cm，宽3.0～4.5 cm，顶端圆钝，基部近圆形，上面无毛，下面被红褐色星状毛；侧脉4～5对，在叶上面明显；叶柄无毛。总状花序，密集呈伞形；苞片卵状三角形；花红色；副萼环状，具4齿；花冠稍弯，裂片4枚，披针形，反折；花药药室常具横隔；花柱线状，柱头圆锥状。果椭圆状，两端均圆钝，果皮具颗粒状体，被疏毛。花期6～9月，果期8～10月。

生于山地阔叶林中，寄生于桑树、栎属等植物上。分布于宝盖峰等地。

药用功能：祛风湿，益肝肾，强筋骨，安胎。

二十九、马兜铃科　Aristolochiaceae

52. 马兜铃属　*Aristolochia* Linnaeus

（65）马兜铃　*Aristolochia debilis* Sieb. et Zucc.

缠绕草本；茎圆柱状，平滑，无毛。叶柄1～2 cm，无毛；叶片卵形或长圆状卵形到箭头形，纸质，两面无毛，掌状脉，基部心形，先端锐尖的或钝。花腋单生或成对，单生或成对生；花梗1.0～1.5 cm，上升，无毛；小苞片正三角形，着生在花梗近基部。花萼黄绿色，喉深紫色；背面无毛；冠檐单侧，舌状。合蕊柱6浅裂。蒴果近球形。花期7～8月，果期9～10月。

图 B-20　马兜铃
摄于湖北省林科院大门外

广泛分布于狮子峰、大王峰、马驿峰、宝盖峰、纱帽峰的林下路边或荒地上。

药用功能：根、地上部分和果实可入药，有抗菌、祛痰功效，治肺脏虚实不调、痰滞咳嗽、面目浮肿等症。

（66）寻骨风　*Aristolochia mollissima* Hance

俗称绵毛马兜铃。木质藤本；根细长，圆柱形；嫩枝密被灰白色长绵毛，老枝无毛，干后常有纵槽纹，暗褐色。叶纸质，卵形、卵状心形，长3.5～10.0 cm，宽2.5～8.0 cm，顶端钝圆至短尖，基部心形，基部两侧裂片广展，湾缺深1～2 cm，边全缘，上面被糙伏毛，下面密被灰色或白色长绵毛，基出脉5～7条，侧脉每边3～4条；叶柄长2～5 cm，密被白色长绵毛。花单生于叶腋，花梗长1.5～3.0 cm，直立或近顶端向下弯，中部或中部以下有小苞片；小苞片卵形或长卵形，长5～15 mm，宽3～10 mm，无柄，顶端短尖，两面被毛与叶相同；花被管中部急遽弯曲，下部长1.0～1.5 cm，直径3～6 mm，弯曲处至檐部较下部短而狭，外面密生白色长绵毛，内面无毛；檐部盘状，圆形，直径2.0～2.5 cm，内面无毛或稍被微柔毛，浅黄色，并有紫色网纹，外面密生白色长绵毛，边缘浅3裂，裂片平展，阔三角形，近等大，顶端短尖或钝；喉部近圆形，直径2～3 mm，稍呈领状突起，紫色；花药长圆形，成对贴生于合蕊柱近基部，并与其裂片对生；子房圆柱形，长约8 mm，密被白色长绵毛；合蕊柱顶端3裂；裂片顶端钝圆，边缘向下延伸，并具乳实状突起。蒴果长圆状或椭圆状倒卵形，长3～5 m，直径1.5～2.0 cm，具6条呈波状或扭曲的棱或翅，暗褐色，密被细绵毛或毛常脱落而变无毛，成熟时自顶端向下6瓣开裂；种子卵状三角形，长约4 mm，宽约3 mm，背面平凸状，具皱纹和隆起的边缘，腹面凹入，中间具膜质种脊。花期4～6月，果期8～10月。

广泛分布于狮子峰、大王峰、马驿峰、宝盖峰、纱帽峰的山坡、草丛、沟边和路旁等处。

药用功能：全株药用，性平、味苦，有祛风湿，通经络和止痛的功能，治疗胃痛、筋骨痛等。

三十、蓼科 Polygonaceae

53. 首乌属 *Fallopia* Adanson

（67）何首乌 *Fallopia multiflora* (Thunberg) Haraldson

多年生草本。茎缠绕，长2～4 m，下部木质化。单叶卵形或长卵形，长3～7 cm，宽2～5 cm，顶端渐尖，基部心形或近心形，两面粗糙；叶柄长1.5～3.0 cm；托叶鞘无毛。花序圆锥状，顶生或腋生，长10～20 cm，具细纵棱，沿棱密被小突起；苞片三角状卵形，每苞内具2～4花；花梗下部具关节；花被白色或淡绿色，花被片椭圆形，外面3片较大背部具翅，果时增大，花被果时外形近圆形。瘦果卵形，具三棱，长2.5～3.0 mm，黑褐色，有光泽。花期6～10月，果期7～11月。

分布于钵盂峰的山坡林缘、地边。

药用功能：块根、茎藤入药，安神、养血、活经络；叶可作茶。

54. 蓼属 *Polygonum* Linnaeus

（68）萹蓄 *Polygonum aviculare* Linnaeus

一年生草本。茎平卧、上升或直立，高10～40 cm，自基部多分枝。叶椭圆形，狭椭圆形或披针形，长1～4 cm，宽3～12 mm；叶柄短或近无柄，基部具关节；托叶鞘膜质，下部褐色，上部白色，撕裂脉明显。花单生或数朵簇生于叶腋，遍布于植株；花梗细，顶部具关节；花被片椭圆形，长2.0～2.5 mm，绿色，边缘白色或淡红色。瘦果卵形，具三棱，黑褐色，密被由小点组成的细条纹，无光泽。花期5～7月，果期7～8月。

分布于九峰试验林场的路边、田坎、荒地中。

药用功能：全草入药，有通经利尿、清热解毒功效。

图 B-21　萹蓄
摄于湖北省林科院大门外

（69）酸模叶蓼 *Polygonum lapathifolium* Linnaeus

俗称马蓼。一年生草本，高40～90 cm。茎直立，节部膨大。叶披针形或宽披针形，长5～15 cm，宽1～3 cm，上面绿色，常有一个大的黑褐色新月形斑点，两面沿中脉被短硬伏毛，边缘具粗缘毛；托叶鞘长1.5～3.0 cm，淡褐色，具多数脉，顶端截形。总状花序呈穗状，顶生或腋生，近直立，花紧密，通常由数个花穗再组成圆锥状，花序梗被腺体；花被4(5)深裂，淡红色或白色，脉顶端分叉，外弯；雄蕊通常6。瘦果宽卵形，双凹，长2～3 mm，黑褐色。花期5～7月，果期6～10月。

（70）酸模叶蓼（原变种）*Polygonum lapathifolium* L.var.lapathifolium

叶披针形或宽披针形，长5～15 cm，宽1～3 cm，上面绿色，常有一个大的黑褐色新月形斑点，两面沿中脉被短硬伏毛，边缘具粗缘毛。

广泛生长于海拔600～1 700 m的路边或荒地中。分布于马驿水库等地。

（71）绵毛酸模叶蓼（变种）*Polygonum lapathifolium* L. var. salicifolium Sihbth.

叶上面绿色，常有一个大的黑褐色新月形斑点，沿中脉被短硬伏毛，叶片背面密被绵状毛；托叶鞘长1.5～3.0 cm，淡褐色，具多数脉，顶端截形。

生长于海拔1 000 m左右的田边路旁。分布于马驿水库等地。

图 B-22 酸模叶蓼
摄于九峰试验林场池塘边

图 B-23 绵毛酸模叶蓼
摄于九峰试验林场池塘边

（72）杠板归 *Polygonum perfoliatum* Linnaeus

一年生草本。茎攀援，长1～2 m，具稀疏的倒生皮刺。叶三角形，长3～7 cm，宽2～5 cm，顶端钝或微尖，基部截形或微心形，薄纸质，下面沿叶脉疏生皮刺；叶柄盾状着生；托叶鞘叶状，草质，圆形或近圆形，穿叶，直径1.5～3.0 cm。总状花序呈短穗状，不分枝顶生或腋生，长1～3 cm；苞片卵圆形；花被5深裂，白色或淡红色，花被片椭圆

图 B-24　杠板归
摄于湖北省林科院大门外

形，长约3 mm，果时增大，呈肉质，深蓝色。瘦果球形，直径3～4 mm，黑色。花期6～8月，果期7～10月。

分布于马驿水库周围，海拔400～1 600 m的田边、路旁、山谷湿地。

药用功能：全草入药，有清热解毒、利水消肿、止咳功效，治咽喉肿痛、肺热咳嗽、小儿顿咳、水肿尿少、湿热泻痢、湿疹、疖肿、蛇虫咬伤等症。

55. 虎杖属 *Reynoutria* Houttuyn

（73）虎杖 *Reynoutria japonica* Houttuyn

多年生草本。茎直立，高1～2 m，散生红色或紫红斑点。叶宽卵形或卵状椭圆形，长5～12 cm，宽4～9 cm，近革质，顶端渐尖，基部宽楔形、截形或近圆形，疏生小突起，沿叶脉具小突起；叶柄长1～2 cm；托叶鞘褐色。花序圆锥状，长3～8 cm，腋生；每苞片内具2～4花；花梗中下部具关节；花被白色或淡绿色，雄蕊比花被长；雌花花被片外面3片果时增大，翅扩展下延。瘦果卵形，具三棱，长4～5 mm，黑褐色，有光泽，包于宿存花被内。花期6～9月，果期7～10月。

分布于马驿水库周围，生于林下阴湿草地上。

药用功能：根状茎入药，有活血、散瘀、通经、镇咳等功效；嫩茎可食。

56. 酸模属 *Rumex* Linnaeus

（74）酸模 *Rumex acetosa* Linnaeus

多年生草本。根为须根。茎直立，高40～100 cm。基生叶和茎下部叶箭形，长3～12 cm，宽2～4 cm，全缘或微波状；叶柄长2～10 cm；茎上部叶较小。花序狭圆锥状，顶生，分枝稀疏；花单性，雌雄异株；花梗中部具关节；花被片6，成2轮，雄花内花被片椭圆形，长约3 mm，外花被片较小，雄蕊6；雌花内花被片果时增大，近圆形，直径3.5～4.0 mm，基部具极小的小瘤，外花被片椭圆形，反折。瘦果椭圆形，长约2 mm，黑褐色。花期5～7月，果期6～8月。

分布于马驿水库周围，生于海拔400～2 900 m的山坡草丛、林缘、沟边、路旁。

药用功能：全草入药，有凉血、解毒之效；嫩茎、叶可作蔬菜及饲料。

（75）齿果酸模 *Rumex dentatus* Linnaeus

一年生草本。茎高30～70 cm。茎下部叶长圆形或长椭圆形，长4～12 cm，宽1.5～3.0 cm，顶端圆钝或急尖，边缘浅波状，茎生

图 B-25　齿果酸模
摄于九峰试验林场池塘边

叶较小；叶柄长1.5～5.0 cm。花序总状，顶生和腋生，或数个再组成圆锥状花序，长达35 cm，多花，轮状排列，花轮间断；花梗中下部具关节；外花被片椭圆形，长约2 mm；内花被片果时增大，三角状卵形，长3.5～4.0 mm，宽2.0～2.5 mm，顶端急尖，全部具小瘤，边缘每侧具2～4个刺状齿，齿长1.5～2.0 mm，瘦果卵形，黄褐色。花期5～6月，果期6～7月。

分布于马驿水库周围，海拔1 200～2 500 m的沟边湿地、山坡路旁。

药用功能：全草入药，有清热解毒、杀虫止痒功效，治乳痈、疮疡肿毒、疥癣等症。

（76）羊蹄 *Rumex japonicus* Houttuyn

多年生草本。茎高50～100 cm。基生叶长圆形或披针状长圆形，长8～25 cm，宽3～10 cm，基部圆形或心形，边缘微波状；茎上部叶狭长圆形；叶柄长2～12 cm；托叶鞘易破裂。花序圆锥状，花两性，多花轮生；花梗中下部具关节；花被片6，淡绿色，外花被片椭圆形，长1.5～2.0 mm，内花被片果时增大，宽心形，长4～5 mm，顶端渐尖，基部心形，边缘具不整齐的小齿，齿长0.3～0.5 mm，全部具长卵形小瘤，长2.0～2.5 mm。瘦果宽卵形，具3锐棱，暗褐色。花期5～6月，果期6～7月。

分布于钵盂峰、宝盖峰的海拔800～2 200 m山坡灌丛、路边荒地。

药用功能：根入药，清热凉血。

图 B-26　羊蹄
摄于九峰试验林场池塘边

（77）长刺酸模 *Rumex trisetifer* Stokes

一年生草本，高30～80 cm。茎下部叶长圆形或披针状长圆形，长8～20 cm，宽2～5 cm，边缘波状，茎上部的叶较小；叶柄长1～5 cm；托叶鞘早落。花序总状，顶生和腋生，或数个再组成大型圆锥状花序。花两性，多花轮生；花梗近基部具关节；花被片6，2轮，黄绿色，外花被片披针形，果时增大，狭三角状卵形，长3～4 mm，宽1.5～2.0 mm，全部具小瘤，边缘每侧具1个针刺，针刺长3～4 mm。瘦果椭圆形，具3锐棱，长1.5～2.0 mm，黄褐色。花期5～6月，果期6～7月。

分布于钵盂峰、宝盖峰海拔500～1300 m的田边湿地、水边、山坡草地。

药用功能：全草入药，有杀虫、清热、凉血功效，治痈疮肿痛、秃疮疥癣、跌打肿痛等症。

三十一、藜科 Chenopodiaceae

57. 藜属 *Chenopodium* Linnaeus

（78）藜 *Chenopodium album* Linnaeus

一年生草本，高15～150 cm。茎直立，具条棱及绿色或紫红色色条。叶片菱状卵形至宽披针形，长3～6 cm，宽2.5～5.0 cm，先端急尖或微钝，上面通常无粉，有时嫩叶的上面有紫红色粉，下面多少有粉，边缘具锯齿；叶柄与叶片近等长或为1/2。花两性，花簇于枝上部排列成或大或小的穗状圆锥状或圆锥状花序；花被裂片5，宽卵形至椭圆形。

果皮与种子贴生。种子横生，双凸镜状，直径1～1.5 mm，黑色，表面具浅沟纹。花果期5～10月。

分布于钵盂峰、宝盖峰海拔400～1 700 m的路边、田野。幼苗可作蔬菜用，茎叶可喂家畜。

药用功能：全草又可入药，能止泻痢，止痒，可治痢疾腹泻；配合野菊花煎汤外洗，治皮肤湿毒及周身发痒。果实（称灰藋子），有些地区代"地肤子"入药。

58. 刺藜属 *Dysphania* R. Brown
（79）土荆芥 *Dysphania ambrosioides* L.

一年生或多年生草本，有强烈香味。茎直立多分枝有棱；枝有短柔毛并兼有具节的长柔毛。叶片矩圆状披针形至披针形，先端急尖或渐尖，边缘具稀疏不整齐的大锯齿，基部渐狭具短柄，下面有散生油点并沿叶脉稍有毛，上部叶逐渐狭小而近全缘。花两性及雌性，通常3～5个团集，生于上部叶腋；花被裂片5；雄蕊5；柱头通常3，丝形，伸出花被外。胞果扁球形，完全包于花被内。种子横生。

广泛分布于九峰试验林场、钵盂峰、宝盖峰，海拔400～1 600 m的荒地、路旁。

药用功能：全草入药，治蛔虫病、钩虫病、蛲虫病，外用治皮肤湿疹，并能杀蛆虫。果实含挥发油（土荆芥油），油中含驱蛔素，是驱虫有效成分。

三十二、苋科 Amaranthaceae
59. 牛膝属 *Achyranthes* Linnaeus
（80）牛膝 *Achyranthes bidentata* Blume

多年生草本，高70～120 cm。茎有棱角或四方形，分枝对生。叶片椭圆形或椭圆披针形，少数倒披针形，长4.5～12.0 cm，宽2.0～7.5 cm，顶端尾尖，两面有柔毛；叶柄长5～30 mm。穗状花序顶生及腋生，长3～5 cm；总花梗长1～2 cm；花密生，长5 mm；

图 B-27　土荆芥
摄于湖北省林科院大门外

图 B-28　牛膝
摄于湖北省林科院大门外

苞片宽卵形；小苞片刺状，长2.5～3.0 mm，基部2深裂； 花被片披针形，长3～5 mm，光亮，顶端急尖，有1中脉；退化雄蕊顶端平圆，稍有缺刻状细锯齿。胞果矩圆形，长2.0～2.5 mm，黄褐色。花期7～9月，果期9～10月。

广泛分布于九峰试验林场、钵盂峰、宝盖峰，海拔850～1 700 m的山坡林缘、沟边草丛中。

药用功能：根入药，生用，活血通经；治产后腹痛，月经不调，闭经，鼻衄，虚火牙痛，脚气水肿；熟用，补肝肾，强腰膝；治腰膝酸痛，肝肾亏虚，跌打瘀痛。兽医用作治牛软脚症，跌伤断骨等。

60. 莲子草属 *Alternanthera* Forsskål

（81）喜旱莲子草 *Alternanthera philoxeroides* (Mart.) Griseb.

多年生草本。茎基部匍匐，上部上升，长55～120 cm，幼茎及叶腋有柔毛。叶片矩圆形、矩圆状倒卵形或倒卵状披针形，长2.5～5.0 cm，宽7～20 mm，全缘，两面无毛或上面具毛，下面有颗粒状突起；叶柄长3～10 mm。花密生，成具总花梗的头状花序，单生在叶腋，球形，直径8～15 mm；苞片及小苞片白色，顶端渐尖，具1脉；花被片矩圆形，长5～6 mm，白色，光亮；雄蕊5，花丝基部连合成杯状； 退化雄蕊矩圆状条形，顶端流苏状。果实未见。花期5～10月。

分布于大王峰、马驿水库等地。为菜地、苗圃地、池塘等的恶性入侵杂草。

药用功能：全草入药，有清热利水、凉血解毒作用。

61. 苋属 *Amaranthus* Linnaeus

（82）苋 *Amaranthus tricolor* Linnaeus

一年生草本，高80～150 cm。茎绿色或红色。叶片卵形、菱状卵形或披针形，长4～10 cm，宽2～7 cm，绿色或红色，紫色或黄色，或绿色加杂其他颜色；叶柄长2～6 cm。花簇腋生，或同时具顶生花簇，成下垂的穗状花序；花簇球形，直径5～15 mm，雄花和雌花混生；苞片及小苞片卵状披针形，长2.5～3.0 mm，透明，顶端有1长芒尖。胞果卵状长圆形，长2.0～2.5 mm，环状横裂，包裹在宿存花被片内。种子近圆形或倒卵形，径约1 mm。花期5～8月，果期7～9月。

分布于钵盂峰筲箕肚。茎叶作为蔬菜食用；彩叶品种可供观赏；

药用功能：根、果实及全草入药，有明目、利大小便、去寒热的功效。

62. 青葙属 *Celosia* Linnaeus

（83）青葙 *Celosia argentea* Linnaeus

一年生草本，高0.3～1.0 m。茎直立，有分枝。叶片矩圆披针形、披针形或披针状条形，长5～8 cm，宽1～3 cm，绿色常带红色；叶柄长可达15 mm或无。花密生，在茎端或枝端级成无分枝的圆柱状穗状花序，长3～10 cm；苞片及小苞片披针形，长3～4 mm，白色，光亮，顶端延长成细芒；花被片矩圆状披针形，长6～10 mm，初为白色顶端带红色，或全部粉红色，后成白色。胞果卵形，长3.0～3.5 mm，包裹在宿存花被片内。种子凸透镜状肾形。花期5～8月，果期6～10月。

分布于钵盂峰筲箕肚。海拔500～2 000 m的田园荒地中。

药用功能：种子入药，有清热明目作用；花序宿存经久不凋，可供观赏；种子炒熟后，可加工各种糖食；嫩茎叶浸去苦味后，可作野菜食用；全植物可作饲料。

三十三、千屈菜科 Lythraceae

63. 紫薇属 *Lagerstroemia* Linn.

（84）紫薇 *Lagerstroemia indica* L.

落叶灌木或小乔木，高可达7 m；树皮平滑，灰色或灰褐色；枝干多扭曲，小枝纤细，具4棱，略成翅状。叶互生或有时对生，纸质，椭圆形、阔矩圆形或倒卵形，长2.5～7.0 cm，宽1.5～4.0 cm，顶端短尖或钝形，有时微凹，基部阔楔形或近圆形，无毛或下面沿中脉有微柔毛，侧脉3～7对，小脉不明显；无柄或叶柄很短。花淡红色或紫色、白色，直径3～4 cm，常组成7～20 cm的顶生圆锥花序；花梗长3～15 mm，中轴及花梗均被柔毛；花萼长7～10 mm，外面平滑无棱，但鲜时萼筒有微突起短棱，两面无毛，裂片6，三角形，直立，无附属体；花瓣6，皱缩，长12～20 mm，具长爪；雄蕊36～42，外面6枚着生于花萼上，比其余的长得多；子房3～6室，无毛。蒴果椭圆状球形或阔椭圆形，长1.0～1.3 cm，幼时绿色至黄色，成熟时或干燥时呈紫黑色，室背开裂；种子有翅，长约8 mm。花期6～9月，果期9～12月。

九峰试验林场有引种栽培。

药用功能：根和树皮煎剂可治咯血、吐血、便血。

图 B-29　紫薇

摄于九峰试验林场

三十四、紫茉莉科 Nyctaginaceae

64. 叶子花属 *Bougainvillea* Commerson ex Jussieu

（85）光叶子花 *Bougainvillea glabra* Choisy

藤状灌木。茎粗壮，枝下垂；刺腋生，长5～15 mm。叶片纸质，卵形或卵状披针形，长5～13 cm，宽3～6 cm，正面无毛，背面疏生短柔毛；叶柄长1 cm。花顶生枝端的3个苞片内，花梗与苞片中脉贴生，每个苞片上生一朵花；苞片叶状，紫色或洋红色，长圆形或椭圆形，长2.5～3.5 cm，宽约2 cm，纸质；花被管长约2 cm，淡绿色，疏生短柔毛，有棱，顶端5浅裂；雄蕊6～8。花期南方冬春间，北方温室3～7月开花。

九峰烈士陵园有栽培。供观赏。

药用功能：花入药，调和气血，治白带、调经。

三十五、商陆科 Phytolaccaceae

65. 商陆属 *Phytolacca* Linnaeus

（86）垂序商陆 *Phytolacca americana* Linnaeus

又称美洲商陆。多年生草本，高1～2 m。根粗壮，肥大，倒圆锥形。茎直立，圆柱形，有时带紫红色。叶片椭圆状卵形或卵状披针形，长9～18 cm，宽5～10 cm，顶端急尖，基部楔形；叶柄长1～4 cm。总状花序顶生或侧生，花序拱形或下垂，稀疏、间断，长5～20 cm；花梗长6 mm；花被片5，白色，微带红晕，直径约6 mm；雄蕊、心皮及花柱通常均为10，心皮合生。果序下垂；浆果扁球形，熟时紫黑色；种子肾圆形，直径约3 mm。花期6～8月，果期8～10月。

图 B-30　垂序商陆
摄于湖北省林科院大门

　　广布于顶冠峰、黄柏峰、钵盂峰、狮子峰、大王峰等的林下、路边、苗圃地、荒地中。

　　药用功能：根入药，治水肿、白带、风湿，并有催吐作用；种子利尿；叶有解热作用，能治脚气。外用可治无名肿毒及皮肤寄生虫病。全草可作农药。

三十六、粟米草科　Molluginaceae

66. 粟米草属　*Mollugo* Linnaeus

（87）粟米草　*Mollugo stricta* Linnaeus

　　一年生草本，高10～30 cm。茎多分枝，有棱角，老茎通常淡红褐色。叶3～5片假轮生或对生，叶片披针形或线状披针形，长1.5～4.0 cm，宽2～7 mm，顶端急尖或长渐尖，基部渐狭，全缘，中脉明显。花极小，组成疏松聚伞花序，花序梗细长，顶生或与叶对生；花梗长1.5～6.0 mm；花被片5，淡绿色，椭圆形或近圆形，长1.5～2.0 mm，脉达花被片2/3，边缘膜质。蒴果近球形，与宿存花被等长，3瓣裂；种子多数，肾形，栗色，有颗粒凸起。花期6～8月，果期8～10月。

　　广布于顶冠峰、黄柏峰、钵盂峰、狮子峰、大王峰等的空旷荒地、苗圃地或田埂上。

　　药用功能：全草入药，有清热解毒功效，治腹痛泄泻、皮肤热疹、火眼及蛇伤。

三十七、马齿苋科　Portulacaceae

67. 马齿苋属　*Portulaca* Linnaeus

（88）马齿苋　*Portulaca oleracea* Linnaeus

　　一年生草本，茎有时带红色或紫色，无节，圆柱形，长 10～15 cm，叶腋具一些不明显的硬的刚毛。叶互生，有时近对生，叶片平，肥厚，倒卵形，马齿状，长 1～3 cm，宽 0.5～1.5 cm，顶端圆钝或平截，有时微凹，基部楔形，全缘，叶柄粗短。花 3～5 朵簇生枝端，直径 4～5 mm，通过 2～6 苞片的总苞包围；花瓣5，黄色，倒卵形，长 3～5 mm，顶端微凹，基部合生；蒴果卵球形，长约 5 mm，盖裂；种子细小而多，偏斜球形，黑褐色。花期 5～8 月，果期 6～9 月。

　　分布于九峰试验林场的路边。

　　药用功能：全草入药，有清热利湿、解毒消肿、消炎、止渴、利尿作用；种子明目；还可作兽药和农药。

68. 土人参属　*Talinum* Adanson

（89）土人参　*Talinum paniculatum* (Jacquin) Gaertner

　　草本，高 30～100 cm。主根粗壮，圆锥形。茎直立，半木质，有分枝。叶片倒卵形或倒卵状披针形，全缘，长 5～10 cm，宽 2.5～5.0 cm，基部狭楔形，顶端急尖。二岐圆锥花序顶生或腋生，较大形，花序梗长；花小，直径 6～10 mm；膜质苞片 2，披针形；花梗长 5～10 mm；花瓣粉红色或淡紫红色，倒卵形或椭圆形，长 6～12 mm，顶端圆钝，稀微凹；雄蕊 (10)15～20，比花瓣短。蒴果近球形，直径约 4 mm，纸质；种子扁圆形，黑褐色或黑色，有光泽。花期 6～8 月，果期 9～11 月。

为外来物种，原产热带美洲，逸生于湖北省林科院食堂门口、园林所基地等处。

药用功能：根为滋补强壮药，补中益气，润肺生津。叶消肿解毒，治疗疮疖。

三十八、石竹科 Caryophyllaceae

69. 无心菜属 *Arenaria* Linnaeus

（90）无心菜 *Arenaria serpyllifolia* Linnaeus

俗称蚤缀。一年生或二年生草本。主根纤细，多细小分支。茎丛生，直立或铺散，10～30 cm，密被白色长柔毛。叶无柄，叶片卵形，两面无毛或疏生长柔毛，背面3脉，基部渐狭，具缘毛，先端锐尖；茎下部叶大，上部叶小。聚伞花序多花；苞片卵形，草质，密被长柔毛。花梗纤细，密被长柔毛或者腺状短柔毛。花瓣5，白色，为萼片长的1/3～1/2，先端钝。雄蕊10，比萼片短。子房卵球形。花柱3，线形；蒴果卵球形。花期6～8月，果期8～9月。

分布于九峰试验林场的林缘草地。

药用功能：全草入药，清热解毒，治睑腺炎和咽喉痛等病。

70. 鹅肠菜属 *Myosoton* Moench

（91）鹅肠菜 *Myosoton aquaticum* (Linnaeus) Moench

茎上升，多分枝，上部被腺毛。叶片卵形或宽卵形，长2.5～5.5 cm，宽1～3 cm，顶端急尖，基部稍心形，有时边缘具毛；叶柄长5～15 mm，上部叶常无柄或具短柄，疏生柔毛。顶生二岐聚伞花序；苞片叶状，边缘具腺毛；花梗细，花后伸长并向下弯，密被腺毛；萼片卵状披针形，顶端较钝，边缘狭膜质，外面被腺柔毛，脉纹不明显；花瓣白色，2深裂至基部，裂片线形或披针状线形，长3.0～3.5 mm，宽约1 mm；雄蕊10，稍短于花瓣；子房长圆形，花柱短，线形。蒴果卵圆形，稍长于宿存萼；种子近肾形，稍扁，褐色，具小疣。花期5～8月，果期6～9月。

分布于马驿水库周围，生于山坡路旁、田间、沟边等。

药用功能：全草入药，解毒息风，外敷治疖疮；幼苗可作野菜和饲料。

71. 漆姑草属 *Sagina* Linnaeus

（92）漆姑草 *Sagina japonica* (Swartz) Ohwi

一年生或二年生草本，高5～20 cm。丛生的茎，近直立或匍匐，纤细，基部分枝，有腺毛。叶片线形，长5～20 mm，宽0.8～1.5 mm，基部合生，顶端锐尖具微刺。花单生，顶生或腋生。花梗直立，长1～2 cm，疏生短柔毛。萼片5，卵状椭圆形，约2 mm，被腺毛，先端钝。花瓣5，卵形，稍短于萼片，先端圆形。雄蕊5；子房卵球形；花柱5。蒴果球状，稍长于宿存萼，5瓣裂。种子棕色，圆肾形，不具凹槽，具锐瘤。花期4～5月，果期5～6月。

分布于马驿水库周围，生于路边、房边、墙角。

药用功能：全草入药，有镇咳、祛痰作用功效，治丹毒、血热等症。

72. 繁缕属 *Stellaria* Linnaeus

（93）雀舌草 *Stellaria alsine* Grimm

一年生草本全株无毛。茎丛生，稍铺散。叶无柄，披针形至长圆状披针形，长5～20 mm，宽2～4 mm，顶端渐尖，基部楔形，半抱茎，边缘软骨质，呈微波状，基部具疏缘毛，两面微显粉绿色。聚伞花序通常具3～5花，顶生或花单生叶腋；花梗细，无毛，果时稍下弯；萼片5，披针形，顶端渐尖，边缘膜质，中脉明显，无毛；花瓣5，白色，短于萼片或近等长，2深裂几达基部，裂片条形，先端钝；雄蕊短于花瓣。蒴果卵圆形与宿存萼等长，6齿裂。花期5～6月，果期7～8月。

分布于钵盂峰筲箕肚，生于路边荒地中。

药用功能：全草入药，有强筋骨功效，治刀伤。

三十九、莲科 Nelumbonaceae

73. 莲属 *Nelumbium* A. L. Jussieu

（94）莲 *Nelumbo nucifera* Gaertner

叶圆形，盾状着生，直径25～90 cm，纸质，全缘，具白粉，防水，下面叶蓝绿色；叶柄粗壮，圆柱形，长1～2 m，中空，外面散生小刺。花直径10～23 cm；花序梗长于叶柄，无毛或者疏生具小刺。花瓣早落，粉红色或白色，矩圆状椭圆形至倒卵形，长5～10 cm，宽3～5 cm，雄蕊稍长于花托；花丝纤细，花药线形，1～2 mm；药隔附属物棒状，长7 mm，弯曲；花托大，陀螺状，直径5～10 cm。坚果椭圆形或卵形，长1.0～2.0 cm，果皮革质，坚硬，熟时黑褐色。花期6～8月，果期8～10月。

九峰水库有栽培。

药用功能：叶、叶柄、花托、花、雄蕊、果实、种子及根状茎均入药，叶（荷叶）及叶柄（荷梗）煎水喝可清暑热，藕节、荷叶、荷梗、莲房、雄蕊及莲子都富有鞣质，作收敛止血药。

四十、睡莲科 Nymphaeaceae

74. 睡莲属 *Nymphaea* Linnaeus

（95）睡莲 *Nymphaea tetragona* Georgi

根状茎直立，不分枝。叶纸质，心状卵形到卵状椭圆形，长5～12 cm，宽3.5～9.0 cm，背面无毛，平行裂片相邻，基部深心形，裂片稍开展或几重合，全缘。花直径3～6 cm；花萼基部四棱形，有时内轮渐变成雄蕊。萼片革质，宽披针形或窄卵形，长2.0～3.5 cm，宿存；花瓣8～15 (17)，白色，宽披针形、长圆形或倒卵形，长2.0～2.5 cm。柱头具5～8辐射线，心皮附属物卵形。浆果球形，直径2.0～2.5 cm。种子椭圆形。花期6～8月，果期8～10月。

九峰水库有栽培。水体绿化观赏植物。根状茎含淀粉，供食用或酿酒。全草可作绿肥。

四十一、芍药科 Paeoniaceae

75. 芍药属 *Paeonia* Linnaeus

（96）牡丹 *Paeonia suffruticosa* Andrews

灌木，高1.5 m。下部叶为二回三出复叶，小叶长卵形或卵形，长4.5～8.0 cm，宽2.5～7.0 cm，顶生小叶3深裂，裂片再2～3裂；侧裂小叶2～3浅裂，有时全缘，先端锐尖。花单生枝顶，直径10～17 cm；苞片5，长椭圆形；萼片5，绿色，宽卵形，不等大；花瓣5～11，玫瑰色、红紫色、粉红色至白色，倒卵形，长5～8 cm，宽4.2～6.0 cm；花丝长约1.3 cm，花药长圆形，长4 mm；花盘亚革质，完全包住心皮；心皮5，密生绒毛。蓇葖长圆形，密生黄褐色绒毛。花期4～5月，果期8月。

湖北省林科院园林所试验地有栽培。

药用功能：根皮入药，称"丹皮"；为镇痉药，能凉血散瘀，治中风、腹痛等症。

四十二、毛茛科 Ranunculaceae

76. 铁线莲属 *Clematis* Linnaeus

（97）威灵仙 *Clematis chinensis* Osbeck

木质藤本，干后变黑色。一回羽状复叶有5小叶，小叶片纸质，卵形、卵状披针形、线状披针形或卵圆形，长1.5～9.5 cm，宽0.7～6.4 cm，两面无毛或在基脉上疏生微柔毛，或下面稍密被细柔毛；叶柄长1.8～7.5 cm。圆锥聚伞花序多花，腋生或顶生；花梗长3.0～8.5 cm；花直径1.2～2.2 cm；萼片4，开展，白色，长圆形或长圆状倒卵形，长6～20 mm，上面无毛；心皮狭椭圆形或线形，2.0～3.5 mm，先端渐尖。瘦果椭圆状，长5～7 mm，有柔毛，宿存花柱长1.8～4.0 cm。花期6～9月，果期8～11月。

分布于钵盂峰、宝盖峰的山坡疏林地或林缘。

药用功能：根状茎入药，有祛风除湿、通络止痛功效，治风湿痹痛、肢体麻木、筋脉拘挛、屈伸不利、骨哽咽喉等症。

77. 毛茛属 *Ranunculus* Linnaeus

（98）毛茛 *Ranunculus japonicus* Thunberg

多年生草本，高12～65 cm。基生叶3～6枚；叶柄长3～22 cm，具糙硬毛；叶片3裂，心状五边形，长1.2～6.5 cm，宽2～10 cm，基部心形；茎生叶小，叶柄短或无。混合单歧聚伞花序顶生，有(1)3～15朵花；花直径1.4～2.4 cm；花梗长0.8～10 cm；花托无毛；萼片5，卵形，长约5 mm，背面具糙伏毛；花瓣5，倒卵形，长7～12 mm，宽6.5～8.5 mm，蜜槽被鳞片覆盖，先端圆形或微缺；雄蕊多数。聚合果近球形，直径4～6 mm；瘦果斜宽倒卵形，长1.8～2.8 mm，具狭边，宿存花柱三角形，长0.2～0.4 mm。花果期4～9月。

分布于钵盂峰、九峰省林科院试验地、宝盖峰的山坡、沟边草丛中。

药用功能：全草入药，治疟疾、黄疸、偏头痛、胃痛、风湿关节痛、鹤膝风、痈肿、恶疮、疥癣、牙痛、火眼等症。

（99）石龙芮 *Ranunculus sceleratus* Linnaeus

一年生草本，高10～75 cm。基生叶5～13枚，3深裂，五边形或宽卵形，长1～4 cm，宽1.5～5.0 cm，侧裂片斜宽倒卵形；叶柄长1.2～15.0 cm；下部茎生叶类似于基生叶，上部茎生叶3全裂，裂片倒披针形。复合单歧聚伞花序顶生，伞房状；苞片叶状；花直径0.4～0.8 cm；花梗长0.5～1.5 cm；萼片5，卵状椭圆形；花瓣5，倒卵形，长2.2～4.5 mm，1.4～2.4 mm，蜜槽无鳞片；雄蕊10～19枚。聚合果圆筒状，长3～11 mm；瘦果两侧扁，斜倒卵球形，长1.0～1.1 mm，有时具2或3横向皱纹，沿缝略肿胀；宿存柱头长约0.1 mm。花期1～7月，果期5～8月。

分布于九峰水库、马驿水库及田边沼泽地或水塘中。

药用功能：根状茎入药，治痈肿、疮毒、蛇毒和风寒湿痹等症。

（100）扬子毛茛 *Ranunculus sieboldii* Miquel

多年生草本，高8～50 cm。茎上升或近匍匐。基生叶3～7枚；叶柄长2.5～14.0 cm，具粗毛；三出复叶，卵形，长1.5～5.4 cm，宽2.6～7.0 cm，纸质；茎生叶类似于基生叶。花与叶对生，直径0.9～1.8 cm；花梗长0.7～4.6 cm；花托被微柔毛；萼片5，反折，狭卵形，长4～6 mm；花瓣5，黄色或上面变白色，狭倒卵形，长5～9 mm，宽2.5～4.0 mm，蜜槽有小鳞片，先端圆形；雄蕊多数。聚合果近球形，直径8～10 mm；瘦果平，斜倒卵形，长3～4 mm，无毛，具宽边；宿存花柱长约1mm，先端外弯。花果期3～10月。

分布于九峰水库、马驿水库及沟边、路边草丛中。

药用功能：全草入药，捣碎外敷、发泡截疟及治疮毒、腹水浮肿。

（101）猫爪草 *Ranunculus ternatus* Thunberg

一年生草本。簇生多数肉质小块根，块根卵球形或纺锤形，顶端质硬，形似猫爪，直径3～5 mm。茎铺散，高5～20 cm，多分枝，较柔软，大多无毛。基生叶有长柄；叶片形状多变，单叶或3出复叶，宽卵形至圆肾形，长5～40 mm，宽4～25 mm，小叶3浅裂至3深裂或多次细裂，末回裂片倒卵形至线形，无毛；叶柄长6～10 cm。茎生叶无柄，叶片较小，全裂或细裂，裂片线形，宽1～3 mm。花单生茎顶和分枝顶端，直径1.0～1.5 cm；萼片5～7，长3～4 mm，外面疏生柔毛；花瓣5～7或更多，黄色或后变白色，倒卵形，长6～8 mm，基部有长约0.8 mm的爪，蜜槽棱形；花药长约1 mm；花托无毛。聚合果近球形，直径约6 mm；瘦果卵球形，长约1.5 mm，无毛，边缘有纵肋，喙细短，长约0.5 mm。花期早，春季3月开花，果期4～7月。

图 B-31　猫爪草
摄于湖北省林科院大门前

分布于湖北省林科院试验地、钵盂峰、长春沟及田边荒地。

药用功能：块根药用，内服或外敷，能散结消瘀，主治淋巴结核。

78. 天葵属 *Semiaquilegia* Makino

（102）天葵 *Semiaquilegia adoxoides* (de Candolle) Makino

块根长1～2 cm。茎高10～32 cm，分枝。基生叶多数，掌状三出复叶；叶片轮廓卵形至肾形，长1.2～3.0 cm；小叶扇状菱形或倒卵状菱形，长0.6～2.5 cm，宽1.0～2.8 cm，3深裂，裂片疏生粗齿；叶柄长3～12 cm。花小，直径4～6 mm；花序具2至数花；萼片白色，带淡紫色，狭椭圆形，长4～6 mm；花瓣匙形，长2.5～3.5 mm，基部囊状。蓇葖卵状长椭圆形，长6～7 mm。花期3～4月，果期4～5月。

分布于湖北省林科院试验地、钵盂峰、长春沟的路边、荒地、土坎上。

药用功能：全草入药，有清热、解毒、消肿、散结、利尿功效，治痈肿、瘰疬、疔疮、淋浊、带下、肺虚咳嗽、疝气、癫痫、小儿惊风、痔疮、跌打损伤等症。

四十三、木通科 Lardizabalaceae

79. 木通属 *Akebia* Decaisne

（103）木通 *Akebia quinata* (Houttuyn) Decaisne

落叶木质藤本。茎缠绕，茎皮灰褐色，有皮孔。掌状复叶互生或在短枝上簇生，小叶3～7片；小叶纸质，倒卵形或倒卵状椭圆形，长2～5 cm，宽1.5～2.5 cm，叶背青白色；小叶柄长8～10 (18) mm；叶柄长4.5～10.0 cm。伞房花序式的总状花序腋生，长6～12 cm，疏花，基部有雌花1～2朵，以上4～10朵为雄花；总花梗长2～5 cm。雄花花梗长7～10 mm；萼片3～5片，兜状阔卵形，长6～8 mm；雌花花梗长2～4 (5) cm；萼片阔椭圆形至近圆形，长1～2 cm。果长圆形或椭圆形，长5～8 cm，成熟时紫色；种子卵状长圆形，着生于白色多汁的果肉中。花期4～5月，果期6～8月。

分布于黄柏峰的林下路边及山坡灌丛中。

药用功能：茎、根和果实入药，利尿、通乳、消炎，治风湿关节炎和腰痛。

四十四、小檗科 Berberidaceae

80. 小檗属 *Berberis* Linnaeus

（104）日本小檗 *Berberis thunbergii* DC.

落叶灌木。枝条具细条棱，无毛；茎刺单一，偶3分叉；叶薄纸质，倒卵形、匙形或菱状卵形，长1～2 cm，宽5～12 mm，全缘，上面绿色，背面灰绿色，中脉微隆起，两面网脉不显，无毛。花2～5朵组成具总梗的伞形花序，或近簇生的伞形花序或无总梗而呈簇生状；花梗长5～10 mm，无毛；花黄色；外萼片先端带红色，内萼片先端钝圆；花瓣长圆状倒卵形，长5.5～6.0 mm；胚珠1～2枚。浆果椭圆形，亮鲜红色，无宿存花柱。种子1～2枚，棕褐色。花期4～6月，果期7～10月。

九峰寿安、金安陵园有栽培。庭园或路旁作绿化或绿篱用。

药用功能：根和茎含小檗碱，可供提取黄连素的原料。枝、叶煎水服，可治结膜炎；根皮可作健胃剂。

81. 南天竹属 *Nandina* Thunberg

（105）南天竹 *Nandina domestica* Thunberg

常绿小灌木。茎直生而少分枝，高至3 m，光滑无毛。幼枝常为红色。叶序长30～50 cm；薄革质，小叶椭圆形或椭圆状披针形，长2～10 cm，宽0.5～2.0 cm，顶端渐尖，基部楔形，全缘；近无柄。圆锥花序直立，长20～35 cm；花奶白色或白色；花瓣长圆形，长4.2 mm，宽2.5 mm，先端圆钝；雄蕊长3.5 mm，药隔延伸；子房1室，胚珠1～3枚。果柄长4～8 mm；浆果红色或紫红色，直径6～8 mm。种子灰色或褐色，扁球形。花期3～6月，果期5～11月。

九峰寿安、金安陵园有栽培。各地庭园常有栽培，为优良观赏植物。

药用功能：根、叶具有强筋活络，消炎解毒之效，果为镇咳药。但过量有中毒之虞。

四十五、防己科 Menispermaceae

82. 木防己属 *Cocculus* Candolle

（106）木防己 *Cocculus orbiculatus* (Linnaeus) Candolle

木质藤本。叶片纸质至近革质，自线状披针形至阔卵状近圆形、狭椭圆形至近圆形、倒披针形至倒心形，微缺或2裂，全缘或3 (5) 裂，长3～8 (10) cm，宽不等，两面被柔毛，有时仅下面中脉有毛；掌状脉3 (5) 条；叶柄长1～3 (5) cm。聚伞花序少花，腋生，或排成多花成狭窄聚伞圆锥花序，顶生或腋生，长可达10 cm以上；萼片6，外轮长1.0～1.8 mm，内轮长达2.5 mm以上或更长；花瓣6，长1～2 mm，下部边缘内折；心皮6。核果近球形，红色至紫红色，径通常7～8 mm。

分布于钵盂峰、宝盖峰的生林下路边、水沟边或荒地上。

药用功能：根茎入药，有祛风止痛、行水清肿、解毒、降血压功效，治风湿痹痛、神经痛、肾炎水肿、尿路感染、跌打损伤、蛇咬伤等症。

83. 千金藤属 *Stephania* Loureiro

（107）千金藤 *Stephania japonica* (Thunberg) Miers

稍木质藤本，全株无毛；根条状，褐黄色；小枝纤细，有直线纹。叶纸质或坚纸质，通常三角状近圆形或三角状阔卵形，长6～15 cm，通常不超过10 cm，长度与宽度近相等或略小，顶端有小凸尖，基部通常微圆，下面粉白；掌状脉约10～11条，下面凸起；叶柄长3～12 cm，明显盾状着生。复伞形聚伞花序腋生，通常有伞梗4～8条，小聚伞花序近无柄，密集呈头状；花近无梗，雄花：萼片6或8，膜质，倒卵状椭圆形至匙形，长1.2～1.5 mm，无毛；花瓣3或4，黄色，稍肉质，阔倒卵形，长0.8～1.0 mm；聚药雄蕊长0.5～1.0 mm，伸出或不伸出；雌花：萼片和花瓣各3～4片，形状和大小与雄花的近似或较小；心皮卵状。果倒卵形至近圆形，长约8 mm，成熟时红色；果核背部有2行小横肋状雕纹，每行约8～10条，小横肋常断裂，胎座迹不穿孔或偶有一小孔。

图 B-32　千金藤
摄于湖北省林科院大门外

分布于黄柏峰、湖北省林科院大门外的林下路边、水沟边或荒地上。

药用功能：根含多种生物碱，为民间常用草药，味苦性寒，有祛风活络、利尿消肿等功效。

四十六、木兰科 Magnoliaceae

84. 鹅掌楸属 *Liriodendron* Linnaeus

（108）鹅掌楸 *Liriodendron chinense* (Hemsley) Sargent

小枝灰色或灰白色，浅纵裂。叶马褂状，长4～15 cm，宽4.5～22.0 cm。近基部每边具1侧裂片，先端具2浅裂，下面苍白色，叶柄长4～12 cm。花杯状，花被片9，外轮3片绿色，萼片状，向外弯垂，内2轮6片，直立，花瓣状，倒卵形，长3～4 cm，绿色，具黄色纵条纹，花药长10～16 mm，花丝长5～6 mm，花期时雌蕊群超出花被之上，心皮黄绿色。聚合果长7～9 cm，具翅的小坚果长约6 mm，顶端钝或钝尖，具种子1～2颗。花期5月，果期9～10月。木材淡红褐色、纹理直，结构细、质轻软、易加工，少变形，干燥后少开裂，无虫蛀。供建筑、造船、家具、细木工的优良用材，亦可制胶合板；树干挺直，树冠伞形，叶形奇特，古雅，也作观赏栽培。

黄柏峰有栽培。

药用功能：鹅掌楸叶和树皮入药，味辛、性温。有祛风除湿，散寒止咳的作用。主治风湿痹痛，风寒咳嗽。

图 B-33　鹅掌楸

摄于黄柏峰

85. 含笑属 *Michelia* Linnaeus

（109）乐昌含笑 *Michelia chapensis* Dandy

图 B-34　乐昌含笑

摄于九峰试验林场办公楼路边

乔木。小枝无毛或嫩时节上被灰色微柔毛。叶薄革质，倒卵状椭圆形、椭圆形、倒卵形或长圆状椭圆形，长6～16 cm，宽3～7 cm，先端骤狭短渐尖或短渐尖，尖头钝，基部楔形或阔楔形，两面无毛；叶柄长1.5～2.5 cm，无托叶痕。花梗被平伏灰色微柔毛，具2～5苞片脱落痕；花被片淡黄色，6片，芳香，2轮，倒卵状椭圆形。聚合果穗状，长约10 cm；成熟蓇葖木质，卵球形，顶端具短细弯尖头，基部宽。种子红色，卵形或椭圆状卵形。花期3～4月，果期8～10月。

钵盂峰、九峰试验林场树木园有栽培。

（110）深山含笑 *Michelia maudiae* Dunn

乔木。芽、嫩枝、苞片均被白粉。叶革质，长圆状椭圆形，罕卵状椭圆形，长7～18 cm，宽3.5～8.5 cm，先端骤狭短渐尖或短渐尖而尖头钝，基部楔形，阔楔形或近圆钝，上面深绿色，有光泽，下面灰绿色，被白粉。花芳香，花被片9片，纯白色，基部稍呈淡红色，外轮的倒卵形，长5～7 cm，宽3.5～4.0 cm，顶端具短急尖，基部具爪，内2轮则渐狭小；近匙形，顶端尖。聚合果长7～15 cm，蓇葖椭圆状、倒卵形或卵形，顶端圆钝或有小尖头。花期2～3月，果期9～10月。

钵盂峰有栽培。

药用功能：花、根可入药。花：辛，温。散风寒，通鼻窍，行气止痛。根、花：清热解毒，行气化浊，止咳。

图 B-35　深山含笑

摄于钵盂峰

86. 玉兰属　*Yulania* Spach

（111）望春玉兰　*Yulania biondii* (Pampanini) D. L. Fu

落叶乔木。叶最宽处在中部以上或以下，椭圆状披针形、卵状披针形，狭倒卵或卵形，长10～18 cm，宽3.5～6.5 cm，先端急尖或短渐尖，基部阔楔形或圆钝，边缘干膜质，下延至叶柄；侧脉10～15对；托叶痕为叶柄长的1/5～1/3。花先叶开放，芳香；花被9，外轮3片紫红色，近狭倒卵状条形，另2轮近匙形，白色，外面基部常紫红色，内轮的较狭小。聚合果圆柱形，常因部分不育而扭曲；蓇葖2瓣裂，具凸起瘤点。种子心形。花期3月，果熟期9月。

黄柏峰、钵盂峰有栽培。花可提出浸膏作香精；本种为优良的庭园绿化树种，亦可作玉兰及其他同属种类的砧木。经考证，本种是中药辛夷的正品。

药用功能：它的花蕾入药称"辛夷"，是我国传统的珍贵中药材，能散风寒、通肺窍，有收敛、降压、镇痛、杀菌等作用，对治疗头痛、感冒、鼻炎、肺炎、支气管炎等有特殊疗效。

（112）玉兰　*Yulania denudata* (Desrousseaux) D. L. Fu

落叶乔木。冬芽及花梗密被淡灰黄色长绢毛。叶纸质，倒卵形、宽倒卵形或倒卵状椭圆形，基部的叶椭圆形，长10～15 cm，宽6～10 cm，先端宽圆、平截或稍凹，具短突尖，中部以下渐狭成楔形，叶上深绿色，下面淡绿色，侧脉8～10对。花蕾卵圆形，花先叶开放，直立，芳香；花被片9片，白色，基部常带粉红色，近相似，长圆状倒卵形，外轮与内轮近等长。聚合果圆柱形，常因部分心皮不育而弯曲；蓇葖厚木质，具白色皮孔；花期2～3月，果期8～9月。

图 B-36　玉兰

摄于湖北省林科院园林所试验地

湖北省林科院园林所试验地有栽培。供观赏，为我国的传统名花。

图 B-37　紫玉兰
摄于九峰球场边

药用功能：花蕾、花、树皮可入药。消痰，益肺和气，蜜渍尤良。

（113）紫玉兰　*Yulania liliiflora* Desr.

落叶灌木，叶椭圆状倒卵形或倒卵形，长8～18 cm，宽3～10 cm，先端急尖或渐尖，基部渐狭沿叶柄下延至托叶痕，上面深绿色，下面灰绿色，侧脉8～10对，托叶痕约为叶柄长之半。花蕾卵形，被淡黄色绢毛；花叶同时开放，瓶形，直立于粗壮、被毛的花梗上；花被片9～12，外轮3片萼片状，紫绿色，常早落，另2轮肉质，外面紫色或紫红色，内面带白色，花瓣状，椭圆状倒卵形。聚合果圆柱形；成熟蓇葖近球形，顶端具短喙。花期3～4月，果期8～9月。

宝盖峰有栽培，供观赏，园林观赏花木。

药用功能：花蕾和树皮入药。紫玉兰的树皮、叶、花蕾均可入药；花蕾晒干后称辛夷，气香、味辛辣，含柠檬醛，丁香油酚、桉油精为主的挥发油，主治鼻炎、头痛，作镇痛消炎剂。

四十七、蜡梅科　Calycanthaceae

87. 蜡梅属　*Chimonanthus* Lindley

（114）蜡梅　*Chimonanthus praecox* (Linnaeus) Link

落叶灌木或小乔木，高达4 m。幼枝具棱；有皮孔。叶卵形、宽椭圆形、长圆状椭圆形、卵状椭圆形至卵状披针形，长5～25 cm，宽2～8 cm，顶端急尖至渐尖，基部宽楔形至圆形，叶上面粗糙，叶背脉上被疏微毛。先花后叶，芳香，直径2～4 cm；花被片似匙，圆形、长圆形、倒卵形、长椭圆形至披针形，长5～20 mm，宽5～15 mm，内部被片稍短，常具紫红条纹，基部有爪。果托坛状或倒卵状椭圆形，长2～5 cm，口部收缩。花期12月至次年2月，果期4～11月。

图 B-38　蜡梅
摄于湖北省林科院办公楼院内

花开于冬季，芳香美丽，是我国传统名花，可用于园林绿化，也可作切花栽培或制作盆景。

狮子峰、湖北省林科院办公楼院内有栽培。

药用功能：根、叶可药用，理气止痛，散寒解毒，治跌打、腰痛、风湿麻木、风寒感冒，刀伤出血；花解暑生津，治心烦口渴、气郁胸闷；花蕾油治烫伤。花可提取蜡梅浸膏 0.5%～0.6%；化学成分有苄醇、乙酸苄醋、芳樟醇、金合欢花醇、松油醇、吲哚等。

四十八、樟科 Lauraceae

88. 樟属 *Cinnamomum* Schaeffer

（115）樟 *Cinnamomum camphora* (Linnaeus) Presl

常绿大乔木，枝、叶及木材均有樟脑气味。叶互生，卵状椭圆形，长6～12 cm，宽2.5～5.5 cm，边缘全缘，软骨质，上面绿色或黄绿色，有光泽，下面黄绿色或灰绿色，晦暗，干时常带白色，离基三出脉，侧脉及支脉脉腋上面明显隆起，下面有明显腺窝。圆锥花序腋生，长3.5～7.0 cm，具梗，总梗长2.5～4.5 cm，与各级序轴均无毛或被灰白至黄褐色微柔毛，节上尤为明显；花绿白或带黄色。果卵形或近球形，直径6～8 mm，紫黑色；果托杯状。花期4～5月，果期8～11月。

顶冠峰、马驿峰、黄柏峰、钵盂峰、宝盖峰、大王峰、纱帽峰、狮子峰均有栽培。

药用功能：根皮及茎皮、果实入药；庭院观赏树种。木材及根、枝、叶可提取樟脑和樟油。根、果、枝和叶入药，有祛风散寒、强心镇痉和杀虫等功效。

图 B-39　樟

摄于九峰试验林场树木园

（116）黄樟 *Cinnamomum porrectum* (Roxb.) Kosterm.

常绿乔木，树干通直，高10～20 m，胸径达40 cm以上；树皮暗灰褐色，上部为灰黄色，深纵裂，小片剥落，厚约3～5 mm，内皮带红色，具有樟脑气味。枝条粗壮，圆柱形，绿褐色，小枝具棱角，灰绿色，无毛。芽卵形，鳞片近圆形，被绢状毛。叶互生，通常为椭圆状卵形或长椭圆状卵形，长6～12 cm，宽3～6 cm，在花枝上的稍小，先端通常急尖或短渐尖，基部楔形或阔楔形，革质，上面深绿色，下面色稍浅，两面无毛或仅下面腺窝具毛簇，羽状脉，侧脉每边4～5条，与中脉两面明显，侧脉脉腋上面不明显凸起下面无明显的腺窝，细脉和小脉网状；叶柄长1.5～3.0 cm，腹凹背凸，无毛。圆锥花序于枝条上部腋生或近顶生，长4.5～8.0 cm，总梗长3.0～5.5 cm，与各级序轴及花梗无毛。花小，长约3 mm，绿带黄色；花梗纤细，长达4 mm。花被外面无毛，内面被短柔毛，花被筒倒锥形，长约1 mm，花被裂片宽长椭圆形，长约2.0 mm，宽约1.2 mm，具点，先端钝形。能育雄蕊9，花丝被短柔毛，第一、二轮雄蕊长约1.5 mm，花药卵圆形，与扁平的花丝近相等，第三轮雄蕊长约1.7 mm，花药长圆形，长0.7 mm，花丝扁平，近基部有一对具短柄的近心形腺体。退化雄蕊3，位于最内轮，三角状心形，连柄长不及1 mm，柄被短柔毛。子房卵珠形，长约1 mm，无毛，花柱弯曲，长约1 mm，柱头盘状，不明显三浅裂。果球形，直径6～8 mm，黑色；果托狭长倒锥形，长约1 cm或稍短，基部宽1 mm，红色，有纵长的条纹。花期3～5月，果期4～10月。

九峰长江书画院有引种栽培。木材纹理通直，结构均匀细致，稍重而韧，易于加工，可供造船、建筑、上等家具等用材。枝叶、根、树皮、木材可蒸樟油和提制樟脑。果核含脂肪油，可供制肥皂用。

药用功能：黄樟的枝叶都是提炼樟脑油的原材料。祛风散寒，温中止痛，行气活血，消食化滞。主风寒感冒，风湿痹痛，胃寒腹痛，泄泻，痢疾，跌打损伤，月经不调。

89. 山胡椒属 *Lindera* Thunberg

（117）山胡椒 *Lindera glauca* (Siebold & Zuccarini) Blume

落叶灌木或乔木。枝灰白色，芽鳞无脊。叶互生，宽椭圆形、椭圆形、倒卵形或狭倒卵形，长4～9 cm，宽2～4(6)cm，上面深绿色，下面淡绿色，被白色柔毛，纸质，羽状脉，侧脉(4)5～6对；叶枯后不落，翌年新叶发出时落下。伞形花序腋生，总梗短或不明显，长一般不超过3 mm，生于混合芽中的总苞片绿色膜质，每总苞有3～8朵花。雌雄花花被片均为黄色，内、外轮几相等，外面在背脊部被柔毛。果梗长1.0～1.5 cm。花期3～4月，果期7～8月。

分布于钵盂峰的山坡路边。木材可作家具；叶、果皮可提芳香油；种仁油含月桂酸，油可作肥皂和润滑油。

药用功能：根、枝、叶、果入药；叶可温中散寒、破气化滞、祛风消肿；根治劳伤脱力、水湿浮肿、四肢酸麻、风湿性关节炎、跌打损伤等症；果治胃痛。

图 B-40　山胡椒
摄于钵盂峰

90. 楠属　*Phoebe* Nees

（118）楠木　*Phoebe zhennan* S.K.Lee & F.N.Wei

大乔木，高达30余米，树干通直。芽鳞被灰黄色贴伏长毛。小枝通常较细，有棱或近于圆柱形，被灰黄色或灰褐色长柔毛或短柔毛。叶革质，椭圆形，少为披针形或倒披针形，长7～11（13）cm，宽2.5～4.0 cm，先端渐尖，尖头直或呈镰状，基部楔形，最末端钝或尖，上面光亮无毛或沿中脉下半部有柔毛，下面密被短柔毛，脉上被长柔毛，中脉在上面下陷成沟，下面明显突起，侧脉每边8～13条，斜伸，上面不明显，下面明显，近边缘网结，并渐消失，横脉在下面略明显或不明显，小脉几乎看不见，不与横脉构成网格状或很少呈模糊的小网格状；叶柄细，长1.0～2.2 cm，被毛。聚伞状圆锥花序十分开展，被毛，长（6）7.5～12.0 cm，纤细，在中部以上分枝，最下部分枝通常长2.5～4.0 cm，每伞形花序有花3～6朵，一般为5朵；花中等大，长3～4 mm，花梗与花等长；花被片近等大，长3.0～3.5 mm，宽2.0～2.5 mm，外轮卵形，内轮卵状长圆形，先端钝，两面被灰黄色长或短柔毛，内面较密；第一、二轮花丝长约2 mm，第三轮长2.3 mm，均被毛，第三轮花丝基部的腺体无柄，退化雄蕊三角形，具柄，被毛；子房球形，无毛或上半部与花柱被疏柔毛，柱头盘状。果椭圆形，长1.1～1.4 cm，直径6～7 mm；果梗微增粗；宿存花被片卵形，革质、紧贴，两面被短柔毛或外面被微柔毛。花期4～5月，果期9～10月。

黄柏峰有引种栽培。为高大乔木，树干通直，叶终年不谢，为很好的绿化树种。木材有香气，纹理直而结构细密，不易变形和开裂，为建筑、高级家具等优良木材。

药用功能：散寒化浊、利水消肿。

91. 檫木属　*Sassafras* J. Presl

（119）檫木　*Sassafras tzumu* (Hemsley) Hemsley

落叶乔木。叶互生，聚集于枝顶，卵形或倒卵形，长9～18 cm，宽6～10 cm，先端渐尖，基部楔形，全缘或2～3浅裂，坚纸质，羽状脉或离基三出脉，最下方一对侧脉对生，十分发达，向叶缘方向生出多数支脉弧状网结。花序顶生，多花，具梗，基部有迟落互生的总苞片；花黄色，雌雄异株；能育雄蕊9枚，排成3轮，花药均为4室，上方2室较小。果近球形，成熟时蓝黑色而带有白蜡粉，着生于浅杯状的果托上，果梗与果托呈红色。花期3～4月，果期5～9月。

九峰试验林场树木园有引种栽培。珍贵用材树种。本种木材浅黄色，材质优良，细致、耐久，用于造船、水车及上等家具。

药用功能：根和树皮入药，有活血散瘀、祛风去湿等功效，治扭挫伤和腰肌劳伤等症；果、叶和根含芳香油，根含油1%以上，油主要成分为黄樟油素。

四十九、罂粟科　Papaveraceae

92. 紫堇属　*Corydalis* Candolle

（120）紫堇　*Corydalis edulis* Maximowicz

一年生灰绿色草本，具主根。茎分枝，具叶；花枝花葶状，常与叶对生。基生叶上面绿色，下面苍白色，1～2回羽状全裂，一回羽片2～3对，具短柄，二回羽片近无柄，倒卵圆形，羽状分裂，裂片狭卵圆形，顶端钝，近具短尖。总状花序疏具3～10花。花粉红色至紫红色，平展。外花瓣较宽展，顶端微凹，无鸡冠状突起。上花瓣距圆筒形，基部稍下弯，约占花瓣全长的1/3；蜜腺体长，近伸达距末端，大部分与距贴生，末端不变

图 B-41　紫堇
摄于九峰试验林场

狭。下花瓣近基部渐狭。内花瓣具鸡冠状突起；爪纤细，稍长于瓣片。蒴果线形。花果期4～7月。

分布钵盂峰的山坡林下、路边、苗圃地及草丛中。

药用功能：全草及根入药，有清热解毒、止痒功效，治肺结核咳血、遗精、疮毒、顽癣等症。

（121）夏天无 *Corydalis decumbens* (Thunberg) Persoon

多年生草本，块茎小。茎高10～25 cm，柔弱，细长，不分枝，具2～3叶，无鳞片。叶二回三出，小叶片倒卵圆形，全缘或深裂成卵圆形或披针形的裂片。总状花序疏具3～10花。苞片小，卵圆形，全缘，长5～8 mm。花梗长10～20 mm。花近白色至淡粉红色或淡蓝色。萼片早落。外花瓣顶端下凹，常具狭鸡冠状突起。上花瓣长14～17 mm，瓣片多少上弯；距稍短于瓣片，渐狭，平直或稍上弯；蜜腺体短，约占距长的1/3～1/2，末端渐尖。下花瓣宽匙形，通常无基生的小囊。内花瓣具超出顶端的宽而圆的鸡冠状突起。蒴果线形，多少扭曲，长13～18 mm，具6～14种子。种子具龙骨状突起和泡状小突起。

分布于马驿峰及山坡、路边、苗圃地及草丛中。

药用功能：块茎含延胡索甲素、乙素等多种生物碱，有舒筋活络、活血止痛的功能。对风湿关节痛、跌打损伤、腰肌劳损和高血压有明显的治疗作用。

五十、十字花科 Brassicaceae

93. 荠属 *Capsella* Medikus

（122）荠 *Capsella bursa-pastoris* (Linn.) Medic.

一年生或二年生草本，毛状体无柄和星状，有时与简单或者以叉叉的东西混合。茎直立或上升。莲座状，基生叶羽状浅裂，大头羽裂，倒向羽裂。茎生叶无柄，耳形或者抱茎，有齿或深波状。多花的总状花序，无苞片。花瓣白色，粉红色，雄蕊6。短角果，倒三角形或倒心形，强烈扁平。花果期4～7月。

九峰试验林场广泛分布，生长于路旁、苗圃地或菜地边。

药用功能：全草入药，有利尿、止血、清热、明目、消积功效；茎叶作蔬菜食用；种子含油20%～30%，属干性油，供制油漆及肥皂用。

94. 碎米荠属 *Cardamine* Linnaeus

（123）碎米荠 *Cardamine hirsuta* Linnaeus

一年生小草。茎直立或斜升，分枝或不分枝，下部有时淡紫色，被较密柔毛，上部毛渐少。基生叶具叶柄，有小叶2～5对，顶生小叶肾形或肾圆形，长4～10 mm，宽5～13 mm，边缘有3～5圆齿，小叶柄明显，侧生小叶卵形或圆形，较顶生的形小，基部楔形而两侧稍歪斜，边缘有2～3圆齿，有或无小叶柄；茎生叶具短柄，有小叶3～6对，生于茎下部的与基生叶相似，生于茎上部的顶生小叶菱状长卵形，顶端3齿裂，侧生小叶长卵形至线形，多数全缘；全部小叶两面稍有毛。总状花序生于枝顶，花小；花瓣白色。长角果线形，稍扁。花期2～4月，果期4～6月。

分布于九峰试验林场，山坡林缘、荒地中。全草可作野菜食用。

药用功能：可入药，能清热去湿。甘，平。清热解毒，祛风除湿。用于痢疾，泄泻，腹胀，带下病，乳糜尿，外伤出血。

（124）弹裂碎米荠 *Cardamine impatiens* Linnaeus

一年或二年生草木。茎直立表面有沟棱，着生多数羽状复叶。基生叶叶柄长1～3 cm，有1对托叶状耳，小叶2～8对，顶生小叶卵形，长6～13 mm，宽4～8 mm，边缘有不整齐钝齿状浅裂，基部楔形，小叶柄显著，侧生小叶与顶生的相似，自上而下渐小；茎生叶有柄，基部也有抱茎线形弯曲的耳，小叶5～8对。总状花序顶生和腋生，花多数；花瓣白色，狭长椭圆形；长角果狭条形而扁。花期4～6月，果期5～7月。

分布于九峰试验林场，山坡路旁、沟边石缝阴湿处。

药用功能：全草可供药用，活血调经，清热解毒，利尿通淋之功效。常用于妇女月经不调，痈肿，淋证。

95. 臭荠属 *Coronopus* Zinn

（125）臭荠 *Coronopus didymus* (L.) J. E. Smith

一年或二年生匍匐草本，全体有臭味；主茎短且不显明，基部多分枝。叶为一回或二回羽状全裂，裂片3～5对，线形或窄长圆形，长4～8 mm，宽0.5～1.0 mm，顶端急尖，基部楔形，全缘，两面无毛，叶柄长5～8 mm；茎生叶羽状全裂或者羽状半裂。花极小，直径约1 mm，萼片具白色膜质边缘；花瓣白色，长圆形；雄蕊通常2。短角果肾形。花期3月，果期4～5月。

分布于九峰试验林场，路旁、苗圃地及沟边。

药用功能：用于治疗单纯性骨折。

96. 独行菜属 *Lepidium* Linnaeus

（126）北美独行菜 *Lepidium virginicum* Linnaeus

一年或二年生草本，高20～50 cm；茎单一，直立，上部分枝被具柱状腺毛。基生叶倒披针形，长1～5 cm，羽状分裂或大头羽裂，裂片大小不等，卵形或长圆形，边缘有锯齿，两面有短伏毛；叶柄长1.0～1.5 cm；茎生叶有短柄，倒披针形或线形，长1.5～5.0 cm，宽2～10 mm，顶端急尖，基部渐狭，边缘有尖锯齿或全缘。总状花序顶生；花瓣白色；雄蕊2或4。短角果近圆形，长2～3 mm，宽1～2mm，扁平，有窄翅，顶端微缺。花期4～6月，果期6～9月。

分布于钵盂峰的苗圃地、荒地及路旁。

药用功能：种子入药，有利水平喘功效，也作葶苈子用；全草可作饲料。

97. 蔊菜属 *Rorippa* Scopoli

（127）蔊菜 *Rorippa indica* (Linnaeus) Hiern

一年或二年生直立草本。叶互生，基生叶及茎下部叶具长柄，叶形多变化，通常大头羽状分裂，长4～10 cm，宽1.5～2.5 cm，顶端裂片大，卵状披针形，边缘具不整齐牙

图 B-42　薄菜
摄于九峰试验林场

齿，侧裂片1～5对；茎上部叶片宽披针形或匙形，边缘具疏齿，具短柄或基部耳状抱茎。总状花序顶生或侧生，花小，多数，具细花梗；萼片4，卵状长圆形，长3～4 mm；花瓣4，黄色，匙形，基部渐狭成短爪，与萼片近等长；雄蕊6，2枚稍短。长角果线状圆柱形，短而粗。花期4～6月，果期6～8月。

分布于钵盂峰、黄柏峰、九峰试验林场的山坡路旁、菜地、苗圃地、沟边等处。

药用功能：全草入药，有解表健胃、止咳化痰、平喘、清热解毒、散热消肿功效，外用治痈肿疮毒及烫火伤等症。

五十一、景天科　Crassulaceae

98.景天属　*Sedum* Linnaeus

（128）珠芽景天　*Sedum bulbiferum* Makino

多年生草本，根纤维状。具胎生叶腋里的珠芽。下部的茎生叶对生；匙形叶片卵形。上部茎生叶互生；叶片匙形倒披针形，基部渐狭，先端钝。花瓣黄色，披针形，离生，先端短尖。雄蕊10，心皮基部合生，顶部分叉。花期4～7月。

分布于黄柏峰的山坡沟边潮湿石壁上。

药用功能：全草供药用，消炎解毒、散寒理气，治疟疾、食积、腹痛等症。

（129）佛甲草　*Sedum lineare* Thunberg

多年生草本，不育的茎宿存。叶轮生，无梗，线形，基部具短距，先端近尖。2或3分开。花无梗。萼片线状披针形，不等长，有时无距或基部短距，先端钝。花瓣黄色，披针形，基部稍狭窄，先端锐尖。雄蕊10，短于花瓣。对近四棱宽楔形的花蜜的鳞片；蓇葖果，先端具短喙。花期4～5月，果期6～7月。

黄柏峰有栽培。

药用功能：全草入药，有清热解毒、散瘀消肿、止血之效。

五十二、虎耳草科　Saxifragaceae

99. 绣球属　*Hydrangea* Linnaeus

（130）绣球　Hydrangea macrophylla (Thunberg) Seringe

灌木，高1～4 m。枝圆柱形，粗壮，具长形皮孔。叶倒卵形或阔椭圆形，长6～15 cm，宽4.0～11.5 cm，先端骤尖具短尖头，基部以上具粗齿；叶柄粗壮，长1.0～3.5 cm。伞房状聚伞花序近球形，直径8～20 cm，具总梗，分枝近等长，花密集，多数不育；不育花萼片4，粉红色、淡蓝色或

图 B-43　绣球
摄于九峰试验林场

白色；孕性花极少数；雄蕊 10 枚，近等长；子房大半下位，花柱 3。蒴果卵圆形，顶端突出萼筒约 1/3。花期 6～7 月，果期 9 月。

九峰试验林场有栽培。

药用功能：根、叶、花可入药，具清热抗疟作用，也可治心脏病。苦微辛，寒，有小毒。治疟疾，心热惊悸，烦躁。

五十三、海桐花科 Pittosporaceae

100. 海桐花属 *Pittosporum* Banks & Gaertner

（131）海桐 *Pittosporum tobira* (Thunb.) Ait.

灌木或小乔木，高达 6 m。叶聚生于枝顶，革质，倒卵形或倒卵状披针形，长 4～9 cm，宽 1.5～4.0 cm，先端圆形或钝，侧脉 6～8 对，全缘；叶柄长达 2 cm。伞形花序顶生或近顶生，密被黄褐色柔毛；苞片披针形，和小苞片均被褐毛；萼片卵形；花瓣倒披针形，长 1.0～1.2 cm，先白色后变黄色，离生。蒴果圆球形，有棱或呈三角形，直径 12 mm，被毛，子房柄长 1～2 mm，3 片裂开，果片木质，厚 1.5 mm；种子多数，长 4 mm，多角形，红色。花期 3～5 月，果期 5～10 月。

九峰试验林场有栽培。园林常用观赏灌木。

药用功能：根、叶和种子均入药，根能祛风活络、散瘀止痛；叶能解毒、止血。

图 B-44 海桐

摄于九峰试验林场办公楼前

五十四、大风子科 Flacourtiaceae

101. 山桐子属 *Idesia* Maxim.

（132）山桐子 *Idesia polycarpa* Maxim.

落叶乔木，高 8～21 m；树皮淡灰色，不裂；小枝圆柱形，细而脆，黄棕色，有明显的皮孔，冬日呈侧枝长于顶枝状态，枝条平展，近轮生，树冠长圆形，当年生枝条紫绿色，有淡黄色的长毛；冬芽有淡褐色毛，有 4～6 片锥状鳞片。叶薄革质或厚纸质，卵形或心状卵形，或为宽心形，长 13～16 cm，稀达 20 cm，宽 12～15 cm，先端渐尖或尾状，基部通常心形，边缘有粗的齿，齿尖有腺体，上面深绿色，光滑无毛，下面有白粉，沿脉有疏柔毛，脉腋有丛毛，基部脉腋更多，通常 5 基出脉，第二对脉斜升到叶片的 3/5 处；叶柄长 6～12 cm，或更长，圆柱状，无毛，下部有 2～4 个紫色、扁平腺体，基部稍膨大。

102. 柞木属 *Xylosma* G. Forst.

（133）柞木 *Xylosma racemosum* (Sieb. et Zucc.) Miq.

图 B-45　柞木
摄于湖北省林科院办公楼前

常绿大灌木或小乔木，高 4～15 m；树皮棕灰色，不规则从下面向上反卷呈小片，裂片向上反卷；幼时有枝刺，结果株无刺；枝条近无毛或有疏短毛。叶薄革质，雌雄株稍有区别，通常雌株的叶有变化，菱状椭圆形至卵状椭圆形，长 4～8 cm，宽 2.5～3.5 cm，先端渐尖，基部楔形或圆形，边缘有锯齿，两面无毛或在近基部中脉有污毛；叶柄短，长约 2 mm，有短毛。

生于海拔 800 m 以下的林边、丘陵、平原或村边附近灌丛中。叶、刺可供药用。

五十五、山茶科 Theaceae

103. 山茶属 *Camellia* L.

（134）油茶 *Camellia oleifera* Abel.

灌木或中乔木；嫩枝有粗毛。叶革质，椭圆形，长圆形或倒卵形，先端尖而有钝头，有时渐尖或钝，基部楔形，长 5～7 cm，宽 2～4 cm，有时较长，上面深绿色，发亮，中脉有粗毛或柔毛，下面浅绿色，无毛或中脉有长毛，侧脉在上面能见，在下面不很明显，边缘有细锯齿，有时具钝齿，叶柄长 4～8 mm，有粗毛。花顶生，近于无柄，苞片与萼片约 10 片，由外向内逐渐增大，阔卵形，长 3～12 mm，背面有贴紧柔毛或绢毛，花后脱落，花瓣白色，5～7 片，倒卵形，长 2.5～3.0 cm，宽 1～2 cm，有时较短或更长，先端凹入或 2 裂，基部狭窄，近于离生，背面有丝毛，至少在最外侧的有丝毛；雄蕊长 1.0～1.5 cm，外侧雄蕊仅基部略连生，偶有花丝管长达 7 mm 的，无毛，花药黄色，背部着生；子房有黄长毛，3～5 室，花柱长约 1 cm，无毛，先端不同程度 3 裂。蒴果球形或卵圆形，直径 2～4 cm，3 室或 1 室，3 片或 2 片裂开，每室有种子 1 粒或 2 粒，果片厚 3～5 mm，木质，中轴粗厚；苞片及萼片脱落后留下的果柄长 3～5 mm，粗大，有环状短节。花期冬春间。

图 B-46　油茶
摄于湖北省林科院油茶资源圃

钵盂峰、黄柏峰、湖北省林科院试验地均有引种栽培。

药用功能：治疗便秘、骨骼扭挫伤、皮肤瘙痒、烫伤、腹痛，对胃肠出血有辅助治疗作用。

104. 木荷属 *Schima* Reinw.

（135）木荷 *Schima superba* Gardn. et Champ.

大乔木，高 25 m，嫩枝通常无毛。叶革质或薄革质，椭圆形，长 7～12 cm，宽 4.0～

6.5 cm，先端尖锐，有时略钝，基部楔形，上面干后发亮，下面无毛，侧脉 7～9 对，在两面明显，边缘有钝齿；叶柄长 1～2cm。花生于枝顶叶腋，常多朵排成总状花序，直径 3 cm，白色，花柄长 1.0～2.5 cm，纤细，无毛；苞片 2，贴近萼片，长 4～6 mm，早落；萼片半圆形，长 2～3 mm，外面无毛，内面有绢毛；花瓣长 1.0～1.5 cm，最外一片风帽状，边缘多少有毛；子房有毛。蒴果直径 1.5～2.0 cm。花期 6～8 月。

图 B-47　木荷
摄于九峰试验林场办公楼前

分布于顶冠峰、九峰试验林场。

药用功能：叶和皮可以入药中药材，在解毒疗疮方面有很好的药效。

五十六、梧桐科 Sterculiaceae

105.梧桐属 *Firmiana* Marsili

（136）梧桐 *Firmiana platanifolia* (L. f.) Marsili

落叶乔木，高达 16 m；树皮青绿色，平滑。叶心形，掌状 3～5 裂，直径 15～30 cm，裂片三角形，顶端渐尖，基部心形，两面均无毛或略被短柔毛，基生脉 7 条，叶柄与叶片等长。圆锥花序顶生，长约 20～50 cm，下部分枝长达 12 cm，花淡黄绿色；萼 5 深裂几至基部，萼片条形，向外卷曲，长 7～9 mm，外面被淡黄色短柔毛，内面仅在基部被柔毛；花梗与花几等长；雄花的雌雄蕊柄与萼等长，下半部较粗，无毛，花药 15 个不规则地聚集在雌雄蕊柄的顶端，退化子房梨形且甚小；雌花的子房圆球形，被毛。蓇葖果膜质，有柄，成熟前开裂成叶状，长 6～11 cm、宽 1.5～

图 B-48　梧桐
摄于九峰试验林场玻璃温室旁

2.5 cm，外面被短茸毛或几无毛，每蓇葖果有种子 2～4 个；种子圆球形，表面有皱纹，直径约 7 mm。花期 6 月。

分布于顶冠峰、狮子峰。

药用功能：梧桐的种子、花、白皮、根、叶均可入药，味甘、性平、清热解毒、顺气和胃、健脾消食、止血。

五十七、锦葵科

106. 木槿属 *Hibiscus* Linn.

（137）木芙蓉 *Hibiscus mutabilis* Linn.

落叶灌木或小乔木，高 2～5 m；小枝、叶柄、花梗和花萼均密被星状毛与直毛相混的细绵毛。叶宽卵形至圆卵形或心形，直径 10～15 cm，常 5～7 裂，裂片三角形，先端渐尖，具钝圆锯齿，上面疏被星状细毛和点，下面密被星状细绒毛；主脉 7～11 条；叶柄长 5～20 cm；托叶披针形，长 5～8 mm，常早落。花单生于枝端叶腋间，花梗长约 5～

图 B-49　芙蓉

摄于九峰一路

8 cm, 近端具节; 小苞片 8, 线形, 长 10~16 mm, 宽约 2 mm, 密被星状绵毛, 基部合生; 萼钟形, 长 2.5~3.0 cm, 裂片 5, 卵形, 渐尖头; 花初开时白色或淡红色, 后变深红色, 直径约 8 cm, 花瓣近圆形, 直径 4~5 cm, 外面被毛, 基部具髯毛; 雄蕊柱长 2.5~3.0 cm, 无毛; 花柱枝 5, 疏被毛。蒴果扁球形, 直径约 2.5 cm, 被淡黄色刚毛和绵毛, 果片 5; 种子肾形, 背面被长柔毛。花期 8~10 月。

本种花大色丽, 为我国久经栽培的园林观赏植物; 九峰一路有栽培。

药用功能: 花叶供药用, 有清肺、凉血、散热和解毒之功效。

（138）木槿 *Hibiscus syriacus* Linn.

落叶灌木, 高 3~4 m, 小枝密被黄色星状绒毛。叶菱形至三角状卵形, 长 3~10 cm, 宽 2~4 cm, 具深浅不同的 3 裂或不裂, 先端钝, 基部楔形, 边缘具不整齐齿缺, 下面沿叶脉微被毛或近无毛; 叶柄长 5~25 mm, 上面被星状柔毛; 托叶线形, 长约 6 mm, 疏被柔毛。花单生于枝端叶腋间, 花梗长 4~14 mm, 被星状短绒毛; 小苞片 6~8, 线形, 长 6~15 mm, 宽 1~2 mm, 密被星状疏绒毛; 花萼钟形, 长 14~20 mm, 密被星状短绒毛, 裂片 5, 三角形; 花钟形, 淡紫色, 直径 5~6 cm, 花瓣倒卵形, 长 3.5~4.5 cm, 外面疏被纤毛和星状长柔毛; 雄蕊柱长约 3 cm; 花柱枝无毛。蒴果卵圆形, 直径约 12 mm, 密被黄色星状绒毛; 种子肾形, 背部被黄白色长柔毛。花期 7~10 月。

五十八、金缕梅科 Hamamelidaceae

107. 牛鼻栓属 *Fortunearia* Rehd. et Wils.

（139）牛鼻栓 *Fortunearia sinensis* Rehder & E. H. Wilson

落叶灌木或小乔木, 嫩枝有灰褐色柔毛。单叶互生, 膜质, 倒卵形或倒卵状椭圆形, 长 7~16 cm, 宽 4~10 cm, 先端锐尖, 基部圆形或钝, 稍偏斜, 上面深绿色, 下面浅绿色, 脉上有长毛; 侧脉 6~10 对; 边缘有锯齿; 叶柄长 4~10 mm, 有毛。两性花的总状花序长 4~8 cm, 花瓣狭披针形, 比萼片短; 雄蕊近无柄, 花药卵形, 子房略有毛, 花柱长 1.5 mm, 反卷。蒴果卵圆形, 长约 1.5 cm, 有白色皮孔, 沿室间 2 片裂开, 果柄长 5~10 mm; 种子褐色, 有光泽。花期 3~4 月, 果期 7~8 月。

宝盖峰有栽培。

药用功能: 枝叶及根入药, 有益气、止血之功效, 主治气虚, 刀伤出血等症。

108. 枫香树属 *Liquidambar* Linnaeus

（140）枫香树 *Liquidambar formosana* Hance

落叶乔木, 树皮方块状剥落。单叶互生, 薄革质, 阔卵形, 掌状 3 裂, 中央裂片较长，先端尾状渐尖；两侧裂片平展；基部心形；掌状脉3～5条，边缘有锯齿；叶柄长8～12 cm。花单性，雌雄同株，无花瓣；雄花多数，短穗状花序常排列成总状花序，雄蕊多数；雌花序头状，有花24～43朵，萼片4～7枚，子房半下位，2室，花柱2个。头状果序圆球形，木质，有蒴果多数，宿存花柱和萼齿针刺伏；种子多数，褐色，多角形或有窄翅。花期3～4月，果期8～10月。

黄柏峰、狮子峰、九峰试验林场有引种栽培。木材稍坚硬，可供建筑、家具及商品的装箱等用材。树形美观，秋叶艳丽，可用于园林及城市道路绿化。

药用功能：树脂供药用，有解毒止痛、止血生肌之功效；根、叶及果实亦入药，有祛风除湿、通络活血之功效。

图 B-50　枫香树

摄于九峰试验林场食堂、办公楼前

109. 檵木属 *Loropetalum* R. Brown

（141）檵木 *Loropetalum chinense* (R. Brown) Oliver

常绿或半常绿灌木至小乔木，多分枝。单叶互生，革质，卵形、椭圆形，稀倒卵形，长2.0～6.5 cm，宽1～3 cm，先端锐尖，基部钝，稍偏斜，上面略有粗毛或无毛，下面被星毛，稍带灰白色，边全缘。花两性，白色、淡黄色或红色，3～16朵簇生成短总状或近头状花序，花萼短，4枚，花瓣4 (6) 片，带状；雄蕊4枚，子房完全下位。蒴果卵形或倒卵状球形，木质，密生黄褐色星状毛；种子1粒，黑色，发亮。花期3～4月，果熟期9～10月。

药用功能：根、叶、花果均能入药，能解热止血、通经活络、收敛止血，清热解毒，止泻。

（142）檵木（原变种）*Loropetalum chinense* var. **chinense**

花瓣常白色或淡黄色。生长在向阳山地及灌丛中。

药用功能：根、叶、花和果入药，有收敛止血、清热解毒、通经活络之功效；根、叶常用于治疗跌打损伤。木材坚硬、木质细腻、韧性好，适用于做木工工具把及农具等。

（143）红花檵木（变种）*Loropetalum chinense* var. **rubrum Yieh**

花瓣常紫红色或红色。

九峰长江书画院引种栽培。

花繁叶茂，姿态优美，耐修剪，广泛应用于道路两旁、花坛、公园等城市绿化美化。

五十九、蔷薇科 Rosaceae

110. 木瓜属 *Chaenomeles* Lindley

（144）皱皮木瓜 *Chaenomeles speciosa* (Sweet) Nakai

落叶灌木，高达 2 m。枝条直立开展，有刺。叶片卵形至狭椭圆形，长 3～9 cm，宽 1.5～5.0 cm，边缘具尖锐锯齿，多无毛；叶柄长约 1 cm；托叶大，肾形或半圆形，边缘有尖锐重锯齿。花先叶开放；花梗短粗，长约 3 mm 或近无柄；萼片直立；花猩红色，稀淡红色或白色，直径 3～5 cm；花瓣基部延伸成短爪；雄蕊 45～50；花柱 5，约与雄蕊等长，无毛或稍具毛。果实黄色或带黄绿色，球形或卵形，直径 4～6 cm，味芳香；萼片脱落，果梗短或近无梗。花期 3～5 月，果期 9～10 月。

狮子峰试验地有栽培。常栽培供观赏，观花观果。

药用功能：果实可食用；入药有解酒、去痰、顺气、止痢之效。干制后入药，有驱风、舒筋、活络、镇痛、消肿、顺气之效。

111. 枇杷属 *Eriobotrya* Lindley

（145）枇杷 *Eriobotrya japonica* (Thunberg) Lindley

常绿小乔木，高达 10 m。小枝粗壮，密生锈色或灰棕色绒毛。叶片革质，长 12～30 cm，宽 3～9 cm，基部楔形或渐狭成叶柄，上部边缘有疏锯齿，上面多皱，下面密生灰棕色绒毛。圆锥花序顶生，具多花，长 10～19 cm；总花梗和花梗密生锈色绒毛；花梗长 2～8 mm；花白色，直径 12～20 mm；雄蕊 20，远短于花瓣；花柱 5。果实黄色或

图 B-51　枇杷

摄于湖北省林科院食堂旁

桔黄色，球形或长圆形，直径 2～5 cm，外有锈色柔毛，不久脱落。种子 1～5，种皮纸质。花期 10～12 月，果期 5～6 月。

大王峰、钵盂峰有栽培。

药用功能：叶晒干后去毛供药用，可清肺胃热、止咳化痰。大块枇杷叶晒干入药，有清肺胃热，降气化痰的功用，常有与其他药材制成"川贝枇杷膏"。

112. 苹果属 *Malus* Miller

（146）垂丝海棠 *Malus halliana* Koehne

乔木，高达 5 m。小枝细弱，紫色或紫褐色。叶片卵形、椭圆形至狭椭圆形，长 3.5～8.0 cm，宽 2.5～4.5 cm，边缘有圆钝细锯齿，上面深绿色，有光泽并常带紫晕；叶柄长 5～25 mm。伞房花序，具花 4～6 朵，花梗下垂，长 2～4 cm，有稀疏柔毛，紫色；花粉红色，直径 3.0～3.5 cm；萼片先端钝，与萼筒等长或稍短；雄蕊 20～25，不等长；花柱 4 或 5，较雄蕊长，基部有长绒毛。果实略带紫色，梨形或倒卵形，直径 6～8 mm，萼片脱落。花期 3～4 月，果期 9～10 月。

九峰长江书画院有栽培。

药用功能：花可入药，主治血崩。

图 B-52　垂丝海棠
摄于九峰长江书画院

113. 石楠属 *Photinia* Lindley

（147）石楠 *Photinia-serratifolia* (Desfontaines) Kalkman

常绿灌木或小乔木，高 4～6 (12) m。叶片革质，长 (6)9～22 cm，宽 3.0～6.5 cm，边缘疏生具腺细锯齿；叶柄粗壮，长 2～4 cm。复伞房花序顶生；总花梗和花梗无毛，花梗长 3～5 mm；花密生，白色，直径 6～8 mm；雄蕊外轮较花瓣长；花柱 2，有时 3。果实球形，红色，后成褐紫色，直径 5～6 mm，具 1 粒种子。花期 4～5 月，果期 9～10 月。

图 B-53　椤木石楠
摄于湖北省林科院大门外

黄柏峰、九峰省林科院试验地有栽培。

药用功能：干叶药用，煎水服有利尿、解热作用。叶和根供药用为强壮剂、利尿剂，有镇静解热等作用；又可作土农药防治蚜虫，并对马铃薯病菌孢子发芽有抑制作用。

114. 火棘属 *Pyracantha* M. Roemer

（148）火棘 *Pyracantha fortuneana* (Maxim.) Li

灌木，高达 3 m。叶片长 1.5～6.0 cm，宽 0.5～2.0 cm，中部以上最宽，先端圆钝或微凹，有时具短尖头，基部楔形，下延连于叶柄，边缘有钝锯齿，近基部全缘，两面无毛。花梗长约 1 cm；萼筒钟状，无毛；雄蕊约 20，花丝长 3～4 mm；花柱 5，离生，与雄蕊等长，子房上部密生白色柔毛。果实桔红色或深红色，近球形，直径约 5 mm。花期 3～5 月，果期 8～11 月。

分布于钵盂峰的山坡、谷地灌丛或疏林中。

药用功能：以果实、根、叶入药，性平，味甘、酸，叶能清热解毒，外敷治疮疡肿毒，是一种极好的春季看花、冬季观果植物。

115. 梨属 *Pyrus* Linnaeus

（149）豆梨 *Pyrus calleryana* Decaisne

乔木，高 5～8 m。小枝粗壮，二年生枝条灰褐色。叶片、叶柄、总花梗和花梗均无毛。叶片长 4～8 cm，宽 3.5～6.0 cm，边缘有钝锯齿；叶柄长 2～4 cm。伞形总状花序，具花 6～12 朵，花梗长 1.5～3 cm；花白色，直径 2.0～2.5 cm；萼筒无毛；雄蕊 20，稍短于花瓣；花柱 2，稀 3。梨果黑褐色，有斑点，球形，直径约 1 cm，萼片脱落，果梗细长。花期 4 月，果期 8～9 月。

黄柏峰有栽培。

药用功能：根、叶有药用价值，可润肺止咳，清热解毒，治疗急性眼结膜炎；果实可健胃，止痢。

（150）沙梨 *Pyrus pyrifolia* (N. L. Burman) Nakai

乔木，高 7～15 m。二年生枝紫褐色或暗褐色，具稀疏皮孔。叶片卵状椭圆形或卵形，长 7～12 cm，宽 4.0～6.5 cm，边缘有刺芒状锯齿；叶柄长 3.0～4.5 cm。伞形总状花序，具花 6～9 朵；花梗长 3.5～5.0 cm；花白色，直径 2.5～3.5 cm；雄蕊 20；花柱 5，稀 4，约与雄蕊等长。果实浅褐色，有浅色斑点，近球形，直径 2.0～2.5 cm，萼片脱落。花期 4 月，果期 8 月。

黄柏峰有栽培。

药用功能：果实、根、树皮、枝、叶、果皮入药，有清暑、解渴、生津、止咳等功效。

116. 龙芽草属 *Agrimonia* Linnaeus

（151）龙芽草 *Agrimonia pilosa* Ledebour

根多呈块茎状。茎高 30～120 cm，疏生柔毛和短柔毛。奇数羽状复叶，有 (2)3 或 4 对小叶，茎上部减少至 3 小叶；小叶片长 1.5～5.0 cm，宽 1.0～2.5 cm，上面被疏柔毛，背面常具贴伏柔毛，有显著腺点。花梗长 1～5 mm，被柔毛；花直径 6～9 mm；花瓣长圆形；雄蕊 (5)8～15 枚；花柱 2，丝状，柱头头状。果实倒卵状圆锥形，外面有 10 条肋，顶端有数层钩刺，钩刺幼时直立，老时向内靠合，连钩刺长 7～8 mm。花果期 5～12 月。

分布于马驿峰的林下、路旁等处。

药用功能：全草药用，可止血，也可止泻。

117. 蛇莓属　*Duchesnea* Smith

（152）蛇莓　*Duchesnea indica* (Andrews) Focke

根茎粗壮；匍匐茎多数，长 30～100 cm，有柔毛。小叶片下面、叶柄、花梗及萼片被柔毛；小叶片长 1～5 cm，宽 1～3 cm；叶柄长 1～5 cm。花黄色，单生于叶腋，直径 1.0～2.5 cm；花梗长 0.2～6.0 cm；萼片卵形，副萼片倒卵形，比萼片长，先端常具 3～5锯齿；花瓣倒卵形；雄蕊 20～30；心皮多数，离生；花托在果期膨大，鲜红色，直径 1～2cm。瘦果卵形，光滑具光泽，或具不明显突起，长约 1.5 mm。花期 6～8 月，果期 8～10 月。

图 B-54　蛇莓
摄于湖北省林科院办公楼院外

分布狮子峰的山坡、草地或潮湿之地。

药用功能：全株药用，可活血散结、收敛止血、清热解毒。

118. 委陵菜属　*Potentilla* Linnaeus

（153）翻白草　*Potentilla discolor* Bunge

多年生草本。根下部常肥厚呈纺锤形。花茎直立，高 10～45 cm。花茎、叶柄、小叶下面、托叶下面、花梗以及萼片和副萼外面均密被白色绵毛。基生叶有小叶 2～4 对，连叶柄长 4～20 cm；小叶片长 1～5 cm，宽 0.5～0.8 cm，边缘具圆钝锯齿；茎生叶 1～2，掌状叶具 3～5 小叶。聚伞花序有花数朵至多朵；花黄色，直径 1～2 cm；萼片三角状卵形，副萼片披针形，比萼片短；花瓣比萼片长；花柱近顶生，柱头稍微扩大。瘦果近肾形，光滑。花果期 5～9 月。

分布于钵盂峰、宝盖峰的荒地、山谷、沟边、山坡草地或疏林下。

药用功能：根或全草药用，能清热解毒、凉血止血；块根可食。

（154）蛇含委陵菜　*Potentilla kleiniana* Wight et Arn.

草本，多须根。基生叶为 5 小叶，连叶柄长 3～20 cm，叶柄被疏柔毛或开展长柔毛；小叶片长 0.5～4.0 cm，宽 0.4～2.0 cm，两面被疏柔毛，或下面沿脉密被伏生长柔毛；上部茎生叶有 3 小叶。花茎上升或匍匐，常于节处生根并发育出新植株。聚伞花序密集枝顶，花梗长 1.0～1.5 cm，密被开展长柔毛；花黄色，直径 0.8～1.0 cm；花瓣长于萼片；花柱近顶生，基部膨大，柱头扩大。瘦果近球形，直径约 0.5 mm，具皱纹。花果期 4～9 月。

分布于钵盂峰、马驿水库周围、水旁或山坡草地。

药用功能：全草供药用，有清热、解毒、止咳、化痰之效，捣烂外敷治疮毒、痛肿及蛇虫咬伤。

（155）朝天委陵菜 *Potentilla supina* Linnaeus

一年生或二年生草本。茎高 20~50 cm。基生叶羽状复叶，有小叶 2~5 对，连叶柄长 4~15 cm；小叶片长 1.0~2.5 cm，宽 0.5~1.5 cm，边缘有圆钝或缺刻状锯齿；茎生叶与基生叶相似。花茎上多叶，下部花生于叶腋，顶端呈伞房状聚伞花序；花梗长 0.8~1.5 cm，常密被短柔毛；花黄色，直径 0.6~0.8 cm；萼片三角状卵形，副萼片长比萼片稍长或近等长；花瓣与萼片近等长或较短；花柱近顶生，基部乳头状膨大。瘦果圆柱形。花果期 3~10 月。

分布于钵盂峰、马驿水库周围、水沟边。

药用功能：有清热解毒、凉血、止痢的功效。

119. 蔷薇属 *Rosa* Linnaeus

（156）月季花 *Rosa chinensis* Jacquin

直立灌木，高 1~2 m。小枝粗壮，有短粗的钩状皮刺或无刺。小叶 3~5，稀 7，连叶柄长 5~11 cm，小叶片长 2.5~6.0 cm，宽 1~3 cm；托叶大部贴生于叶柄。花 4 或 5 朵簇生，稀单生，直径 4~5 cm；花梗长 2.5~6.0 cm；萼片卵形，先端尾状渐尖，边缘常具羽裂片；花瓣重瓣至半重瓣，红色、粉红至白色，倒卵形，先端有凹缺；花柱离生，伸出萼筒口外，约与雄蕊等长。果红色，卵形或梨形，直径 1~2 cm，萼片脱落。花期 4~9 月，果期 6~11 月。

九峰烈士陵园有栽培。

药用功能：根、叶、花均可入药，具有活血消肿、消炎解毒功效，还为妇科良药。

（157）小果蔷薇 *Rosa cymosa* Trattinnick

常绿攀援灌木。小枝有钩状皮刺。小叶 3~5，稀 7；连叶柄长 5~10 cm；小叶片长 2.5~6.0 cm，宽 8~25 mm，边缘有尖锐细锯齿；托叶膜质，离生，线形，早落。花多

朵成复伞房花序；花白色，直径 2.0~2.5 cm，花梗长约 1.5 cm；萼片卵形，有羽状裂片，内面被稀疏白色绒毛；花瓣倒卵形，先端凹；花柱离生，与雄蕊近等长，密被白色柔毛。果红色至黑褐色，球形，直径 4~7 mm，萼片脱落。花期 5~6 月，果期 7~11 月。

分布于钵盂峰、马驿峰的向阳山坡、林下路边等处。

药用功能：根、果实、花、叶入药；根皮可提取鞣料，根、嫩叶治疗月经不调，子宫脱垂，痔疮，脱肛，外伤出血；果实治疗不孕症。

图 B-55　小果蔷薇
摄于钵盂峰箐箕肚

（158）金樱子 *Rosa laevigata* Michx

常绿攀援灌木。小枝粗壮，散生扁弯皮刺。小叶革质，通常 3，稀 5，连叶柄长 5~10 cm；小叶片长 2~6 cm，宽 1.2~3.5 cm；小叶柄和叶轴有皮刺和腺毛；托叶早落。花单生于叶腋，直径 5~10 cm；花梗长 1.8~2.5(3) cm，花梗和萼筒密被腺毛，后长成为针刺；萼片先端呈叶状；花瓣白色，先端微凹；雄蕊多数；花柱离生，比雄蕊短很多。果紫褐色，梨形或倒卵形，外面密被刺毛，萼片宿存。花期 4~6 月，果期 7~11 月。

分布于黄柏峰、钵盂峰的向阳山地、林下路边或灌丛中。

药用功能：根、叶、果均入药，固精缩尿，固崩止带，涩肠止泻之功效。常用于遗精滑精，遗尿尿频，崩漏带下，久泻久痢。

图 B-56　金樱子

摄于湖北省林科院大门外

（159）粉团蔷薇（变种）*Rosa multiflora* Thunberg var. cathayensis Rehder & E. H. Wilsonin

攀援灌木。小枝有稍弯曲皮刺。小叶 (3)5～9，连叶柄长 5～10 cm；小叶片长 1.5～5.0 cm，宽 8～28 mm；托叶篦齿状，大部贴生于叶柄。花多朵，排成伞房花序，花梗长 1.5～2.5 cm；花粉红色，单瓣，直径 1.5～4.0 cm；花柱结合成束，比雄蕊稍长。果红褐色或紫褐色，近球形，直径 6～8 mm，无毛，萼片脱落。生于林下路边、山坡或灌丛中。根可提制栲胶；鲜花含有芳香油可提制香精，用于化妆品工业；根、叶、花和种子均入药；园林中作为观花植物栽培。

药用功能：根、叶、花和种子均入药，根能活血通络收敛，叶外用治肿毒，种子称营实能峻泻、利水通经。

120. 悬钩子属 *Rubus* Linnaeus

（160）山莓 *Rubus corchorifolius* Linnaeus f.

直立灌木，高 1～3 m，全株具柔毛。枝具皮刺。单叶，卵形至卵状披针形，长 5～12 cm，宽 2.5～5.0 cm，边缘不分裂或偶 3 裂；叶柄长 1～2 cm，疏生小皮刺。花单生或少数生于短枝上；花梗长 (0.6)1～2 cm；花直径 1.5～2 (3) cm，花瓣白色，长于萼片；花萼无刺。果实红色，近球形或卵球形，直径 1.0～1.2 cm，密被细柔毛。花期 2～4 月，果期 4～6 月。

分布于钵盂峰、马驿峰的林下路边或山坡灌丛中。

药用功能：果、根及叶入药，有活血、解毒、止血之效，主治肾虚、遗精、醉酒、丹毒等症。叶性微苦，可用于咽喉肿痛、多发性脓肿、乳腺炎等症。

（161）插田泡 *Rubus coreanus* Miquel

灌木，高 1～3 m。枝被白粉，具扁平皮刺。小叶通常 5(7) 枚，稀 3 枚，长 (2)3～8 cm，宽 2～5 cm，下面被稀疏柔毛，边缘具不整齐

图 B-57　插田泡

摄于九峰试验林场大门前

粗锯齿；叶柄长 2～5 cm，顶生小叶柄长 1～2 cm。伞房花序生于侧枝顶端，具花数朵至多于 30 朵，总花梗和花梗均被灰白色短柔毛；花直径 7～10 mm，花瓣淡红至深红色，稍短于萼片或近等长；萼片花时开展，果时反折。果实深红色至紫黑色，近球形，直径 5～8 mm，无毛或近无毛。花期 4～6 月，果期 6～8 月。

分布于钵盂峰、马驿峰的山坡灌丛中、池塘边或路旁。

药用功能：根入药，有止血、止痛之效；果实可入药，为强壮剂；根有止血、止痛之效；叶能明目。

（162）白叶莓 *Rubus innominatus* S. Moore

灌木，高 1～3 m。小枝密被绒毛状柔毛，疏生钩状皮刺。小叶常 3 枚，稀具 5 小叶，长 4～10 cm，宽 2.5～5(7) cm，下面密被灰白色绒毛，边缘具粗锯齿或缺刻状重锯齿；叶柄长 2～4 cm，顶生小叶柄长 1～2 cm。近总状花序或聚伞圆锥花序，顶生或腋生；总花梗、花梗及花萼外均密被黄灰色至灰色长柔毛和腺毛；花梗长 4～10 mm；花紫红色，直径 6～10 mm；雄蕊稍短于花瓣；花柱无毛。果实桔红色，近球形，直径约 1 cm。花期 5～6 月，果期 7～8 月。

分布于钵盂峰、马驿峰的山坡疏林或灌丛中。具观赏价值，在园林中宜作花篱。

药用功能：根入药，治风寒咳嗽。

（163）灰白毛莓 *Rubus tephrodes* Hance

攀援灌木。枝密被灰白色绒毛，疏生微弯皮刺。单叶，近圆形，长 5～11 cm，宽 5～10 cm，上面有疏柔毛或疏腺毛，下面密被灰白色绒毛，边缘有明显 5～7 圆钝裂片和不整齐锯齿；基部掌状 5 出脉；叶柄长 1～3 cm，疏生小皮刺或刺毛及腺毛。大型圆锥花序顶生；总花梗和花梗密被绒毛或绒毛状柔毛；花梗短，长约 1 cm；花白色，直径约 1 cm；花萼外密被灰白色绒毛；雄蕊多数；雌蕊 30～50，长于雄蕊。果实紫黑色，球形，较大，直径 1.0～1.5 cm。花期 6～8 月，果期 8～10 月。

分布于钵盂峰的山坡、路旁或灌丛中。

药用功能：根入药，可祛风湿、活血调经；叶可止血。

图 B-58　灰白毛莓
摄于钵盂峰箐箕肚

121. 地榆属 *Sanguisorba* Linnaeus

（164）地榆 *Sanguisorba officinalis* Linnaeus

多年生草本，高 30～120 cm。根粗壮，多呈纺锤形。茎直立，有棱，无毛或基部有稀疏腺毛。基生叶为羽状复叶，小叶 4～6 对；小叶片长 1～7 cm，宽 0.5～3.0 cm，边缘有粗大圆钝锯齿；茎生叶较少。穗状花序椭圆形，直立，长 1～6 cm，宽 0.5～1.0 cm；萼片 4，紫红色；雄蕊 4，花丝丝状，不扩大，与萼片近等长；柱头顶端扩大，边缘具流苏状乳头状突起。果实包藏在宿存萼筒内，外面有 4 棱。花果期 7～10 月。

分布于黄柏峰的山坡草地、灌丛中或疏林下。

药用功能：根为收敛止血药，外敷可治烫伤。

122. 桃属 *Amygdalus* Linnaeus

（165）桃 *Amygdalus persica* Linnaeus

乔木，高 3～8 m。树皮暗红褐色，老时粗糙呈鳞片状；小枝具大量小皮孔。叶片披针形，长 7～15 cm，宽 2.0～3.5 cm，下面在脉腋间具少数短柔毛或无毛，边缘具细锯齿或粗锯齿；叶片侧脉于叶边结合成网状；叶柄粗壮，长 1～2 cm。花先于叶开放，直径 2.0～3.5 cm；花萼外面被短柔毛，雄蕊 20～30，花药淡紫红色；花柱几与雄蕊等长或稍短。果实直径 (3)5～7 (12) cm，常于向阳面具红晕，腹缝明显；果肉多汁有香味，核大，两侧扁，表面具深沟纹和孔穴。花期 3～4 月，果期 7～8 月。

黄柏峰广泛栽培或逸为野生。著名的观赏花木，品种甚多。果实为著名的水果，肉质鲜美；桃树干上分泌的胶质，俗称桃胶，为一种聚糖类物质，可食用。

药用功能：有破血、和血、益气之效；花、叶、果及种子均可药用。

123. 杏属 *Armeniaca* Scopoli

（166）梅 *Armeniaca mume* Siebold

小乔木，稀灌木，高 4～10 m。一年生小枝绿色，光滑无毛。叶片卵形或椭圆形，长 4～8 cm，宽 2.5～5.0 cm，先端尾尖，边缘常具小锐锯齿；叶柄长 1～2 cm。花单生或有时 2 朵簇生，白色至粉红色，直径 2.0～2.5 cm，先于叶开放；花梗短；花萼常红褐色，但有些品种为绿色；雄蕊短或稍长于花瓣。果实近球形，直径 2～3 cm，被柔毛，味酸；果肉与核粘贴；核椭圆形，表面具蜂窝状孔穴。花期早春，果期 5～6 月。

湖北省林科院办公楼内有栽培。为著名的观赏花木，为中国传统十大名花之一，品种丰富。花、叶、根和种仁均可入药；果实可食、盐渍或干制，或熏制成乌梅。

图 B-59 梅

摄于湖北省林科院办公楼院内

124. 樱属 *Cerasus* Miller

（167）山樱花 *Cerasus serrulata* (Lindl.) G. Don ex London

乔木，高 3～8 m。小枝灰白色或淡褐色，与叶柄、总花梗及花梗、萼筒均无毛。叶片卵状椭圆形或倒卵状椭圆形，长 5～9 cm，宽 2.5～5.0 cm，边缘有尖锐重锯齿或单锯齿，尖端芒状；叶柄长 1.0～1.5 cm，先端有 1～3 圆形腺体。花 2～3 朵组成伞房总状或近伞形花序；总梗长 5～10 mm；花梗长 1.5～2.5 cm；萼筒管状；花瓣白色，稀粉红色，倒卵形，先端下凹；雄蕊约 38。核果紫黑色，球形或卵形，直径 8～10 mm。花期 4～5月，果期 5～7 月。

九峰马驿水库栽培。果可食；花可观赏；种子入药。

125. 李属 *Prunus* Linnaeus

（168）紫叶李 *Prunus cerasifera Ehrhar f. atropurpurea* (Jacquin) Rehder

灌木或小乔木，高可达 8 m。多分枝，小枝暗红色。叶片紫红色，椭圆形、卵形或倒卵形，长 (2)3～6 cm，宽 2～4 (6) cm，边缘具圆钝锯齿或混有重锯齿；叶柄长 6～12 mm。花 1～2 朵；花梗长 1～2.2 cm；花白色带粉色；雄蕊 25～30，不等长，比花瓣稍短；花柱比雄蕊稍长。核果紫红色，近球形或椭圆形，直径 2～3 cm，微被蜡粉，具浅侧沟，黏核。花期 4 月，果期 8 月。

九峰长江书画院有栽培。

六十、柿科 Ebenaceae

126. 柿属 *Diospyros* Linn.

（169）柿 *Diospyros kaki* Thunb.

落叶大乔木，通常高达10～14 m以上，胸高直径达65 cm，高龄老树有高达27 m的；树皮深灰色至灰黑色，或者黄灰褐色至褐色，沟纹较密，裂成长方块状；树冠球形或长圆球形，老树冠直径达10～13 m，有达18 m的。枝开展，带绿色至褐色，无毛，散生纵裂的长圆形或狭长圆形皮孔；嫩枝初时有棱，有棕色柔毛或绒毛或无毛。

狮子峰试验地有引种栽培。

图 B-60　柿
程军勇摄于湖北省林科院试验地

六十一、悬铃木科 Platanaceae

127. 悬铃木属 *Platanus* Linnaeus

（170）二球悬铃木 *Platanus acerifolia* (Aiton) Willdenow

俗称英国梧桐。落叶大乔木，高达 30 m。叶阔卵形，宽 12～25 cm，长 10～24 cm，幼叶两面有灰黄色毛，老叶秃净，仅在背脉腋内有毛；叶掌状 5 裂，有时 7 裂或 3 裂；中央裂片阔三角形，宽度与长度约相等；裂片全缘或有 1～2 个粗大锯齿；掌状脉 3 条，稀为 5 条；叶柄长 3～10 cm，密生黄褐色毛；托叶长 1.0～1.5 cm。花常 4 数。果枝有头状果序 1～3 个，常下垂；头状果序直径约 2.5 cm，宿存花柱长 2～3 mm，刺状，坚果基部无毛或极短，不突出果序之外。花期 3～5 月，果期 6～10 月。

湖北省林科院有栽培。常用于街道绿化，抗逆性强，冠大而荫浓，树干光洁，被誉为"行道树之王"。木材可制家具。

六十二、大戟科 Euphorbiaceae

128. 柏属 *Sapium* P. Br.

（171）乌桕 *Sapium sebiferum* (L.) Roxb.

乔木，高可达 15 m，各部均无毛而具乳状汁液；树皮暗灰色，有纵裂纹；枝广展，具皮孔。叶互生，纸质，叶片菱形、菱状卵形或稀有菱状倒卵形，长 3～8 cm，宽 3～9 cm，顶端骤然紧缩具长短不等的尖头，基部阔楔形或钝，全缘；中脉两面微凸起，侧脉 6～10 对，纤细，斜上升，离缘 2～5 mm 弯拱网结，网状脉明显；叶柄纤细，长 2.5～6.0 cm，顶端具 2 腺体；托叶顶端钝，长约 1 mm。

钵盂峰有栽培。

图 B-61 乌桕

摄于钵盂峰路边

129. 桐属 *Vernicia* Lour.

（172）油桐 *Vernicia fordii* (Hemsl.) Airy Shaw

落叶乔木，高达10 m；树皮灰色，近光滑；枝条粗壮，无毛，具明显皮孔。叶卵圆形，长8～18 cm，宽6～15 cm，顶端短尖，基部截平至浅心形，全缘，稀1～3浅裂，嫩叶上面被很快脱落微柔毛，下面被渐脱落棕褐色微柔毛，成长叶上面深绿色，无毛，下面灰绿色，被贴伏微柔毛；掌状脉5～7条；叶柄与叶片近等长，几无毛，顶端有2枚扁平、无柄腺体。

黄柏峰、狮子峰试验地有栽培。

图 B-62 油桐

摄于九峰试验林场

311

六十三、山矾科 Symplocaceae

130. 矾属 *Symplocos* Jacq.

（173）华山矾 *Symplocos chinensis* (Lour.) Druce

灌木；嫩枝、叶柄、叶背均被灰黄色皱曲柔毛。叶纸质，椭圆形或倒卵形，长 4～7

图 B-63 华山矾

摄于湖北省林科院大门外

(10) cm，宽 2～5 cm，先端急尖或短尖，有时圆，基部楔形或圆形，边缘有细尖锯齿，叶面有短柔毛；中脉在叶面凹下，侧脉每边 4～7 条。圆锥花序顶生或腋生，长 4～7 cm，花序轴、苞片、萼外面均密被灰黄色皱曲柔毛；苞片早落；花萼长 2～3 mm。裂片长圆形，长于萼筒；花冠白色，芳香，长约 4 mm，5 深裂几达基部；雄蕊 50～60 枚，花丝基部合生成五体雄蕊；花盘具 5 凸起的腺点，无毛；子房 2 室。核果卵状圆球形，歪斜，长 5～7 mm，被紧贴的柔毛，熟时蓝色，顶端宿萼裂片向内伏。花期 4～5 月，果期 8～9 月。

分布于黄柏峰，生长于海拔 1000 m 以下的丘陵、山坡、杂林中。

药用功能：根药用治疟疾、急性肾炎；叶捣烂，外敷治疮疡、跌打；叶研成末，治烧伤、烫伤及外伤出血；取叶鲜汁，冲酒内服治蛇伤。

六十四、木犀科 Oleaceae

131. 木犀属 *Osmanthus* Lour.

（174）木犀 *Osmanthus fragrans* (Thunb.) Lour.

俗称桂花。常绿乔木或灌木，高 3～5 m，最高可达 18 m；树皮灰褐色。小枝黄褐色，无毛。叶片革质，椭圆形、长椭圆形或椭圆状披针形，长 7.0～14.5 cm，宽 2.6～4.5 cm，先端渐尖，基部渐狭呈楔形或宽楔形，全缘或通常上半部具细锯齿，两面无毛，腺点在两面连成小水泡状突起，中脉在上面凹入，下面凸起，侧脉 6～8 对，多达 10 对，在上面凹入，下面凸起；叶柄长 0.8～1.2 cm，最长可达 15 cm，无毛。聚伞花序簇生于叶腋，或近于帚状，每腋内有花多朵；苞片宽卵形，质厚，长 2～4 mm，具小尖头，无毛；花梗细弱，长 4～10 mm，无毛；花极芳香；花萼长约 1 mm，裂片稍不整齐；花冠黄白色、淡黄色、黄色或橘红色，长 3～4 mm，花冠管仅长 0.5～1.0 mm；雄蕊着生于花冠管中部，花丝极短，长约 0.5 mm，花药长约 1 mm，药隔在花药先端稍延伸呈不明显的小尖头；雌蕊长约 1.5 mm，花柱长约 0.5 mm。果歪斜，椭圆形，长 1.0～1.5 cm，呈紫黑色。花期 9～10 月上旬，果期翌年 3 月。

九峰广泛分布。

药用功能：花：散寒破结，化痰止咳。用于牙痛，咳喘痰多，经闭腹痛。果：暖胃，平肝，散寒。用于虚寒胃痛。根：祛风湿，散寒。用于风湿筋骨疼痛，腰痛，肾虚牙痛。

图 B-64　桂花

摄于九峰试验林场办公楼前

六十五、茜草科　Rubiaceae

132. 鸡屎藤属　*Paederia* Linn. nom. cons.

（175）鸡屎藤　*Paederia scandens* (Lour.) Merr.

藤本，茎长 3～5 m，无毛或近无毛。叶对生，纸质或近革质，形状变化很大，卵形、卵状长圆形至披针形，长 5～9(15)cm，宽 1～4(6) cm，顶端急尖或渐尖，基部楔形或近圆或截平，有时浅心形，两面无毛或近无毛，有时下面脉腋内有束毛；侧脉每边 4～6条，纤细；叶柄长 1.5～7.0 cm；托叶长 3～5 mm，无毛。圆锥花序式的聚伞花序腋生和顶生，扩展，分枝对生，末次分枝上着生的花常呈蝎尾状排列；小苞片披针形，长约 2 mm；花具短梗或无；萼管陀螺形，长 1.0～1.2 mm，萼檐裂片 5，裂片三角形，长 0.8～1.0 mm；花冠浅紫色，管长 7～10 mm，外面被粉末状柔毛，里面被绒毛，顶部 5 裂，裂片长 1～2 mm，顶端急尖而直，花药背着，花丝长短不齐。果球形，成熟时近黄色，有光泽，平滑，直径 5～7 mm，顶冠以宿存的萼檐裂片和花盘；小坚果无翅，浅黑色。花期 5～7 月。

六十六、菊科 Compositae

133. 蒲公英属 *Taraxacum* F. H. Wigg.

（176）蒲公英 *Taraxacum mongolicum* Hand.-Mazz.

多年生草本。根圆柱状，黑褐色，粗壮。叶倒卵状披针形、倒披针形或长圆状披针形，长 4～20 cm，宽 1～5 cm，先端钝或急尖，边缘有时具波状齿或羽状深裂，有时倒向羽状深裂或大头羽状深裂，顶端裂片较大，三角形或三角状戟形，全缘或具齿，每侧裂片 3～5 片，裂片三角形或三角状披针形，通常具齿，平展或倒向，裂片间常夹生小齿，基部渐狭成叶柄，叶柄及主脉常带红紫色，疏被蛛丝状白色柔毛或几无毛。

九峰有广泛分布。

药用功能：全草供药用，有清热解毒、消肿散结的功效。

图 B-65　蒲公英

摄于九峰篮球场旁

六十七、马鞭草科 Verbenaceae

134. 大青属 *Clerodendrum* Linn.

（177）臭牡丹 *Clerodendrum bungei* Steud.

灌木，高 1～2 m，植株有臭味；花序轴、叶柄密被褐色、黄褐色或紫色脱落性的柔毛；小枝近圆形，皮孔显著。叶片纸质，宽卵形或卵形，长 8～20 cm，宽 5～15 cm，顶端尖或渐尖，基部宽楔形、截形或心形，边缘具粗或细锯齿，侧脉 4～6 对，表面散生短柔毛，背面疏生短柔毛和散生腺点或无毛，基部脉腋有数个盘状腺体；叶柄长 4～17 cm。伞房状聚伞花序顶生，密集；苞片叶状，披针形或卵状披针形，长约 3 cm，早落或花时不落，早落后在花序梗上残留凸起的痕迹，小苞片披针形，长约 1.8 cm；花萼钟状，长 2～6 mm，被短柔毛及少数盘状腺体，萼齿三角形或狭三角形，长 1～3 mm；花冠淡红色、红色或紫红色，花冠管长 2～3 cm，裂片倒卵形，长 5～8 mm；雄蕊及花柱均突出花冠外；花柱短于、等于或稍长于雄蕊；柱头 2 裂，子房 4 室。核果近球形，径 0.6～1.2 cm，成熟时蓝黑色。花果期 5～11 月。

分布于钵盂峰、黄柏峰的林下和灌丛。

药用功能：活血散瘀、消肿解毒，治痈疮、疔疮、乳腺炎、关节炎、湿疹、牙痛、痔疮、脱肛。

图 B-66　臭牡丹

摄于钵盂峰筲箕肚

135. 豆腐柴属 *Premna* Linn.

（178）豆腐柴 *Premna microphylla* Turcz.

直立灌木；幼枝有柔毛，老枝变无毛。叶揉之有臭味，卵状披针形、椭圆形、卵形或倒卵形，长 3～13 cm，宽 1.5～6.0 cm，顶端急尖至长渐尖，基部渐狭窄下延至叶柄两侧，全缘至有不规则粗齿，无毛至有短柔毛；叶柄长 0.5～2.0 cm。聚伞花序组成顶生塔形的圆锥花序；花萼杯状，绿色，有时带紫色，密被毛至几无毛，但边缘常有睫毛，近整齐的 5 浅裂；花冠淡黄色，外有柔毛和腺点，花冠内部有柔毛，以喉部较密。核果紫色，球形至倒卵形。花果期 5～10 月。

分布黄柏峰、钵盂峰等地。

药用功能：根、茎、叶入药，清热解毒，消肿止血，主治毒蛇咬伤、无名肿毒、创伤出血。

图 B-67　豆腐柴

摄于湖北省林科院大门外

六十八、唇形科 Labiatae

136. 紫苏属 *Perilla* Linn.

（179）紫苏 *Perilla frutescens* (L.) Britt.

一年生直立草本。茎高 0.3～2.0 m，绿色或紫色，钝四棱形，具四槽，密被长柔毛。叶阔卵形或圆形，长 7～13 cm，宽 4.5～10.0 cm，先端短尖或突尖，基部圆形或阔楔形，边缘在基部以上有粗锯齿，膜质或草质，两面绿色或紫色，或仅下面紫色，上面被疏柔毛，下面被贴生柔毛，侧脉 7～8 对。

六十九、百合科 Liliaceae

137. 沿阶草属 *Ophiopogon* Ker-Gawl.

（180）麦冬 *Ophiopogon japonicas*

根较粗，中间或近末端常膨大成椭圆形或纺锤形的小块根；小块根长 1.0～1.5 cm，或更长些，宽 5～10 mm，淡褐黄色；地下走茎细长，直径 1～2 mm，节上具膜质的鞘。茎很短，叶基生成丛，禾叶状，长 10～50 cm，少数更长些，宽 1.5～3.5 mm，具 3～7 条脉，边缘具细锯齿。花葶长 6～15 (27) cm，通常比叶短得多，总状花序长 2～5 cm，或有时更长些，具几朵至十几朵花；花单生或成对着生于苞片腋内；苞片披针形，先端渐尖，最下面的长可达 7～8 mm；花梗长 3～4 mm，关节位于中部以上或近中部；花被片常稍下垂而不展开，披针形，长约 5 mm，白色或淡紫色；花药三角状披针形，长 2.5～3.0 mm；花柱长约 4 mm，较粗，宽约 1 mm，基部宽阔，向上渐狭。种子球形，直径 7～8 mm。花期 5～8 月，果期 8～9 月。

七十、忍冬科 Caprifoliaceae

138. 忍冬属 *Lonicera* Linn.

（181）忍冬 *Lonicera japonica* Thunb.

俗称金银花。半常绿藤本；幼枝红褐色，密被黄褐色、开展的硬直糙毛、腺毛和短柔毛，下部常无毛。叶纸质，卵形至矩圆状卵形，有时卵状披针形，稀圆卵形或倒卵形，极少有一至数个钝缺刻，长 3～5 (9.5) cm，顶端尖或渐尖，少有钝、圆或微凹缺，基部圆或近心形，有糙缘毛，上面深绿色，下面淡绿色，小枝上部叶通常两面均密被短糙毛，下部叶常平滑无毛而下面多少带青灰色；花期 4～6 月（秋季亦常开花），果熟期 10～11 月。

生于山坡灌丛或疏林中、乱石堆、山足路旁及村庄篱笆边，海拔最高达 1 500 m。九峰各地均有分布。

药用功能：性甘寒，功能清热解毒、消炎退肿，对细菌性痢疾和各种化脓性疾病都有效。已生产的金银花制剂有"银翘解毒片""银黄片""银黄注射液"等。"金银花露"是金银花用蒸馏法提取的芳香性挥发油及水溶性溜出物，为清火解毒的良品，可治小儿胎毒、疮疖、发热口渴等症；暑季用以代茶，能治温热痧痘、血痢等。茎藤称"忍冬藤"，也供药用。

图 B-68　忍冬

摄于九峰试验林场路边

139. 荚蒾属　*Viburnum* Linn.

（182）日本珊瑚树（变种）*Viburnum odoratissimum* Ker-Gawl. var. awabuki (K. Koch) Zabel ex Rumpl

俗称法国冬青。常绿灌木或小乔木，高达 10 (15) m；枝灰色或灰褐色，有凸起的小瘤状皮孔，无毛或有时稍被褐色簇状毛。

湖北省林科院办公楼周围有引种栽培。

图 B-69　日本珊瑚树

摄于湖北省林科院办公楼周围

药用功能：根和叶入药，外敷治跌打肿痛和骨折；亦作兽药，治牛、猪感冒发热和跌打损伤。

七十一、禾本科 Gramineae

140. 刚竹属 *Phyllostachys* Sieb. et Zucc.

（183）毛竹 *Phyllostachys heterocycla* (Carr.) Mitford 'Pubescens'

竿高达 20 余米，粗达 20 余厘米，幼竿密被细柔毛及厚白粉，箨环有毛，老竿无毛，并由绿色渐变为绿黄色；基部节间甚短而向上则逐节较长，中部节间长达 40 cm 或更长，壁厚约 1 cm（但有变异）；竿环不明显，低于箨环或在细竿中隆起。花丝长 4 cm，花药长约 12 mm；柱头 3，羽毛状。颖果长椭圆形，长 4.5～6.0 mm，直径 1.5～1.8 mm，顶端有宿存的花柱基部。笋期 4 月，花期 5～8 月。

毛竹是我国栽培悠久、面积最广、经济价值也最重要的竹种。

药用功能：毛竹竹笋、竹汁、竹沥、竹叶、竹荪及各器官提取物等都具有较高的药用价值，对人体众多疾病具有较高疗效。

图 B-70　毛竹
摄于九峰试验林场办公楼前

七十二、豆科 Fabaceae

141. 紫荆属 *Cercis* Linnaeus

（184）紫荆 *Cercis chinensis* Bunge

灌木，高 2～5 (8) m。树皮和小枝灰白色。单叶互生，纸质，近圆形或三角状圆形，长 5～10 cm，宽与长相等或略短，先端急尖，基部浅至深心形，两面通常无毛，全缘。花紫红色、粉红色或白色，长 1.0～1.3 cm，2～10 朵簇生于老枝和主干上，尤以主干上花束较多，通常先叶开放；子房无毛至密被柔毛，胚珠 5～8 颗。荚果扁，狭长圆形，绿色，长 4～8 cm，宽 1.0～1.2 cm，有翅。种子 2～6 粒，黑褐色，光亮。花期 3～4 月，果期 8～10 月。

图 B-71　紫荆
摄于九峰长江书画院

九峰长江书画院有栽培。为早春重要的观赏花灌木，大量应用于园林绿化中。

药用功能：树皮、花及果可入药，有清热解毒、活血行气、消肿止痛之功效。树皮苦，平；活血通经，消肿解毒；用于风寒湿痹，经闭，血气痛，喉痹，淋证，痈肿，癣疥，跌打损伤，蛇虫咬伤。木部苦，平；活血，通淋；用于痛经，瘀血腹痛，淋证。花清热凉血，解毒息风；用于风湿筋骨痛，鼻中疳疮。果实用于咳嗽，孕妇心痛。

142. 番泻决明属 *Senna* Miller

（185）双荚决明 *Senna bicapsularis* Linn.

直立灌木，多分枝，无毛。一回偶数羽状复叶长7～12 cm，小叶3～4对，倒卵形或倒卵状长圆形，膜质，长2.5～3.5 cm，宽1.0～2.5 cm，先端圆钝，基部渐狭，偏斜，下面粉绿色，在最下方的一对小叶间有黑褐色腺体1枚。总状花序腋生，常集成伞房花序状，花鲜黄色，雄蕊10枚，7枚能育，3枚退化而无花药，能育雄蕊中有3枚特大，高出于花瓣，4枚较小，短于花瓣。荚果圆柱状，直或稍弯，长9～17 cm，迟裂。种子50～60粒，卵形，扁平。花期10～11月；果期11月至翌年3月。

黄柏峰有引种栽培。花期长，花色艳丽，可作为园林绿化观赏植物；还可作绿肥。

药用功能：清泄肝胆郁火，又能疏散风热，为治目赤肿痛要药。有润肠通便作用，能治疗大便燥结。

143. 合欢属 *Albizia* Durazzini

（186）合欢 *Albizia julibrissin* Durazzini

落叶乔木，树冠开展，嫩枝、花序和叶轴被绒毛或短柔毛。二回羽状复叶，叶柄近基部及最顶端一对羽片的叶轴各有1枚腺体，羽片4～12对，栽培的有时达20对，小叶10～30对，线形至长圆形，长6～12 mm，宽1～4 mm，向上偏斜。头状花序于枝顶排成圆锥花序，花粉红色，花萼管状，花冠裂片三角形，花萼、花冠外均被短柔毛；花丝长约2.5 cm。荚果带状，扁平，长9～15 cm。花期5～7月；果期8～10月。

图 B-72　合欢

摄于九峰试验林场树木园

九峰一路、试验林场树木园有栽培。树形美观，常作为城市行道树、观赏树。木材结实耐用，可用于制作家具。

药用功能：树皮及花药用，能安神、活血、止痛，主治肺痈、跌打损伤、小儿撮口风、中风挛缩。

（187）山槐 *Albizia kalkora* (Roxburgh) Prain

落叶小乔木或灌木。二回羽状复叶，羽片2～4对，小叶5～14对，长圆形或长圆状卵形，长0.8～4.5 cm，宽0.7～2.0 cm，先端圆钝而有细尖头，基部两侧不等，两面被短柔毛。头状花序2～7个聚生于叶腋，或于枝顶排成圆锥花序；花初时白色，后变黄，具明显的小花梗；花萼管状，5齿裂，花冠中部以下连合呈管状，花萼、花冠均密被长柔毛；雄蕊长2.5～3.5 cm，基部连合呈管状；子房无毛。荚果舌状，长7～17 cm，深棕色。种子4～12粒。花期5～6月，果期8～10月。

钵盂峰有野生或栽培；生于山坡灌丛、疏林中。花美丽，为园林中常用观赏植物。

药用功能：根及茎皮药用，有解郁安神、活血消肿之功效；花有催眠之功效。

144. 合萌属 *Aeschynomene* Linnaeus
（188）合萌 *Aeschynomene indica* Linnaeus

一年生草本或亚灌木状，多分枝。小叶10～30对，薄纸质，线状长圆形，长3～13 mm，宽1～3 mm，先端钝圆或微凹，基部歪斜，全缘；托叶膜质，椭圆形至披针形。总状花序腋生，有时单生；小苞片卵状披针形，宿存；花萼膜质，花冠淡黄色带紫纹，易脱落；雄蕊二体；子房扁平，线形。荚果线状长圆形，直，长2.2～3.4 cm，有荚节2～8个，不开裂，成熟时逐节脱落。种子黑棕色，肾形。花期7～8月，果期7～10月。

分布于黄柏峰的潮湿地、菜地边和苗圃地上。为优良的绿肥植物。

药用功能：全草可入药，能利尿解毒。全草能清热利湿，祛风明目，通乳。

145. 杭子梢属 *Campylotropis* Bunge
（189）杭子梢 *Campylotropis macrocarpa* (Bunge) Rehder

落叶灌木。羽状复叶互生，有3小叶，小叶长圆形或卵形，稀倒卵形，长1.2～6.5 cm，宽0.7～3.7 cm，先端微凹，具小尖头，基部圆形，上面无毛，下面贴生柔毛；叶柄长1～5 cm，密生柔毛。总状花序，有时为圆锥花序，花序轴和总花梗密生柔毛；苞片卵状披针形，早落或花后逐渐脱落，花梗长2～11 mm；花萼钟形，萼管长1.2～2.0 mm，萼裂片长0.8～1.2 mm，短于萼管；花冠紫红色或近粉红色，旗瓣椭圆形，近基部狭窄，翼瓣稍短于旗瓣或等长，龙骨瓣内弯，长11.5～14.5 mm，基部有瓣柄。荚果斜倒卵形至长圆形，长9～15 mm，宽3.5～6.0 mm，先端有短喙尖，侧面无毛，果径长1.0～1.4 mm。种子红棕色，肾形。花果期 (5)6～10月。

分布于黄柏峰的山坡林缘、路边或灌丛中。

药用功能：根和全株供药用，可治疗风寒感冒、发热无汗、肢体麻木等症。叶及嫩枝可作饲料及绿肥，又可作为蜜源植物。

146. 锦鸡儿属 Caragana Fabricius
（190）锦鸡儿 *Caragana sinica* (Buc'hoz) Rehder

灌木，高约2 m。小枝有棱，无毛。偶数羽状复叶，小叶2对，有时假掌状，上部1

对常较下部的大，厚革质或硬纸质，倒卵形或长圆状倒卵形，长1～3.5 cm，宽0.5～1.5 cm，先端圆形或微缺，基部楔形或宽楔形；托叶三角形，硬化成针刺；叶轴脱落或硬化成针刺。花单生，花梗长约1 cm，中部有关节；花萼钟状，长12～14 mm，基部偏斜；花冠黄色，长2.8～3.0 cm，旗瓣狭倒卵形，翼瓣稍长于旗瓣，瓣柄与瓣片近等长，耳短小，龙骨瓣宽钝；子房无毛。荚果圆筒状，长3.0～3.5 cm。花期4～5月，果期7月。

分布于黄柏峰。可作为园林绿化树种，供观赏或做绿篱。

药用功能：根皮供药用，有祛风活血、舒筋、除湿利尿、止咳化痰之功效。

147. 黄檀属 *Dalbergia* Linnaeus

（191）黄檀 *Dalbergia hupeana* Hance

落叶乔木，树皮呈薄片状剥落。奇数羽状复叶，小叶3～5对，近革质，椭圆形至长圆状椭圆形，长3.5～6.0 cm，宽2.5～4.0 cm，先端钝或稍凹入，基部圆形或阔楔形，两面无毛，上面有光泽。圆锥花序顶生或腋生，疏被锈色短柔毛；花密集，花梗与花萼疏被锈色柔毛，花萼钟状，萼齿5裂，花冠白色或淡紫色；雄蕊10枚，成5+5的二体，子房有短柄，胚珠2～3颗。荚果长圆形或阔舌状，长4～7 cm，宽1.3～1.5 cm，果瓣薄革质。种子1～2 (3)粒，肾形。花期5～7月，果期8～10月。

分布于黄柏峰、顶冠峰、钵盂峰的山地林中或灌丛中。材质优良，能耐强力冲撞，常用作车轴、榨油机轴心、枪托、工具柄等。

药用功能：根供药用，可治疗疮。清热解毒、止血消肿之功效。主治疮疥疔毒、毒蛇咬伤、细菌性痢疾、跌打损伤等。民间用于治疗急慢性肝炎、肝硬化腹水。

148. 大豆属 *Glycine* Willdenow

（192）野大豆 *Glycine soja* Siebold & Zuccarini

一年生缠绕草本。茎纤细，全体疏被褐色长硬毛。羽状复叶有3小叶，顶生小叶卵圆形或卵状披针形，长3.5～6.0 cm，宽1.5～2.5 cm，先端锐尖至钝圆，基部近圆形，全缘，两面被绢状糙伏毛，侧生小叶斜卵状披针形；托叶卵状披针形，急尖，有黄色柔毛。总状花序通常短，花小，长约5 mm，密生于花序上部；花梗密生黄色长硬毛；花萼钟状，萼片5枚，密生长毛，花冠淡红紫色或白色，密被长毛。荚果长圆形，稍扁，长1.7～2.3 cm，宽4～5 mm，密被长硬毛。种子2～3粒，长2.5～4.0 mm，宽1.8～2.5 mm，褐色至黑色。花期7～8月，果期8～10月。

分布于黄柏峰山坡、路边及荒地上。可栽作牧草、绿肥和水土保持植物。种子含大量蛋白质及油脂，可供榨油及食用。

药用功能：全草可药用，有补气血、强壮、利尿等功效，主治盗汗、肝火、目疾、黄疸、小儿疳疾等症。

149. 刺槐属 *Robinia* Linn.

（193）刺槐 *Robinia pseudoacacia*

落叶乔木，高10～25 m；树皮灰褐色至黑褐色，浅裂至深纵裂，稀光滑。小枝灰褐色，幼时有棱脊，微被毛，后无毛；具托叶刺，长

图B-73　刺槐
摄于钵盂峰

达 2 cm；冬芽小，被毛。羽状复叶长 10～25 (40) cm；叶轴上面具沟槽；小叶 2～12 对，常对生，椭圆形、长椭圆形或卵形，长 2～5 cm，宽 1.5～2.2 cm，先端圆，微凹，具小尖头，基部圆至阔楔形，全缘，上面绿色，下面灰绿色，幼时被短柔毛，后变无毛；小叶柄长 1～3 mm；小托叶针芒状，总状花序腋生，长 10～20 cm，下垂，花多数，芳香；苞片早落；花梗长 7～8 mm；花萼斜钟状，长 7～9 mm，萼齿 5，三角形至卵状三角形，密被柔毛；花冠白色，各瓣均具瓣柄，旗瓣近圆形，长 16 mm，宽约 19 mm，先端凹缺，基部圆，反折，内有黄斑，翼瓣斜倒卵形，与旗瓣几等长，长约 16 mm，基部一侧具圆耳，龙骨瓣镰状，三角形，与翼瓣等长或稍短，前缘合生，先端钝尖；雄蕊二体，对旗瓣的 1 枚分离；子房线形，长约 1.2 cm，无毛，柄长 2～3 mm，花柱钻形，长约 8 mm，上弯，顶端具毛，柱头顶生。

分布于钵盂峰。

药用功能：可治大肠下血、咯血、吐血妇女红崩。

150. 紫藤属 *Wisteria* Nutt.

（194）紫藤 *Wisteria sinensis* (Sims) Sweet

落叶藤本。茎左旋，枝较粗壮，嫩枝被白色柔毛，后秃净；冬芽卵形。奇数羽状复叶长 15～25 cm；托叶线形，早落；小叶 3～6 对，纸质，卵状椭圆形至卵状披针形，上部小叶较大，基部 1 对最小，长 5～8 cm，宽 2～4 cm，先端渐尖至尾尖，基部钝圆或楔形，或歪斜，嫩叶两面被平伏毛，后秃净；小叶柄长 3～4 mm，被柔毛；小托叶刺毛状，长 4～5 mm，宿存。总状花序发自去年年短枝的腋芽或顶芽，长 15～30 cm，径 8～10 cm，花序轴被白色柔毛；苞片披针形，早落；花长 2.0～2.5 cm，芳香；花梗细，长 2～3 cm；花萼杯状，长 5～6 mm，宽 7～8 mm，密被细绢毛，上方 2 齿甚钝，下方 3 齿卵状三角形；花冠细绢毛，上方 2 齿甚钝，下方 3 齿卵状三角形；花冠紫色，旗瓣圆形，先端略凹陷，花开后反折，基部有 2 胼胝体，翼瓣长圆形，基部圆，龙骨瓣较翼瓣短，阔镰形，子房线形，密被绒毛，花柱无毛，上弯，胚珠 6～8 粒。荚果倒披针形，长 10～15 cm，宽 1.5～2.0 cm，密被绒毛，悬垂枝上不脱落，有种子 1～3 粒；种子褐色，具光泽，圆形，宽 1.5 cm，扁平。花期 4 月中旬～5 月上旬，果期 5～8 月。

分布于顶冠峰。

药用功能：以茎皮、花及种子入药。花可以提炼芳香油、解毒、止泻；种子有小毒，可以治疗筋骨疼；皮可以杀虫、止痛。

图 B-74　紫藤
摄于湖北省林科院办公楼周围